U0098222

中餐素食證照教室

素食丙級技術士技能檢定術科實作&學科滿分題庫

劉瑋如、王鉦維◎著

朱雀文化

推薦序

感謝鉦維老師、瑋如老師的邀約為即將出版的《中餐素食證照教室》編寫推薦序，在得知兩位老師攜手合作出版書籍，是多麼令人期待想嘗鮮書籍內容！在各大素食比賽，如菩提金廚獎國際素食大賽、佛光素食廚藝競賽，從 2014 年開始常常看到兩位老師帶領學校學生四處征戰，從不缺席台灣素食競賽。兩位老師的實力有目共睹，在廚藝競賽及教學上，都是經驗豐富的。

在佛光素食比賽中，瑋如老師的指導下，讓每場比賽增添不少驚豔及十足的創造力，學生在比賽的機動性、流暢度、應變能力都是可圈可點，並以精湛的廚藝，讓素食菜餚有了全新的風貌，完完全全跳脫傳統素食框架，更讓我們評審看見素食新食尚。

在 2018 年第十二屆菩提金廚獎擔任評審時，鉦維老師親自參加國際組賽事，參賽選手都來自各大飯店主廚，可説是高手雲集。過程中鉦維老師運用食材的特性及器皿搭配，多樣化的烹調方法，充分展現色彩繽紛，香味四溢的美味佳餚，讓我非常印象深刻鉦維老師的創意巧思。

得知兩位老師合作出版《中餐素食證照教室》，書籍內容清楚標示出刀工、火候、調味、烹調、水花片、盤飾等各個注意事項及步驟順序並能大幅提升菜餚價值跟自身技術，讓檢定考照者們能輕鬆應對考試，考取到技術證照。

深信兩位老師在編輯的過程當中做了不少功課，72 道素食菜餚中有著繁瑣複雜的手法，在兩位老師細心編排清楚，烹調法簡化明瞭，刀工步驟分解詳細，是考生檢定考照的福音。

我很開心兩位老師能為大家出版《中餐素食證照教室》，並受用於高職、大專院校的餐飲科以及喜愛素食的業者們，希望藉由書籍中的專業教材，引用於各特色的素食料理上，也希望這本書能讓更多喜愛素食的朋友輕易習得烹飪技巧，做出高級、簡單的素食佳餚。

華人素食產業聯盟理事長 洪銀龍

一直以來走在推廣素食的道路上，許多人問我：「所求為何？」其實無它，就是單純推廣素食的一念心罷了！但美麗的夢想、崇高理念需要有志者協力完成，當獲悉瑋如與鉦維兩位老師將聯手出版《中餐素食證照教室》考照書籍時，我的內心是讚歎連連！這是多麼地令人引頸期盼的素食食譜！

感謝鉦維、瑋如老師的邀約為兩人用心的著作《中餐素食證照教室》編寫推薦序，在兩位老師細心的編輯下，內容豐富詳細、鉅細靡遺，書籍中盡是考照的眉眉角角，是不可多得的考照神器。

初識鉦維老師是在 2018 第十二屆菩提金廚獎比賽現場，當時鉦維老師參加國際組賽事，參賽選手高手如雲，至今仍令我印象深刻的是鉦維老師敏捷的身手、俐落的刀工、精湛的廚藝，將素食最美的一面盡顯人前，所呈現的菜餚跳脫了素食的窠臼，讓大眾驚豔不已，掀起一股食尚的新潮流！

而瑋如老師的學經歷豐富，本身除了擁有十多張廚藝證照，也曾榮獲教育部總統教育獎、全國技藝教育績優人員獎等各式國內外大型廚藝競賽的獎項，更指導了許多學生廚藝相關技能競賽，在佛光全國蔬食廚藝暨烘焙競賽中，囊括了料理組與烘焙組的雙面金牌，跨領域成績斐然。

當獲悉兩位老師將聯手出版《中餐素食證照教室》考照書籍時，我的內心是讚歎連連！強強聯手，這可是所有檢定考照者之福音！兩位老師的實作與教學經驗豐富，在編輯的過程相當用心，內容淺顯易懂、作法條理分明，能夠讓讀者一目了然，深信此書定能為所有檢定者創造愉悅的廚藝學習樂趣，跟著兩位老師 step by step ，在廚藝檢定中尋好「味」，將獲得優秀的檢定成績，擁有兩位老師的這本鉅作，離成功就不遠了。

大悲護生推廣中心 創辦人 

自序

在寫這篇作者序的當下，突然覺得有點不太真實，我要出書了！前些年就讀研究所時，認為自己的碩士論文可能是這輩子寫的第一本書，應該也是最後一本書了。但當我將這本書交稿後，再次打開檔案，一看居然有上百頁、數十萬個字，心中不禁疑惑自己是如何辦到的！

我與本書的另一位作者鉦維，在大學時期就成為戰友，四處征戰了許多國內外大大小小的廚藝競賽；時間就這麼過了十個年頭，我們各自在職場上、專業領域都有相當亮眼的表現。在師長與朱雀文化出版社編輯小白姊的促成下，終於再次合作。希望本書能給想要參加檢定測試的考照者帶來幫助，也為茹素的人，帶來餐桌上幸福的滋味。

《中餐素食證照教室》從應檢須知、試題說明、評分標準、操作重點、食材介紹、刀工示範、烹調流程到學科試題，皆依循檢定規範周詳編寫。72 道菜餚，每一道從食材、刀工、烹調，都有詳盡的圖文解說，除了提供精準的技巧與做法之外，更補充了許多應考重點、烹調技巧，不僅是讓考照者通過證照的最佳工具書，同時，更是一本專業的素食食譜，相信即使是素食料理的廚藝新手，也能輕鬆上菜。

最後，感謝師長、戰友與協助此書的大家，因為有你們才有此書的誕生，期盼以此為起點，持續在廚藝領域努力。也預祝參加檢定的考照者，都能順利考取中餐素食技能檢定丙級技術士證照。

隨著國人經濟能力提升，對於餐飲的講究也愈加昇華，不但重視餐飲業的品質，也相當注重餐飲業者是否具備相關證照。為了提高餐飲業的水準，保障國人飲食安全衛生，勞動部勞動力發展署技能檢定中心辦理餐飲證照制度，除了對廚師們給予肯定，也增加國人對於食的安心。

由於中餐素食丙級術科更新資訊，我與本書另一位作者瑋如開始討論各菜餚的注意要點及需要給考生的貼心小提點。因為考題新增「水花片」、「菜餚盤飾」等項目且菜餚變化困難性大大增加考題難度，所以我們將必考的水花片盤飾歸類出來，並詳細解説春捲、素黃雀、素排骨、素小魚乾、素魚的包法，與油炸時的油溫拿捏、勾芡的比例、菜餚的調味及簡化的烹調技巧。經過我們不眠不休，不斷修正，廢食忘寢地研究與實驗，本書終於大功告成。

本書明確標示每道菜餚中食材的「刀工規格」、「烹調技巧」，衛生安全的要求、材料的選擇、菜餚的取量等，同時著重料理烹調的色、香、味要求水準，刀工、火候、調味、烹調技巧、盤飾擺盤、水花片切割步驟順序，大大提升菜色的附加價值。經由如此的廚藝表現，讓菜餚呈現色香味俱全的境界。

再次感謝教學路上的恩師們所給予的機會，讓我們年輕一輩也能出版檢定書籍。第一次出書才發現要注意的細節非常多，包含編輯討論、拍攝流程、食材採買、器具準備、人員編制等等，每個細節環環相扣，缺一不可。感謝神隊友瑋如的細心編輯及流程規劃，讓四天的拍攝如期完成，沒有你的堅持與包容，就不會有這本完美的書籍。也感謝可可、家琳、國富、奇昇、仁佑、永平工商中餐選手社，大家在忙碌時還能從全台各地撥冗前來大力支持及協助。再次萬分感謝年輕帥哥攝影師與編輯小白姊這四天陪同參與精實拍攝。

目錄
Contents

PART 05 食材與刀工規格認識

PART 06 刀器具認識及刀工示範

PART 07 術科試題操作

貳、302 大題

PART 08 學科測試應檢人須知

PART 01

術科測試應檢人須知

壹、一般說明

（一）本試題共有二大題，每大題各十二個小題組，每小題組各三道菜之組合菜單（試題編號：07601-105301、07601-105302）。每位應檢人依抽籤結果進行測試，第一階段「清洗、切配、工作區域清理」測試時間為 90 分鐘，第二階段「菜餚製作及工作區域清理並完成檢查」測試時間為 70 分鐘。技術士技能檢定中餐烹調（素食）丙級術科測試每日辦理二場次（上、下午各乙場）。

（二）術科辦理單位於測試前 14 日，將術科測試應檢參考資料寄送給應檢人。

（三）應檢人報到時應繳驗術科測試通知單、准考證、身分證或其他法定身分證件，並穿著依規定服裝方可入場應檢。

（四）術科測試抽題辦法如下：

1. **抽大題：**測試當日上午場由術科測試編號最小之應檢人代表自二大題中抽出一大題測試，下午場抽籤前應先公告上午場抽出大題結果，不用再抽大題，直接測試另一大題。若當日僅有 1 場次，術科辦理單位應在檢定測試前 3 天內（若遇市場休市、休假日時可提前一天）由單位負責人以電子抽籤方式抽出一大題，供準備材料及測試使用，抽題結果應由負責人簽名並彌封。

2. **抽測試題組：**術科測試編號最小之應檢人代表自 12 個題組中抽出其對應之測試題組，其他應檢人依編號順序依序對應各測試題組；例如應檢人代表抽到 301-5 題組，下一個編號之應檢人測試 301-6 題組，其餘（含遲到及缺考）依此類推。

3. 術科測試編號最小者代表抽籤後，應於抽籤暨領用卡單簽名表上簽名，同時由監評長簽名確認。術科辦理單位應記載所有應檢人對應之測試題組，並經所有應檢人簽名確認，以供備查。

4. 如果測試崗位超過 12 崗且非 12 的倍數時，超過多少崗位就依序補多少題組，例如抽到 301 大題的 14 崗位測試場地，超過 2 崗位，術科辦理單位備料時除了原來的 301-1 至 301-12 的材料（共 12 組），尚須加上 301-1 及 301-2 的材料（共 2 組），亦即原 12 組材料加上超過崗位的 2 組，應以 14 名應檢人應試。抽籤時，仍由術科測試編號最小之應檢人代表自 12 個題組中抽出其對應之測試題組，其他應檢人依編號順序依序對應各測試題組。以 14 崗位，第 1 號應檢人抽到第 4 題組為例，對應情形依序如下：

題組	1	2	3	4	5	6	7	8	9	10	11	12	1	2
應檢人	12 號	13 號	14 號	1 號	2 號	3 號	4 號	5 號	6 號	7 號	8 號	9 號	10 號	11 號

（五）術科測試應檢人有下列情事之一者，予以扣考，不得繼續應檢，其已檢定之術科成績以不及格論：

1. 冒名頂替者。
2. 傳遞資料或信號者。
3. 協助他人或託他人代為實作者。
4. 互換工件或圖說者。
5. 隨身攜帶成品或規定以外之器材、配件、圖說、行動電話、呼叫器或其他電子通訊攝錄器材等。
6. 不繳交工件、圖說或依規定須繳回之試題者。
7. 故意損壞機具、設備者。
8. 未遵守本規則，不接受監評人員勸導，擾亂試場內外秩序者。

（六）應檢人有下列情事者不得進入考場（測試中發現時，亦應離場不得繼續測試）：

1. 制服不合規定。
2. 著工作服於檢定場區四處遊走者。
3. 有吸菸、喝酒、嚼檳榔、隨地吐痰等情形者。
4. 罹患感冒（飛沫或空氣傳染）未戴口罩者。
5. 工作衣帽未保持潔淨者（剁斬食材噴濺者除外）。
6. 除不可拆除之手鐲（應包紮妥當），有手錶，佩戴飾物者。
7. 蓄留指甲、塗抹指甲油、化妝等情事者。
8. 有打架、滋事、恐嚇、說髒話等情形者。
9. 有辱罵監評及工作人員之情形者。

貳、應檢人自備工（用）具

（一）白色廚師工作服，含上衣、圍裙、帽，如【應檢人服裝參考圖】；未穿著者，不得進場應試。

（二）穿著規定之長褲、黑色工作皮鞋、內須著襪；不合規定者，不得進場應試。

（三）刀具：含片刀、剁刀（另可自備水果刀、果雕刀、剪刀、刮鱗器、削皮刀，但不得攜帶水花模具、槽刀、模型刀）。

（四）白色廚房紙巾 1 包（捲）以下。★建議帶抽取式，較方便且衛生。

（五）包裝飲用水 1 ～ 2 瓶（礦泉水、白開水）。★建議帶冰礦泉水，涼拌菜餚沖涼時間較快。

（六）衛生手套、乳膠手套、口罩。衛生手套參考材質種類可為乳膠手套、矽膠手套、塑膠手套（即俗稱手扒雞手套）等，並應予以適當包裝以保潔淨衛生，否則衛生將予以扣分。

（七）可攜帶計時器，但音量應不影響他人操作者。

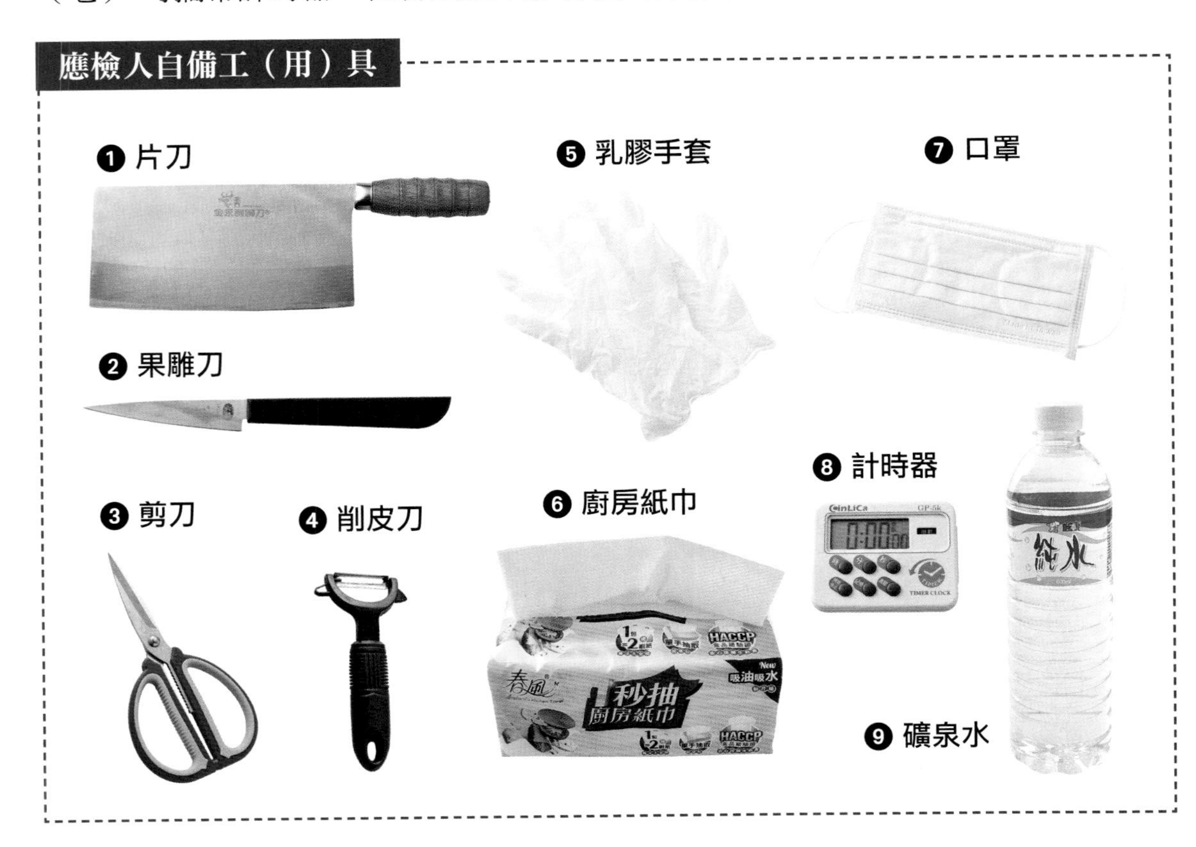

◆ **術科考試記得攜帶以下物品**

1. 相關證件：通知單、准考證、有照片之身分證件（例如身分證、健保卡、駕照）。
2. 文具：原子筆、修正帶。
3. 規定服裝：參考下方圖片。
4. 工（用）具：參考 p.12

◆ **建議準備**

◎ 提袋，放入規定服裝及工具（用具）。

◎ 透明夾鏈袋，放入相關證件及文具。

參、應檢人服裝參考（不合規定者，不得進場應試）

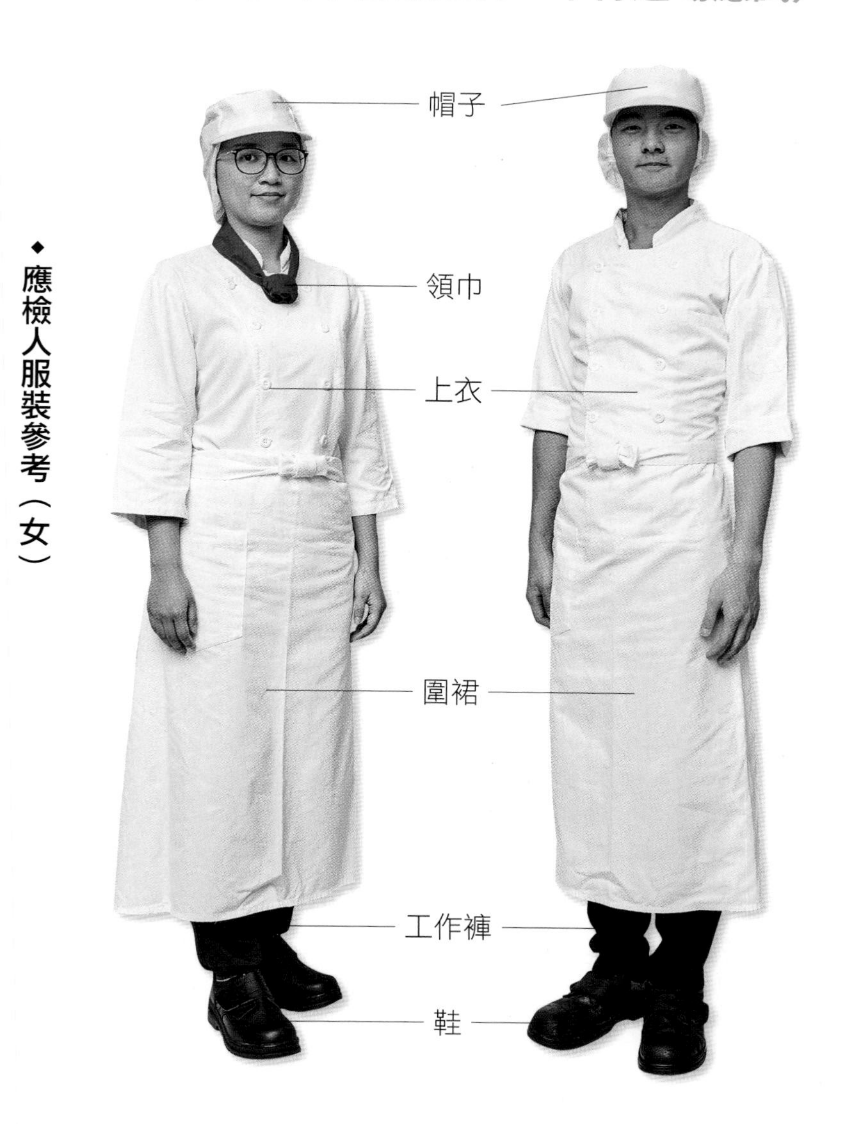

應檢人服裝說明

（一）帽子

1. 帽型：帽子需將頭髮及髮根完全包住；髮長未超過食指、中指夾起之長度，可不附網，超過者須附網。
2. 顏色：白色。

（二）上衣

1. 衣型：廚師專用服裝（可戴顏色領巾）。
2. 顏色：白色（顏色滾邊、標誌可）。
3. 袖：長袖、短袖皆可。

（三）圍裙

1. 型式不拘，全身圍裙、下半身圍裙皆可。
2. 顏色：白色。
3. 長度：過膝。

（四）工作褲

1. 黑、深藍色系列、專業廚房素色小格子（千鳥格）之工作褲，長度至踝關節。
2. 不得穿緊身褲、運動褲及牛仔褲。

（五）鞋

1. 黑色工作皮鞋（踝關節下緣圓周以下全包）。
2. 內須著襪。
3. 建議具止滑功能。

◆ 備註：帽、衣、褲、圍裙等材質以棉或混紡為宜。

肆、測試時間配當表

每一檢定場，每日可排定測試場次為上、下午各乙場，時間配當表如下：

中餐烹調丙級檢定時間配當表		
時間	內容	備註
07：30 ～ 07：50	1. 監評前協調會議（含監評檢查機具設備）。 2. 上午場應檢人報到、更衣。	
07：50 ～ 08：30	1. 應檢人確認工作崗位、抽題，並依抽籤結果分給應檢人三張卡單。 2. 場地設備及供料、自備機具及材料等作業說明。 3. 測試應注意事項說明。 4. 應檢人試題疑義說明。 5. 研讀材料清點卡、刀工作品規格卡，時間 10 分鐘。 6. 應檢人檢查設備及材料（材料清點卡應於材料清點無誤後收回），確認無誤後於抽籤暨領用卡單簽名表簽名。 7. 其他事項。	應檢人務必研讀卡片（烹調指引卡於中場休息時研讀）
08：30 ～ 10：00	上午場測試開始，清洗、切配、工作區域清理。	90 分鐘
10：00 ～ 10：30	評分，應檢人離場休息（研讀烹調指引卡）。	30 分鐘
10：30 ～ 11：40	菜餚製作及工作區域清理並完成檢查。	70 分鐘
11：40 ～ 12：10	監評人員進行成品評審。	

時間	內容	備註
12：10～12：30	1. 下午場應檢人報到、更衣 。 2. 監評人員休息用膳時間。	
12：30－13：10	1. 應檢人確認工作崗位、抽題，並依抽籤結果分給應檢人三張卡單。 2. 場地設備及供料、自備機具及材料等作業說明。 3. 測試應注意事項說明。 4. 應檢人試題疑義說明。 5. 研讀材料清點卡、刀工作品規格卡，時間 10 分鐘。 6. 應檢人檢查設備及材料（材料清點卡應於材料清點無誤後收回），確認無誤後於抽籤暨領用卡單簽名表簽名。 7. 其他事項。	應檢人務必研讀卡片（烹調指引卡於中場休息時研讀）
13：10～14：40	下午場測試開始，清洗、切配、工作區域清理。	90 分鐘
14：40～15：10	評分，應檢人離場休息（研讀烹調指引卡）。	30 分鐘
15：10～16：20	菜餚製作及工作區域清理並完成檢查。	70 分鐘
16：20～16：50	監評人員進行成品評審。	

※ 應檢人盛裝成品所使用之餐具，由術科辦理單位服務人員負責清理。

PART 02

術科測試試題說明

壹、共通原則說明

（一）測試進行方式

測試分兩階段方式進行，第一階段應於 90 分鐘內完成刀工作品及擺飾規定，第一階段完成後由監評人員進行第一階段評分，應檢人休息 30 分鐘。第二階段應於刀工作品評分後，於 70 分鐘內完成試題菜餚烹調作業。除技術評審外，全程並有衛生項目評審。

第一、二階段及衛生項目分別評分，有任一項（含）以上不合格即屬術科不合格。應檢人在測試前說明會時，於進入測試場前，必須研讀二種卡單（第一階段測試過程刀工作品規格卡與應檢人材料清點卡），時間 10 分鐘。於中場休息的時間可以再研讀第二階段測試過程烹調指引卡。測試過程中，二種卡單可隨時參考使用。

（二）材料使用說明

1. 各測試場公共材料區需備 12 個以上的雞蛋，供考生自由取為上漿用。
2. 所有題組的食材，取量切配之後，剩餘的食材皆需繳交於回收區，不得浪費；受評刀工作品至少需有 3/4 符合規定尺寸，總量不得少於規定量。
3. 合格廠商：應在台灣有合法登記之營業許可者，至於該附檢驗證明者，各檢定承辦單位自應取得。

（三）洗滌階段注意事項

在進行器具及食材洗滌與刀工切割時不必開火，但遇難漲發（如乾香菇、乾木耳）或未汆燙切割不易的新鮮菇類（如杏鮑菇、洋菇），得於洗器具前燒水或起蒸鍋以處理之，處理妥當後應即熄火，但為評分之整體考量，不得作其他菜餚之加熱前處理。

（四）第一階段刀工共同事項

1. 食材切配順序需依中餐烹調技術士技能檢定衛生評分標準之規定。
2. 菜餚材料刀工作品以配菜盤分類盛裝受評，同類作品可置同一容器但需區分不可混合（中薑、紅辣椒絲除外）。

3. 每一題組指定水花圖譜三式，選其中一種切割且形體類似具美感即可，另自選樣式一式，應檢人可由水花參考圖譜選出或自創具美感之水花樣式，於蔬果類切配時切割（可同類）。

4. 盤飾依每一題組指定盤飾（擇二），須依規定圖譜之所有指定材料、符合指定盤飾。於蔬果類切配時直接生切擺飾於 10 吋瓷盤，置於熟食區檯面待評。

5. 除盤飾外，本題庫之烹調作品並無生食狀態者。

6. 限時 90 分鐘。

7. 測試階段自開始至刀工作品完成，作品完成後，應檢人須將規定受評作品依序整齊擺放於調理檯（準清潔區）靠走道端受評，部分無須受評之刀工作品則置於調理檯（準清潔區）之另一邊，刀工作品規格卡置於兩者中間，應檢人移至休息區。（如下圖）

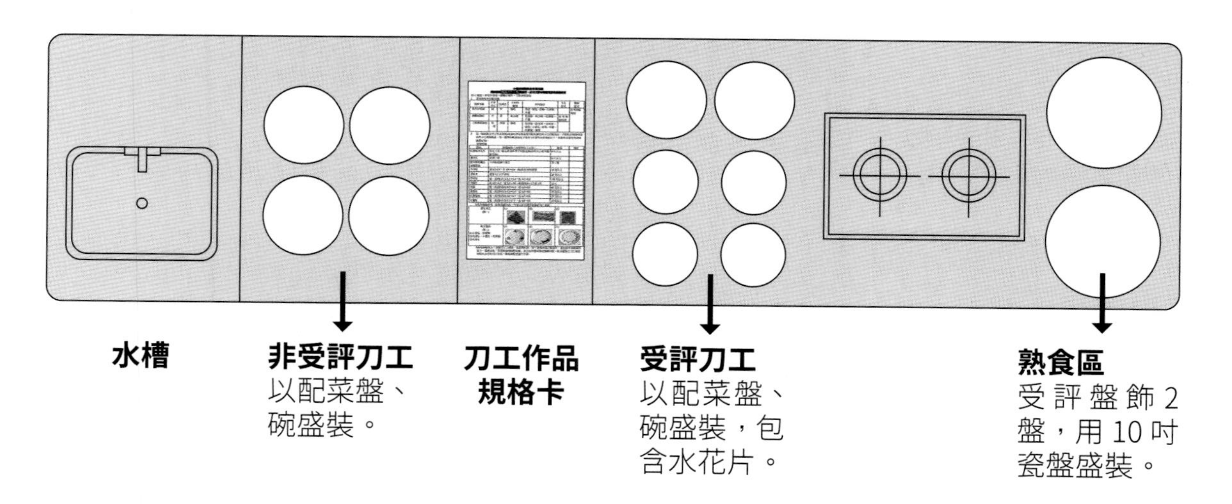

8. 乾貨、特殊調味料或醬料、粉料、香料等若未發妥，應在第一階段完成後或第二階段測試開始前令應檢人自行取量備妥，以免影響其權益。

9. 第一階段離場前需將水槽、檯面做第一次整潔處理，廚餘、垃圾分置廚餘、垃圾桶，始可離場休息。

10. 規定受評之刀工作品須全數完成方具第一階段刀工受評資格，未全數完成者，其評分表評為不合格，仍可進行第二階段測試。

11. 規定受評之刀工作品已全數完成，但其他配材料刀工（不評分者）未完成者，可於第二階段測試時繼續完成，並不影響刀工作品成績，惟需符合切配之衛生規定。

（五）第二階段烹調共同事項

1. 每組調味品至少需備齊足量之鹽、糖、味精、白胡椒粉、太白粉、醬油、料理米酒、白醋、烏醋、香油、沙拉油。

2. 第二階段於應檢人就定位後，應就未發妥之乾貨、特殊調味料或醬料、粉料、香料等，令應檢人自行取量備妥，再統一開始第二階段之測試，繼續完成規定之 3 道菜餚烹調製作。應檢人於測試開始前未作上述已告知之準備工作者，於後續操作中無需另給時間。

3. 烹調完成後不需盤飾，直接取量（份量至少 6 人份，以規定容器合宜盛裝）整形而具賣相出菜，送至評分室，應檢人須將烹調指引圖卡及規定作品整齊擺放於各組評分檯，並完成善後作業。

4. 6 人份不一定為 6 個或 6 的倍數，是指足夠六個人食用的量。

5. 包含善後工作 70 分鐘內完成。

貳、參考烹調須知

（一）分為總烹調須知及題組烹調須知

1. **總烹調須知：**規範本職類術科測試試題之基礎說明、刀工尺寸標準、烹調法定義及食材處理手法釋義。除題組烹調須知另有規定外，所有考題依據皆應遵循總烹調須知。

2. **題組烹調須知：**已分註於 24 組題庫內容中，規範題組每小組之刀工尺寸標準、水花片、盤飾、烹調法及烹調、調味規定。題組烹調須知未規定部分，應遵循總烹調須知。

（二）總烹調須知

1. 基礎說明：

（1） 菜餚刀工講究一致性，即同一道菜餚的刀工，尺寸大小厚薄粗細或許不一，但是形狀應為相似。菜餚的刀工無法齊一時，主材料為一種刀工或原形食材，配材料應為另一類相似而相互襯映之刀工。

（2） 題組未受評的刀工作品，亦須按題意需求自行取量切配，以供烹調所需。切割規格不足者，可當回收品（需分類置於工作檯下層），結束後分類送至回收處，不隨意丟棄，避免浪費。

（3） 受評的各種刀工作品，規定的數量可能比實際烹調需用量多，烹調時可依據實際需求適當地取量與配色，即烹調完成後，可能會有剩餘的刀工作品，請分類送至回收處。

（4） 水花片指以（紅）蘿蔔或其他根莖、瓜果類食材切出簡易樣式的象形蔬菜片做為配菜用。以刀法簡易、俐落、切痕平整為宜，搭配菜餚形象、大小、厚薄度（約 0.3 ～ 0.4 公分）。

（5） 水花切割一般是在切配過程中，依片或塊狀刀工菜餚的需求，以刀工作簡易線條的切割。本試題提供 35 種樣式圖譜供參照（參考 p.81）。

（6） 水花指定樣式，指應檢人須參照規格明細之水花片圖譜型式其中一種切割，或切割出具有美感之類似形狀。自選樣式，指應檢人可由水花片圖譜選出或自創具美感之水花樣式進行切割。每一個水花片大小、形狀應相似。每一題組皆須切出指定與自選兩款水花各 6 片以上以受評，並適宜地取量（兩款皆需取用）加入烹調，未依規定加水花烹調，亦為不符題意。

(7) 水花的要求以象形、美感、平整、均衡（與菜餚搭配），依指定圖完成，可受公評並獲得普遍認同之美感。

(8) 盤飾指以食材切割出大小一致樣式，擺設於瓷盤，增加菜餚美觀之刀工。以刀法簡易、俐落、切痕平整、盤面整齊、分佈均勻（對稱、中隔、單邊美化、集中強化皆可）及整體美觀為宜。

(9) 盤飾指定樣式指應檢人參照規格明細之盤飾圖譜型式切擺，或切擺出具有美感之類似形狀。每一題組皆須從指定盤飾三選二，切擺出二種樣式受評。

(10) 盤飾的要求以美感、平整、均勻、整齊、對稱。但須可受公評並獲得普遍認同之美感。

2. 烹調法定義請參考後續內文。

3. 食材處理手法釋義請參考後續內文。

（三）測試題組內容

本套試題分 301 大題及 302 大題，兩大題各再分 12 題組，分別為 301-1、301-2、301-3、301-4、301-5、301-6、301-7、301-8、301-9、301-10、301-11、301-12、302-1、302-2、302-3、302-4、302-5、302-6、302-7、302-8、302-9、302-10、302-11、302-12，每題組有三道菜。

參、測試題組總表

◆ 試題編號：07601-105301

題組	菜單內容	主要刀工	烹調法	主材料類別
301-1	榨菜炒筍絲 麒麟豆腐片 三絲淋素蛋餃	絲 片 絲、末	炒 蒸 淋溜	桶筍 板豆腐 雞蛋
301-2	紅燒烤麩塊 炸蔬菜山藥條 蘿蔔三絲捲	塊 條、末 片、絲	紅燒 酥炸 蒸	烤麩 山藥 白蘿蔔
301-3	乾煸杏鮑菇 酸辣筍絲羹 三色煎蛋	片、末 絲 片	煸 羹 煎	杏鮑菇 桶筍 雞蛋
301-4	素燴杏菇捲 燜燒辣味茄條 炸海苔芋絲	剞刀厚片 條、末 絲	燴 燒 酥炸	杏鮑菇 茄子 芋頭
301-5	鹽酥香菇塊 銀芽炒雙絲 茄汁豆包捲	塊 絲 條	酥炸 炒 滑溜	鮮香菇 綠豆芽 芋頭、豆包
301-6	三珍鑲冬瓜 炒竹筍梳片 炸素菜春捲	長方塊、末 梳子片 絲	蒸 炒 炸	冬瓜 桶筍 春捲皮
301-7	乾炒素小魚干 燴三色山藥片 辣炒蒟蒻絲	條 片 絲	炸、炒 燴 炒	千張豆皮、海苔片 白山藥 長方型白蒟蒻
301-8	燴素什錦 三椒炒豆乾絲 咖哩馬鈴薯排	片 絲 泥、片	燴 炒 炸、淋	乾香菇、桶筍 五香大豆乾 馬鈴薯
301-9	炒牛蒡絲 豆瓣鑲茄段 醋溜芋頭條	絲 段、末 條	炒 炸、燒 滑溜	牛蒡 茄子 芋頭
301-10	三色洋芋沙拉 豆薯炒蔬菜鬆 木耳蘿蔔絲球	粒 鬆 絲	涼拌 炒 蒸	馬鈴薯 豆薯 白蘿蔔
301-11	家常煎豆腐 青椒炒杏菇條 芋頭地瓜絲糕	片 條 絲	煎 炒 蒸	板豆腐 杏鮑菇 芋頭、地瓜
301-12	香菇柴把湯 素燒獅子頭 什錦煎餅	條 末、片 絲	煮（湯） 紅燒 煎	乾香菇 板豆腐 高麗菜

◆ **試題編號：07601-105302**

題組	菜單內容	主要刀工	烹調法	主材料類別
302-1	紅燒杏菇塊 焦溜豆腐片 三絲冬瓜捲	滾刀塊 片 絲、片	紅燒 焦溜 蒸	杏鮑菇 板豆腐 冬瓜
302-2	麻辣素麵腸片 炸杏仁薯球 榨菜冬瓜夾	片 末 雙飛片、 片	燒、燴 炸 蒸	素麵腸 馬鈴薯 冬瓜、榨菜
302-3	香菇蛋酥燜白菜 粉蒸地瓜塊 八寶米糕	片、塊 塊 粒	燜煮 蒸 蒸、拌	乾香菇、大白菜 地瓜 長糯米
302-4	金沙筍梳片 黑胡椒豆包排 糖醋素排骨	梳子片 末 塊	炒 煎 脆溜	桶筍 生豆包 半圓豆皮
302-5	紅燒素黃雀包 三絲豆腐羹 西芹炒豆乾片	粒 絲 片	紅燒 羹 炒	半圓豆皮 板豆腐 西芹
302-6	乾煸四季豆 三杯菊花洋菇 咖哩茄餅	段、末 剞刀 雙飛片、 末	煸 燜燒 炸、拌炒	四季豆 洋菇 茄子
302-7	烤麩麻油飯 什錦高麗菜捲 脆鱔香菇條	片 絲 條	生米燜煮 蒸 炸、溜	烤麩 高麗菜 乾香菇
302-8	茄汁燒芋頭丸 素魚香茄段 黃豆醬滷苦瓜	片、泥 段 條	蒸、燒 燒 滷	芋頭 茄子 苦瓜
302-9	梅粉地瓜條 什錦鑲豆腐 香菇炒馬鈴薯片	條 末、塊 片	酥炸 蒸 炒	地瓜 板豆腐 馬鈴薯、鮮香菇
302-10	三絲淋蒸蛋 三色鮑菇捲 椒鹽牛蒡片	絲 剞刀 片	蒸、羹 炒 酥炸	雞蛋 鮑魚菇 牛蒡
302-11	五絲豆包素魚 乾燒金菇柴把 竹筍香菇湯	絲 末 片	脆溜 乾燒 煮（湯）	生豆包 金針菇 鮮香菇、桶筍
302-12	沙茶香菇腰花 麵包地瓜餅 五彩拌西芹	剞刀厚片 泥 絲	炒 炸 涼拌	乾香菇 地瓜 西芹

PART 03

術科測試評審標準

壹、評審標準

（一）依據「技術士技能檢定作業及試場規則」第 39 條 2 項規定：「依規定須穿著制服之職類，未依規定穿著者，不得進場應試，其術科成績以不及格論」。

1. 職場專業服裝儀容正確與否，由公推具公正性之監評長（或委請監評人員）協助檢查服儀；遇有爭議，由所有監評人員共同討論並判定之。
2. 相關規定請參考應檢人服裝參考圖。（參考 p.13 ～ p.14）

（二）術科辦理單位應準備一份完整題庫及三種附錄卡單 2 份（查閱用），以供監評委員查閱。

（三）術科辦理單位應準備 15 公分長的不鏽鋼直尺 4 支，給予每位監評委員執行應檢人的刀工作品評審工作，並需於測試場內每一組的調理檯（準清潔區）上準備一支 15 公分長的不鏽鋼直尺，給予應檢人使用，術科辦理單位回收後應潔淨之。

（四）刀工項評審場地在測試場內每一組的調理檯（準清潔區）實施，檯面上應有該組應檢人留下將繳回之第一階段測試過程刀工作品規格卡及其刀工作品，監評委員依刀工測試評分表評分。

（五）烹調項評審場地在評分室內實施，每一組皆備有該組應檢人留下將繳回之第二階段測試過程烹調指引卡，供監評委員對照，監評委員依烹調測試作品評分表評分。

（六）術科測試分刀工、烹調及衛生三項內容，三項各自獨立計分，刀工測試評分標準合計 100 分，不足 60 分者為不及格；烹調測試三道菜中，每道菜個別計分，各以 100 分為滿分，總分未達 180 分者為不及格；衛生項目評分標準合計 100 分，成績未達 60 分者為不及格。

（七）刀工作品、烹調作品或衛生成績，任一項未達及格標準，總成績以不及格計。

（八）**棉質毛巾與抹布的使用：**（參考 p.80）

1. 白色長型毛巾摺疊置放於熟食區一只瓷盤上（置上層或下一層），由術科辦理單位備妥，使用前須保持潔淨，用於擦拭洗淨之熟食餐器具（含調味用匙、筷）及墊握熱燙之磁碗盤，可重複使用，不得另置他處，不得使用紙巾（墊握時毛巾太短或擦拭如咖哩汁等不易洗淨之醬汁時方得使用紙巾）。

2. 白色正方毛巾 2 條置放於調理區下層工作台之配菜盤上（應檢人得依使用時機移置上層），由術科辦理單位備妥，使用前須保持潔淨，用於擦拭洗淨之刀具、砧板、鍋具、烹調用具（如炒杓、炒鏟、漏杓）、墊砧板及洗淨之雙手，不得使用紙巾，不得隨意放置。

3. 黃色正方抹布放置於披掛處或烹調區前緣，用於擦拭工作台或墊握鍋把，不得隨意放置（在洗餐器具流程後須以酒精消毒）。

（九）其他事項：其他未及備載之違規事項，依四位監評人員研商決議處理。

（十）其他未盡事宜，依技術士技能檢定作業及試場規則相關規定辦理。

（十一）測試規範皆已備載，與下表之衛生評審標準，應檢人應詳細研習以參與測試。

貳、衛生評分標準

項目	監評內容	扣分標準
一般規定	1. 除不可拆除之手鐲外，有手錶、化妝、佩戴飾物、蓄留指甲、塗抹指甲油等情事者。	41 分
	2. 手部有受傷且未經適當傷口包紮處理，或不可拆除之手鐲且未全程配戴衛生手套者（衛生手套長度須覆蓋手鐲，處理熟食應更新手套）。	41 分
	3. 衛生手套使用過程中，接觸他種物件，未更換手套再次接觸熟食者（衛生手套應有完整包覆，不可取出置於台面待用）。	41 分
	4. 使用免洗餐具者。	20 分
	5. 測試中有吸菸、喝酒、嚼檳榔、嚼口香糖、飲食（飲水或試調味除外）或隨地吐痰等情形者。	41 分
	6. 打噴嚏或擤鼻涕時，未轉身並以紙巾、手帕、或上臂衣袖覆蓋口鼻，或轉身掩口鼻，再將手洗淨消毒者。	41 分
	7. 以衣物拭汗者。	20 分
	8. 如廁時，著工作衣帽者（僅須脫去圍裙、廚帽）。	20 分
	9. 未依規定使用正方毛巾、抹布者。	20 分
驗收（A）	1. 食材未經驗收數量及品質者。	20 分
	2. 生鮮食材有異味或鮮度不足之虞時，未發覺卻仍繼續烹調操作者。	30 分
洗滌（B）	1. 洗滌餐器具時，未依下列先後處理順序者：瓷碗盤→配料碗盤盆→鍋具→烹調用具（菜鏟、炒杓、大漏杓、調味匙、筷）→刀具（即菜刀，其他刀具使用前消毒即可）→砧板→抹布。	20 分
	2. 餐器具未徹底洗淨或擦拭餐器具有污染情事者。	41 分
	3. 餐器具洗畢，未以有效殺菌方法消毒刀具、砧板及抹布者（例如熱水沸煮、化學法，本題庫選用酒精消毒）。	30 分
	4. 洗滌食材，未依下列先後處理順序者：乾貨→加工食品類（如沙拉筍、酸菜、罐頭食品……）→不須去皮的蔬果類→須去皮根莖類→蛋類。	30 分

洗滌（B）	5. 將非屬食物類或烹調用具、容器置於工作檯上者（如：洗潔劑、衣物等，另酒精噴壺應置於熟食區層架）。	20分
	6. 食材未徹底洗淨者： ❶ 毛、根、皮、尾、老葉殘留者。 ❷ 其他異物者。	 30分 30分
	7. 以鹽水洗滌海藻類，致有腸炎弧菌滋生之虞者。	41分
	8. 將垃圾袋置於水槽內或食材洗滌後垃圾遺留在水槽內者。	20分
	9. 洗滌各類食材時，地上遺有前一類之食材殘渣或多量水漬者。	20分
	10. 食材未徹底洗淨或洗滌工作未於三十分鐘內完成者。	20分
	11. 洗滌期間進行烹調情事經警告一次再犯者（即洗滌期間不得開火，然洗滌後與切割中可做烹調及加熱前處理，試題如另有規定，從其規定）。	30分
	12. 食材洗滌後未徹底將手洗淨者。	20分
	13. 洗滌時使用過砧板（刀），切割前未將該砧板（刀）消毒處理者。	30分
切割（C）	1. 洗滌妥當之食物，未分類置於盛物盤或容器內者。	20分
	2. 切割生食食材，未依下列先後順序處理者：乾貨→加工食品類（如沙拉筍、酸菜、罐頭食品……）→不須去皮的蔬果類→須去皮根莖類→蛋類 。	30分
	3. 切割按流程但因漏切某類食材欲更正時，向監評人員報告後，處理後續補救步驟（應將刀、砧板洗淨拭乾消毒後始更正切割）。	15分
	4. 切割妥當之食材未分類置於盛物盤或容器內者（汆燙熟後不同類可併放）。	20分
	5. 每一類切割過程後及切割完成後未將砧板、刀及手徹底洗淨者。	20分
	6. 蛋之處理程序未依下列順序處理者：洗滌好之蛋→用手持蛋→敲於乾淨配料碗外緣（可為裝蛋之容器）→剝開蛋殼→將蛋放入第二個配料碗內→檢視蛋有無腐壞，集中於第三配料碗內→烹調處理。	20分

<table>
<tr><td rowspan="17">調理、加工、烹調（D）</td><td>1. 烹調用油達發煙點或著火，且發煙或燃燒情形持續進行者。</td><td>41 分</td></tr>
<tr><td>2. 菜餚勾芡濃稠結塊、結糰或嚴重出油者。</td><td>30 分</td></tr>
<tr><td>3. 除西生菜、涼拌菜、水果菜及盤飾外，食物未全熟，有外熟內生情形或生熟食混合者（涼拌菜另依題組說明規定行之）。</td><td>41 分</td></tr>
<tr><td>4. 殺菁後之蔬果類，如需直接食用，欲加速冷卻時，未使用經減菌處理過之冷水冷卻者（需再經加熱食用者，可以自來水冷卻）。</td><td>41 分</td></tr>
<tr><td>5. 切割生、熟食，刀具及砧板使用有交互污染之虞者。
❶ 若砧板為一塊木質、一塊白色塑膠質，則木質者切生食、白色塑膠質者切熟食。
❷ 若砧板為二塊塑膠質，則白色者切熟食、紅色者切生食。</td><td>41 分</td></tr>
<tr><td>6. 將砧板做為置物板或墊板用途，並有交互污染之虞者。</td><td>41 分</td></tr>
<tr><td>7. 菜餚成品未有良好防護或區隔措施致遭污染者（如交叉污染、噴濺生水）。</td><td>41 分</td></tr>
<tr><td>8. 烹調後欲直接食用之熟食或減菌後之盤飾置於生食碗盤者（烹調後之熟食若要再烹調，可置於生食碗盤）。</td><td>41 分</td></tr>
<tr><td>9. 未以專用潔淨布巾擦拭用具、物品及手者。（墊握時毛巾太短或擦拭如咖哩汁等不易洗淨之醬汁時方得使用紙巾）。</td><td>30 分</td></tr>
<tr><td>10. 烹調時有污染之情事者
❶ 烹調用具置於台面或熟食匙、筷未置於熟食器皿上。
❷ 盛盤菜餚或盛盤食材重疊放置、成品食物有異物者、以烹調用具就口品嚐、未以合乎衛生操作原則品嚐食物、食物掉落未處理等。</td><td>30 分
41 分</td></tr>
<tr><td>11. 烹調時蒸籠燒乾者。</td><td>30 分</td></tr>
<tr><td>12. 可利用之食材棄置於廚餘桶或垃圾筒者。</td><td>30 分</td></tr>
<tr><td>13. 可回收利用之食材未分類放置者。</td><td>20 分</td></tr>
<tr><td>14. 故意製造噪音者。</td><td>20 分</td></tr>
</table>

熟食切割（E）	1. 未將熟食砧板、刀（洗餐器具時已處理者則免）及手徹底洗淨拭乾消毒，或未戴衛生手套切割熟食者。 *【熟食（將為熟食用途之生食及煮熟之食材）在切配過程中任一時段切割需注意食材之區隔（即生熟食不得接觸），或注意同一工作台的時間區隔，且應符合衛生原則】	41 分
	2. 配戴衛生手套操作熟食而觸摸其他生食或器物，或將用過之衛生手套任意放置而又重複使用者。	41 分
盤飾及沾料（F）	1. 以非食品或人工色素做為盤飾者。	30 分
	2. 以非白色廚房用紙巾或以衛生紙、文化用紙墊底或使用者。（廚房用紙巾應不含螢光劑且有完整包覆或應置於清潔之承接物上，不可取出置於台面待用）。	20 分
	3. 配製高水活性、高蛋白質或低酸性之潛在危險性食物（PHF，Potentially Hazardous Foods）的沾料且內置營養食物者（沾料之配製應以食品安全為優先考量，若食物屬於易滋生細菌者，欲與沾料混置，則應配製安全性之沾料覆蓋於其上，較具危險性之沾料須與食物分開盛裝）。	30 分
清理（G）	1. 工作結束後，未徹底將工作檯、水槽、爐檯、器具、設備及工作區之環境清理乾淨者（即時間內未完成）。	41 分
	2. 拖把、廚餘桶、垃圾桶置於清洗食物之水槽內清洗者。	41 分
	3. 垃圾未攜至指定地點堆放者（如有垃圾分類規定，應依規定辦理）。	30 分
其它（H）	1. 每做有污染之虞之下一個動作前，未將手洗淨造成污染食物之情事者。	30 分
	2. 操作過程，有交互污染情事者。	41 分
	3. 瓦斯未關而漏氣，經警告一次再犯者。	41 分
	4. 其他不符合食品良好衛生規範準則規定之衛生安全事項者（監評人員應明確註明扣分原因）。	20 分

參、評審表

（一）刀工作品成績評審表

依試題不同，要求刀工繳交作品不同，請評審依試題說明進行評分，如有疑慮，請依試題說明為主。術科辦理單位請放大本評審表為 B4 大小，以利監評評分。

第一階段評分表：301-1 刀工作品成績評分表 - 範例

場次：____ 爐檯編號：____ 術科編號：______ 准考證號碼：______ 姓名：______

繳交作品	尺寸描述	數量	備註	扣分標準	各單項不合格請述理由
紅蘿蔔水花片	指定 1 款，指定款須參考下列指定圖（形狀大小需可搭配菜餚）	6 片以上		41	
薑水花	自選 1 款	6 片以上		41	
配合材料擺出兩種盤飾	下列指定圖 3 選 2	各 1 盤		20	
木耳絲	寬 0.2 ～ 0.4，長 4.0 ～ 6.0，高（厚）依食材規格	20 克以上		20	
香菇末	直徑 0.3 以下碎末	20 克以上		20	
榨菜絲	寬、高（厚）各為 0.2 ～ 0.4，長 4.0 ～ 6.0	150 克以上		20	
豆腐片	長 4.0 ～ 6.0、寬 2.0 ～ 4.0，高（厚）0.8 ～ 1.5 長方片	12 片		20	
筍絲	寬、高（厚）各為 0.2 ～ 0.4，長 4.0 ～ 6.0	60 克以上		20	
青椒絲	寬、高（厚）各為 0.2 ～ 0.4，長 4.0 ～ 6.0	40 克以上		20	
紅蘿蔔絲	寬、高（厚）各為 0.2 ～ 0.4，長 4.0 ～ 6.0	25 克以上		20	
中薑絲	寬、高（厚）各為 0.3 以下，長 4.0 ～ 6.0	10 克以上		20	

※ 受評之刀工作品若未全數完成者，不具受評資格，請直接勾選「不合格」，並於綜合說明欄位寫出未完成作品。			
綜合說明			
成績判定	☐合格　☐不合格	**成績**	
監評簽名			

水花及盤飾參考：依指定圖完成，可受公評並獲得普遍認同之美感			
指定水花（擇一）			
指定盤飾（擇二） ❶ 小黃瓜、紅辣椒 ❷ 大黃瓜、小黃瓜、紅辣椒 ❸ 大黃瓜			

（二）烹調作品成績評審表

中餐烹調丙級技術士技能檢定術科測試烹調作品成績評審表

應檢人姓名：　　　　　　　　　　應檢日期：　年　月　日
准考證號碼：　　　　　　　　　　場次：
術科編號：　　　　　　　　　　　爐檯編號：

	評分項目 ＼ 菜餚名稱				
評分標準	取量	滿分分數	10	10	10
		實得分數			
	刀工	滿分分數	20	20	20
		實得分數			
	火候	滿分分數	25	25	25
		實得分數			
	調味	滿分分數	20	20	20
		實得分數			
	觀感	滿分分數	25	25	25
		實得分數			
實得分數	小計				
總分					

評審須知：

1. 請依據烹調作品評審標準、烹調指引卡與刀工作品規格卡評分。
2. 三道菜，每道菜個別計分，各以 100 分為滿分，總分未達 180 分者不及格。
3. 材料的選用與作法，必須切合題意。
4. 作法錯誤的菜餚可在刀工、火候、調味、觀感扣分；取量可予計分。
5. 取量包含材料數量與取材種類（即配色之量）。
6. 刀工包括製備過程如抽腸泥、去外皮、根、內膜、種子、內臟、洗滌……。
7. 調味最忌不符題意要求或極鹹、極淡、極酸、極甜、極苦、極辣、極稠、極稀等。
8. 火候包含不符題意要求或質地之未脫生、帶血、極不酥、極不脆，極為過火的火候如：極爛、極硬、極糊、焦化等，與食材色澤極為不佳。
9. 觀感包含刀工整體呈現、色澤、配色、排盤、整飾、醬汁多寡、稀、糊與賣相。
10. 未完成者、重做者與測試結束後發現舞弊者皆全不予計分。
11.

評分分級表	配分	很差	差	稍差	可	稍好	好	很好
	滿分分數 10	3	4	5	6	7	8	9
	滿分分數 20	6	8	10	12	14	16	18
	滿分分數 25	8	10	12	15	18	20	22

不予記分原因：＿＿＿＿＿＿＿＿＿＿＿＿＿＿＿＿＿

技術監評人員簽名：＿＿＿＿＿、＿＿＿＿＿、＿＿＿＿＿

（三）品評紀錄表

中餐烹調丙級技術士技能檢定術科測試品評紀錄表

日期：____年____月____日　考場：______　場次：______

應檢人編號 1	題組：	應檢人編號 2	題組：	應檢人編號 3	題組：	應檢人編號 4	題組：
菜餚名稱	品評紀錄	菜餚名稱	品評紀錄	菜餚名稱	品評紀錄	菜餚名稱	品評紀錄
應檢人編號 5	**題組：**	**應檢人編號 6**	**題組：**	**應檢人編號 7**	**題組：**	**應檢人編號 8**	**題組：**
菜餚名稱	品評紀錄	菜餚名稱	品評紀錄	菜餚名稱	品評紀錄	菜餚名稱	品評紀錄
應檢人編號 9	**題組：**	**應檢人編號 10**	**題組：**	**應檢人編號 11**	**題組：**	**應檢人編號 12**	**題組：**
菜餚名稱	品評紀錄	菜餚名稱	品評紀錄	菜餚名稱	品評紀錄	菜餚名稱	品評紀錄

註：

1. 本表所評字句與成品評審表上的評分要一致。
2. 記錄內容應詳實具體，例如「稍差」須明確寫出事實，不得只寫「稍差」二字，其餘依此類推。
3. 此表格請檢定場自行影印成 A3 大小。

技術監評人員簽名：__________、__________、__________

（四）衛生成績評審表

中餐烹調丙級技術士技能檢定術科測試衛生成績評審表

應檢人姓名：
准考證號碼：
衛生成績：
扣分原因：

應檢日期：　年　月　日
檢定場：
場次及工作檯：

一般	1□　2□　3□　4□　5□　6□　7□　8□　9□
A	1□　2□
B	1□　2□　3□　4□　5□ 6①□　6②□　6③□　6④□　6⑤□ 7□　8□　9□　10□　11□　12□　13□
C	1□　2□　3□　4□　5□　6□
D	1□　2□　3□　4□　5□ 6□　7□　8□　9□　10①□　10②□ 11□　12□　13□　14□
E	1□　2□
F	1□　2□　3□
G	1□　2□　3□
H	1□　2□　3□　4□

衛生監評人員簽名：____________________
技術監評人員（依協調會責任分工者）簽名：____________________
（請勿於測試結束前先行簽名）

（五）評審總表

中餐烹調丙級技術士技能檢定術科測試評審總表

應檢人姓名：　　　　　　　　　　應檢日期：　年　月　日
准考證號碼：　　　　　　　　　　檢定場：
　　　　　　　　　　　　　　　　場次及工作檯：

評審總表		
項目	及格成績	實得成績
刀工作品成績	60 分	分
烹調作品成績	180 分	分
衛生成績	60 分	分
及格		
不及格		

1. 刀工作品評分標準 100 分，成績未達 60 分者，以不及格計。
2. 烹調作品：3 道菜，每道菜個別計分，各以 100 分為滿分，總成績未達 180 分者，以不及格計。
3. 衛生評分標準 100 分，成績未達 60 分者，以不及格計。
4. 刀工作品、烹調作品或衛生成績，任一項未達及格標準，總成績以不及格計。
5. 不予計分原因：

監評長簽名：＿＿＿＿＿＿＿＿＿＿

監評人員簽名：＿＿＿＿＿＿＿＿＿＿

＿＿＿＿＿＿＿＿＿＿

＿＿＿＿＿＿＿＿＿＿

PART 04

烹調基本概念

壹、烹調法定義

01 炒

乾鍋少油加熱入料（通常為輕薄小型易熟、經前處理或不需前處理的料），在持續的火力中（火力的大小依食材性質、烹調目的、手法運用及動作快慢作適當的調整）將材料翻拌均勻熟化，保持菜餚細嫩質感與亮麗觀感而起鍋。運用熟鐵鍋做以上操作，可以得到良好的鑊氣。

典型的炒是由生炒到熟，亦稱生炒。本試題使用烹調法有清炒、熟炒、合炒、爆炒、滑炒、拌炒等。各類炒法分述如下：

A．**熟炒**：將主要的材料（易熟材料及香辛料可除外）皆處理熟或將熟後（部分可以改刀），合併入鍋以炒的烹調法完成之，所需的烹調時間可能較一般的生炒法短。

B．**爆炒**：將主要的材料（易熟材料及香辛料可除外）皆處理熟或將熟後（部分可以改刀），合併且瀝去水分，入鍋以炒的烹調法完成之，是炒的烹調法中最快速者。熟炒、合炒、滑炒只要處理手法更細緻、精準且瀝去水分，調味手法更快速，皆是爆炒的實踐。

C．**清炒**：只有主料，或加上爆香料作炒的烹調法。

D．**合炒**：將各種已經處理好的食材合在一起炒的烹調法。

E．**滑炒**：將食材作上漿處理進行過油或汆燙的初熟處理後，再以炒、爆炒、合炒等烹調法完成之，主材料具有滑順的口感與透明亮麗的外觀，但並不具備汁液。滑，並沒有被定義為烹調法，只有滑炒、滑溜，所以一般菜名為滑的菜如滑豬肉片，做成滑溜或滑炒皆可，為了凸顯菜餚難度，一般會做成滑溜，而滑蛋則為炒法，業界多用多量油來炒，有滑油的感覺。

▲「炒」示意圖

▲ 銀芽炒雙絲

02 煸

將食材放入少許油鍋中慢火持續翻炒，至水分逸去將乾呈稍皺縮狀而收斂，入調味醬汁，再翻炒至汁收味入，費時甚久，成品軟硬之間帶有彈性，甘香柔韌。另一快速作法，將食材以熱油過油至水分多數散發，外表稍皺縮而收斂，入調味醬汁，再翻炒至汁收味入，成品亦軟硬之間帶有彈性，甘香柔韌。若硬要分出兩者口感的差別，則古法軟中帶有硬韌，而新法軟裡有著脆韌，而古法香中更具甘濃。

▲「煸」示意圖

▲ 乾煸四季豆

03 燴

食材經煎、或過油、或蒸、或燙、或煮、或前處理、或只洗淨後，入鍋或拌炒、或不拌炒，加適量湯汁，通常與料平齊或滿過料，加熱後融合各種材料味與形之美，起鍋前以澱粉（太白粉）水勾芡，湯汁呈現半流動狀態而稍稀，濃度可因烹調者目的需求而增減，作品外觀通常是菜餚周邊環繞一圈燴汁，菜餚端出立刻品評時，表面呈現亮麗光澤。若有特殊烹調目的時，燴汁圍繞在食材周邊可能僅有少許，類似於滑溜菜。

▲「燴」示意圖

▲ 燴三色山藥片

燴法一般分為清燴、雜燴、紅燴、素燴，技法都一致，僅添加的材料與調味配料不同。各類燴法分述如下：

A．**清燴**：未添加強烈色系的材料，成品醬汁呈清新透明或乳白或灰白色澤。

B．**雜燴**：亦稱大燴，添加多種屬性的食材，如禽、畜、蛋、水產類等，予人材料豐富觀感，成品醬汁呈灰白、乳白或茶黃色，加醬油較多者可成紅燴。

C．**紅燴**：以番茄配司或醬油、番茄醬、紅麴、紅糟、紅谷米等上色而成紅燴。

D．**黃燴**：添加黃色系材料或調味料形成黃色的燴菜。

E．**素燴**：只取素料不加葷料的燴菜。

04 燜

食材經煎，或過油，或蒸，或燙，或煮，或前處理，或只洗淨後，入鍋（可拌炒或不拌炒）加適量湯汁，與料平齊或滿過料或更多，依烹調目的需求而增減，大火煮滾後改小火上蓋續煮，至質軟或爛，汁收而濃，花費時間依食材性質而定，以達到烹調目的，通常不勾芡。燜起鍋前勾芡，有認為是炆的烹調法。燜有適量的燜汁。一般分原燜（紅燜、黃燜）與油燜。油燜是特指食材以過油或油炒的手法處理後續煮的燜法。燜與燒烹調手法類似，因兩者成品外觀相似，同是稍具醬汁，有紅有白（黃），判定的關鍵應是，燒菜具有質地柔韌 （Q 或閩南語的脿）的口感，而燜菜則有綿細而軟爛的口感。各類燜法分述如下：

A．**紅燜**：原燜是依原定義而行，紅燜主要是以醬油、糖來調味著色的燜法，當然用其他紅系列材料醬料亦可，使菜餚呈茶紅色。

B．**黃燜**：黃燜的調味，一般未加醬油，或只加少許醬油，再以鹽補足味道，呈現淡黃色澤。

C．**燜煮**：煮而加蓋為燜煮，如煮飯。

▲「燜」示意圖

▲ 烤麩麻油飯

05 溜

將食材掛糊或沾粉（或不掛糊不沾粉）以熱油處理至酥黃或焦黃上色，或上漿後過油或汆燙，或不上漿不掛糊沾粉直接蒸或煮或燜，與勾了各種不同濃度不同風味的醬芡汁拌合或澆淋之，形成醬汁含量不同、濃度不同具亮外觀的烹調法。溜的烹調法以操作手法與芡汁濃度分有脆溜、焦溜、滑溜、淋溜、軟溜。以調味內涵而言，除了糖醋味、甜鹹味、酸辣味、麻辣味、茄汁味、水果味等，被特別提出的有醋溜、糟溜等各類溜法分述如下：

A・**脆溜**：將食材掛糊或沾粉以熱油過油至酥黃上色，入鍋與最濃的調味芡汁（包芡）拌合即起，芡汁皆裹在食材表面而不留芡汁於盤底，最具亮麗外觀的賣相，具有既香酥且滑軟的口感。不可拌太久而掉了外層粉皮，由於汁濃，不可留太多汁而致黏糊無光。

B・**滑溜**：將食材（醃漬）上漿過油或汆燙後，入鍋與濃的調味芡汁（濃度介於包芡與琉璃芡之間，具半流動狀態而稍濃的濃度）拌合即起，裝盤時只有少許芡汁附著在菜餚與盤底接觸的周邊，並不流出太多反而成為燴菜，具有簡潔、收斂、清亮之美。

C・**焦溜**：食材不掛糊或不沾粉以熱油過油至焦黃上色，入鍋與最濃或次濃（包芡或滑溜芡）的調味芡汁拌合即起。

D・**淋溜**：將食材掛糊或沾粉（或不掛糊不沾粉）以熱油過油至酥黃上色，將製備好的琉璃芡汁澆淋其上，使具備亮麗且似慢慢流下的觀感（半流動狀態），到餐桌上剛好流到盤底。

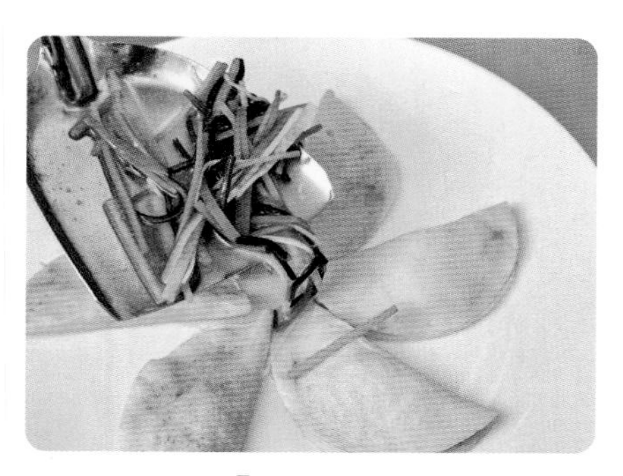

▲「溜」示意圖

▲ 三絲淋蛋餃

06 煮

將食材置於冷水、熱水或沸水中加熱成熟的烹調法，依食材性質與烹調目的取水或高湯，控制火力，將材料煮至脫生而脆、嫩、軟、硬、柔韌、透、爛、酥，調味而起。

▲「煮」示意圖

▲ 香菇柴把湯

07 炸

依食材性質與烹調目的，運用不同油溫與火力控制，將食材投入大量油中加熱成熟的烹調法。一般炸的烹調目的是令成品具有熟、香、酥、鬆、脆的特性，多數是金黃上色的，少數可能要求有軟、滑的口感。

炸的分類一般有清炸（生炸）、浸炸、淋炸（油淋、油潑）、乾炸、軟炸（含脆炸）、酥炸、鬆炸（高麗炸）、西炸（吉利炸）、包捲炸、紙包炸。

▲「炸」示意圖

▲ 脆鱔香菇條

08 軟炸

將食材掛糊（水粉糊、蛋麵糊、脆漿等）入熱油（約 160 ～ 180℃），小火慢炸（量少且不易熟者）至金黃香脆或鬆軟而供餐的烹調法，通常掛上任何種類的糊來炸的即稱為軟炸。油溫太低易致脫糊脫水；油溫太高或火力太大可能提早上色致無法熟透。

▲「軟炸」示意圖

▲ 炸蔬菜山藥條

09 拌

將一種以上食材處理熟，或將熟的或洗淨滅菌不烹煮的，拌合多種調味料調製的烹調法。依熟度區分有生拌、熟拌、生熟拌；依拌時的溫度區分有涼拌、溫拌、熱拌。

▲「拌」示意圖

▲ 五彩拌西芹

10 涼拌

將生食減菌或熟食冷卻後，拌合多種調味料調製的烹調法。

▲「涼拌」示意圖

▲ 三色洋芋沙拉

11 羹

將食材置於水或高湯中，加熱調味勾芡，使湯汁濃稠，是為羹的烹調法。羹的濃度通常依烹調者的供餐理念而有不同，故不宜硬性界定其濃稠度，即從半流動狀態而稍濃的滑溜芡至半流動狀態而稍稀的燴芡皆適宜，只要不濃得像包芡或稀得像米湯芡即可。燴菜物多汁稍少，羹菜汁多料稍少，汁與料之比例端看供餐需求，需要強調的，較濃的羹久置後，常在表層形成凝結的狀態，這並沒有錯，因為菜餚是要趁熱吃的，不可誤判以為羹汁過濃。

▲「羹」示意圖

▲ 酸辣筍絲羹

12 煎

將生的或處理過（醃漬、蒸煮熟、沾粉、糊、漿、包捲）的食材，以少量的油作單平面的加熱，運用鍋溫與油溫讓食材熟化，或依次將食材表面皆均勻加熱，達到外部香酥上色，內部柔嫩的烹調目的。有生煎、熟煎、乾煎的分類，乾煎通常會沾粉煎，但也有不沾粉而只令食材表面儘量保持乾的狀態而下鍋煎的，也叫乾煎。

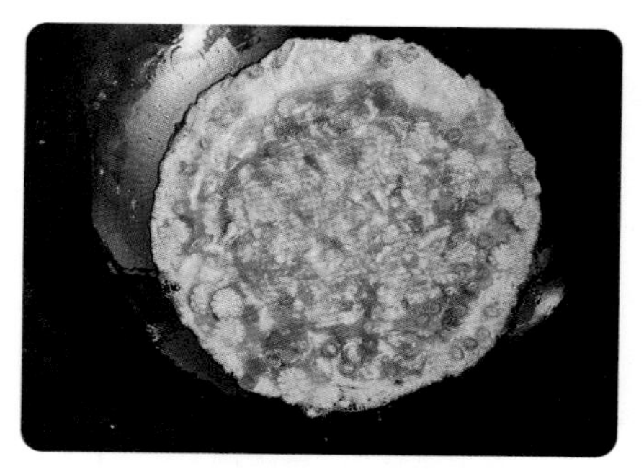

▲「煎」示意圖

▲ 三色煎蛋

13 蒸

運用蒸氣加熱於食材，使成品達到鮮嫩、香濃、軟爛、酥化的烹調目的。一般蒸的菜色會運用中大火，本試題中的蒸蛋，以大、中、小火蒸的都有，亦有大小火力交替運用的。

▲「蒸」示意圖

▲ 三絲冬瓜捲

14 燒

將煎或炸（熱油過油）或燙或蒸或煮過的食材，或將食材直接拌炒過，以適量的醬汁煮至汁收、味入、色上、濃香而口感柔韌的烹調法。為增黏濃質感，行業中常見起鍋前以勾芡完成之，更添亮麗質感，具適量醬汁。常見燒的烹調法有紅燒、白（黃）燒、軟燒、蔥燒、糟燒、乾燒（含川菜的調味法）。

▲「燒」示意圖

▲ 豆瓣鑲茄段

15 紅燒

將煎或炸（熱油過油）過的食材，以適量的醬汁煮至汁收、味入、色上、濃香而口感柔韌的烹調法。為增黏濃質感，行業中常見起鍋前以勾芡完成之，更添亮麗質感，具適量醬汁。主要的調味料是醬油及糖，伴隨的可加具有紅色系的調味料，更增色澤。

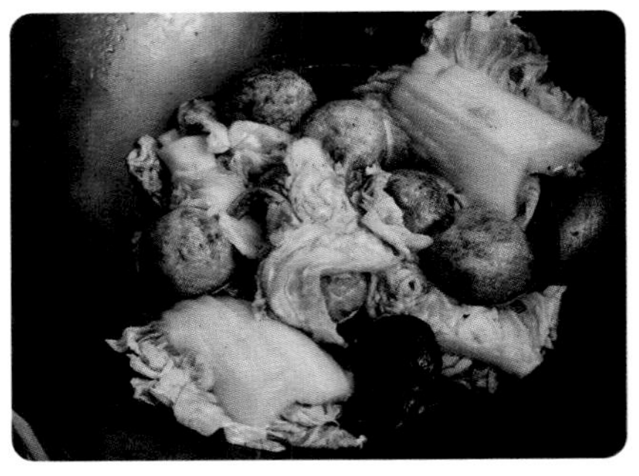

▲「紅燒」示意圖

▲ 素燒獅子頭

16 軟燒

將燙或蒸或煮過的食材，或將食材直接拌炒過，以適量的醬汁煮至汁收、味入、色上、濃香而口感柔韌的烹調法。為增黏濃質感，行業中常見起鍋前以勾芡完成之，更添亮麗質感，具適量醬汁。家常作法的紅燒，也常用軟燒法，取其少用油的優點，其中若有經燙或蒸或煮過的前處理，或將食材直接拌炒過，再進行燒的動作，即是不錯的軟燒法，如開陽白菜、鮑菇燒白菜即是。

▲「軟燒」示意圖

▲ 三杯菊花洋菇

17 烹

將食材經熱油煎或炸（過油）至金黃上色而外酥脆內軟嫩，倒出油入醬料拌合食材大火速收醬汁即起的烹調法，成品得到濃香酥嫩的效果。可分類為掛糊的炸烹，不掛糊的清烹，急速快炒生蔬的炒烹。

▲「烹」示意圖

▲ 麻辣素麵腸片

貳、食材處理手法釋義

1 醃漬

食材之預先入味。尺寸較粗之食材，快速烹調完成後，菜餚之調味較難透入食材內而覺得咀嚼較無味道，故將食材預先調味，置放些時以入味，再作後續處理。

---

2 上漿

食材以適量蛋白及太白粉或單獨使用太白粉拌合，以求加熱後外觀透明、口感滑順，並得保持材料之柔嫩，防止並延緩直接受熱之質地快速硬化。

---

3 拍粉

也稱沾粉，將待炸食材潤濕後，沾上乾粉（麵粉、澱粉或其他粉料或其混合物）的操作。

---

4 掛糊

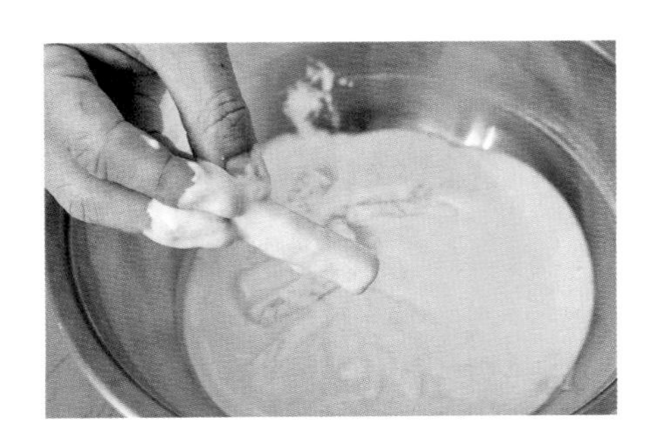

將有助於炸食外層呈現酥黃香脆或酥軟特質的材料（例如蛋、麵粉、澱粉、糯米粉、黃豆粉、發粉、油脂、醋等）加上適量的水分，形成足以裹住食材的裹衣，亦稱「著衣」。

5 過油

用油來作食材熟化處理有兩大分類：一類是過油，屬於烹調的前處理，即處理後還有後續烹調，因食材屬性與烹調目的而有低油溫過油、中油溫過油與高油溫過油，中、低油溫的過油亦有稱為拉油、滑油；高油溫過油一般通俗的講法即被稱為炸，因其處理過後的半成品與烹調法的炸所處理過後的成品，外觀與質地是相同的；一類是油炸，屬於烹調法，即處理後馬上出菜供人享用，炸亦有低油溫油炸、中油溫油炸與高油溫油炸，端看食材屬性與烹調目的而決定油溫。

6 汆燙

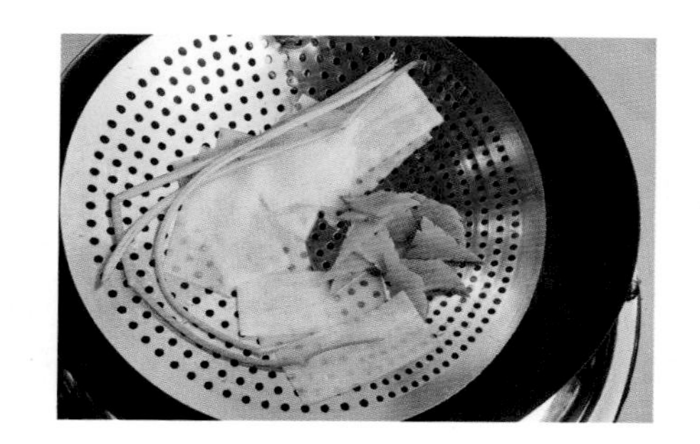

狹義的汆燙是以沸水作食材熟化的前處理。廣義的汆燙是以水加熱（水鍋或焯水）處理食材，以備後續烹調使用。

7 改刀

加熱處理後，個體較大，不符合烹調目的的需求時，所施予的切割處理，以適合該烹調作業的刀工需求的操作。

8 脱生

加熱處理後，除去食物原有的不良氣味且已達到或越過成熟的臨界點。

9 爆香

強化菜餚風味的處理手法，為使菜餚成品更具香氣與良好風味，以香辛料在烹調用的鍋內做慢火熬煸的加熱處理，使香辛料的成分萃取出來，融入菜餚中的操作，爆香後的香料可依烹調需求，留下或撈棄。

---

10 勾芡

為增菜餚的濃度，以各種澱粉（勾芡用即稱太白粉）加水拌勻，分散淋入菜餚中拌勻加熱糊化，益增其濃稠度。

烹調後芡汁分類：

A．**包芡**：最濃的烹調後調味芡汁。與食材拌合即起，芡汁皆裹在食材表面而不留芡汁於盤底。

B．**滑溜芡**：介於包芡與琉璃芡之間的濃度，或可形容為半流動狀態而稍濃的芡汁，裝盤時只有少許芡汁附著環繞在菜餚與盤底接觸的一小圈，並不流出太多，濃度可依烹調者的目的需求而定。

C．**羹芡**：可為半流動狀態的湯芡汁，濃度可介於滑溜芡與燴芡之間，端看烹調者的目的需求而定，只是做成羹菜，汁量較燴菜多（詳看羹的烹調法）。

D．**琉璃芡**：半流動狀態的芡汁，芡汁淋到食材上具有亮麗且似慢慢流下的觀感，到餐桌上剛好流到盤底，濃度可依烹調者的目的需求而定。

E．**燴芡**：湯汁呈現半流動狀態而稍稀的芡汁，濃度可因烹調者目的需求而增減，作品外觀通常是菜餚周邊環繞一圈燴汁。

F．**薄芡、水晶芡、米湯芡、玻璃芡、流芡（以上諸名詞皆可為同一濃度）**：是最薄的芡汁，濃度似米湯的濃度，因烹調目的需求，濃度略可增減。

---

11 整形

意指將菜餚盤面整理至整齊清爽不凌亂之意，另外，也是烹調手法的手工菜製作。

參、操作重點提醒

以下整理出「三段式打蛋法」、「潤鍋」和「勾芡比例」的方法，以及操作時的注意事項，讀者們可先看圖操作，多加練習！

三段式打蛋法

這種打蛋法除了能避免感染蛋殼上的沙門氏菌之外，也可以檢視每一顆蛋的新鮮程度，防止途中有臭蛋入鍋，導致壞了一鍋蛋。此外，在衛生評分標準中有明確規定，若未依順序處理者則扣 20 分。

〈操作與注意事項〉

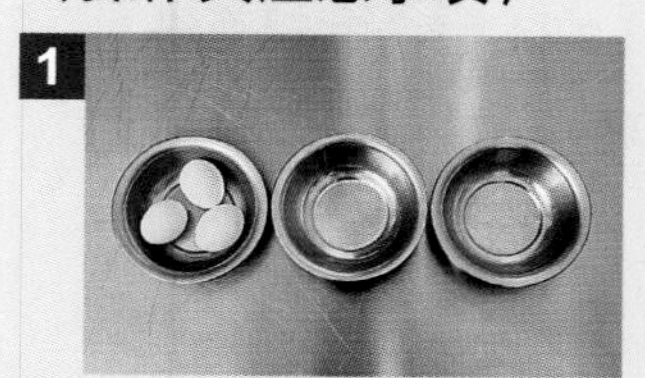

1 準備三個碗，蛋先敲第一個碗。

2 剝開後倒入第二個碗中，檢查第二個碗中的蛋有沒有壞掉。

3 若沒有壞掉，即倒入第三個碗中。

4 依序前面兩個步驟，將蛋全部打完即可。

〈適用菜單〉

題組	菜單
301-1	三絲淋素蛋餃
301-3	三色煎蛋
301-12	什錦煎餅
302-3	香菇蛋酥燜白菜
302-4	黑胡椒豆包排
302-10	三絲淋蒸蛋
302-12	麵包地瓜餅

▲ 三絲淋素蛋餃

小叮嚀 02 潤鍋

潤鍋是指將鍋子燒熱，倒入沙拉油高溫燒至微冒白煙，讓油進入到鍋子的毛孔中，使鍋子表面形成保護膜，達到不沾鍋的原理。

〈操作與注意事項〉

取一個乾淨的鍋子，加熱後倒入半杯沙拉油。

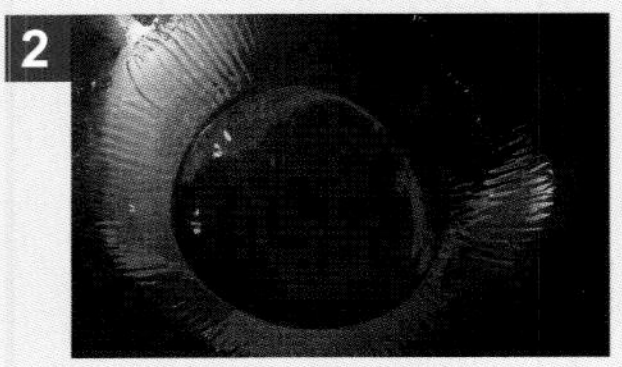

一邊加熱一邊轉動鍋子，燒熱至鍋子有油紋，並且微冒煙後倒出。

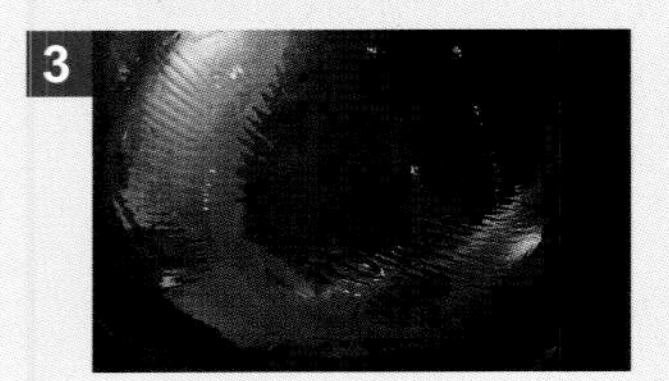

讓鍋子冷卻 30 秒。

〈適用菜單〉

題組	菜單
301-1	三絲淋素蛋餃
301-3	三色煎蛋
301-11	家常煎豆腐
301-12	什錦煎餅
302-4	黑胡椒豆包排

▲ 家常煎豆腐

小叮嚀 03 勾芡

勾芡是烹調中的一項技巧，可使菜餚光滑美觀、口感更佳，建議勾芡時用炒瓢往同一方向推拌，明油亮芡的效果更加。另外，大部分勾芡的粉水比例為 1：1，濃度可因烹調者目的增減量、調整比例，但須注意勾芡濃稠度，避免過稀、結塊、黏稠。

〈操作與注意事項〉

比例為太白粉 1：水 1，將水倒入容器中。倒入太白粉迅速拌勻，加入料理中。勾芡火候勿過大，最好以中小火，以免黏稠結塊。

▲ 素燴杏菇捲

PART 05

食材與刀工規格認識

壹、食材介紹

（一）乾貨

乾木耳

乾香菇

乾紅棗

乾辣椒

花椒粒

長糯米

杏仁角

白芝麻

（二）加工

海苔片

麵筋泡

干瓢

冬菜

榨菜

酸菜心

桶筍

烤麩

麵腸

板豆腐

生豆包

五香大豆乾

豆乾

白蒟蒻

鳳梨片

玉米粒

紅豆沙

鹹蛋黃

千張豆皮

春捲皮

半圓豆皮

（三）蔬果

鮮香菇

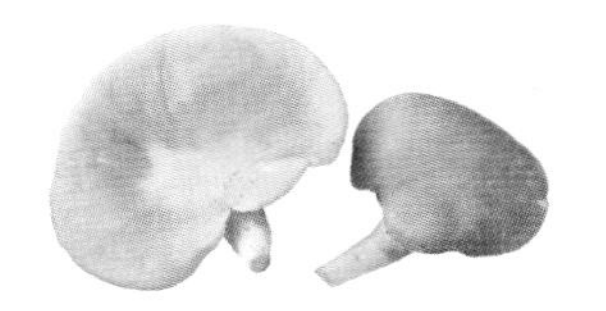

鮑魚菇

杏鮑菇

洋菇

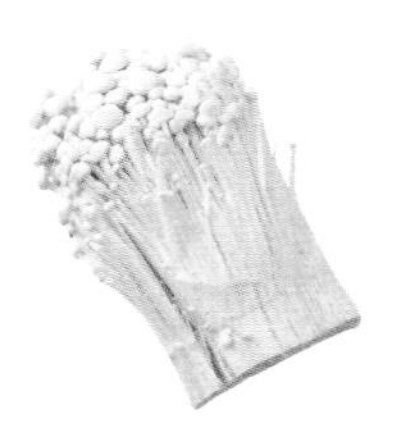

金針菇

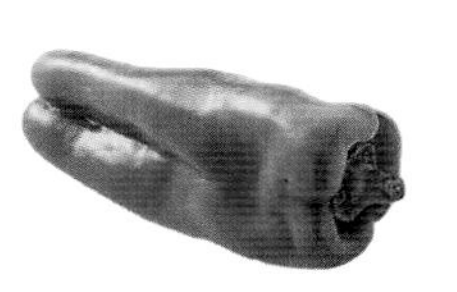

青椒

黃甜椒

紅甜椒

茄子

苦瓜

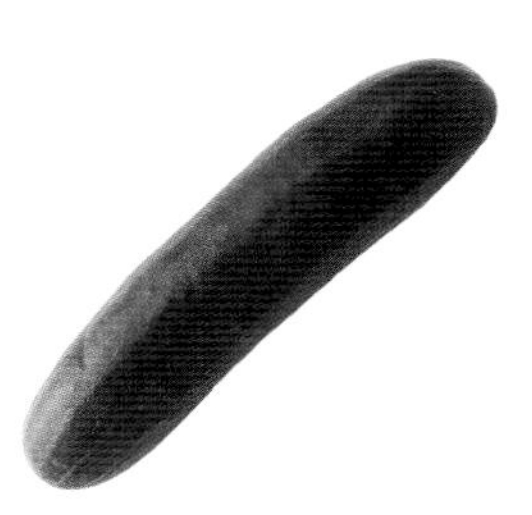

大黃瓜

小黃瓜

西芹　芹菜　牛蒡　馬鈴薯

豆薯　白山藥　地瓜　芋頭

冬瓜　中薑　老薑　紅蘿蔔

白蘿蔔　大白菜　高麗菜　青江菜

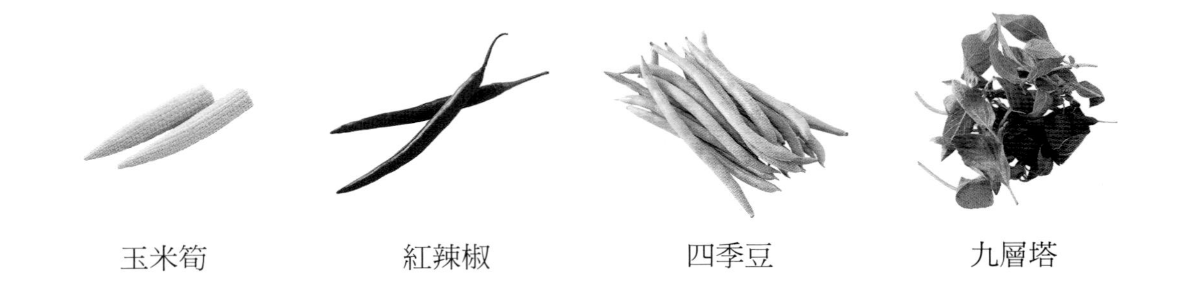

玉米筍　紅辣椒　四季豆　九層塔

香菜　綠豆芽

（四）雞蛋、調味料

雞蛋　沙拉醬　粉蒸粉　黃豆醬

梅子粉　酒釀　麵包屑

貳、刀工規格總表

（一）乾貨

食材	刀工	規格（公分）	對應題組	對應菜餚
乾香菇	斜片	復水去蒂，斜切，寬 2.0 ～ 4.0，長度及高（厚）依食材規格	301-1 301-6 301-8 301-12 302-2 302-3 302-4 302-7	麒麟豆腐片 炒竹筍梳片 燴素什錦 素燒獅子頭 榨菜冬瓜夾 香菇蛋酥燜白菜 金沙筍梳片 烤麩麻油飯
	末	直徑 0.3 以下碎末	301-1 301-4 301-6 302-2 302-6 302-6 302-9	三絲淋素蛋餃 燜燒辣味茄條 三珍鑲冬瓜 炸杏仁薯球 咖哩茄餅 乾煸四季豆 什錦鑲豆腐
	1/4 片	復水去蒂，一開四	301-2	紅燒烤麩塊
	絲	寬、高（厚）各為 0.2 ～ 0.4，長度依食材規格	301-4 301-6 301-7 301-9 302-1 302-10	炸海苔芋絲 炸素菜春捲 辣炒蒟蒻絲 炒牛蒡絲 三絲冬瓜捲 三絲淋蒸蛋
	鬆	長、寬、高（厚）各 0.1 ～ 0.3，整齊刀工	301-10	豆薯炒蔬菜鬆
	長條	寬為 0.5 ～ 1.0，長 4.0 ～ 6.0，高（厚）及長度依食材規格	302-7	脆鱔香菇條
	條	寬為 0.5 ～ 1.0，高（厚）及長度依食材規格	301-12	香菇柴把湯

乾香菇	粒	切長、寬各 0.4 ～ 0.8 粒狀，高（厚）依食材規格	302-3 302-5	八寶米糕 紅燒素黃雀包
	剞刀	長、寬依食材規格。格子間格 0.3 ～ 0.5，深度達 1/2 深的剞刀片塊	302-12	沙茶香菇腰花
乾木耳	絲	寬 0.2 ～ 0.4，長 4.0 ～ 6.0，高（厚）依食材規格	301-1 301-2 301-3 301-8 301-10 301-12 302-5 302-7 302-11 302-12	三絲淋素蛋餃 蘿蔔三絲捲 酸辣筍絲羹 三椒炒豆乾絲 木耳蘿蔔絲球 什錦煎餅 三絲豆腐羹 什錦高麗菜捲 五絲豆包素魚 五彩拌西芹
	菱形片	長 2.0 ～ 3.0，寬 1.0 ～ 2.0，高（厚）依食材規格	301-7 301-8 301-11 302-2 302-8 302-10	燴三色山藥片 咖哩馬鈴薯排 家常煎豆腐 麻辣素麵腸片 茄汁燒芋頭丸 三色鮑菇捲
	末	直徑 0.3 以下碎末	302-4	黑胡椒豆包排
乾辣椒	段	長 2.0 ～ 4.0	302-2	麻辣素麵腸片

（二）加工

食材	刀工	規格（公分）	對應題組	對應菜餚
榨菜	長方片	長 4.0 ～ 6.0，寬 2.0 ～ 4.0，高（厚）0.2 ～ 0.4	302-2	榨菜冬瓜夾
	絲	寬、高（厚）各為 0.2 ～ 0.4，長 4.0 ～ 6.0	301-1	榨菜炒筍絲

板豆腐	長方片	長 4.0 ～ 6.0、寬 2.0 ～ 4.0、高（厚）0.8 ～ 1.5 長方片	301-1 301-11 302-1	麒麟豆腐片 家常煎豆腐 焦溜豆腐片
	絲	寬、高（厚）各為 0.2 ～ 0.4，長 4.0 ～ 6.0	301-3 302-5	酸辣筍絲羹 三絲豆腐羹
	泥	壓泥，擠乾水分	301-9 301-12 302-6	豆瓣鑲茄段 素燒獅子頭 咖哩茄餅
	四方塊	正方塊長 4.0 ～ 5.0、寬 3.0 ～ 3.5、高（厚）3.0 ～ 4.0	302-9	什錦鑲豆腐
烤麩	塊	一開四	301-2 302-7	紅燒烤麩塊 烤麩麻油飯
小豆乾（黃）	粒	長、寬、高（厚）各 0.4 ～ 0.8	302-3	八寶米糕
桶筍	絲	寬、高（厚）各為 0.2 ～ 0.4，長 4.0 ～ 6.0	301-1 301-3 301-6 301-7 302-1 302-5 302-7 302-10 302-11	榨菜炒筍絲 酸辣筍絲羹 炸素菜春捲 辣炒蒟蒻絲 三絲冬瓜捲 三絲豆腐羹 什錦高麗菜捲 三絲淋蒸蛋 五絲豆包素魚
	末	直徑 0.3 以下碎末	301-1	三絲淋素蛋餃
	滾刀塊	長、寬 2.0 ～ 4.0 的滾刀塊	301-2	紅燒烤麩塊
	菱形片	長 4.0 ～ 6.0，寬 2.0 ～ 4.0，高（厚）0.2 ～ 0.4	301-4 301-8 302-3 302-11	素燴杏菇捲 燴素什錦 香菇蛋酥燜白菜 竹筍香菇湯
	梳子片	長 4.0 ～ 6.0，寬 2.0 ～ 4.0，高（厚）0.2 ～ 0.4 的梳子花刀片（花刀間格為 0.5 以下）	301-6 302-4	炒竹筍梳片 金沙筍梳片

桶筍	條	寬為 0.5 ～ 1.0，長 4.0 ～ 6.0	301-12	香菇柴把湯
	粒	長、寬、高（厚）各 0.4 ～ 0.8	302-5	紅燒素黃雀包
冬菜	末	直徑 0.3 以下碎末	301-3 301-6 301-12 302-6	乾煸杏鮑菇 三珍鑲冬瓜 素燒獅子頭 乾煸四季豆
海苔片	絲	長 4.0 ～ 6.0，寬為 0.2 ～ 0.4	301-4	炸海苔芋絲
	片	整片	301-7 302-11	乾炒素小魚干 五絲豆包素魚
	條	長 6.0 ～ 8.0，寬為 1.0 ～ 1.2	302-11	乾燒金菇柴把
生豆包	長條片	攤開對切	301-5	茄汁豆包捲
	末	直徑 0.3 以下碎末	301-1 301-6 302-4	三絲淋素蛋餃 三珍鑲冬瓜 黑胡椒豆包排
	鬆	長、寬、高（厚）各 0.1 ～ 0.3，整齊刀工	301-10	豆薯炒蔬菜鬆
	粒	長、寬、高（厚）各 0.4 ～ 0.8	302-3	八寶米糕
	絲	寬、高（厚）各為 0.2 ～ 0.4，長 4.0 ～ 6.0	302-11	五絲豆包素魚
春捲皮	正方片	切修圓邊，略呈方片	301-6	炸素菜春捲
千張豆皮	片	整張	301-7	乾炒素小魚干
白蒟蒻	絲	寬、高（厚）各為 0.2 ～ 0.4，長 4.0 ～ 6.0	301-7	辣炒蒟蒻絲
五香大豆乾	絲	寬、高（厚）各為 0.2 ～ 0.4，長 4.0 ～ 6.0	301-2 301-5 301-6 301-8 302-7 302-12	蘿蔔三絲捲 銀芽炒雙絲 炸素菜春捲 三椒炒豆乾絲 什錦高麗菜捲 五彩拌西芹

五香大豆乾	粒	長、寬、高（厚）各 0.4 ～ 0.8	302-5	紅燒素黃雀包
	片	長 4.0 ～ 6.0，寬 2.0 ～ 4.0，高（厚）0.8 ～ 1.0	302-5	西芹炒豆乾片
	末	直徑 0.3 以下碎末	302-9	什錦鑲豆腐
鳳梨片	片	一開六	301-9 302-4	醋溜芋頭條 糖醋素排骨
玉米粒	粒		301-10 302-9	三色洋芋沙拉 什錦鑲豆腐
麵腸	條	寬、高（厚）各為 0.5 ～ 1.0，長 4.0 ～ 6.0	301-12	香菇柴把湯
	絲	寬、高（厚）各為 0.2 ～ 0.4，長 4.0 ～ 6.0	301-12	什錦煎餅
	斜片	長 4.0 ～ 6.0，寬依食材規格，高（厚）0.2 ～ 0.4	302-2	麻辣素麵腸片
酸菜心（仁）	絲	寬、高（厚）各為 0.2 ～ 0.4，長 4.0 ～ 6.0	302-11	五絲豆包素魚
	條	寬為 0.5 ～ 1.0，長 4.0 ～ 6.0，高（厚）依食材規格	301-12	香菇柴把湯
鹹蛋黃	末	蒸熟後切直徑 0.3 以下碎末	302-4	金沙筍梳片
半圓豆皮	片	整片	302-11	五絲豆包素魚
		一開二	302-5	紅燒素黃雀包
		一開三	302-4	糖醋素排骨
麵筋泡		泡水	301-8	燴素什錦
干瓢	條	泡水	301-12	香菇柴把湯

（三）蔬果

食材	刀工	規格（公分）	對應題組	對應菜餚
青椒	絲	寬、高（厚）各為 0.2 ～ 0.4，長 4.0 ～ 6.0	301-1 301-5 301-7 301-8	榨菜炒筍絲 銀芽炒雙絲 辣炒蒟蒻絲 三椒炒豆乾絲
	條	寬為 0.5 ～ 1.0，長 4.0 ～ 6.0，高（厚）依食材規格	301-9 301-11	醋溜芋頭條 青椒炒杏菇條
	菱形片	長 3.0 ～ 5.0，寬 2.0 ～ 4.0，高（厚）依食材 規格	302-1 302-4 302-6 302-8 302-10 302-12	焦溜豆腐片 糖醋素排骨 咖哩茄餅 茄汁燒芋丸 三色鮑菇捲 沙茶香菇腰花
紅辣椒	絲	寬、高（厚）各為 0.3 以下，長 4.0 ～ 6.0	301-1 301-5 301-7 301-9 301-11 302-7 302-11	榨菜炒筍絲 銀芽炒雙絲 辣炒蒟蒻絲 炒牛蒡絲 青椒炒杏菇條 什錦高麗菜捲 五絲豆包素魚
	末	直徑 0.3 以下碎末	301-3 301-4 301-5 301-7 302-7 302-8 302-10	乾煸杏鮑菇 燜燒辣味茄條 鹽酥香菇塊 乾炒素小魚干 脆鱔香菇條 素魚香茄段 椒鹽牛蒡片
	菱形片	長 2.0 ～ 3.0，寬 1.0 ～ 2.0，高（厚）依食材規格	302-4 302-6	糖醋素排骨 三杯菊花洋菇
中薑	絲	寬、高（厚）各為 0.3 以下，長 4.0 ～ 6.0	301-1 301-2 301-3 301-5 301-7	三絲淋素蛋餃 蘿蔔三絲捲 酸辣筍絲羹 銀芽炒雙絲 辣炒蒟蒻絲

<table>
<tr><td rowspan="4">中薑</td><td>絲</td><td>寬、高（厚）各為 0.3 以下，長 4.0 ～ 6.0</td><td>301-8
301-9
301-9
301-10
301-11
301-12
302-1
302-7
302-10
302-11
302-12</td><td>三椒炒豆乾絲
炒牛蒡絲
醋溜芋頭條
木耳蘿蔔絲球
青椒炒杏菇條
什錦煎餅
三絲冬瓜捲
什錦高麗菜捲
三絲淋蒸蛋
五絲豆包素魚
五彩拌西芹</td></tr>
<tr><td>水花片</td><td></td><td>301-1
301-7
301-11
302-2</td><td>麒麟豆腐片
燴三色山藥片
家常煎豆腐
榨菜冬瓜夾</td></tr>
<tr><td>末</td><td>直徑 0.3 以下碎末</td><td>301-2
301-3
301-5
301-6
301-7
301-9
301-10
301-12
302-3
302-4
302-5
302-6
302-7
302-8
302-9
302-10
302-11</td><td>炸蔬菜山藥條
乾煸杏鮑菇
鹽酥香菇塊
三珍鑲冬瓜
乾炒素小魚干
豆瓣鑲茄段
豆薯炒蔬菜鬆
素燒獅子頭
八寶米糕
黑胡椒豆包排
紅燒素黃雀包
乾煸四季豆
脆鱔香菇條
素魚香茄段
什錦鑲豆腐
椒鹽牛蒡片
乾燒金菇柴把</td></tr>
<tr><td>菱形片</td><td>長 2.0 ～ 3.0，寬 1.0 ～ 2.0，高（厚）0.2 ～ 0.4</td><td>301-2
301-4
301-6
301-8
301-8
301-12
302-1</td><td>紅燒烤麩塊
素燴杏菇捲
炒竹筍梳片
燴素什錦
咖哩馬鈴薯排
香菇柴把湯
紅燒杏菇塊</td></tr>
</table>

中薑	菱形片	長 2.0 ～ 3.0，寬 1.0 ～ 2.0，高（厚）0.2 ～ 0.4	302-1 302-2 302-3 302-4 302-5 302-6 302-9 302-10 302-11 302-12	焦溜豆腐片 麻辣素麵腸片 香菇蛋酥燜白菜 金沙筍梳片 西芹炒豆乾片 三杯菊花洋菇 香菇炒馬鈴薯片 三色鮑菇捲 竹筍香菇湯 沙茶香菇腰花
紅蘿蔔	水花片		301-1 301-2 301-3 301-4 301-5 301-6 301-7 301-8 301-9 301-10 301-11 301-12 302-1 302-2 302-3 302-4 302-5 302-6 302-7 302-8 302-9 302-10 302-11 302-12	麒麟豆腐片 蘿蔔三絲捲 乾煸杏鮑菇 素燴杏菇捲 茄汁豆包捲 炒竹筍梳片 燴三色山藥片 燴素什錦 豆瓣鑲茄段 木耳蘿蔔絲球 家常煎豆腐 香菇柴把湯 焦溜豆腐片 榨菜冬瓜夾 香菇蛋酥燜白菜 糖醋素排骨 西芹炒豆乾片 咖哩茄餅 什錦高麗菜捲 茄汁燒芋頭丸 香菇炒馬鈴薯片 三色鮑菇捲 竹筍香菇湯 沙茶香菇腰花
	滾刀塊	長、寬 2.0 ～ 4.0	301-2 302-1 302-6	紅燒烤麩塊 紅燒杏菇塊 三杯菊花洋菇

<table>
<tr><td rowspan="6">紅蘿蔔</td><td>絲</td><td>寬、高（厚）各為 0.2 ～ 0.4，長 4.0 ～ 6.0</td><td>301-1
301-2
301-3
301-4
301-6
301-12
302-1
302-5
302-7
302-10
302-11
302-12</td><td>三絲淋素蛋餃
蘿蔔三絲捲
酸辣筍絲羹
炸海苔芋絲
炸素菜春捲
什錦煎餅
三絲冬瓜捲
三絲豆腐羹
什錦高麗菜捲
三絲淋蒸蛋
五絲豆包素魚
五彩拌西芹</td></tr>
<tr><td>指甲片</td><td>長、寬各為 1.0 ～ 1.5，高（厚）0.3 以下</td><td>301-3</td><td>三色煎蛋</td></tr>
<tr><td>末</td><td>直徑 0.3 以下碎末</td><td>301-6
302-4
302-9</td><td>三珍鑲冬瓜
黑胡椒豆包排
什錦鑲豆腐</td></tr>
<tr><td>菱形片</td><td>長 2.0 ～ 3.0，寬 1.0 ～ 2.0，高（厚）0.2 ～ 0.4</td><td>301-8</td><td>咖哩馬鈴薯排</td></tr>
<tr><td>粒</td><td>長、寬、高（厚）各 0.4 ～ 0.8</td><td>301-10
302-3
302-5</td><td>三色洋芋沙拉
八寶米糕
紅燒素黃雀包</td></tr>
<tr><td>條</td><td>寬、高（厚）各為 0.5 ～ 1.0，長 4.0 ～ 6.0</td><td>301-5
301-11
302-8</td><td>茄汁豆包捲
青椒炒杏菇條
黃豆醬滷苦瓜</td></tr>
<tr><td>芹菜</td><td>末</td><td>直徑 0.3 以下碎末</td><td>301-1
301-3
301-4
301-7
301-8
301-9
301-12
302-6
302-8
302-10
302-11</td><td>三絲淋素蛋餃
乾煸杏鮑菇
燜燒辣味茄條
乾炒素小魚干
咖哩馬鈴薯排
豆瓣鑲茄段
素燒獅子頭
乾煸四季豆
素魚香茄段
椒鹽牛蒡片
乾燒金菇柴把</td></tr>
</table>

芹菜	絲	寬、高(厚)各為 0.2 ～ 0.4，長 4.0 ～ 6.0	301-1 301-12 302-5	三絲淋素蛋餃 什錦煎餅 三絲豆腐羹
	長段	長 15 公分	301-2 302-1	蘿蔔三絲捲 三絲冬瓜捲
	段	長 4.0 ～ 6.0	301-6 301-9	炸素菜春捲 炒牛蒡絲
	粒	長、寬、高(厚)各為0.4～0.8	301-3 301-5 301-10 301-11 302-2 302-3 302-4	三色煎蛋 鹽酥香菇塊 豆薯炒蔬菜鬆 芋頭地瓜絲糕 炸杏仁薯球 八寶米糕 金沙筍梳片
小黃瓜	絲	寬、高(厚)各為 0.2 ～ 0.4，長 4.0 ～ 6.0	301-1 301-3 301-10 302-10	三絲淋素蛋餃 酸辣筍絲羹 木耳蘿蔔絲球 三絲淋蒸蛋
	滾刀塊	長、寬 2.0 ～ 4.0	301-2	紅燒烤麩塊
	菱形片	長 4.0 ～ 6.0，寬 2.0 ～ 4.0，高(厚)0.2 ～ 0.4	301-4 301-5 301-6 301-7 301-8 301-8 301-11 301-12 302-9 302-11	素燴杏菇捲 茄汁豆包捲 炒竹筍梳片 燴三色山藥片 燴素什錦 咖哩馬鈴薯排 家常煎豆腐 香菇柴把湯 香菇炒馬鈴薯片 竹筍香菇湯
紅甜椒	絲	寬、高(厚)各為 0.2 ～ 0.4，長 4.0 ～ 6.0	301-8	三椒炒豆乾絲
	末	直徑 0.3 以下碎末	301-2 302-11	炸蔬菜山藥條 乾燒金菇柴把

紅甜椒	菱形片	長 3.0 ～ 5.0，寬 2.0 ～ 4.0，高（厚）依食材規格	302-1 302-5 302-6 302-12	焦溜豆腐片 西芹炒豆乾片 咖哩茄餅 沙茶香菇腰花
	條	寬為 0.5 ～ 1.0，長 4.0 ～ 6.0，高（厚）依食材規格	301-9	醋溜芋頭條
	鬆	長、寬、高（厚）各 0.1 ～ 0.3，整齊刀工	301-10	豆薯炒蔬菜鬆
青江菜	末	直徑 0.3 以下碎末	301-2	炸蔬菜山藥條
	對切	對切為 1/2	301-6	三珍鑲冬瓜
白山藥	條	寬、高（厚）各為 0.8 ～ 1.2，長 4.0 ～ 6.0	301-2	炸蔬菜山藥條
	片	長 4.0 ～ 6.0，寬 2.0 ～ 4.0，高（厚）0.4 ～ 0.6	301-7	燴三色山藥片
白蘿蔔	長薄片	長 12.0 以上，寬 4.0 以上，高（厚）0.3 以下	301-2	蘿蔔三絲捲
	絲	寬、高（厚）各為 0.2 ～ 0.4，長 4.0 ～ 6.0	301-10	木耳蘿蔔絲球
杏鮑菇	片	寬 2.0 ～ 4.0、高（厚）0.4 ～ 0.6，長 4.0 ～ 6.0	301-3	乾煸杏鮑菇
	剞刀厚片	長 4.0 ～ 6.0，高（厚）1.0 ～ 1.5，寬依杏鮑菇。格子間格 0.3 ～ 0.5，深度達 1/2 深的剞刀片塊	301-4	素燴杏菇捲
	條	寬為 0.5 ～ 1.0，長 4.0 ～ 6.0	301-11	青椒炒杏菇條
	滾刀塊	長、寬 2.0 ～ 4.0 的滾刀塊	302-1	紅燒杏菇塊
玉米筍	片	高（厚）0.3 以下	301-3	三色煎蛋
	條	寬、高（厚）各為 0.5 ～ 1.0，長 4.0 ～ 6.0	302-8	黃豆醬滷苦瓜

玉米筍	斜段	1/2 斜角對切	302-1	紅燒杏菇塊
四季豆	片	高（厚）0.3 以下	301-3	三色煎蛋
	粒	高（厚）0.4 ～ 0.8	301-10	三色洋芋沙拉
	段	長 4.0 ～ 6.0	302-9	梅粉地瓜條
	長條	切除頭尾兩端	302-6	乾煸四季豆
茄子	條	長 4.0 ～ 6.0，茄子依圓徑切四分之一	301-4	燜燒辣味茄條
	段	長 4.0 ～ 6.0 直段或斜段，直徑依食材規格可剖開	302-8	素魚香茄段
	空心段	長 4.0 ～ 6.0 直段，以湯匙後端將中心挖空	301-9	豆瓣鑲茄段
	夾	長 4.0 ～ 6.0，寬 3.0 以上，高（厚）0.8 ～ 1.2 雙飛片	302-6	咖哩茄餅
芋頭	片	高（厚）0.5 ～ 1.0	302-8	茄汁燒芋頭丸
	絲	寬、高（厚）各為 0.2 ～ 0.4，長 4.0 ～ 6.0	301-4 301-11	炸海苔芋絲 芋頭地瓜絲糕
	條	寬、高（厚）各為 0.5 ～ 1.0，長 4.0 ～ 6.0	301-5 301-9 302-4	茄汁豆包捲 醋溜芋頭條 糖醋素排骨
	粒	長、寬、高（厚）各 0.4 ～ 0.8	302-3	八寶米糕
鮮香菇	塊（直刀厚片）	一開四	301-5 302-3	鹽酥香菇塊 粉蒸地瓜塊
	斜片	去蒂，斜切，寬 2.0 ～ 4.0，長度及高（厚）依食材規格	302-9 302-11	香菇炒馬鈴薯片 竹筍香菇湯
	末	直徑 0.3 以下碎末	302-8	素魚香茄段
綠豆芽	去頭尾	銀芽	301-5 302-12	銀芽炒雙絲 五彩拌西芹

黃甜椒	菱形片	長 3.0 ～ 5.0，寬 2.0 ～ 4.0，高（厚）依食材規格	301-5 302-5 302-8 302-10 302-12	茄汁豆包捲 西芹炒豆乾片 茄汁燒芋頭丸 三色鮑菇捲 沙茶香菇腰花
	絲	寬、高（厚）各為 0.2 ～ 0.4，長 4.0 ～ 6.0	301-8 302-12	三椒炒豆乾絲 五彩拌西芹
	末	直徑 0.3 以下碎末	302-11	乾燒金菇柴把
冬瓜	長薄片	長 12.0 以上，寬 4.0 以上，高（厚）0.3 以下	302-1	三絲冬瓜捲
	雙飛片	長 4.0 ～ 6.0，寬 3.0 以上，高（厚）0.8 ～ 1.2 雙飛片	302-2	榨菜冬瓜夾
	長方盒	長 6.0、寬 4.0	301-6	三珍鑲冬瓜
高麗菜	大片	整葉，將粗梗修齊	302-7	什錦高麗菜捲
	絲	寬、高（厚）各為 0.2 ～ 0.4，長 4.0 ～ 6.0	301-6 301-12	炸素菜春捲 什錦煎餅
馬鈴薯	圓片	高（厚）0.5 ～ 1.0	301-8 302-2	咖哩馬鈴薯排 炸杏仁薯球
	長片	長 4.0 ～ 6.0，寬 2.0 ～ 4.0，高（厚）0.4 ～ 0.6	302-9	香菇炒馬鈴薯片
	粒	長、寬、高（厚）各 0.4 ～ 0.8	301-10	三色洋芋沙拉
牛蒡	絲	寬、高（厚）各為 0.2 ～ 0.4，長 4.0 ～ 6.0	301-9	炒牛蒡絲
	斜片	長 4.0 ～ 6.0，寬依食材規格，高（厚）0.2 ～ 0.4	302-10	椒鹽牛蒡片
豆薯	末	直徑 0.3 以下碎末	301-9 301-12 302-4 302-6 302-9 302-11	豆瓣鑲茄段 素燒獅子頭 黑胡椒豆包排 咖哩茄餅 什錦鑲豆腐 乾燒金菇柴把

豆薯	鬆	長、寬、高（厚）各 0.1 ～ 0.3，整齊刀工	301-10	豆薯炒蔬菜鬆
	粒	長、寬、高（厚）各 0.4 ～ 0.8	302-3 302-5	八寶米糕 紅燒素黃雀包
西芹	粒	長、寬、高（厚）各 0.4 ～ 0.8	301-10	三色洋芋沙拉
	菱形片	長 3.0 ～ 5.0，寬 2.0 ～ 4.0，高（厚）依食材規格	302-2 302-5	麻辣素麵腸片 西芹炒豆乾片
	絲	寬、高（厚）各為 0.2 ～ 0.4，長 4.0 ～ 6.0	302-12	五彩拌西芹
地瓜	圓片	高（厚）0.5 ～ 1.0	302-12	麵包地瓜餅
	絲	寬、高（厚）各為 0.2 ～ 0.4，長 4.0 ～ 6.0	301-11	芋頭地瓜絲糕
	滾刀塊	邊長 2.0 ～ 4.0 的滾刀塊	302-3	粉蒸地瓜塊
	條	寬、高（厚）各為 0.5 ～ 1.0，長 4.0 ～ 6.0	302-9	梅粉地瓜條
大白菜	塊	對切後，各一開四	301-12 302-3	素燒獅子頭 香菇蛋酥燜白菜
香菜	末	直徑 0.3 以下碎末	302-7	脆鱔香菇條
	段	直徑 4.0 ～ 6.0	302-8	黃豆醬滷苦瓜
	粒	直徑 0.4 ～ 0.8	302-5	紅燒素黃雀包
洋菇	剞刀	長、寬依食材規格。格子間格 0.3 ～ 0.5，深度達 1/2 深的剞刀片塊。需從洋菇蒂面切花。	302-6	三杯菊花洋菇
九層塔		留葉去梗	302-6 302-8	三杯菊花洋菇 素魚香茄段
苦瓜	條	寬、高（厚）各為 0.8 ～ 1.2，長 4.0 ～ 6.0	302-8	黃豆醬滷苦瓜

鮑魚菇	剞刀	長、寬依食材規格。格子間格 0.3 ～ 0.5，深度達 1/2 深的剞刀片塊	302-10	三色鮑菇捲
金針菇	段	去蒂頭	302-11	乾燒金菇柴把
老薑	斜片	洗淨不削皮，長 2.0 ～ 3.0，寬 1.0 ～ 2.0，高（厚）0.2 ～ 0.3	302-7	烤麩麻油飯
大黃瓜	盤飾	依指定盤飾	301-1 ～ 302-12	每一題組

（四）雞蛋

食材	刀工	規格（公分）	對應題組	對應菜餚
雞蛋		三段式	301-1 301-3 301-12 302-3 302-4 302-10 302-12	三絲淋素蛋餃 三色煎蛋 什錦煎餅 香菇蛋酥燜白菜 黑胡椒豆包排 三絲淋蒸蛋 麵包地瓜餅

可將食材與刀工搭配中，容易混淆、弄錯的地方記錄下來，參加測試前多多複習！

PART 06

刀器具認識及刀工示範

壹、刀具認識

（一）片刀

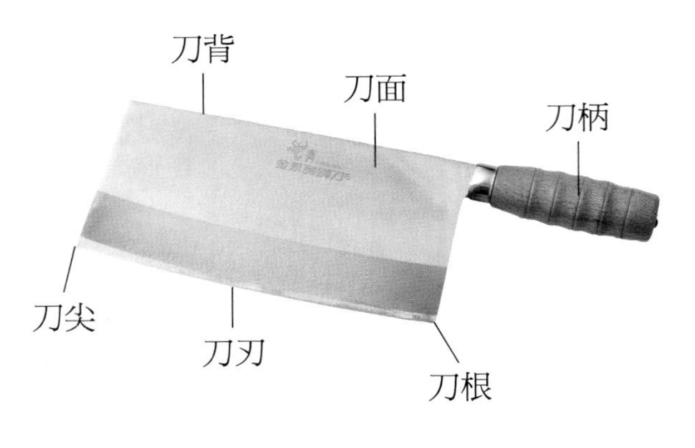

（二）雕刻刀

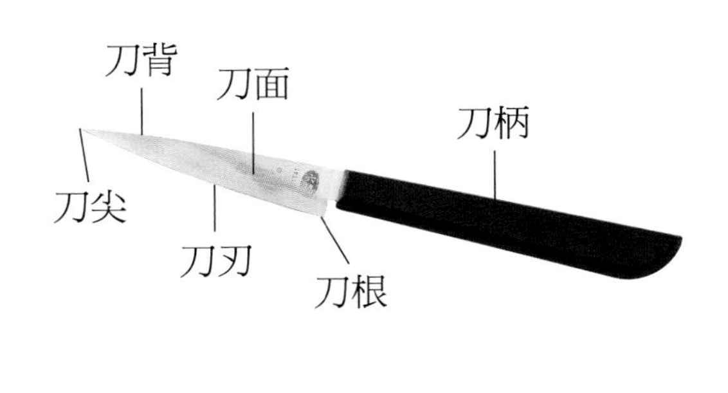

（三）片刀握法

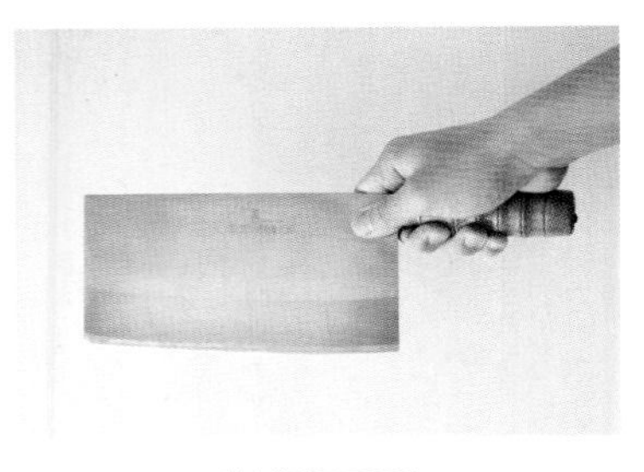

從側面看

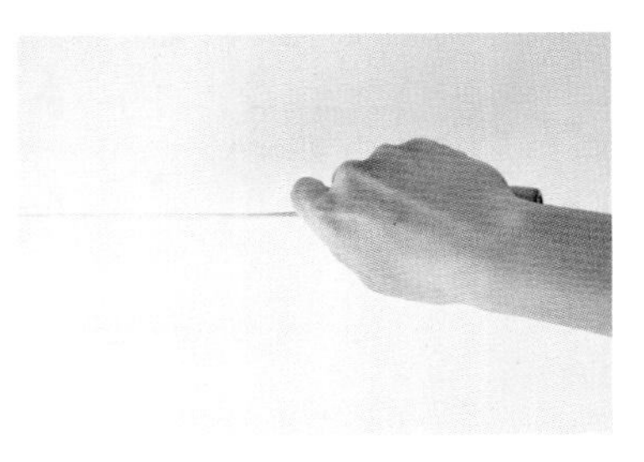

從上面看

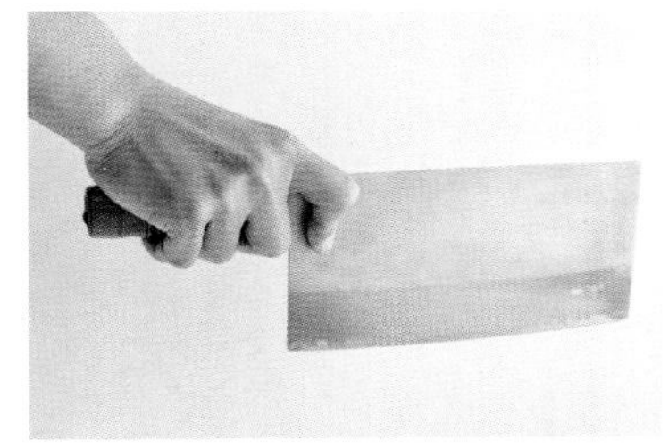

從側面看

〈操作〉

1. 右手手心貼刀柄，中指、無名指、小指握緊刀柄，食指、拇指夾握刀身。
2. 中指、無名指、小指控制力道，食指、拇指控制平衡。
3. 使用時，手和刀柄都必須保持乾燥，以免造成危險。

（四）雕刻刀握法

從側面看

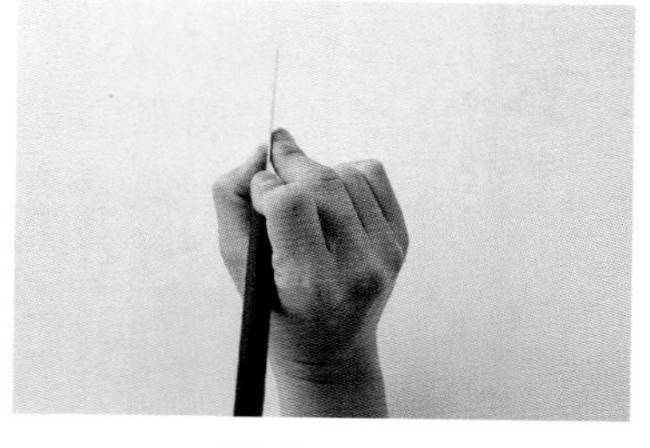
從上面看

從側面看

〈操作〉

1. 右手虎口靠著刀柄，拇指、中指夾住刀身，食指壓在刀背上，無名指、小指懸空（類似拿筆的姿勢）。
2. 拇指、食指、中指控制力道及平衡，無名指、小指支撐與定位。
3. 使用時，手和刀柄都必須保持乾燥，以免造成危險。

貳、常用器具重點提醒

以下介紹幾個考試最常使用，也最容易誤入扣分陷阱的器具。只要瞭解這些器具的正確用法，除了考試能駕輕就熟以外，平時烹調時，也能更加安全、省力。

〈注意事項〉

1. 若砧板為一塊木質、一塊白色塑膠，則木質切生食，白色塑膠切熟食。使用白色砧板通常會搭配衛生手套。
2. 若砧板為二塊塑膠質，則紅色切生食、白色切熟食。使用白色砧板通常會搭配衛生手套。
3. 使用砧板時，必須於洗淨後噴酒精消毒滅菌。

小叮嚀 02
量匙

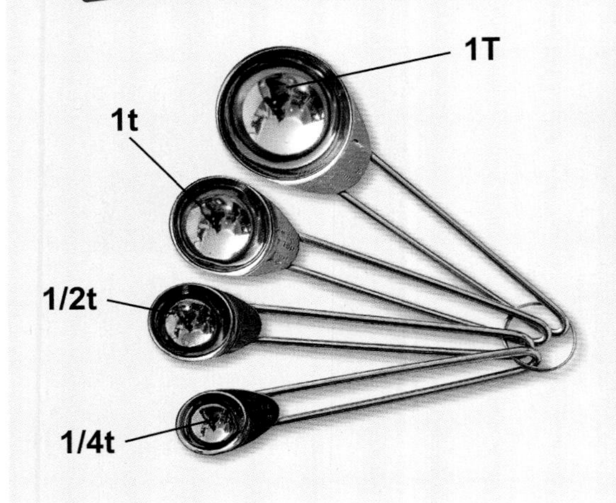

〈常用單位換算〉

單位	簡稱	換算成 c.c（立方公分）
1 大匙	1T	15
1 小匙	1t	5
1/2 小匙	1/2t	2.5
1/4 小匙	1/4t	1.25
1 杯	1C	240

小叮嚀 03
抹布

01｜白色長形 1 條

〈放置區域〉

摺疊放在熟食區的瓷盤

1. 擦拭洗淨的熟食餐器具（含調味用的湯匙、筷子）。
2. 墊握熱燙的磁碗盤。

02｜白色正方 2 條

〈放置區域〉

調理區下層工作檯的配菜盤

1. 擦拭洗淨的烹調器具（刀具、砧板、鍋具、烹調器具）。
2. 洗淨的雙手。
3. 墊砧板。

03｜黃色正方 2 條

〈放置區域〉

放置於披掛處或烹調區前緣

1. 擦拭工作檯。
2. 墊握鍋把。
3. 洗餐具流程後以酒精消毒。

參、刀工操作示範

各題組均規定須切出 2 款水花片，1 款為指定款式，另 1 款為自訂款式。以下水花片為技能檢定中心所公告之 35 種樣式圖譜：

（一）水花片參考圖譜

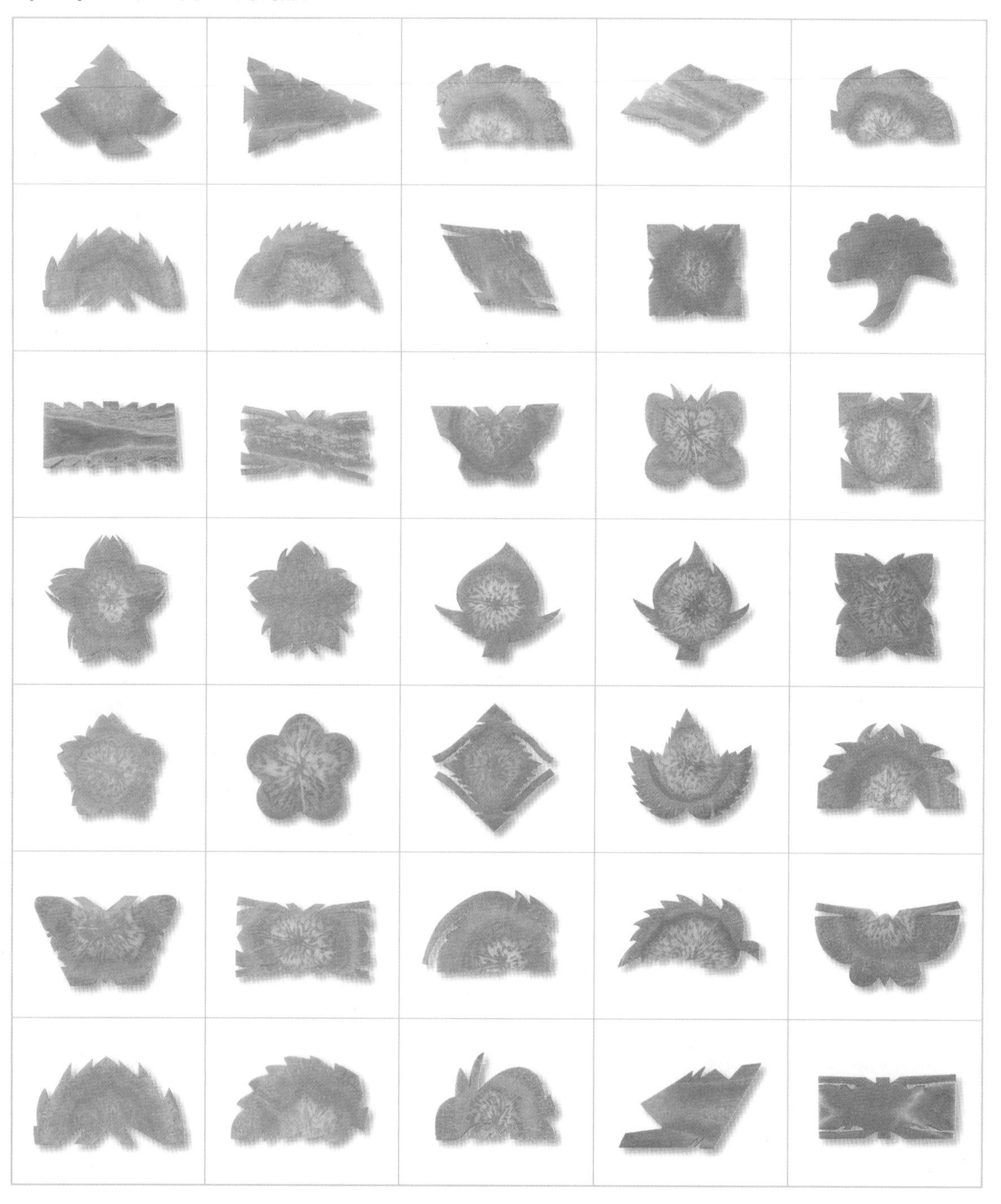

（二）重點水花片 12 款

技能檢定中心所公告的水花總類眾多，且部分難度偏高，短期間考生及讀者較難上手。本書整理出以下 12 款難易度較低的水花片，提供讀者和考生進行重點練習：

◆ 正方形變化 ❶

成品圖	示意圖（詳細見附錄）
	3.5cm 4cm 3.5cm ＊適用題組： 301-1、301-3、301-4、 301-10、301-12、 302-1、302-3、302-4、 302-10、302-12

取一圓塊切出正方塊。

取一面，第 1 刀從正中心往左移 1/3 處下一斜刀。

第 2 刀斜切，與第 1 刀交會，成斜 V 字凹槽。

第 3 ～ 4 刀為第 1 ～ 2 刀的對稱做法。

第 5 ～ 6 刀在正中心切小 V 字凹槽。

另外三個面，都使用同樣的切法（第 11 ～ 24 刀）。

切 0.3 ～ 0.4 公分的片。

◆ 正方形變化 ❷

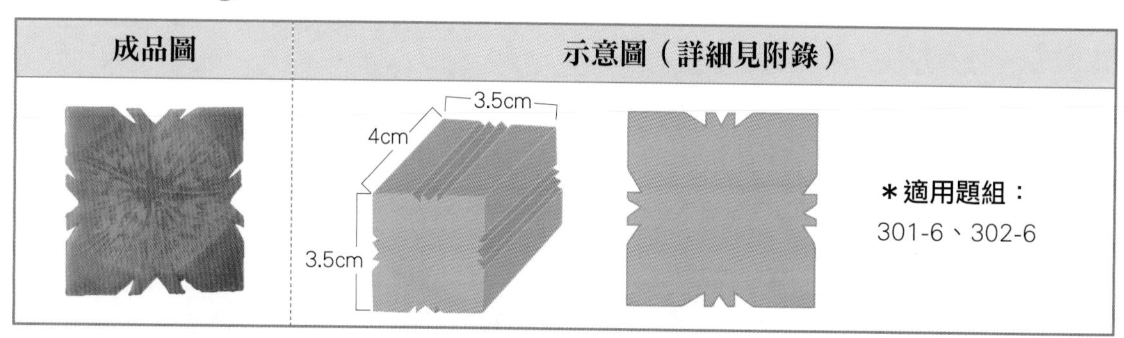

取一圓塊切出正方塊。

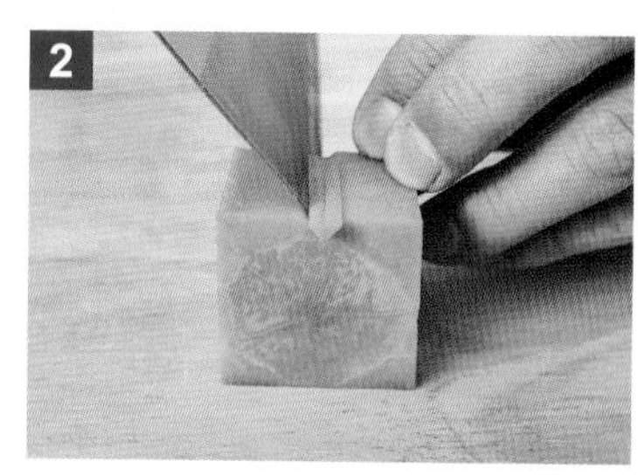

取一面，第 1 ～ 3 刀在正中心切 V 字凹槽。

第 4 ～ 5 刀沿著 V 字凹槽右邊，切一刀直、一刀斜的斜 V 字凹槽。

第 6 ～ 7 刀為第 4 ～ 5 刀的對稱做法。

另外三個面，都使用同樣的切法（第 8 ～ 28 刀）。

切 0.3 ～ 0.4 公分的片。

◆ 長方形變化 ❶

成品圖	示意圖（詳細見附錄）
	5cm 4cm 2.5cm ＊適用題組：301-7、301-9、302-7、302-9

取一圓塊切出長方塊。

取一面，正中心偏右下刀，第 1 ～ 6 刀切出三個斜 V 字凹槽。

長方塊順時針 180 度轉，第 7 ～ 12 刀切出三個斜 V 字凹槽。

另一面使用同樣的切法（第 13 ～ 24 刀）。

切 0.3 ～ 0.4 公分的片。

◆ 長方形變化 ❷

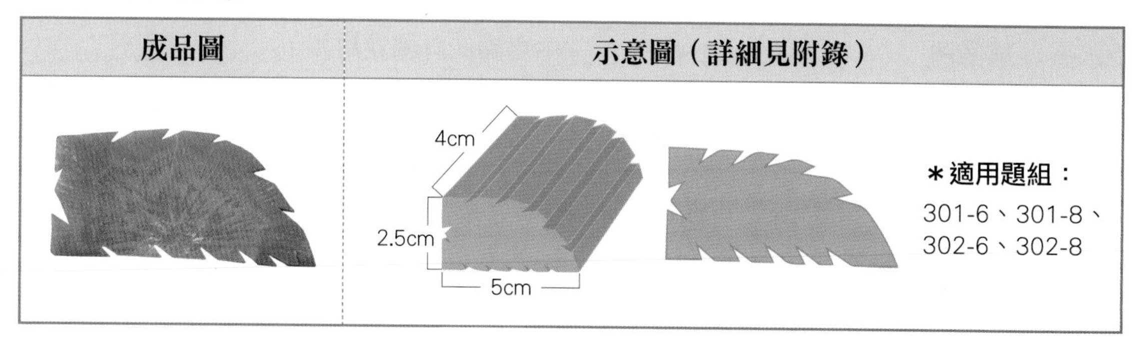

取一圓塊切修為長方塊。

第 1 刀在長邊往前，切修成弧形。

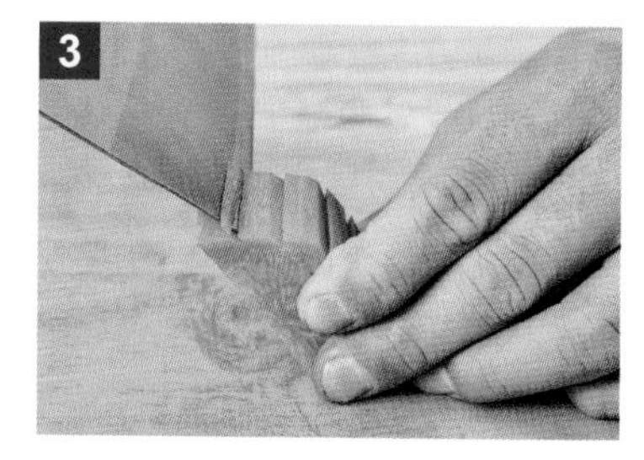

第 2 ～ 11 刀在弧形上，切五個斜 V 字凹槽。

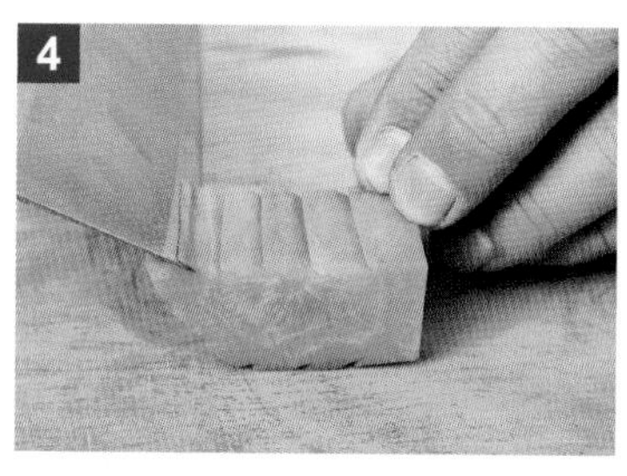

第 12 ～ 21 刀在另一個平面，切五個斜 V 字凹槽。

第 22 ～ 25 刀在平面短邊，切 W 凹槽。

切 0.3 ～ 0.4 公分的片。

◆ 菱形變化 ❶

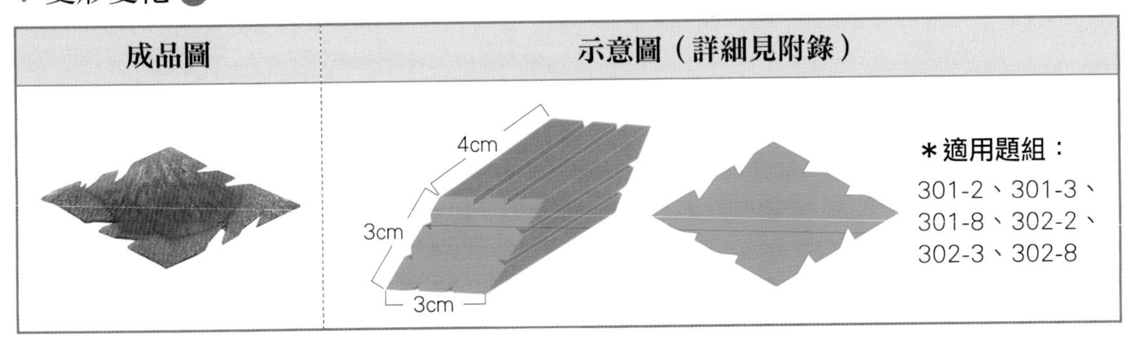

取一圓塊切對半，成為半圓塊。

切修成菱形塊。

取一邊，第 1 ～ 4 刀切出兩個斜 V 字凹槽。

另外三面用同樣切法（第 5 ～ 16 刀）。

切 0.3 ～ 0.4 公分的片。

◆ 菱形變化 ❷

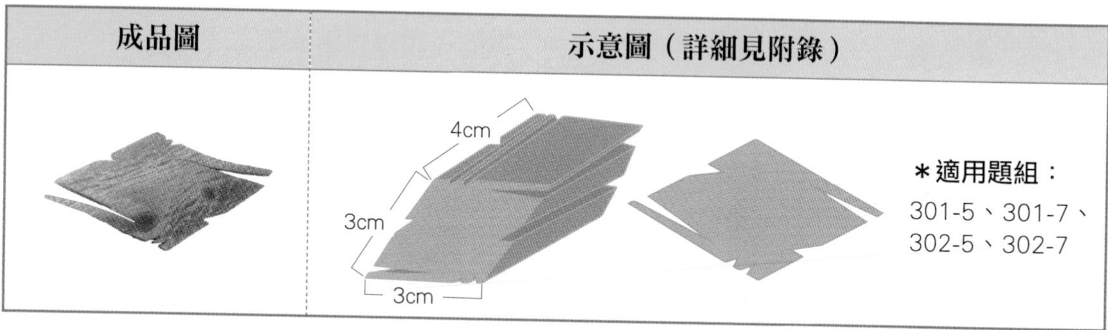

取一圓塊切對半，成為半圓塊。

切修成菱形塊。

取一面，第 1 ～ 4 刀在菱形內側一邊，切兩個斜 V 字凹槽。

第 5 刀在長邊平切一刀。

第 6 ～ 9 刀為第 1 ～ 4 刀的對稱做法。

第 10 刀為第 5 刀的對稱做法。

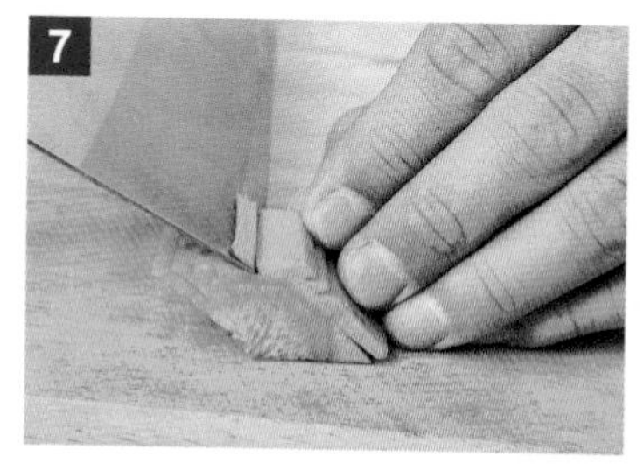

第 11 ～ 12 刀於另一邊切一刀直、一刀斜的斜 V 字凹槽。

第 13 ～ 14 刀為第 11 ～ 12 刀的對稱做法。

切 0.3 ～ 0.4 公分的片。

◆ 三角形變化

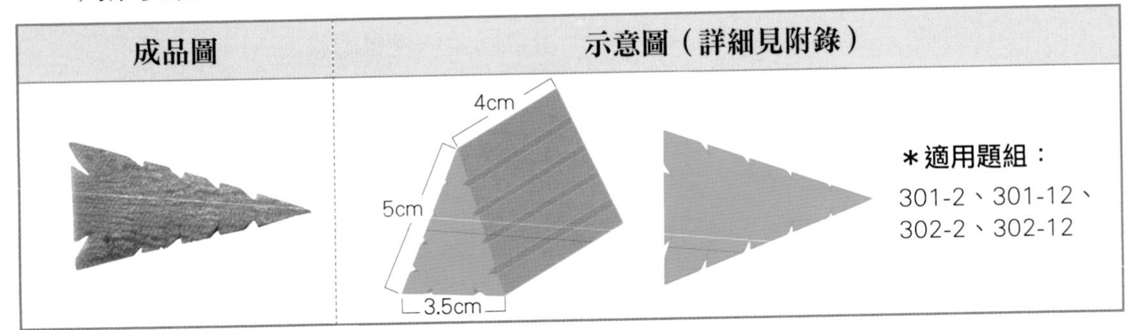

取一圓塊切對半，成為半圓塊。

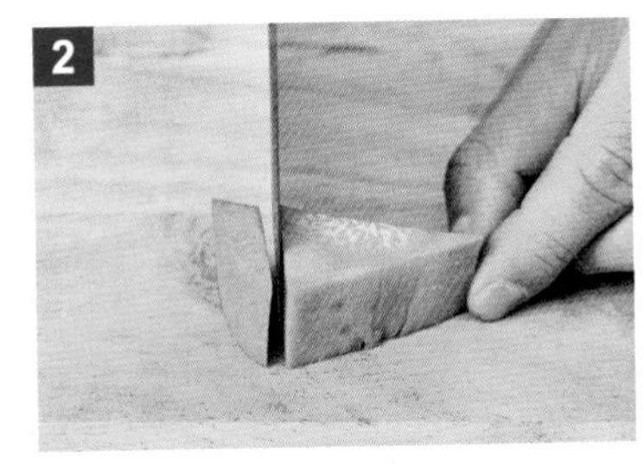

修成等腰三角塊。

取一長面，第 1 ～ 8 刀切出四個斜 V 字凹槽。

另一長面，第 9 ～ 16 刀為第 1 ～ 8 刀的對稱做法。

在短面，下第 17 ～ 20 刀，切出兩個左右對稱的斜 V 字凹槽。

切 0.3 ～ 0.4 公分的片。

◆ 半圓形變化 ❶

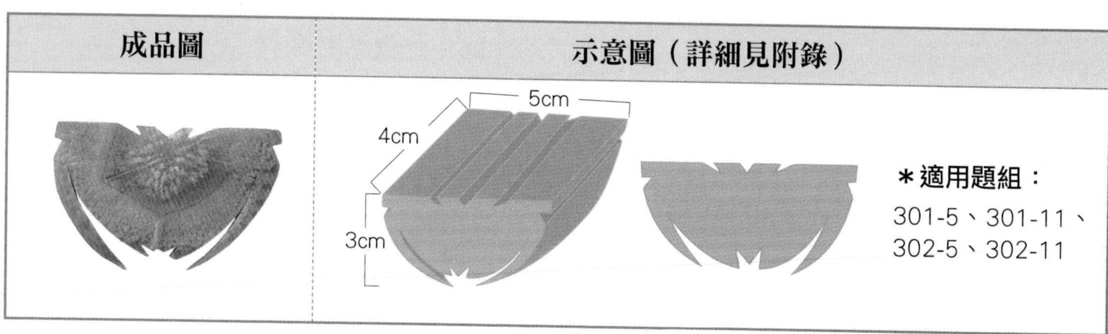

取一圓塊切對半，成為半圓塊。

第 1 ～ 3 刀在平面中心，切一個 V 字凹槽。

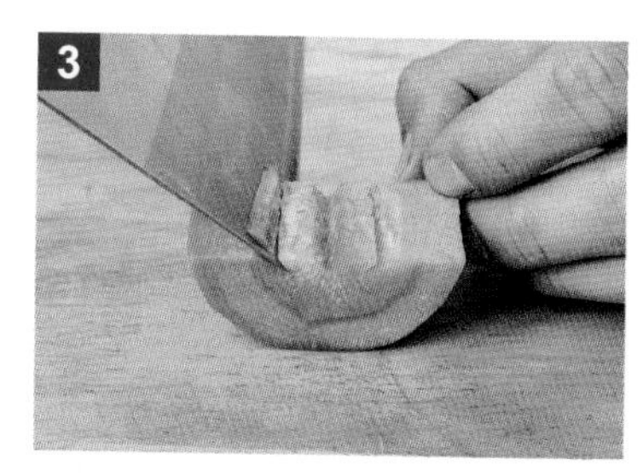
第 4 ～ 7 刀在凹槽兩側，切兩個對稱的斜 V 字凹槽。

第 8 ～ 11 刀在圓弧兩側上緣，切出兩個對稱的 V 字凹槽。

第 12 ～ 15 刀在圓弧兩側下緣，切出兩個對稱的斜 V 字弧形凹槽。

第 16 ～ 19 刀在圓弧底部中心，切 W 字凹槽。

切 0.3 ～ 0.4 公分的片。

◆ 半圓形變化 ❷

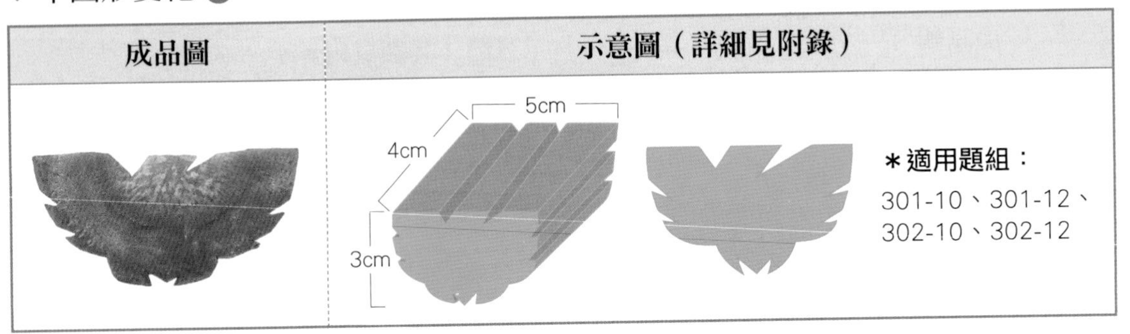

取一圓塊切對半，成為半圓塊。

第 1 ～ 4 刀在平面，切兩個大斜 V 字凹槽。

第 5 ～ 8 刀在圓弧底部中心，切 W 字凹槽。

第 9 ～ 14 刀在 W 凹槽兩側，切出兩個對稱的斜 V 字弧形凹槽。

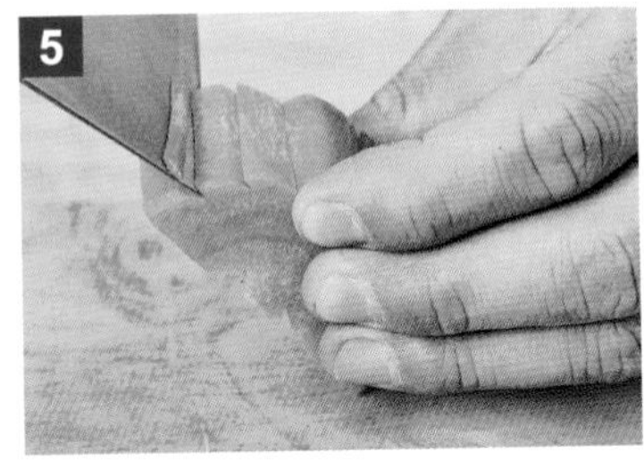

第 15 ～ 18 刀在圓弧一邊，切出兩個斜 V 字凹槽。

第 19 ～ 22 刀為第 15 ～ 18 刀的對稱做法。

切 0.3 ～ 0.4 公分的片。

◆ 半圓形變化 ❸

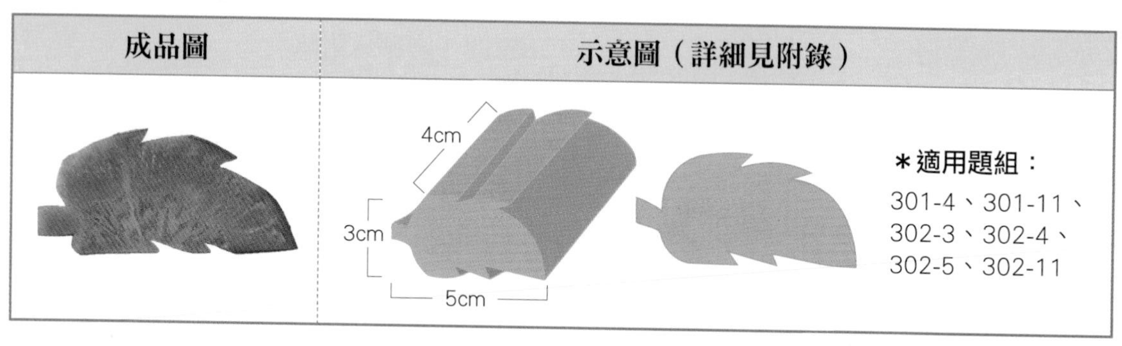

取一圓塊，切成月牙塊（半圓再小一點）。

第 1 刀在短邊下一直刀。

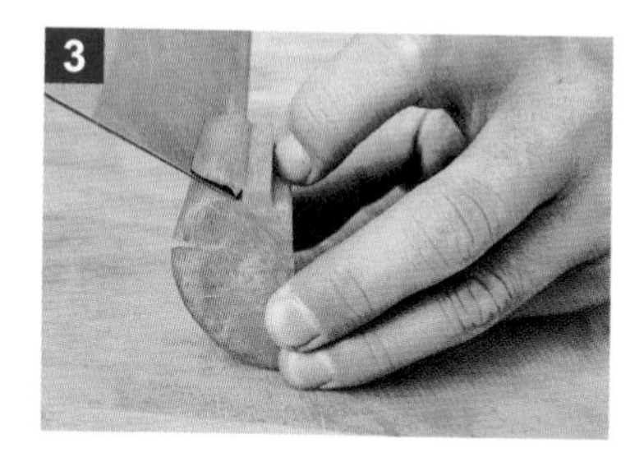

第 2 ～ 5 刀在短邊，切出兩個斜 V 字弧形凹槽。

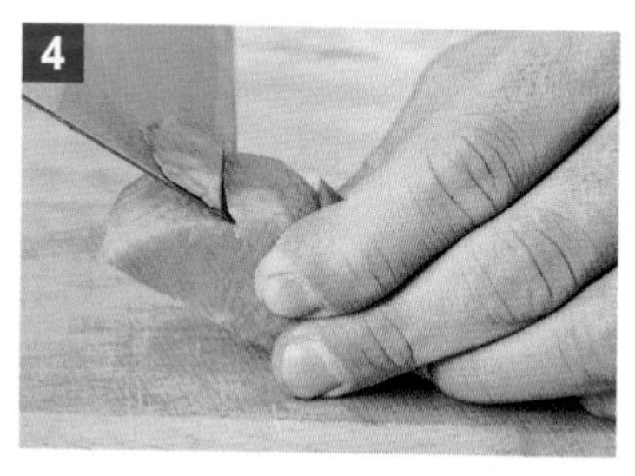

第 6 ～ 9 刀在直邊，切出兩個斜 V 字弧形凹槽。

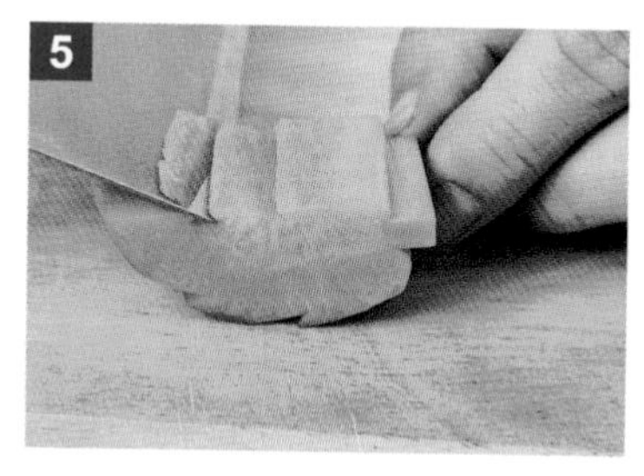

第 10 ～ 13 刀在圓弧面，切出兩個斜 V 字凹槽。

切 0.3 ～ 0.4 公分的片。

◆ 1/4 圓形變化

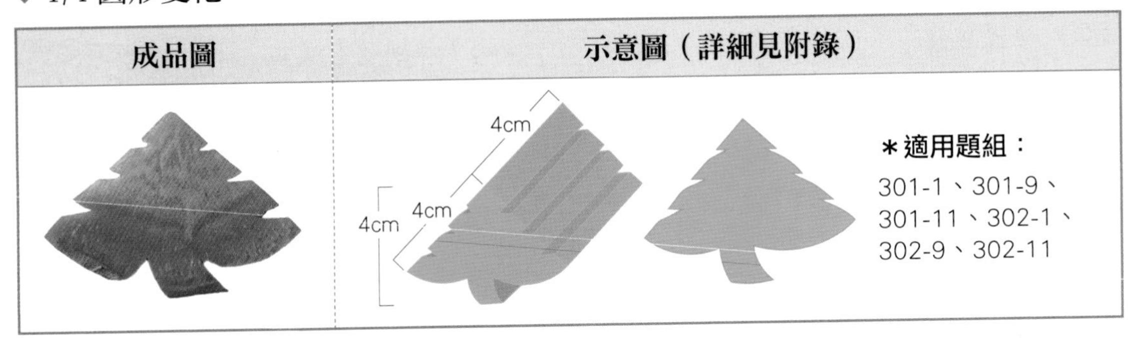

取一圓塊切 1/4 扇形塊。

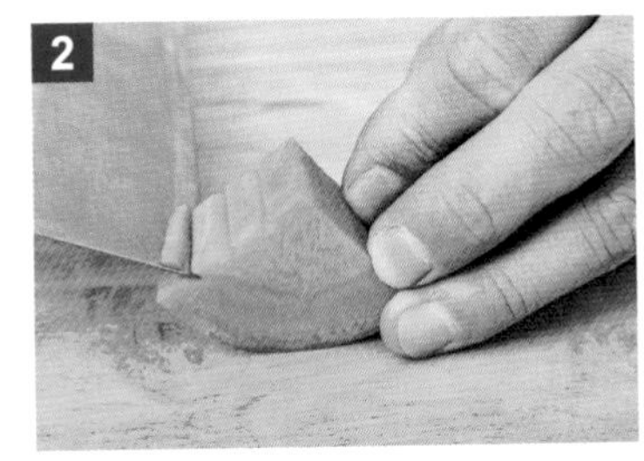

第 1 ～ 6 刀切三個斜 V 字凹槽。

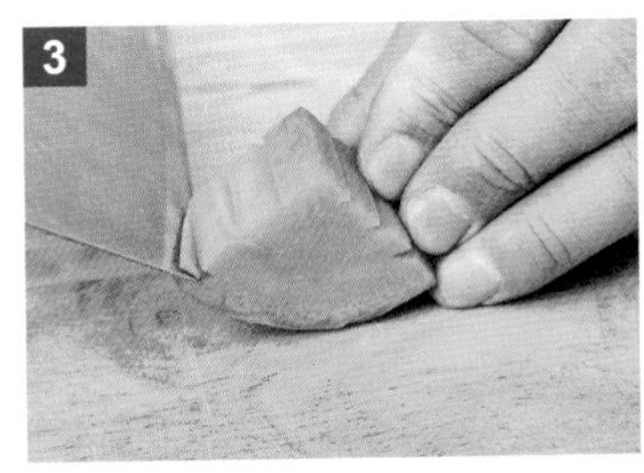

第 7 ～ 12 刀為第 1 ～ 6 刀的對稱做法。

第 13 ～ 14 刀在圓弧邊，切 V 字弧形凹槽。

第 15 ～ 16 刀為第 13 ～ 14 刀的對稱做法。

切 0.3 ～ 0.4 公分的片。

◆ 中薑水花菱形變化

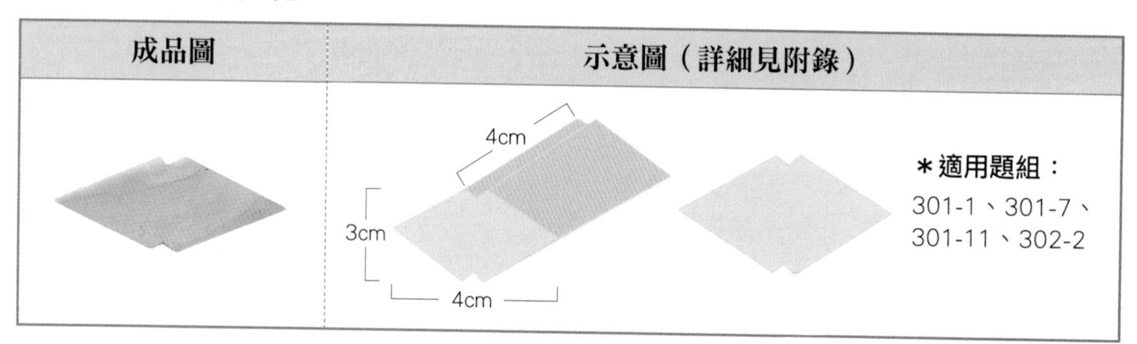

取一圓塊切成長方塊。

切修為菱形塊。

第 1 刀於短邊中間垂直切入。

第 2 ～ 3 刀在第 1 刀左右各下一刀，呈現 V 字凹槽。

第 4 刀為第 1 刀的對稱做法。

第 5 ～ 6 刀為第 2 ～ 3 刀的對稱做法。

切 0.3 ～ 0.4 公分的片。

（三）重點盤飾 12 款

本書整理出以下 12 款重點盤飾，提供讀者和考生進行重點練習：

◆ 小黃瓜變化 1

成品圖	材料／數量
	小黃瓜圓片／12 片 辣椒圓片／3 片 **＊適用題組：**301-1、301-9、301-11、302-2、302-8

辣椒切圓片。

小黃瓜切圓片。

以小黃瓜圓片 4 片、辣椒圓片 1 片為一組的方式進行組合，共需擺放三組，如圖所示。

◆ 小黃瓜變化 2

成品圖	材料／數量
	小黃瓜半圓片／一圈 **＊適用題組：**301-2、302-10

取一段小黃瓜，對切為半圓段。

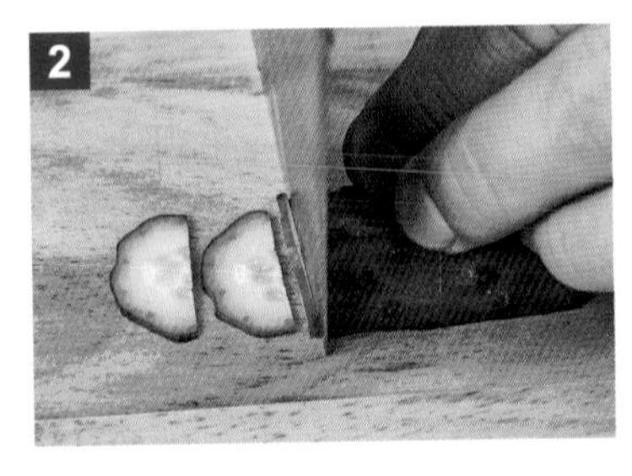

切成同樣厚薄的片。

不須壓疊，排成一圈，如圖所示。

◆ 小黃瓜變化 3

成品圖	材料／數量
	小黃瓜半圓片／ 18 片 **＊適用題組：**301-5、301-6、301-7、301-10、301-12、302-11

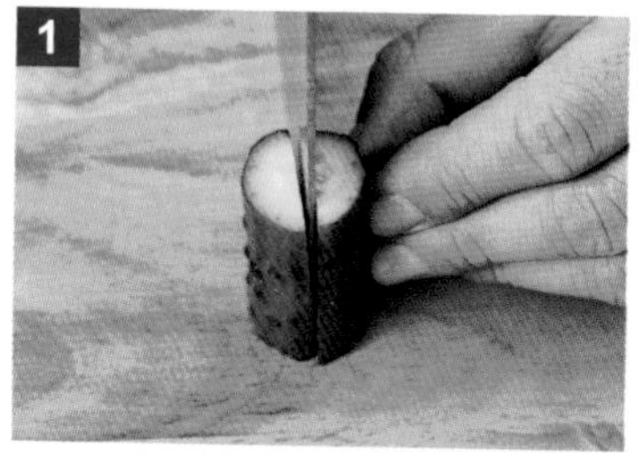

取一段小黃瓜，對切為半圓段。

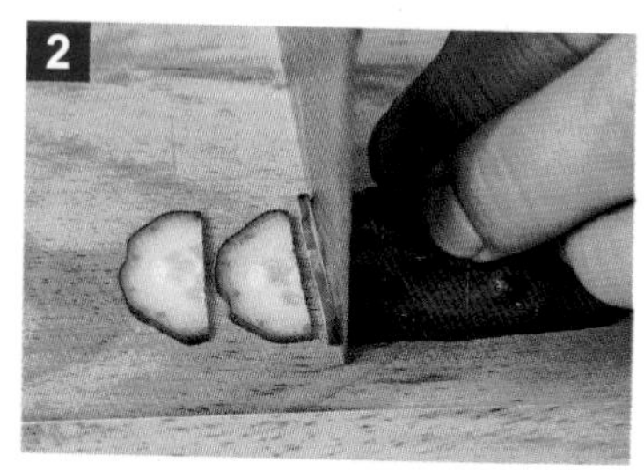

切成同樣厚薄度的片。

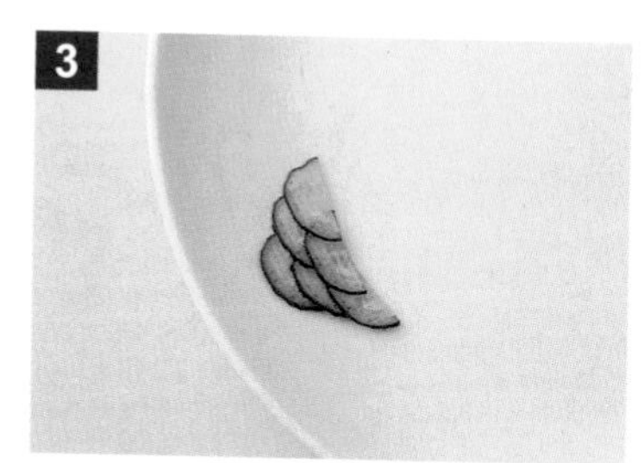

6 片為一組，以 3 片、2 片、1 片的方式組合，共需擺放三組，如圖所示。

◆ 小黃瓜變化 4

成品圖	材料／數量
	小黃瓜斜圓片／ 6 片 **＊適用題組：**301-3、301-4、301-8、302-4、302-6、302-7、302-8、302-9

小黃瓜斜切橢圓片。

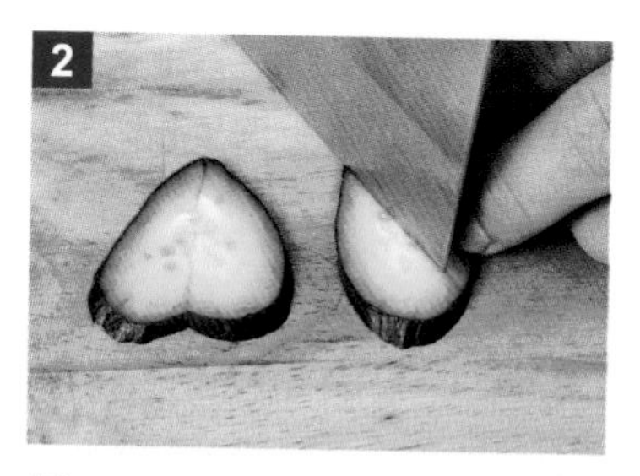

橢圓斜片切 1 刀。

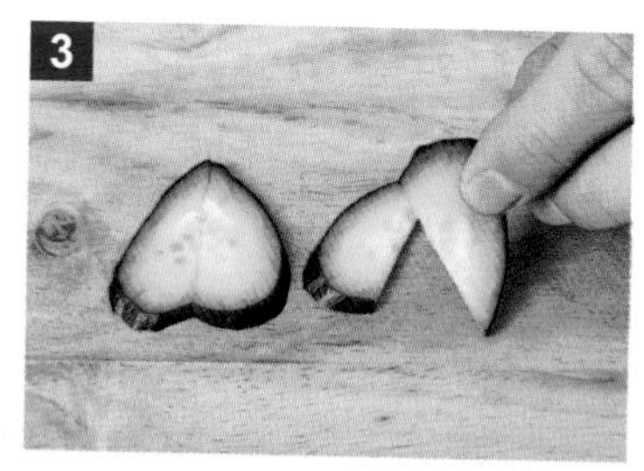

翻面，組合成愛心形狀。

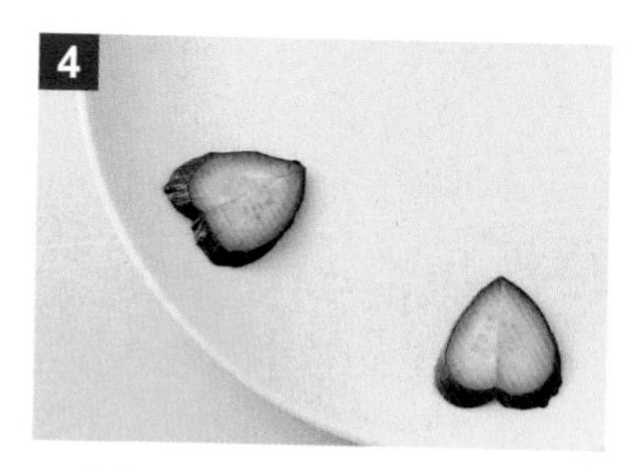

2 片為一組愛心的方式組合，共擺放六組，如圖所示。

◆ 大黃瓜變化 1

成品圖	材料／數量
	大黃瓜去 1/2 皮月牙片／一圈 **＊適用題組：**302-3、302-5、302-9

取一段大黃瓜，切月牙塊。

平面朝下，圓弧中心斜切一刀，深度超過綠皮即可。

去皮，切到斜刀處。

切成同樣厚薄的片。

每一片都需壓疊於上一片的 1/2 處，排成一圈，如圖所示。

◆ 大黃瓜變化 ②

成品圖	材料／數量
	大黃瓜折葉／6 片 大黃瓜蝴蝶片／3 片 辣椒圓片／3 片 **＊適用題組：**301-2、301-3、301-5、301-7、301-11、301-12、302-7、302-11

操作大黃瓜蝴蝶片：取一段大黃瓜，切月牙塊。

綠皮朝上，直切一刀到底，但底部不斷。

直切第二刀切斷。

操作大黃瓜折葉：取一段大黃瓜，切月牙塊。綠皮朝上，直切一刀，前端不斷。

直切第二刀，切斷。

將第一片折入第二片。

操作辣椒圓片：辣椒切圓片。

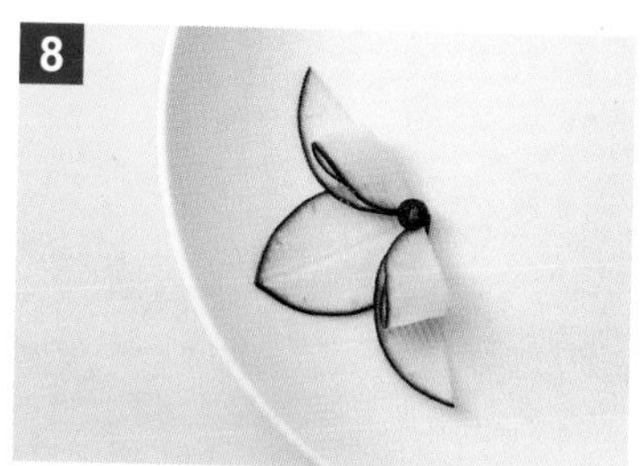

大黃瓜折葉 2 片、大黃瓜蝴蝶片 1 片、辣椒圓片 1 片為一組，共需擺放三組，如圖所示。

◆ 大黃瓜變化 ③

成品圖	材料／數量
	大黃瓜月牙片／ 15 片 紅蘿蔔菱形片／ 3 片 大黃瓜皮菱形片／ 3 片 **＊適用題組：**301-4、302-4

操作大黃瓜月牙片：取一段大黃瓜，切月牙塊。

綠皮朝上，平均切成厚薄一致的片。

操作紅蘿蔔菱形片：取一段紅蘿蔔，切半圓。

切兩個斜邊，為菱形塊。

切 0.3 公分的片。

操作大黃瓜皮菱形片：取一段大黃瓜，去皮。

切兩個斜邊為菱形片。

大黃瓜月牙片 5 片、大黃瓜皮菱形片 1 片、紅蘿蔔菱形片 1 片為一組，共需擺放三組，如圖所示。

◆ 大黃瓜變化 4

成品圖	材料／數量
	大黃瓜月牙／一圈 ＊**適用題組**：301-1、301-6、301-9

取一段大黃瓜，切月牙塊。

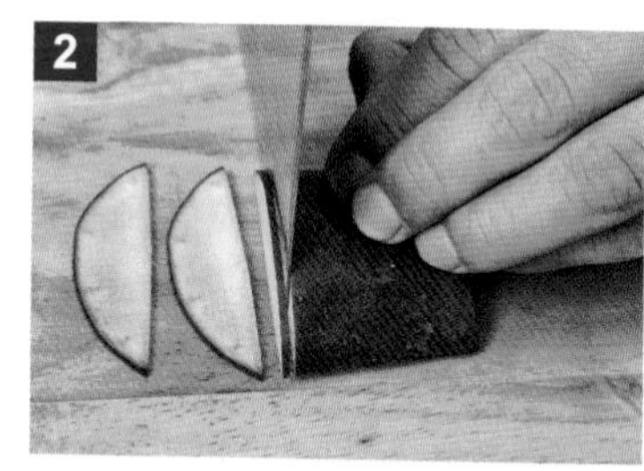

綠皮朝上，平均切成厚薄一致的片。

排成一圈，如圖所示。

◆ 大黃瓜變化 5

成品圖	材料／數量
	大黃瓜月牙片／ 30 片 辣椒圓片／ 3 片 ＊**適用題組**：301-8、301-10、302-1、302-2、302-10

操作大黃瓜月牙片：取一段大黃瓜，切月牙塊。綠皮朝上，平均切成厚薄一致的片。

操作辣椒圓片：將辣椒切圓片。

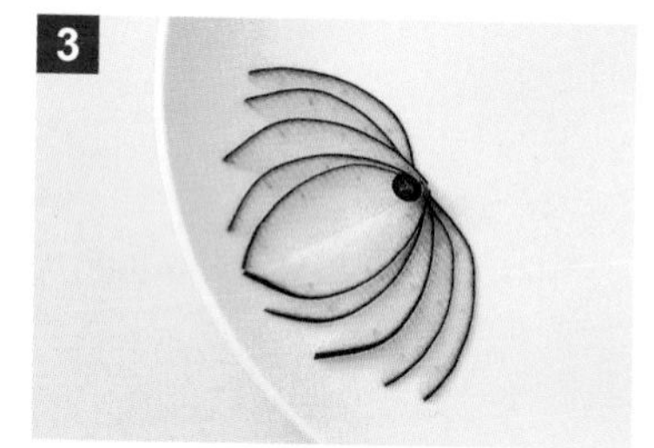

大黃瓜月牙片 10 片、辣椒圓片 1 片為一組，共需擺放三組，如圖所示。

◆ 大黃瓜與小黃瓜組合變化

成品圖	材料／數量
	大黃瓜佛手／ 4 片 小黃瓜半圓片／ 10 片 辣椒圓片／ 10 片 **＊適用題組：**301-1、301-2、301-3、301-4、301-5、301-6、301-7、301-9、301-12、302-1、302-3、302-4、302-5、302-6、302-9、302-12

操作大黃瓜佛手：取一段大黃瓜，切月牙塊。

綠皮朝上，直切一刀。

間隔 0.15 公分直切一刀，前端不斷，連切七刀。

第八刀切斷。

切好的扇片推開。

操作小黃瓜半圓片：取一段小黃瓜，對切為半圓。

切成同樣厚薄度的片。

操作辣椒圓片：將辣椒切圓片。

大黃瓜佛手 2 片、小黃瓜半圓片 5 片、辣椒圓片 5 片為一組，共需擺放兩組，如圖所示。

◆ 紅蘿蔔盤飾 1

成品圖	材料／數量
	紅蘿蔔等腰三角片／ 10 片 **＊適用題組：**302-1、302-5、302-8、302-10

取一段紅蘿蔔，切半圓。

切出另一斜邊。

直刀切底部，使成等腰三角形。

切 0.3 公分的片。

頂角朝外，排成一圈，如圖所示。

◆ 紅蘿蔔盤飾 ❷

成品圖	材料／數量
	紅蘿蔔月牙片／ 21 片 **＊適用題組：**302-3、302-6、302-7、302-11、302-12

取一段紅蘿蔔，對切後將斜邊修圓弧。

切成月牙塊。

切 0.3 公分的片。

7 片為一組，每一片都需壓疊於上一片的 1/2 處，共需擺放三組，如圖所示。

（四）主要刀工分解步驟

以下整理所有食材所需使用的主要刀工，並以分解動作示範。

01 ｜ 乾貨

◆ 乾香菇

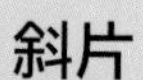

斜片	規格（公分）	復水去蒂，斜切，寬 2.0 ～ 4.0、長度及高（厚）依食材規格

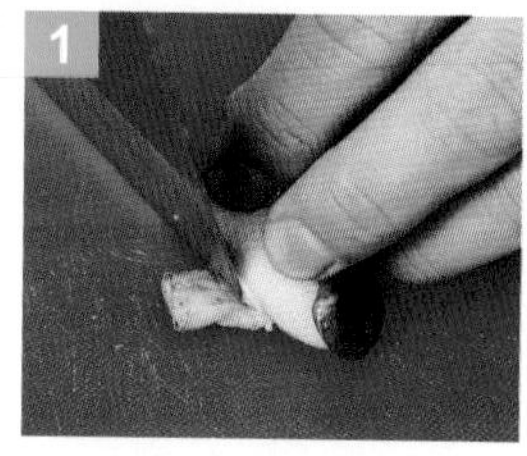

1 切除香菇的蒂頭。

2 呈 45 度角下刀。

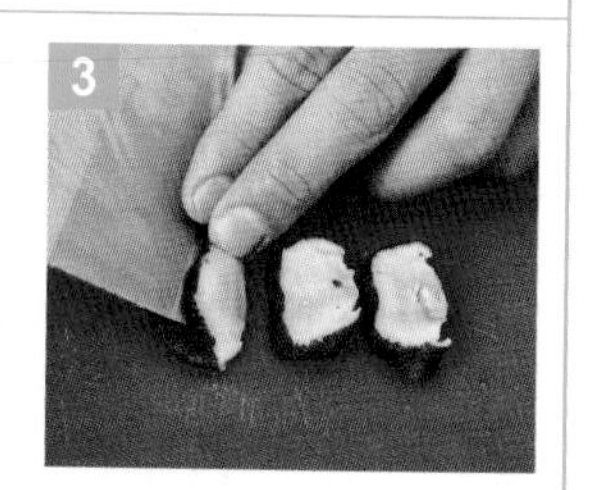

3 斜切片。

末	規格（公分）	直徑 0.3 以下碎末

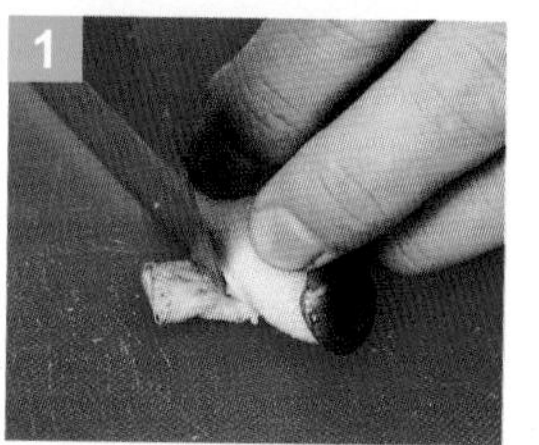

1 切除香菇的蒂頭。

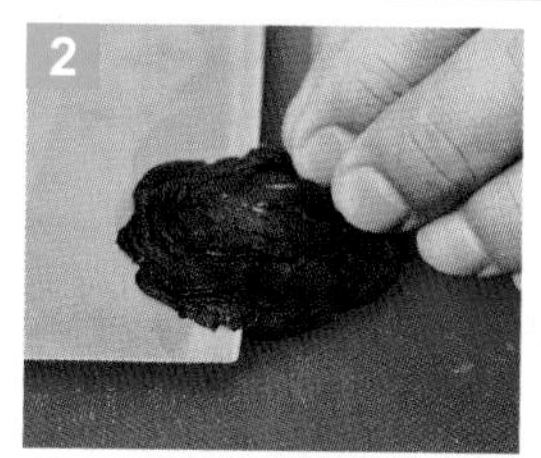

2 平切薄片。

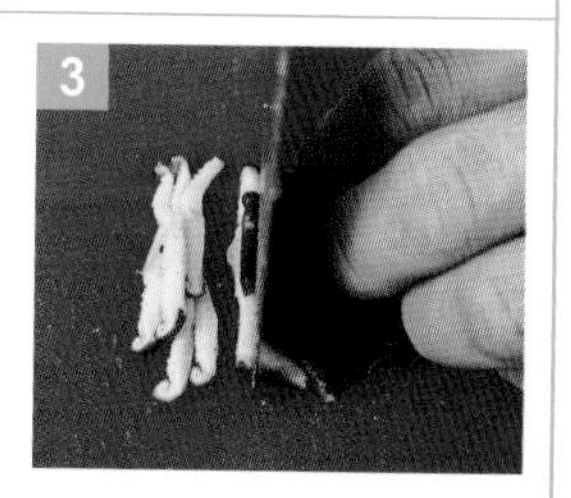

3 直切絲。

4 直切末。

1/4 片	規格（公分）	復水去蒂，一開四

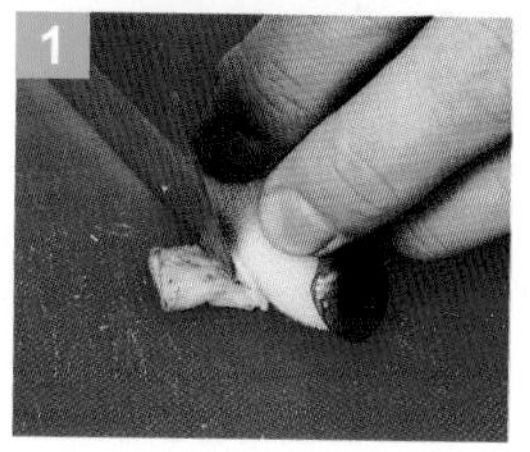

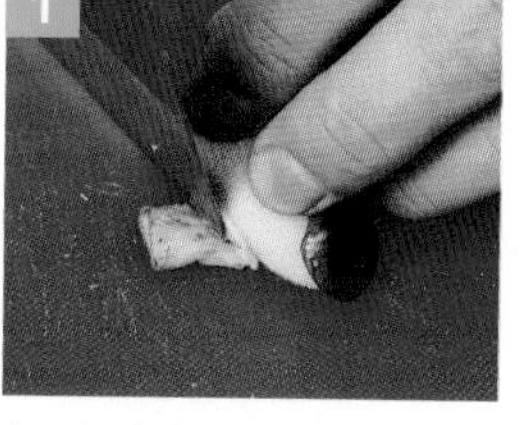

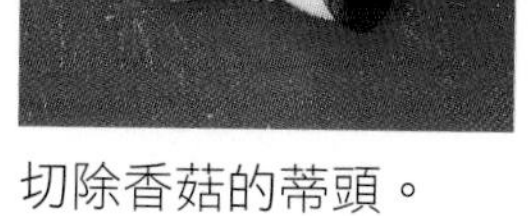

1 切除香菇的蒂頭。

2 直刀對切。

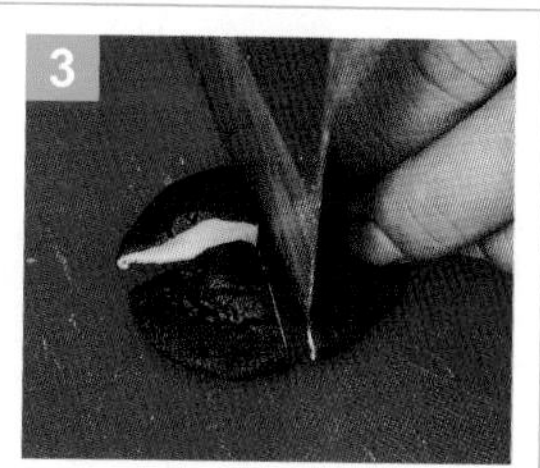

3 直刀再對切。

絲	規格（公分）	寬、高（厚）各為 0.2 ～ 0.4，長度依食材規格

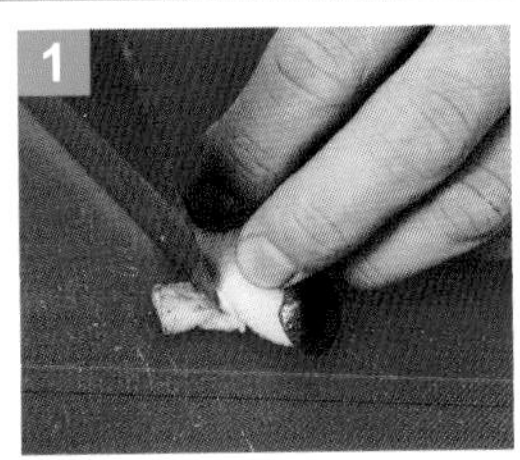

切除香菇的蒂頭。

平切薄片。

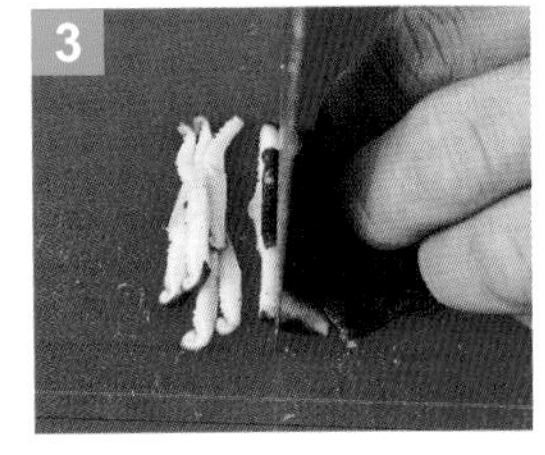

直切絲。

鬆	規格（公分）	長、寬、高（厚）各 0.1 ～ 0.3，整齊刀工

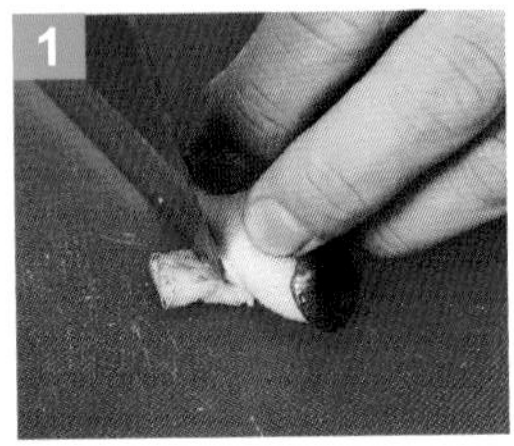

切除香菇的蒂頭。

平切薄片。

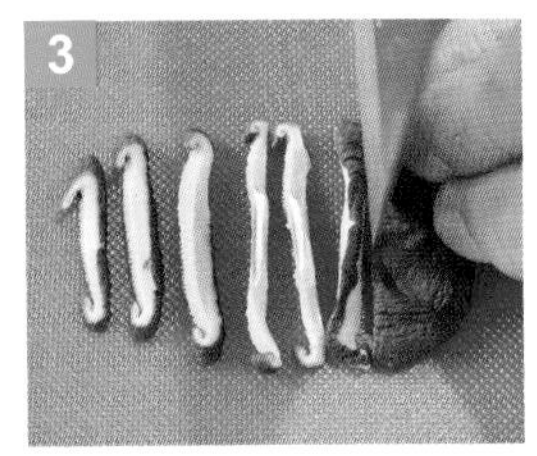

直切絲。

直切鬆。

長條	規格（公分）	寬為 0.5 ～ 1.0，長 4.0 ～ 6.0，高（厚）及長度依食材規格

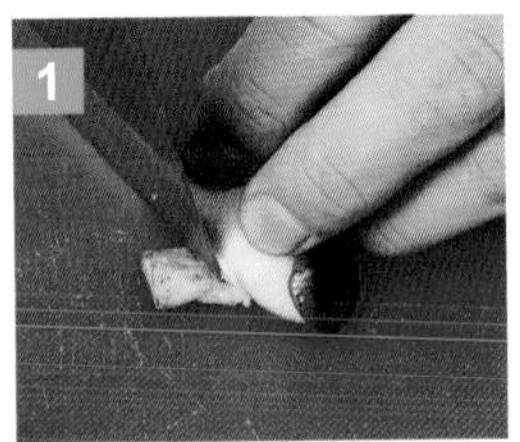

切除香菇的蒂頭。

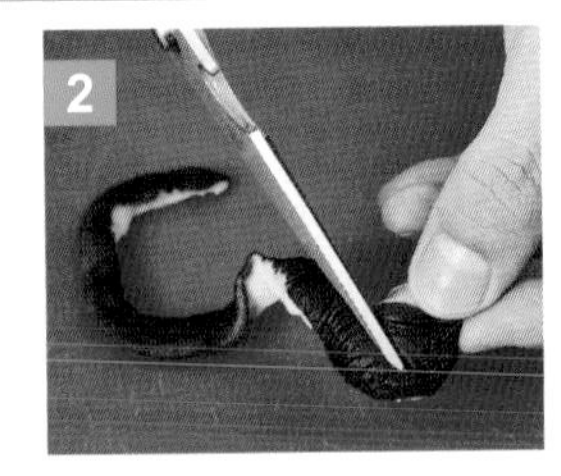

繞菇傘外緣剪至菇心。

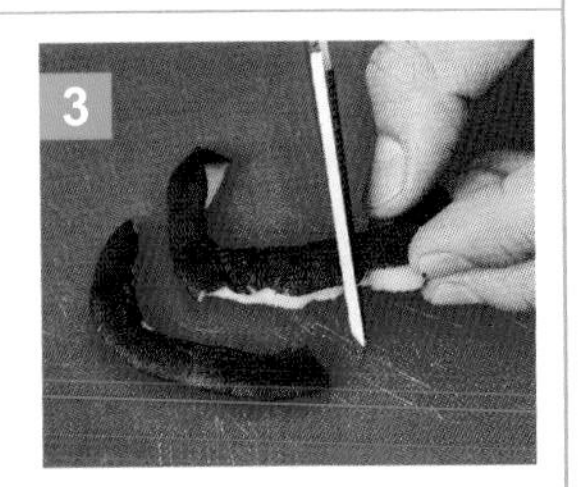

取長 4 ～ 6 公分為一段，剪斷。

條	規格（公分）	寬為 0.5 ～ 1.0，高（厚）及長度依食材規格

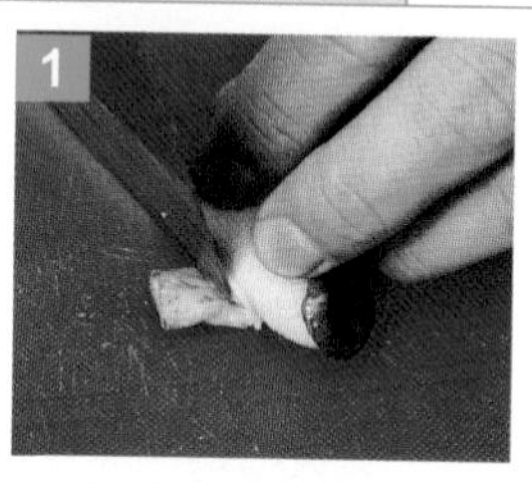

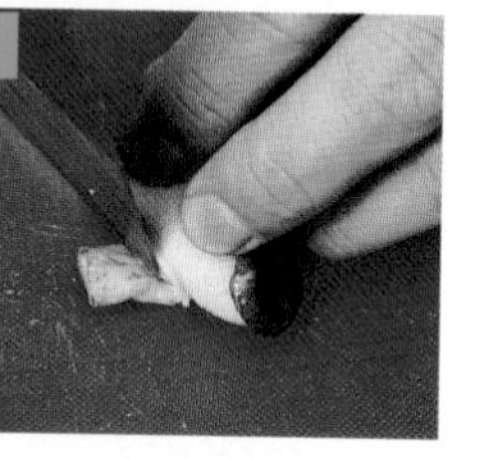

切除香菇的蒂頭。

直切條。

粒	規格（公分）	切長、寬各 0.4 ～ 0.8 的粒狀，高（厚）依食材規格

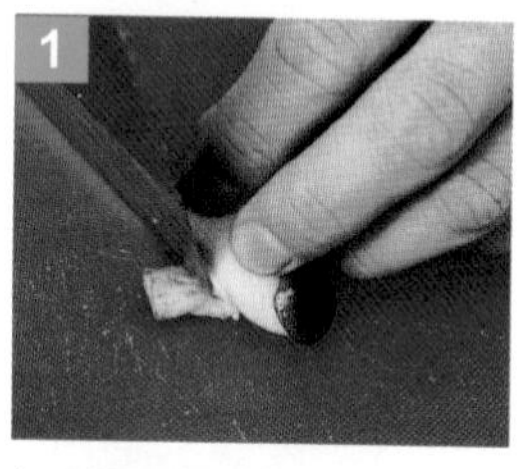

切除香菇的蒂頭。

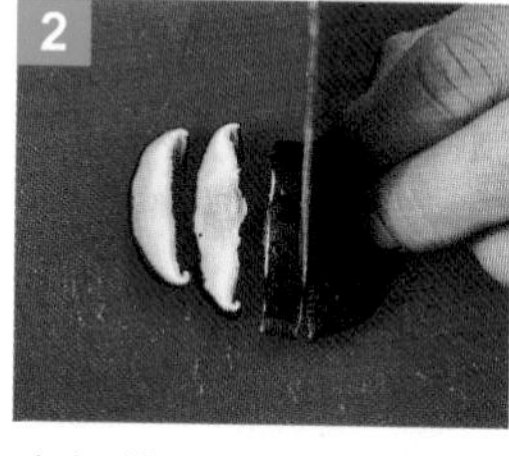

直切條。

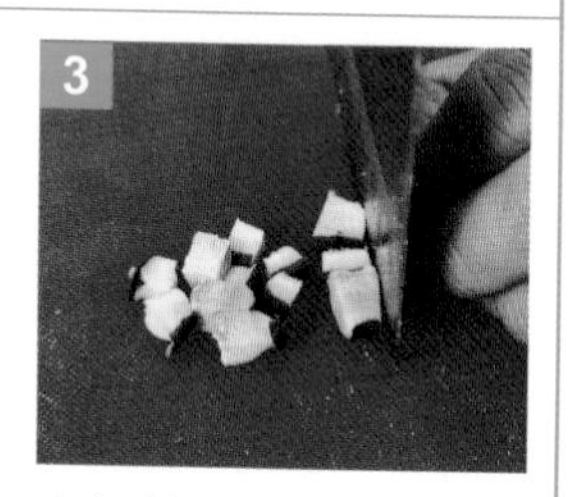

直切粒。

剞刀	規格（公分）	長、寬依食材規格。格子間格 0.3 ～ 0.5 度，深達 1/2 深的剞刀片塊

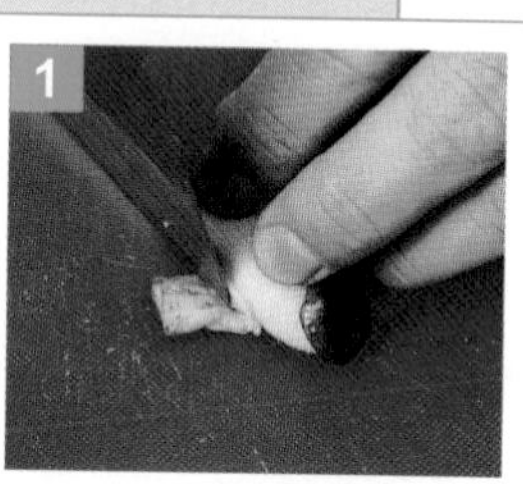

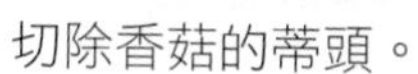

切除香菇的蒂頭。

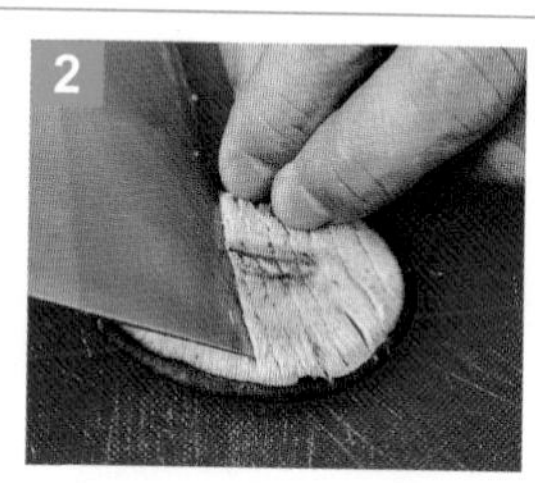

斜切至深度 2/3 處。

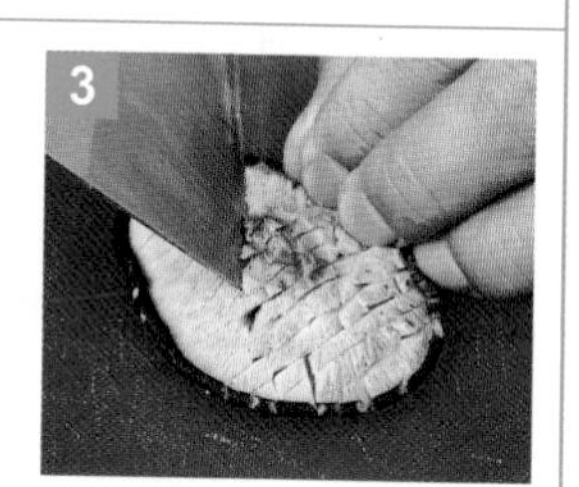

交叉斜切深度至 2/3 處，呈十字交叉刀紋。

◆ 乾木耳

絲	規格（公分）	寬 0.2 ～ 0.4，長 4.0 ～ 6.0，高（厚）依食材規格

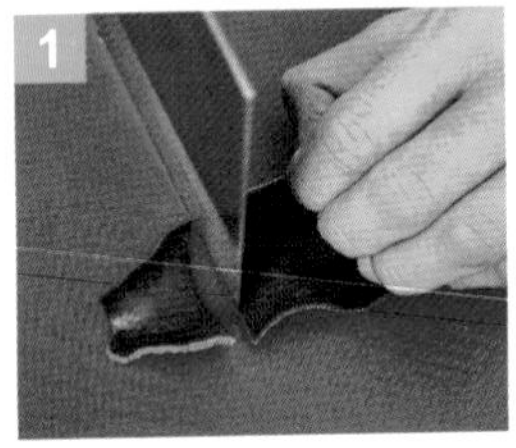

切修乾木耳的四邊，呈長方片。

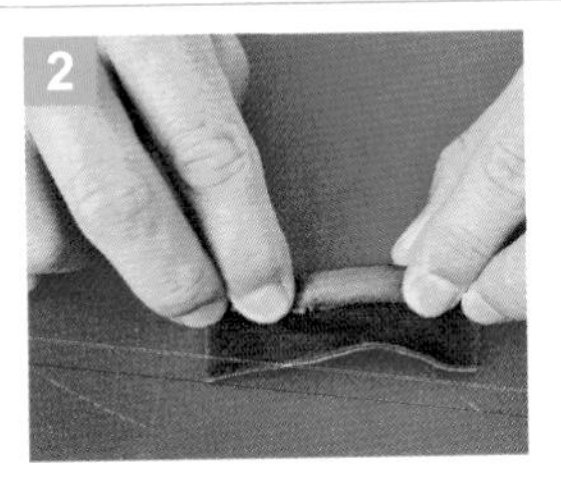

捲起。

直切絲。

菱形片	規格（公分）	長 2.0 ～ 3.0，寬 1.0 ～ 2.0，高（厚）依食材規格

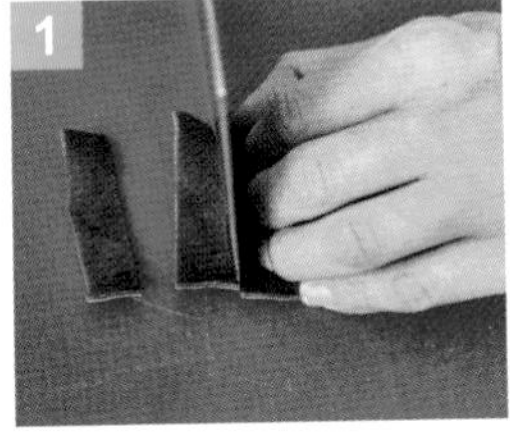

乾木耳直切條。

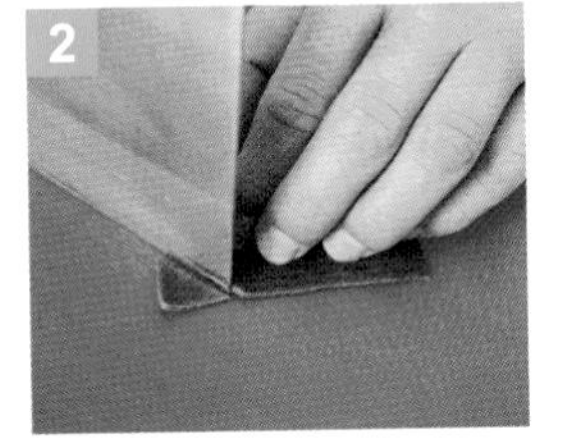

斜刀切斷。

對稱下斜刀切斷。

末	規格（公分）	直徑 0.3 以下碎末

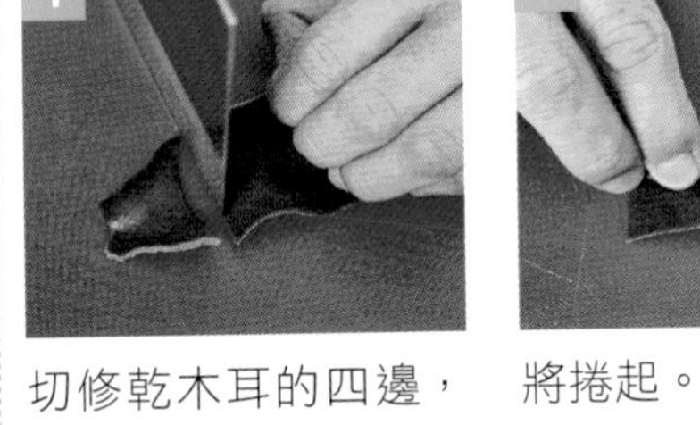

切修乾木耳的四邊，呈長方片。

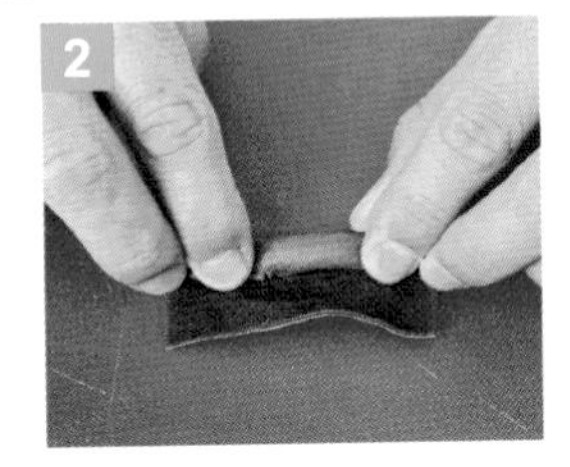

將捲起。

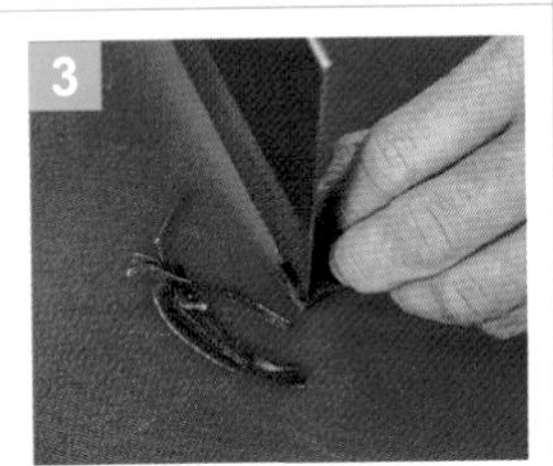

直切絲。

直切末。

◆ 乾辣椒

絲	規格（公分）	長 2.0 ～ 4.0
	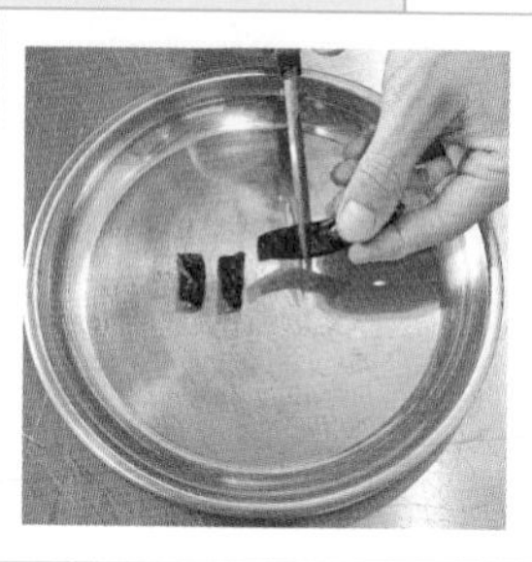	將乾辣椒剪成直段。

02 ｜ 加工

◆ 榨菜

長方片	規格（公分）	長 4.0 ～ 6.0，寬 2.0 ～ 4.0，高（厚）0.2 ～ 0.4
	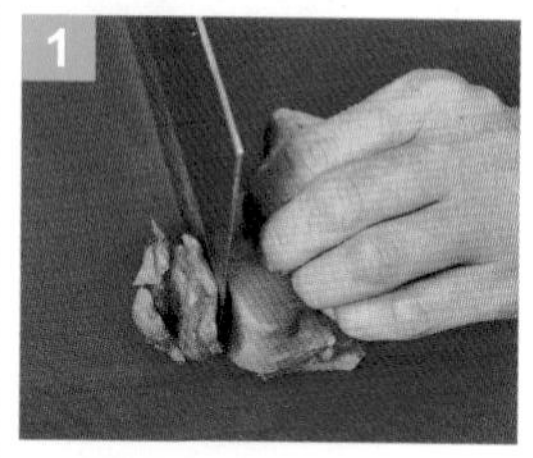 切修榨菜的四邊。	 呈長方塊。
	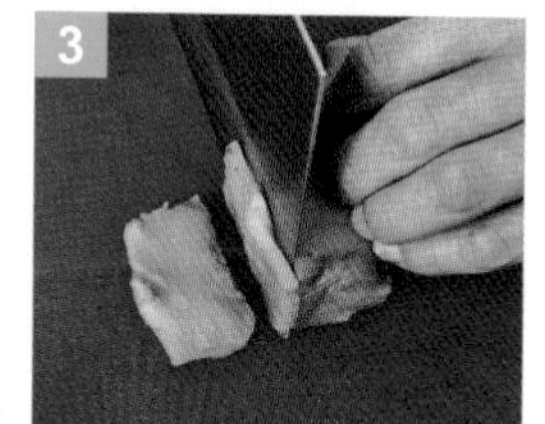 直切片。	

絲	規格（公分）	寬、高（厚）各為 0.2 ～ 0.4，長 4.0 ～ 6.0
	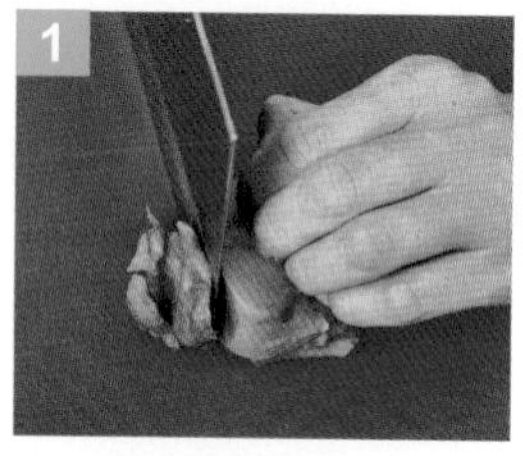 切修榨菜的四邊。	 呈長方塊。
	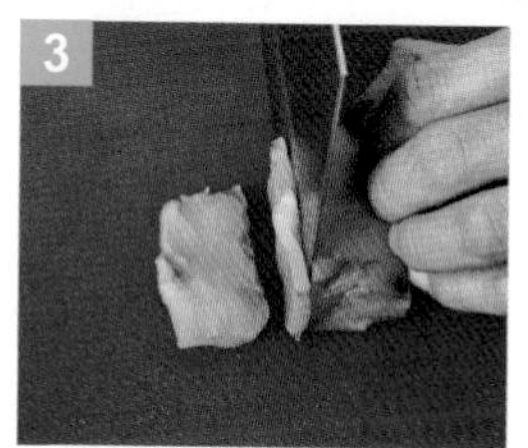 直切片。	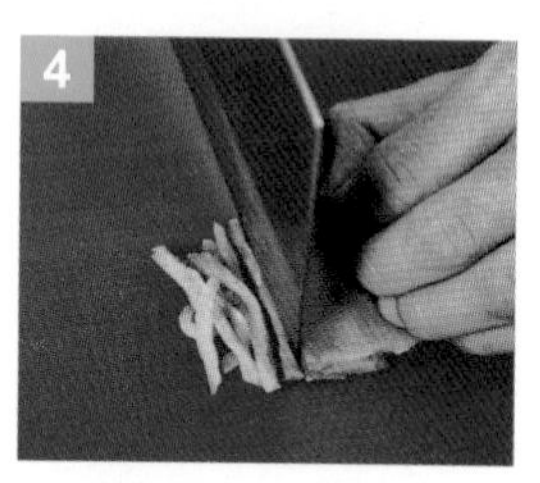 直切絲。

◆ 豆腐

長方片	規格（公分）	長 4.0 ～ 6.0，寬 2.0 ～ 4.0，高（厚）0.8 ～ 1.5	
	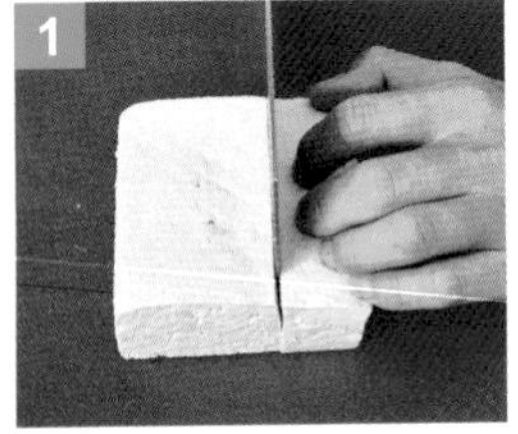 取長度 4 ～ 6 公分的塊。	 直切片。	

絲	規格（公分）	寬、高（厚）各為 0.2 ～ 0.4，長 4.0 ～ 6.0	
	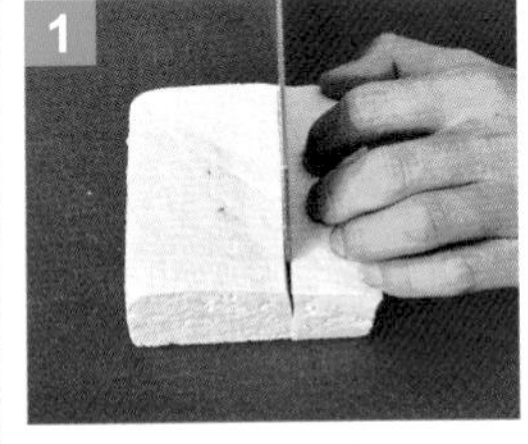 取長度 4 ～ 6 公分的塊。	 直切片。	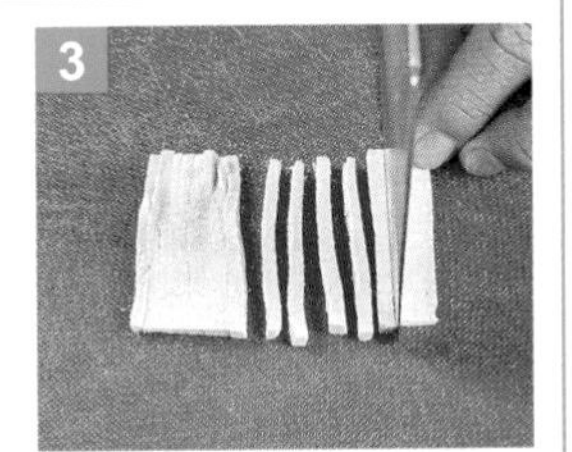 直切絲。

四方塊	規格（公分）	正方塊長 4.0 ～ 5.0，寬 3.0 ～ 3.5，高（厚）3.0 ～ 4.0
		直切，一開六。

◆ 烤麩

塊	規格（公分）	一開四
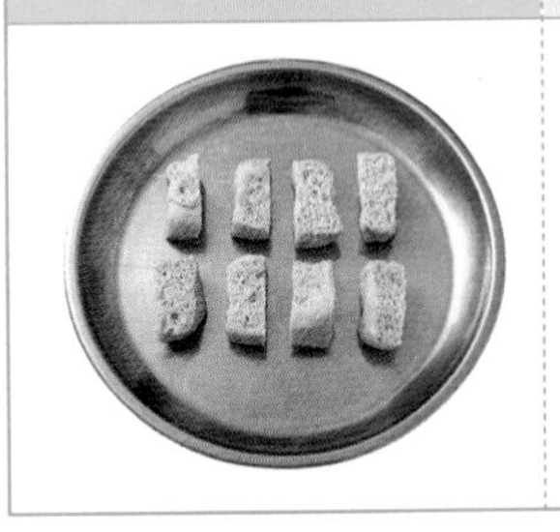		直切，一開四。

◆ 小豆乾（黃）

粒	規格（公分）	長、寬、高（厚）各 0.4 ～ 0.8	
	1 直切片。	2 直切絲。	3 直切粒。

◆ 桶筍

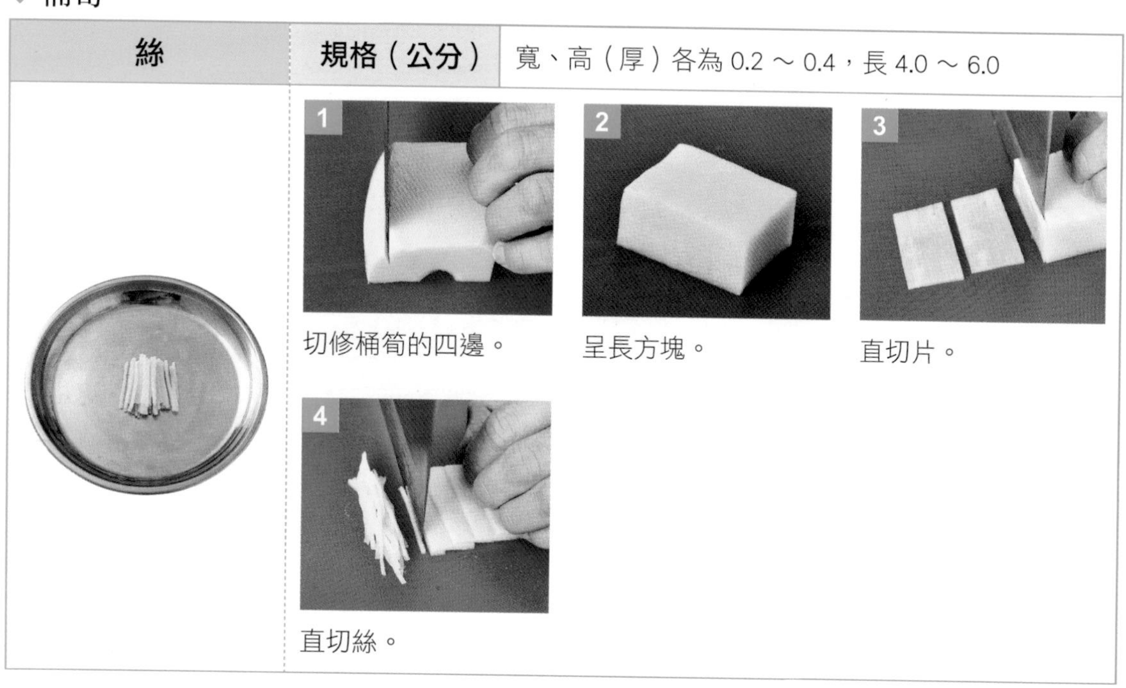

絲	規格（公分）	寬、高（厚）各為 0.2 ～ 0.4，長 4.0 ～ 6.0	
	1 切修桶筍的四邊。	2 呈長方塊。	3 直切片。
	4 直切絲。		

末	規格（公分）	直徑 0.3 以下碎末

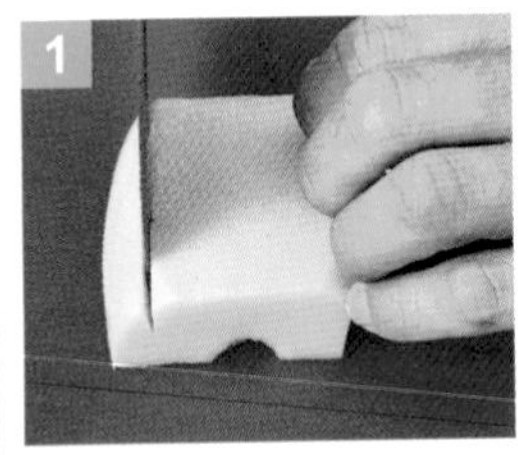

切修桶筍的四邊。

呈長方塊。

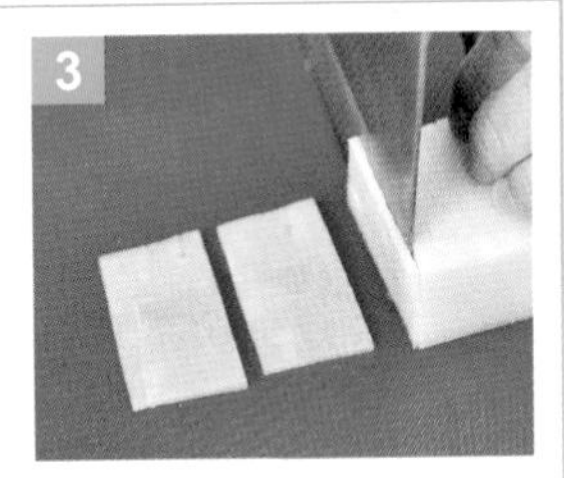

直切片。

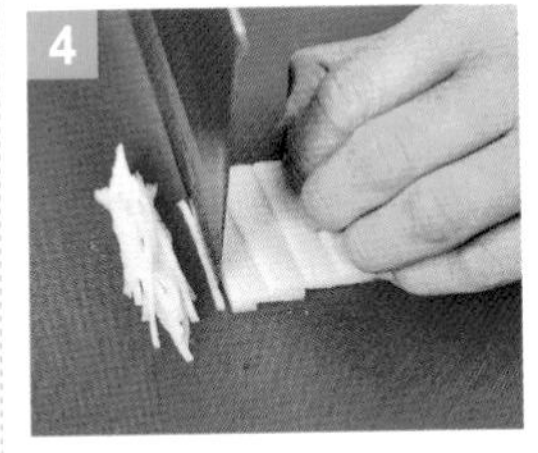

直切絲。

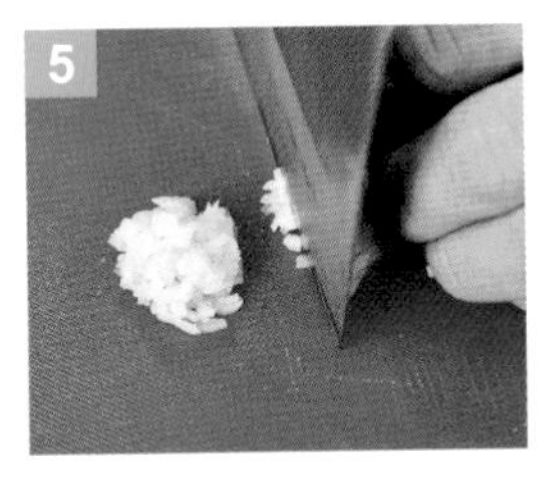

直切末。

滾刀塊	規格（公分）	長、寬 2.0 ～ 4.0 的滾刀塊

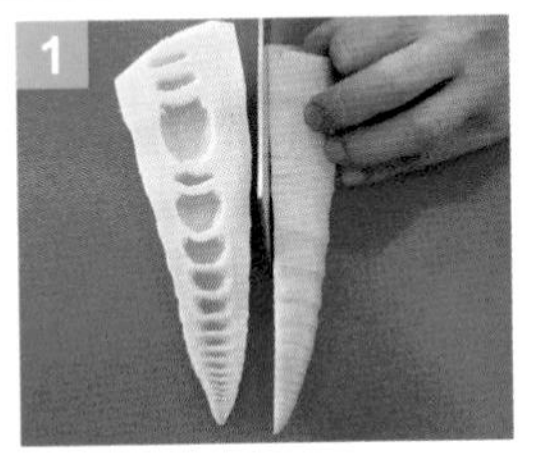

將桶筍對切。

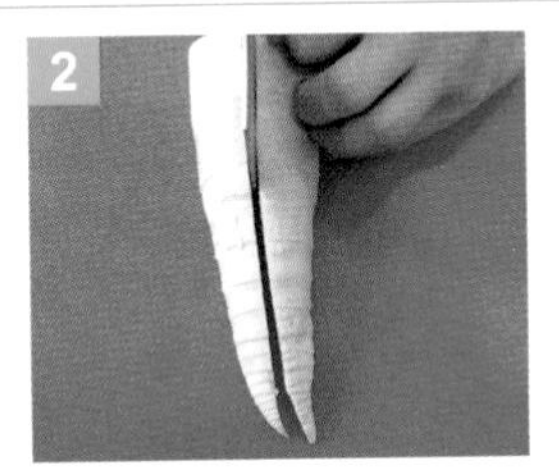

再對切。

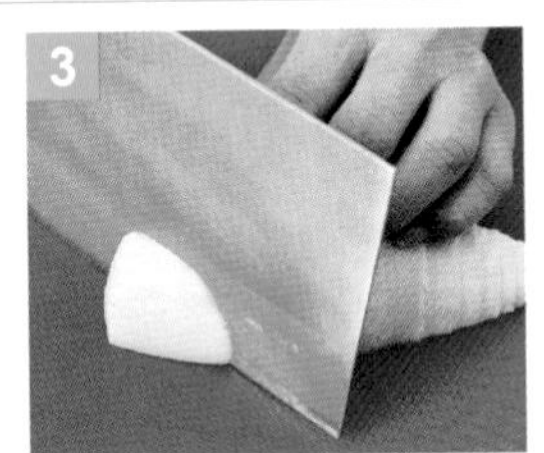

刀子呈 45 度角下刀。

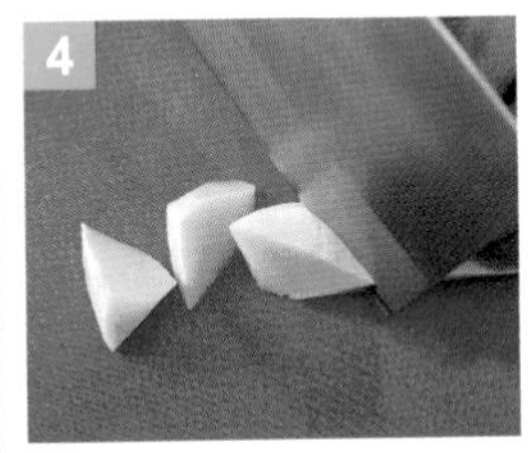

桶筍每轉一面即下一刀。將桶筍對切。

菱形片	規格（公分）	長 4.0 ～ 6.0，寬 2.0 ～ 4.0，高（厚）0.2 ～ 0.4

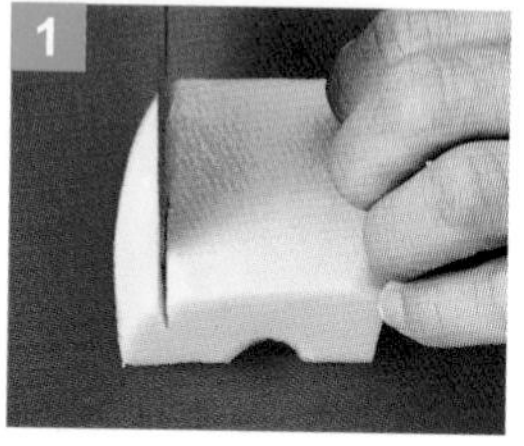

切修桶筍的四邊。

呈長方塊。

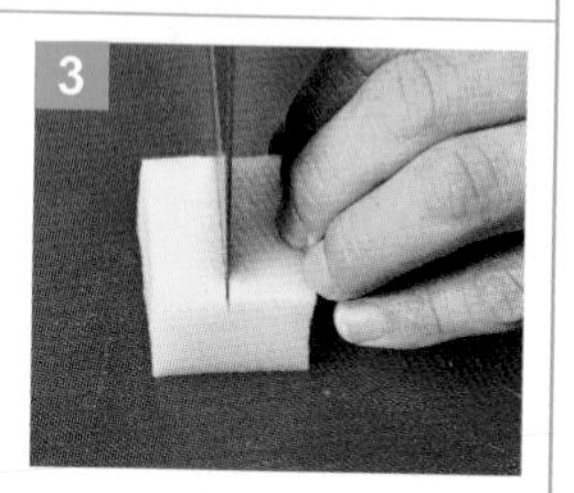

取一厚片。

斜切下刀。

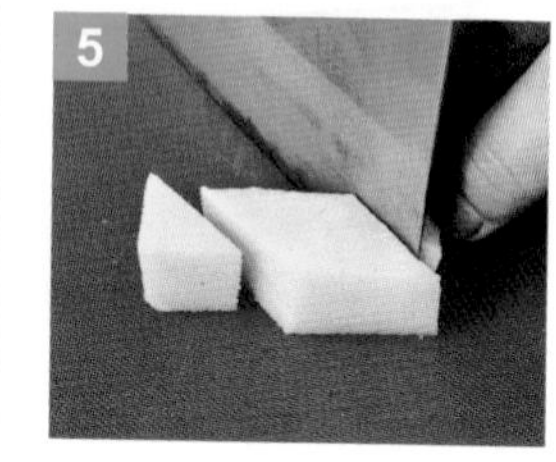

對稱下斜刀。

直切片。

梳子片	規格（公分）	長 4.0 ～ 6.0，寬 2.0 ～ 4.0，高（厚）0.2 ～ 0.4 的梳子花刀片（花刀間隔為 0.5 以下）

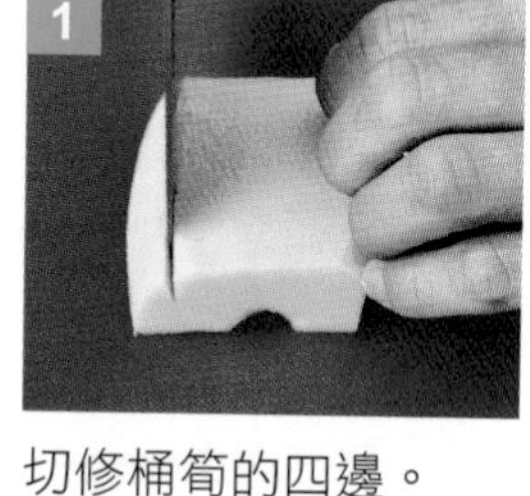

切修桶筍的四邊。

呈長方塊。

深度切至 2/3 處。

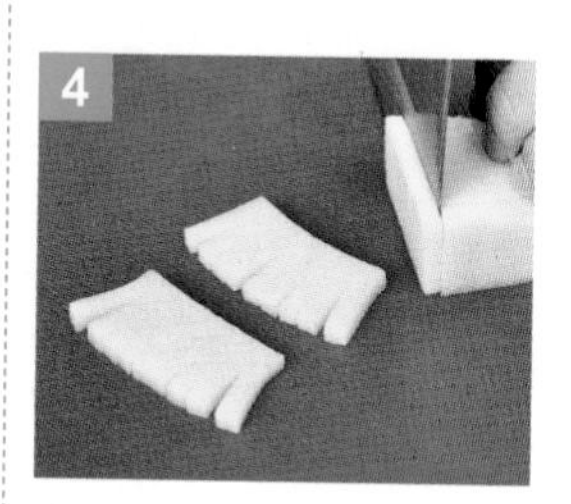

直切片。

條	規格（公分）	長 4.0 ～ 6.0，寬為 0.5 ～ 1.0

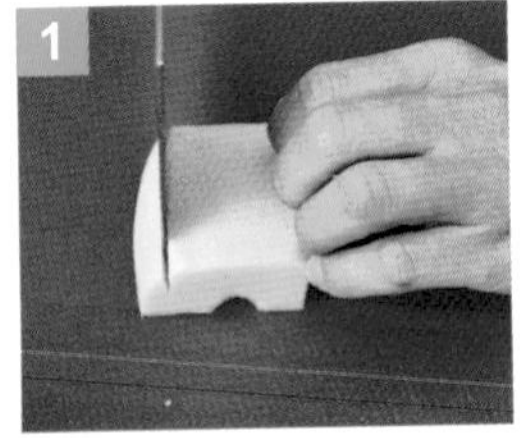
切修桶筍的四邊。

呈長方塊。

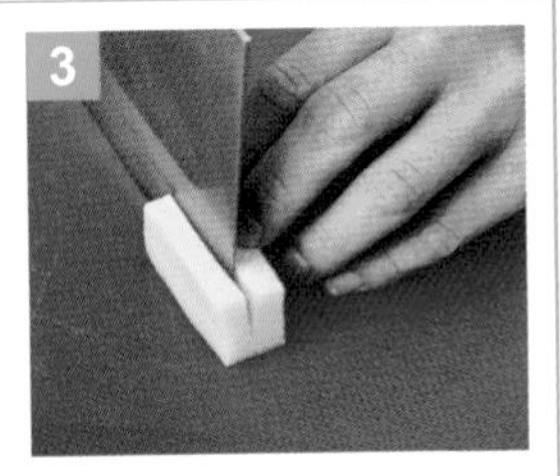
直切片。

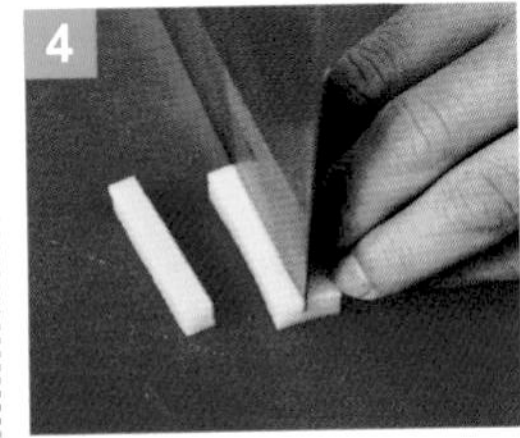
直切條。

粒	規格（公分）	長、寬、高（厚）各 0.4 ～ 0.8

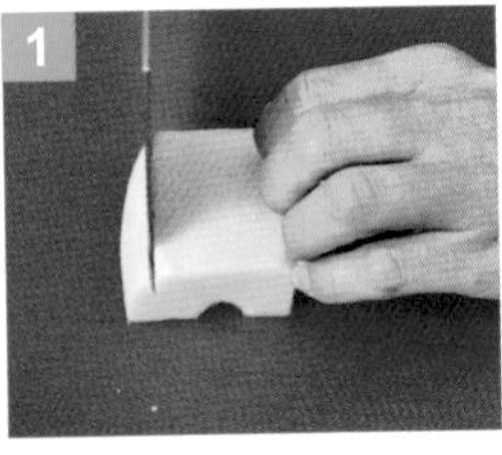
切修桶筍的四邊。

呈長方塊。

直切片。

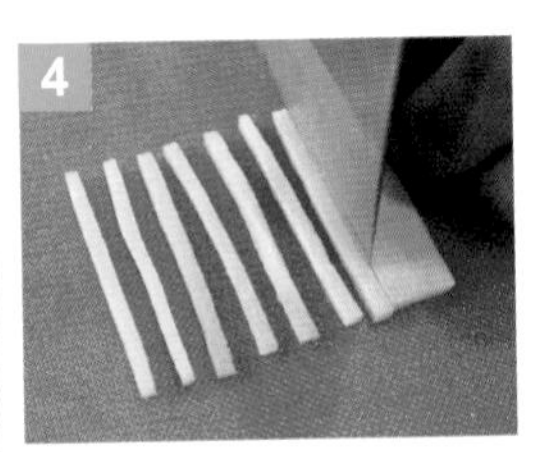
直切絲。

直切粒。

◆ 冬菜

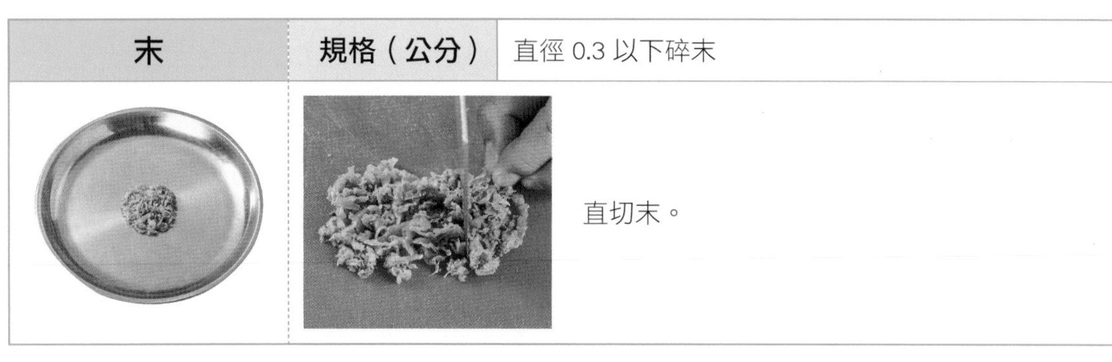

末	規格（公分）	直徑 0.3 以下碎末
	直切末。	

◆ 海苔

絲	規格（公分）	長 4.0 ～ 6.0，寬為 0.2 ～ 0.4
	1 將海苔對剪一開二。 2 將其堆疊。 3 剪細絲。	

條	規格（公分）	長 6.0 ～ 8.0，寬為 1.0 ～ 1.2
	1 取海苔長度 6 ～ 8 公分。 2 剪成條。	

◆ 生豆包

長條片	規格（公分）	攤開對切
	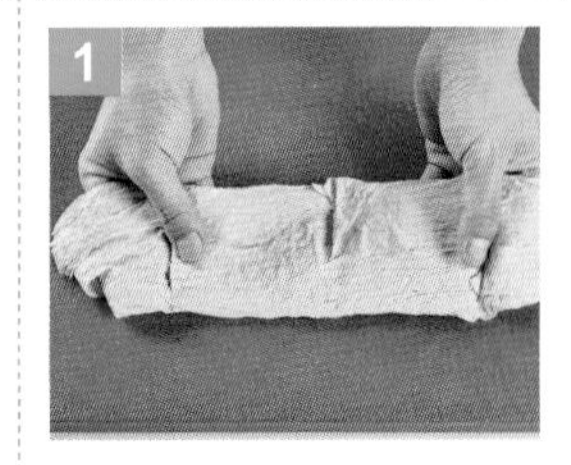 將生豆包攤開。	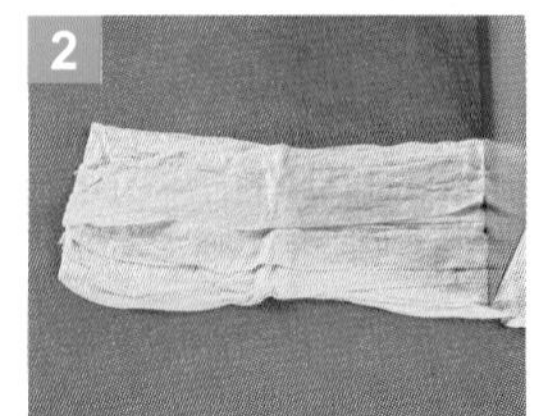 對切。

末	規格（公分）	直徑 0.3 以下碎末
	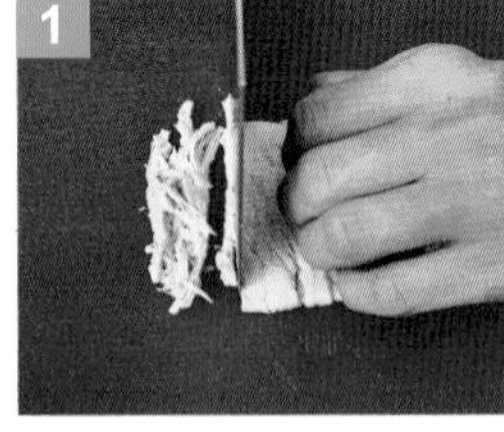 將生豆包直切絲。	 直切末。

鬆	規格（公分）	長、寬、高（厚）各 0.1 ～ 0.3，整齊刀工
	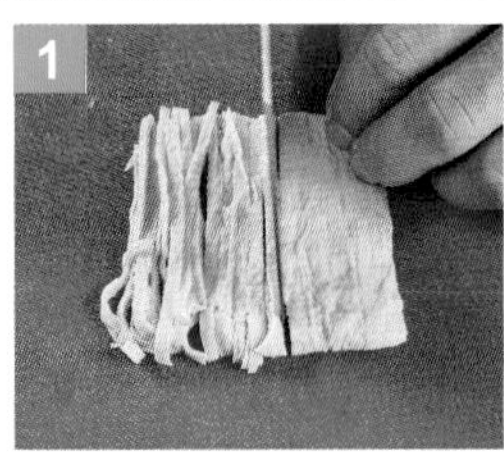 將生豆包直切絲。	 直切鬆。

粒	規格（公分）	長、寬、高（厚）各 0.4 ～ 0.8
	 將生豆包直切條。	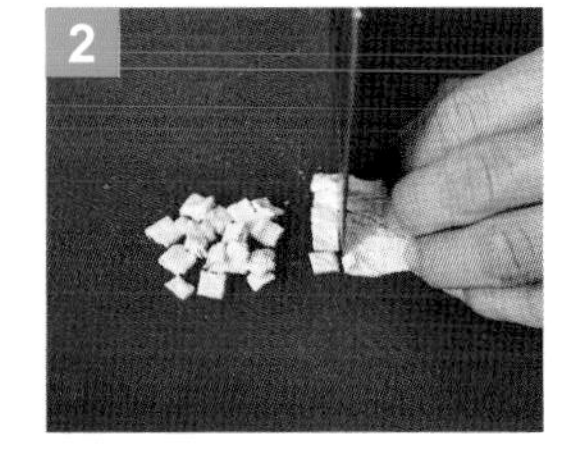 直切粒。

絲	規格（公分）	寬、高（厚）各為 0.2 ～ 0.4，長 4.0 ～ 6.0
	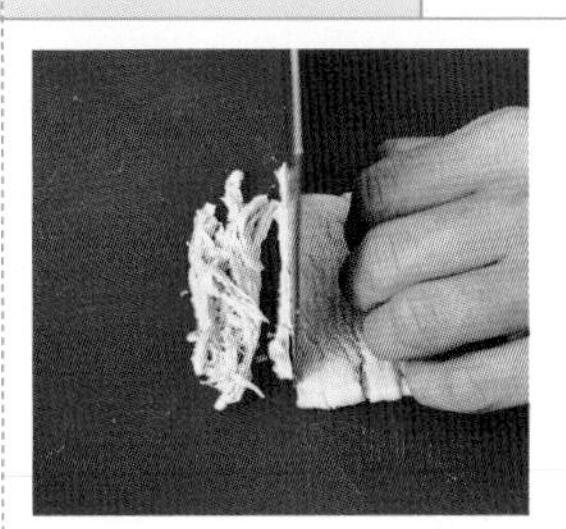	直切絲。

◆ 春捲皮

正方片	規格（公分）	切修圓邊，略呈方片
	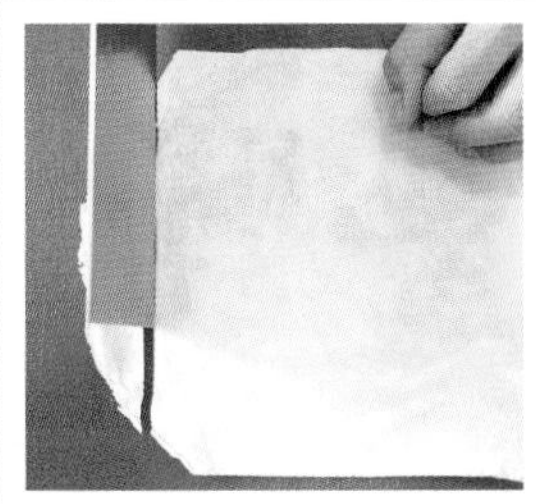	將春捲皮切修圓邊， 略呈方片。

◆ 白蒟蒻

絲	規格（公分）	寬、高（厚）各為 0.2 ～ 0.4，長 4.0 ～ 6.0
	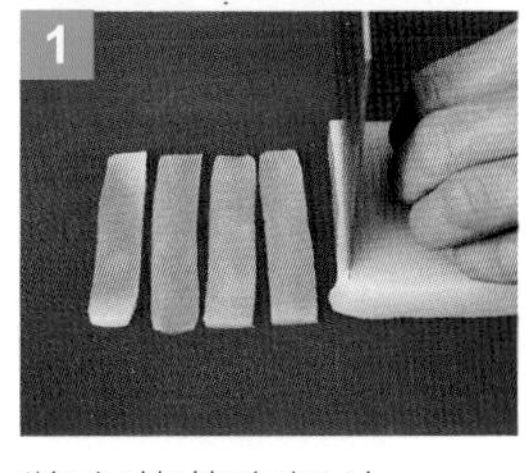 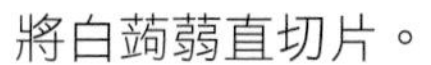 將白蒟蒻直切片。	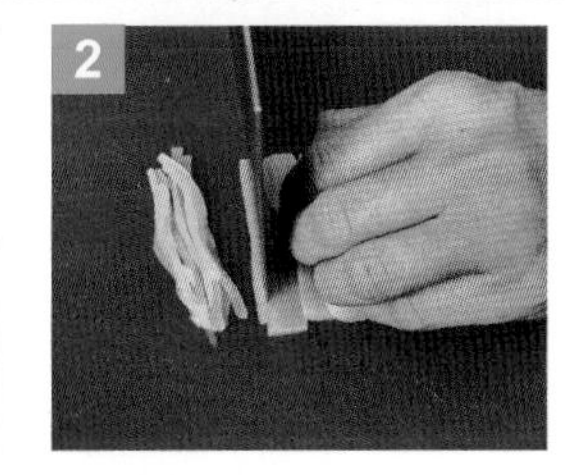 直切絲。

◆ 五香大豆乾

絲	規格（公分）	寬、高（厚）各為 0.2 ～ 0.4，長 4.0 ～ 6.0

1 五香大豆乾取長度 4 ～ 6 公分塊。

2 直切片。

3 直切絲。

粒	規格（公分）	長、寬、高（厚）各 0.4 ～ 0.8

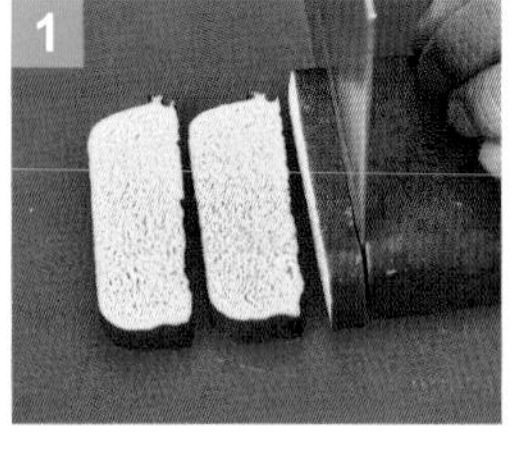

1 五香大豆乾直切片。

2 直切條。

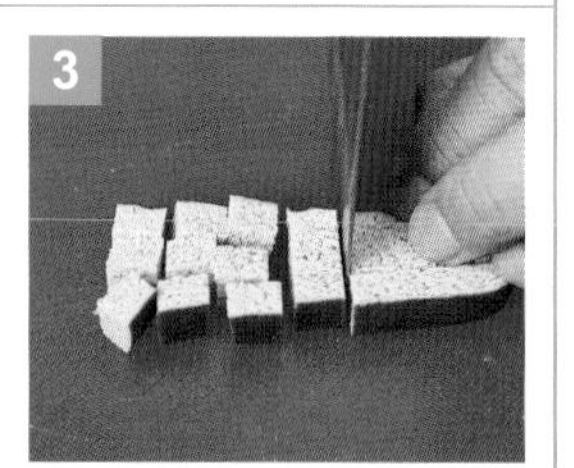

3 直切粒。

片	規格（公分）	長 4.0 ～ 6.0，寬 2.0 ～ 4.0，高（厚）0.8 ～ 1.0

1 五香大豆乾取長 4.0 ～ 6.0，寬 2.0 ～ 4.0 塊。

2 直切片。

末	規格（公分）	直徑 0.3 以下碎末

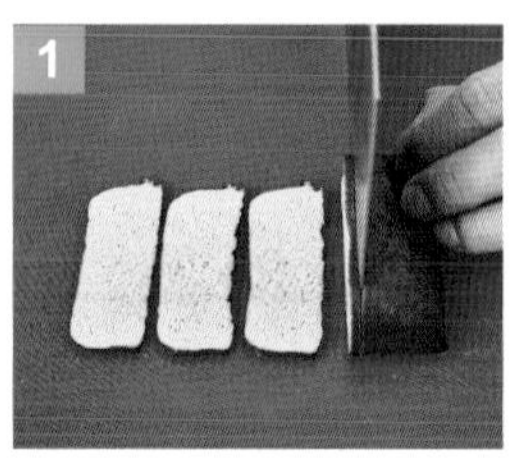

1 五香大豆乾直切片。

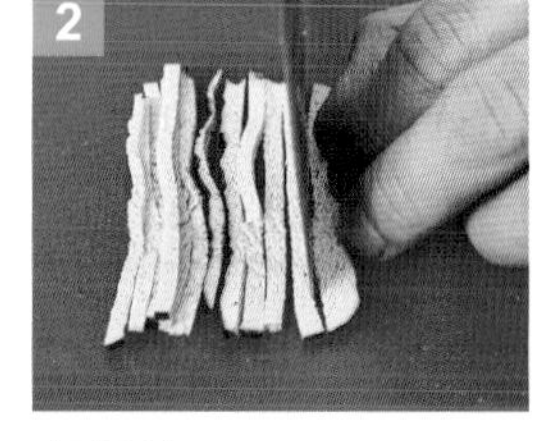

2 直切絲。

3 直切末。

◆ 鳳梨片

片	規格（公分）	一開八 

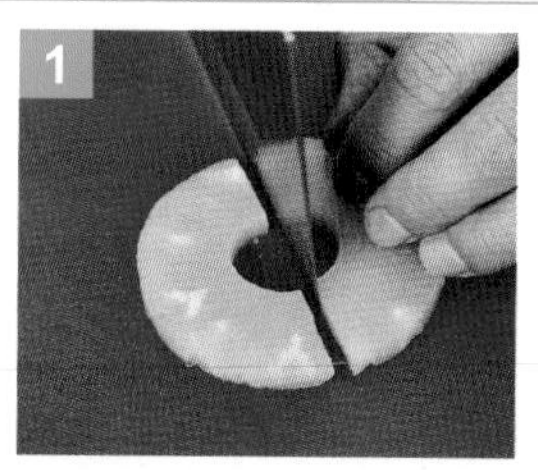
將鳳梨片對切。

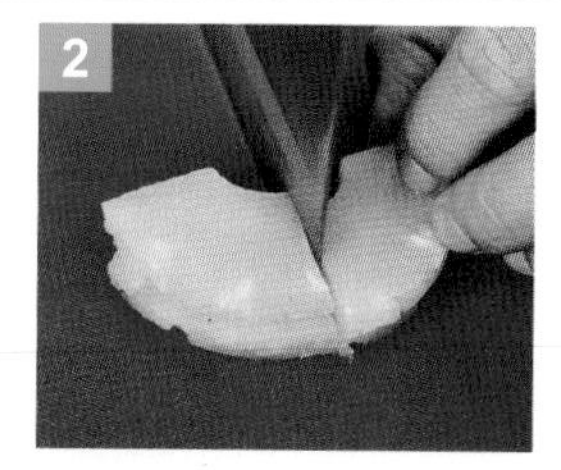
堆疊後再對切。

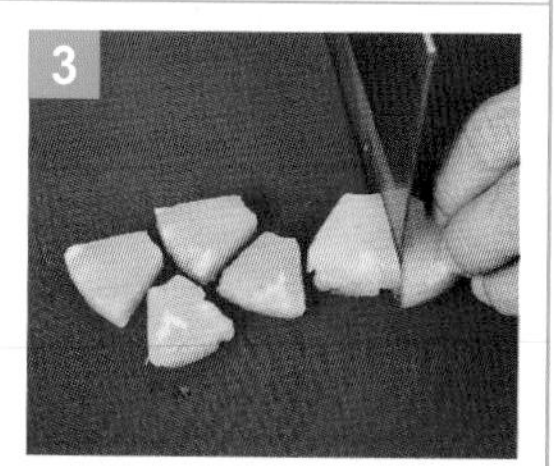
共切八等分。

◆ 麵腸

條	規格（公分）	寬、高（厚）各為 0.5 ～ 1.0，長 4.0 ～ 6.0

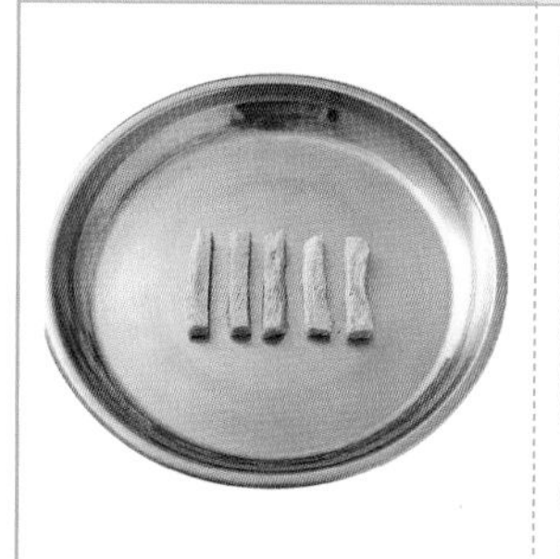

將麵腸切修四邊，呈長方塊狀。

直切片。

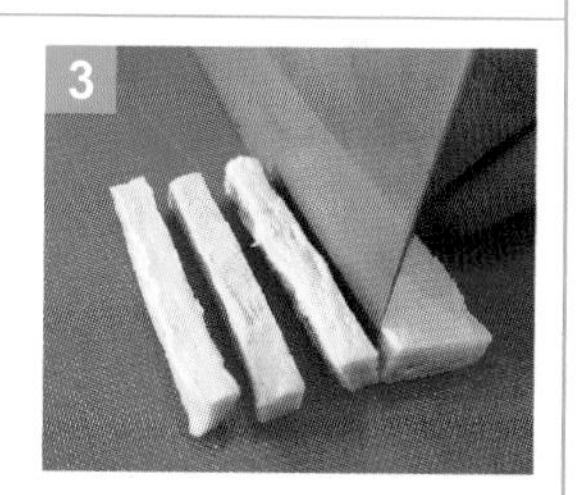
直切條。

絲	規格（公分）	寬、高（厚）各為 0.2 ～ 0.4，長 4.0 ～ 6.0

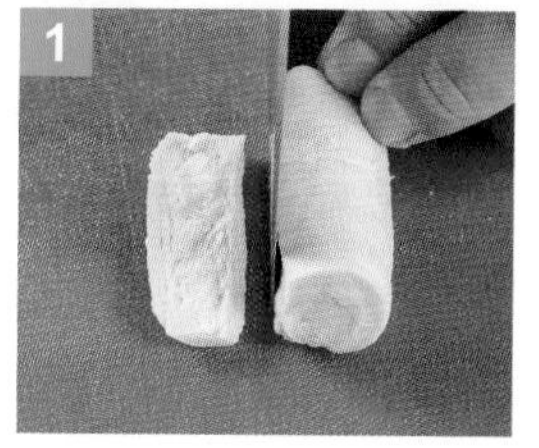
將麵腸取 6 公分長塊。

直切片。

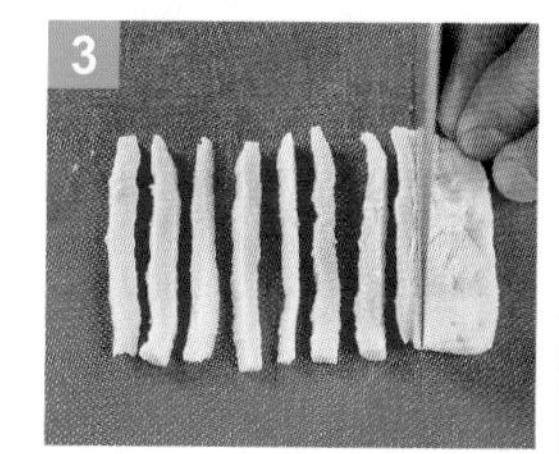
直切絲。

斜片	規格（公分）	長 4.0 ～ 6.0，寬依食材規格，高（厚）0.2 ～ 0.4

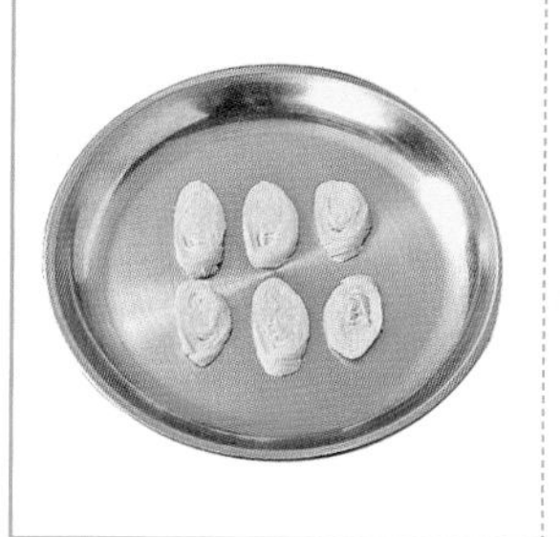

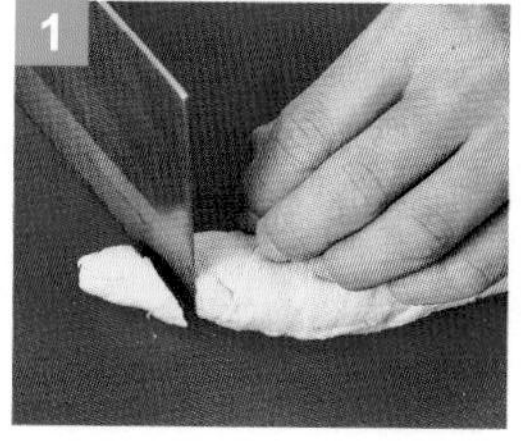
刀子呈 45 度角修邊。

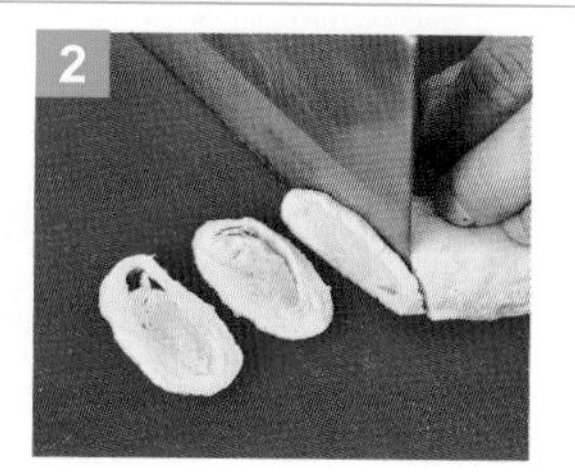
斜切片。

◆ 酸菜心（仁）

絲	規格（公分）	寬、高（厚）各為 0.2 ～ 0.4，長 4.0 ～ 6.0

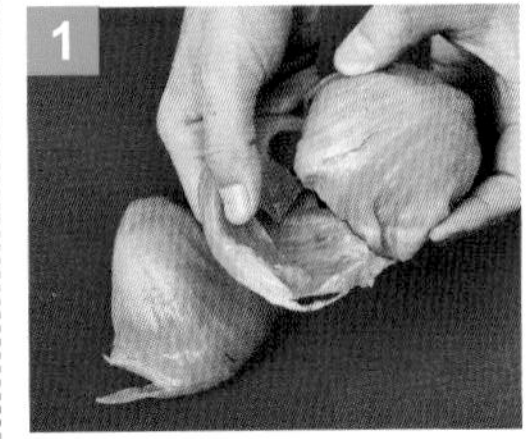
1 酸菜心剝葉。

2 直切成長方厚片。

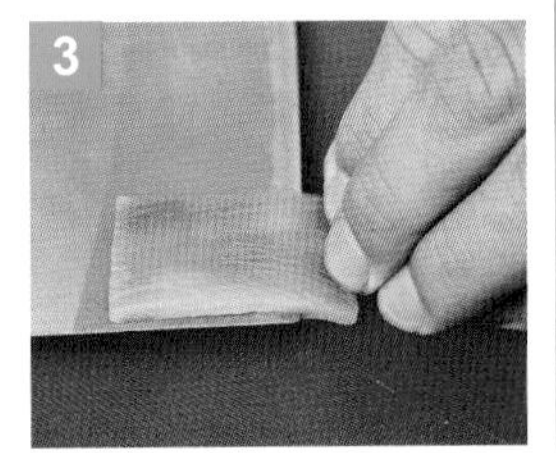
3 平刀片薄。

4 直切絲。

條	規格（公分）	長 4.0 ～ 6.0，寬為 0.5 ～ 1.0，高（厚）依食材規格

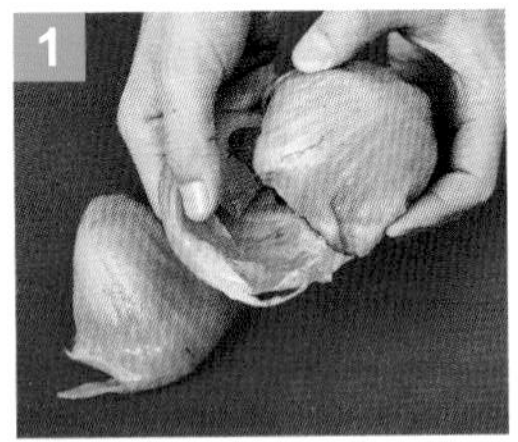
1 酸菜心剝葉。

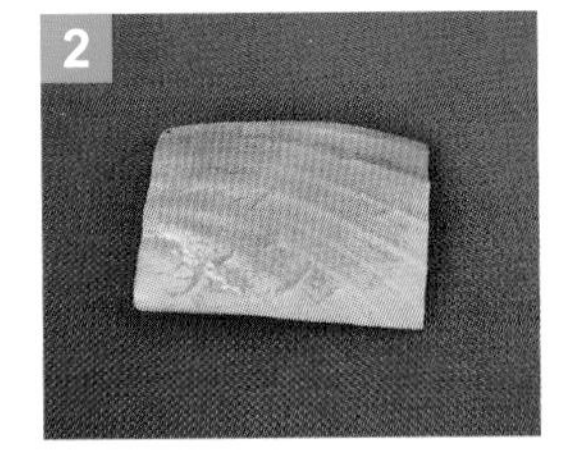
2 直切成長方厚片。

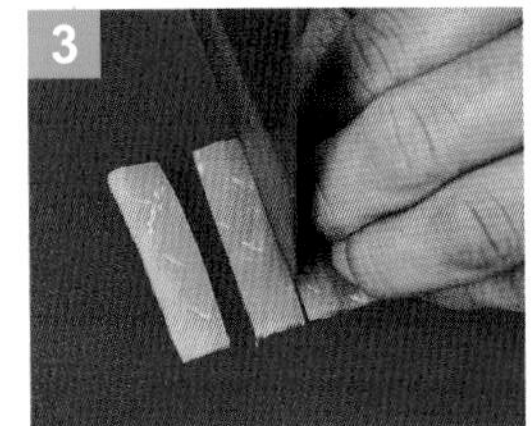
3 直切條。

◆ 半圓豆皮

片	規格（公分）	一開二

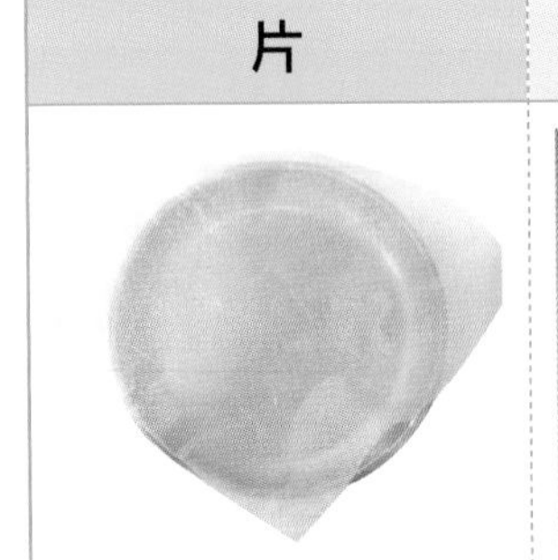

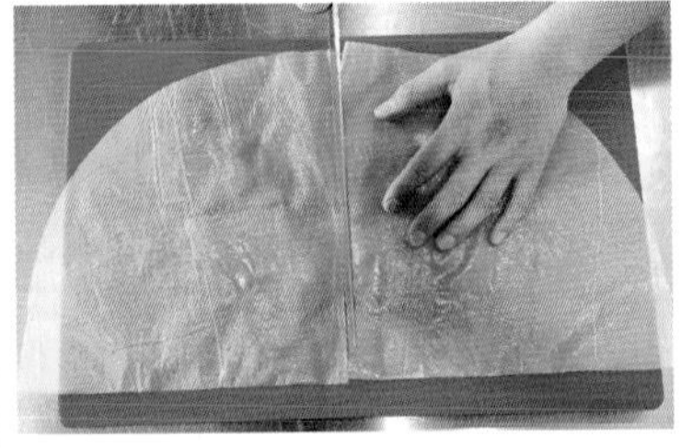
將半圓豆皮攤開，對切。

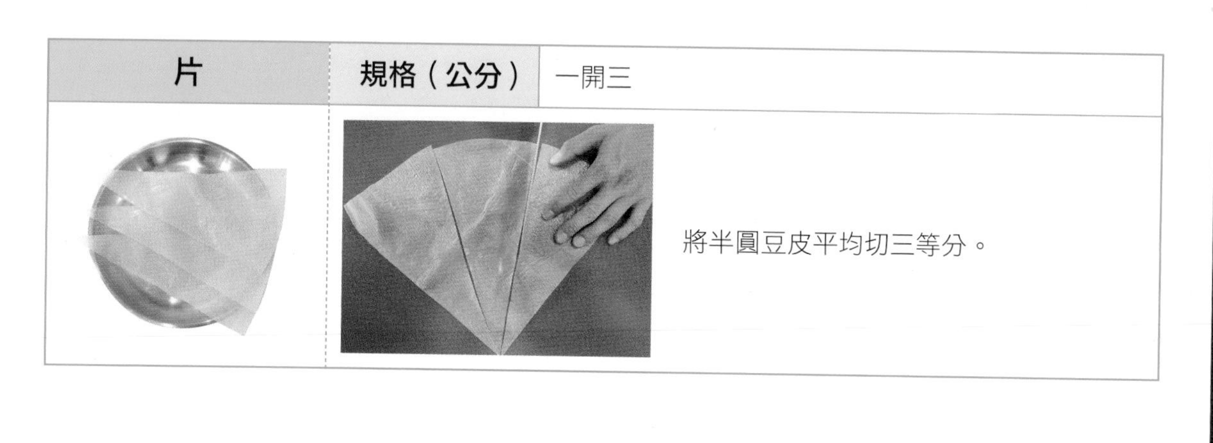

片	規格（公分）	一開三
		將半圓豆皮平均切三等分。

03 ｜ 蔬果

◆ 青椒

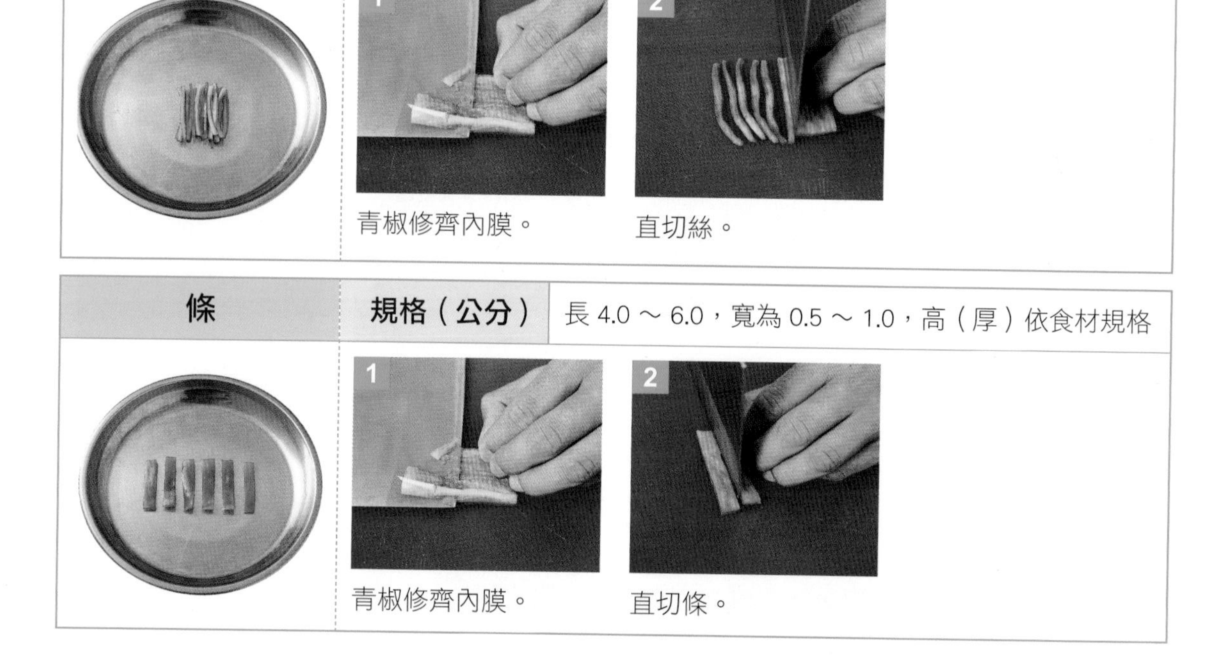

絲	規格（公分）	寬、高（厚）各為 0.2 ～ 0.4，長 4.0 ～ 6.0
	1 青椒修齊內膜。	2 直切絲。

條	規格（公分）	長 4.0 ～ 6.0，寬為 0.5 ～ 1.0，高（厚）依食材規格
	1 青椒修齊內膜。	2 直切條。

菱形片	規格（公分）	長 3.0 ～ 5.0，寬 2.0 ～ 4.0，高（厚）依食材規格
	1 青椒修齊內膜。 2 直切成條。 3 斜刀下刀。 4 對稱下斜刀。	

◆ 紅辣椒

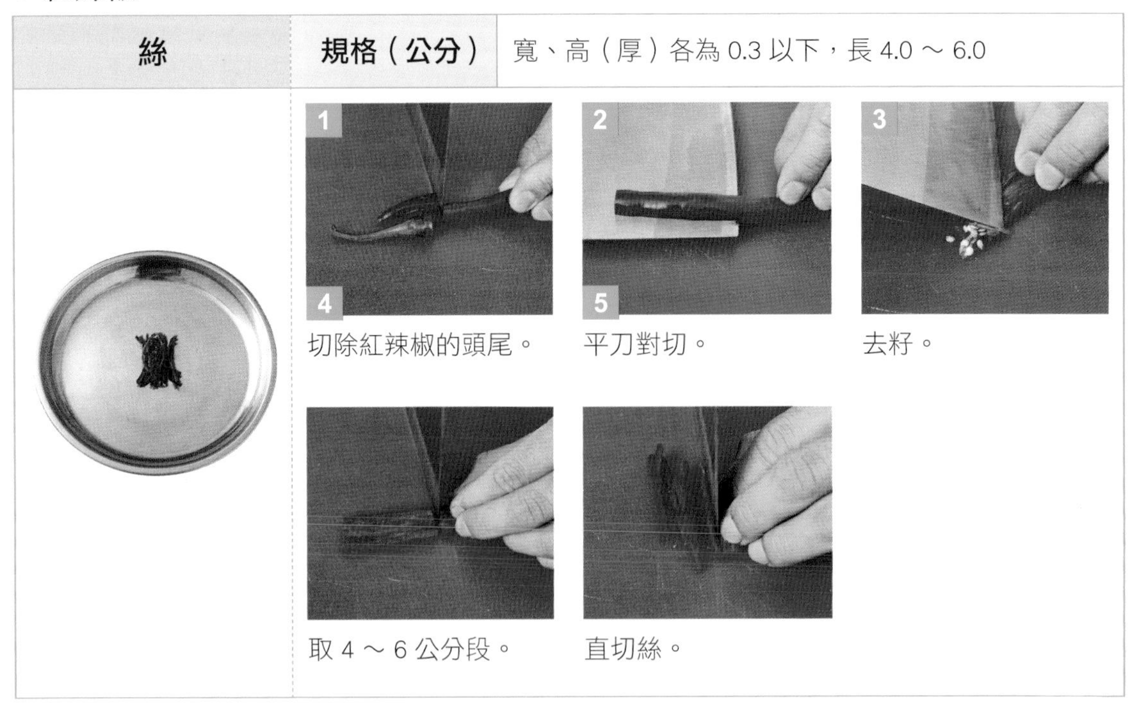

絲	規格（公分）	寬、高（厚）各為 0.3 以下，長 4.0 ～ 6.0
	1 切除紅辣椒的頭尾。 2 平刀對切。 3 去籽。 4 取 4 ～ 6 公分段。 5 直切絲。	

末	規格（公分）	直徑 0.3 以下碎末

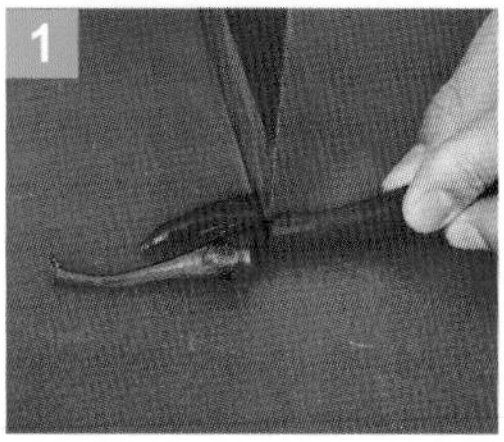

1 切除紅辣椒的頭尾。

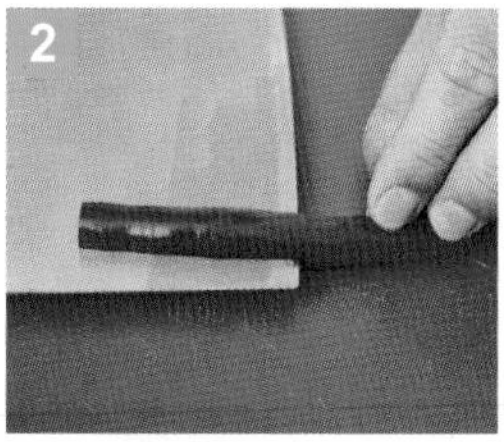

2 平刀對切。

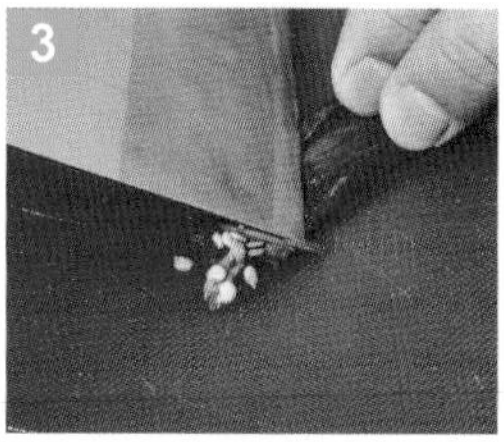

3 去籽。

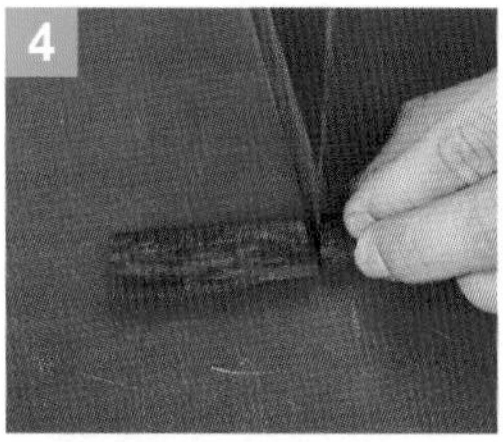

4 取一段。

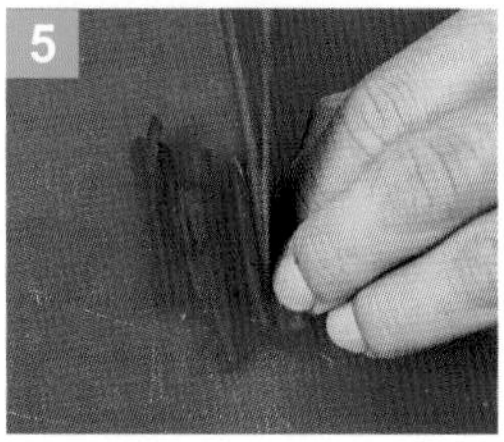

5 直切絲。

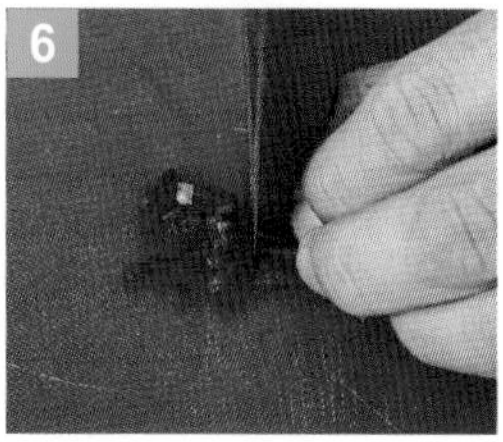

6 直切末。

菱形片	規格（公分）	長 2.0 ～ 3.0，寬 1.0 ～ 2.0，高（厚）依食材規格

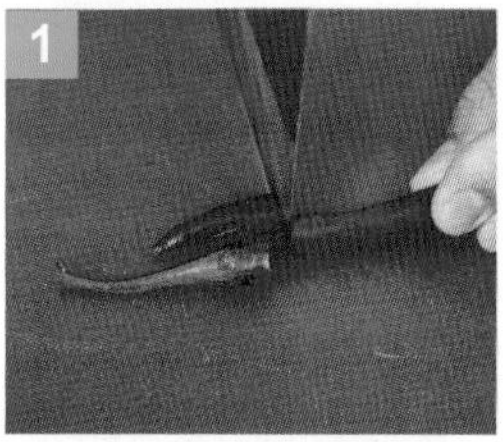

1 切除紅辣椒的頭尾。

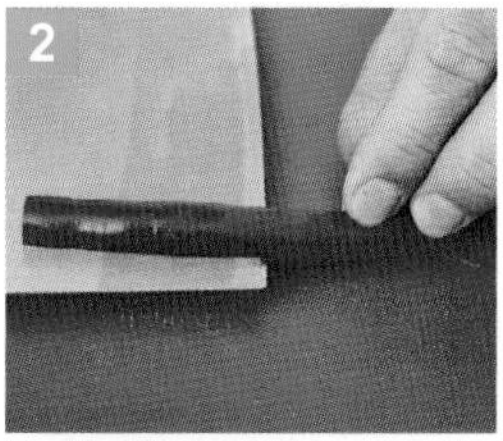

2 平刀對切。

3 去籽。

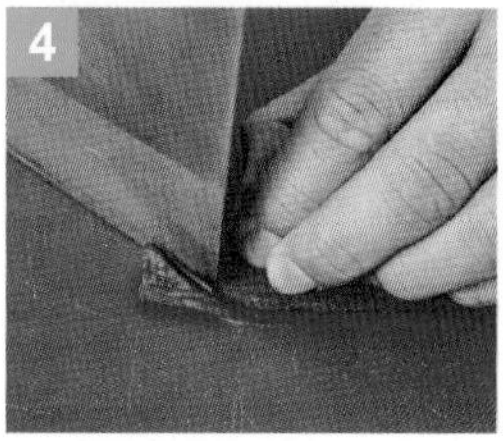

4 斜刀下刀。

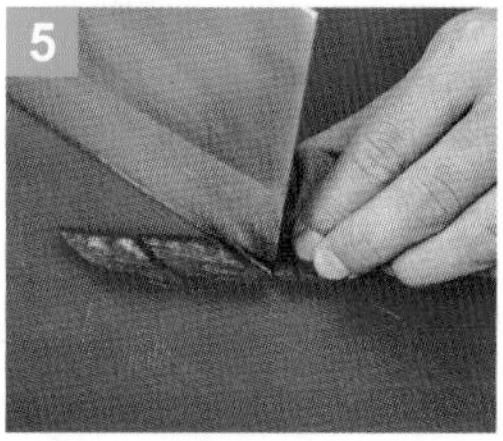

5 對稱下斜刀。

◆ 老薑

斜片	規格（公分）	洗淨不削皮，長 2.0 ～ 3.0，寬 1.0 ～ 2.0，高（厚）0.2 ～ 0.3
		將老薑斜切片。

◆ 中薑

絲	規格（公分）	寬、高（厚）各為 0.3 以下，長 4.0 ～ 6.0
	 切修中薑的四邊，呈長方塊。	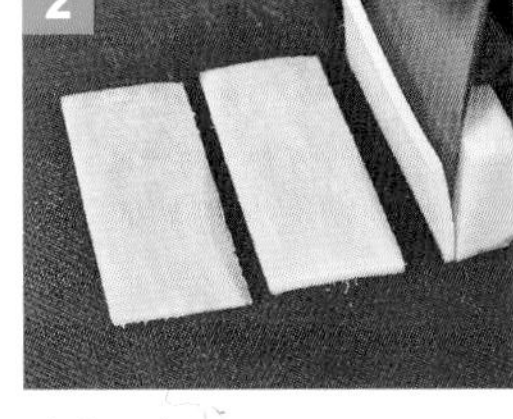 直切片。  直切絲。

末	規格（公分）	直徑 0.3 以下碎末
	  切修中薑的四邊，呈長方塊。 	 直切片。  直切絲。 直切末。

菱形片	規格（公分）	長 2.0 ～ 3.0，寬 1.0 ～ 2.0，高（厚）0.2 ～ 0.4	
	 切修中薑的四邊，呈長方塊。	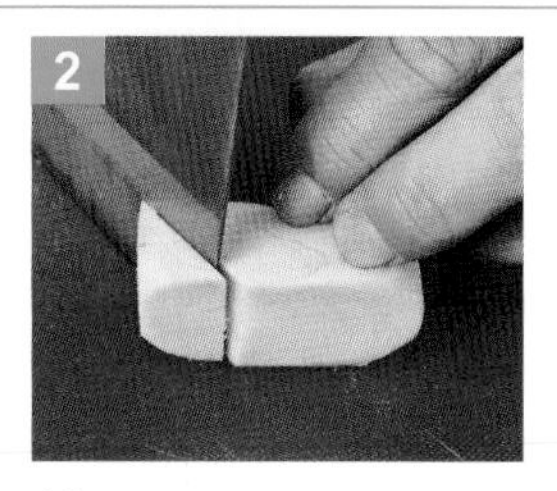 斜刀下刀。	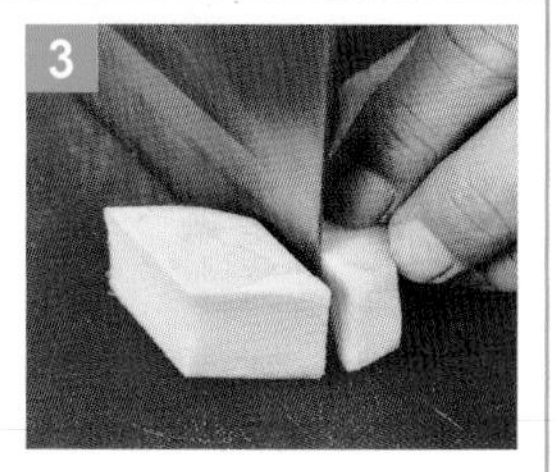 對稱下斜刀。
	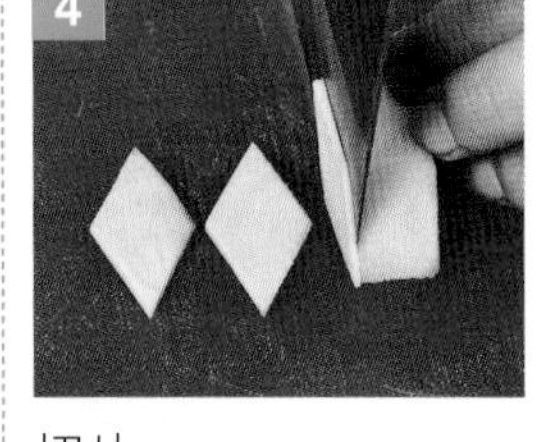 切片。		

◆ 紅蘿蔔

滾刀塊	規格（公分）	長、寬 2.0 ～ 4.0 的滾刀塊
	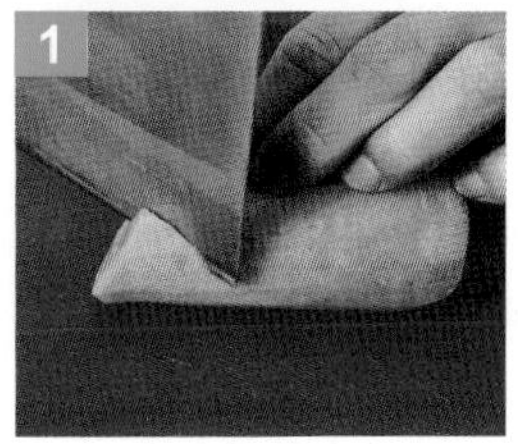 刀呈 45 度角下刀。	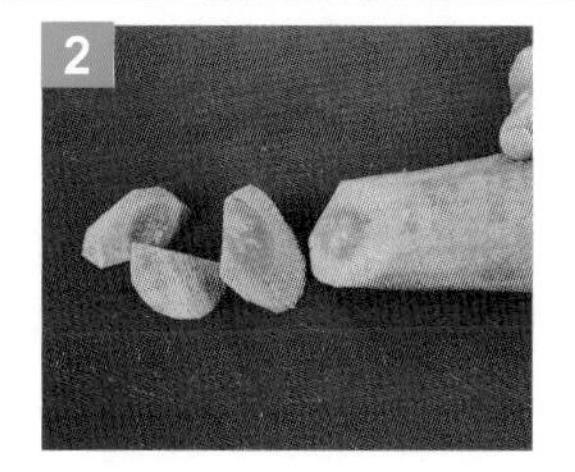 紅蘿蔔每轉一面即下一刀。

絲	規格（公分）	寬、高（厚）各為 0.2 ～ 0.4，長 4.0 ～ 6.0	
	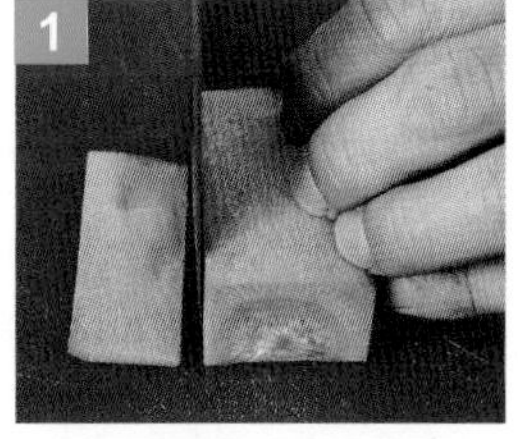 切修紅蘿蔔的四邊，呈長方塊。	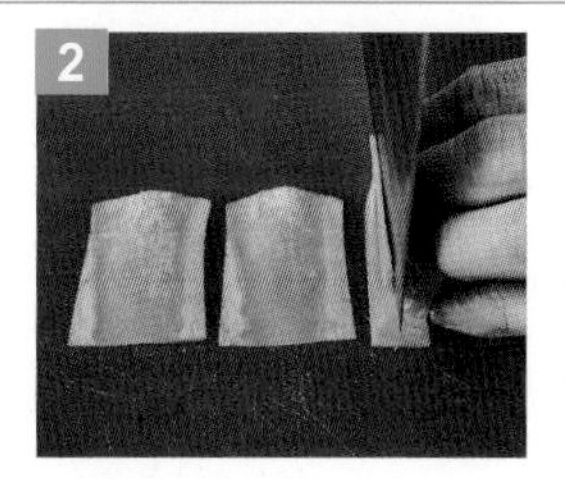 直切片。	 直切絲。

指甲片	規格（公分）	長、寬各為 1.0 ～ 1.5，高（厚）0.3 以下

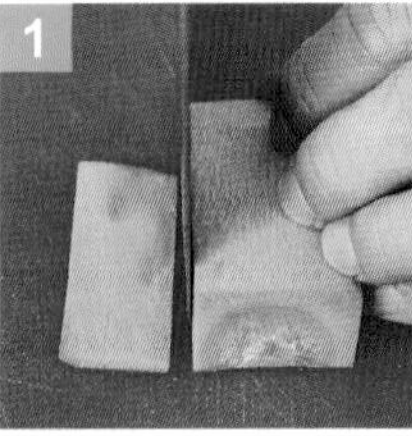

切修紅蘿蔔的四邊，呈長方塊。

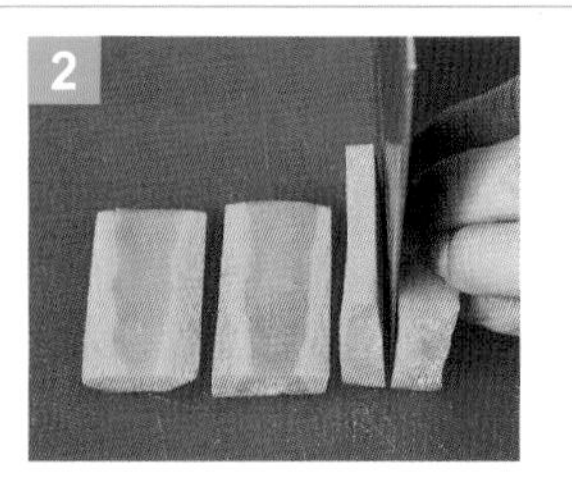

直切片。

直切條。

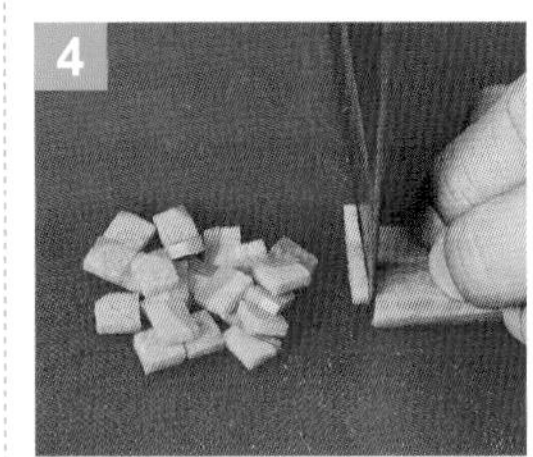

直切指甲片。

末	規格（公分）	直徑 0.3 以下碎末

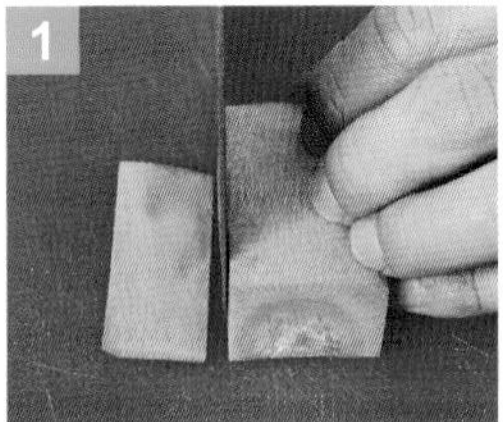

切修紅蘿蔔的四邊，呈長方塊。

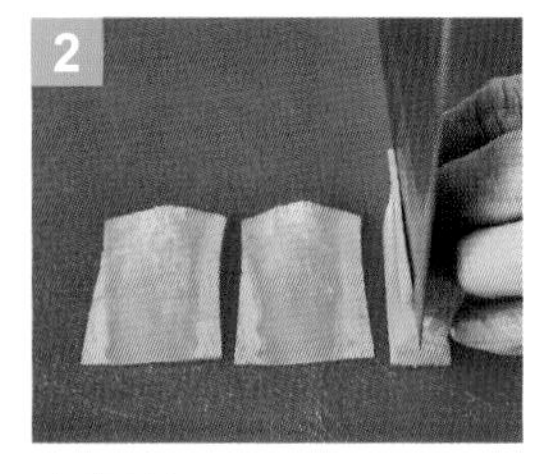

直切片。

直切絲。

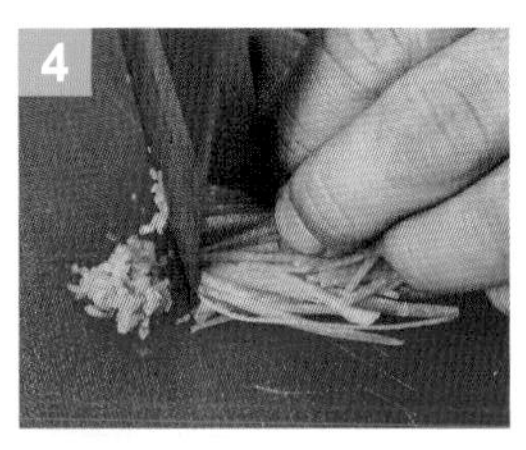

直切末。

菱形片	規格（公分）	長 2.0 ～ 3.0，寬 1.0 ～ 2.0，高（厚）0.2 ～ 0.4

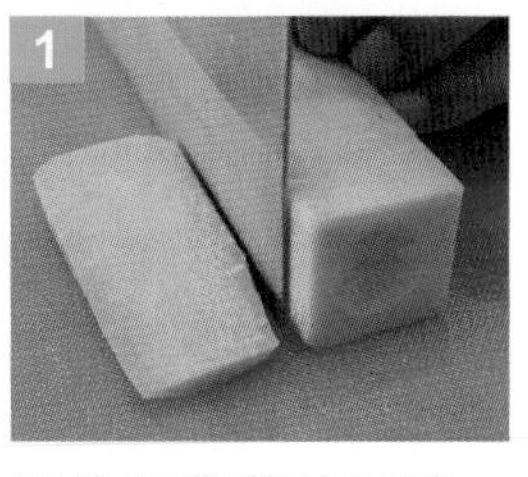
1 切修紅蘿蔔的四邊，呈長方塊。

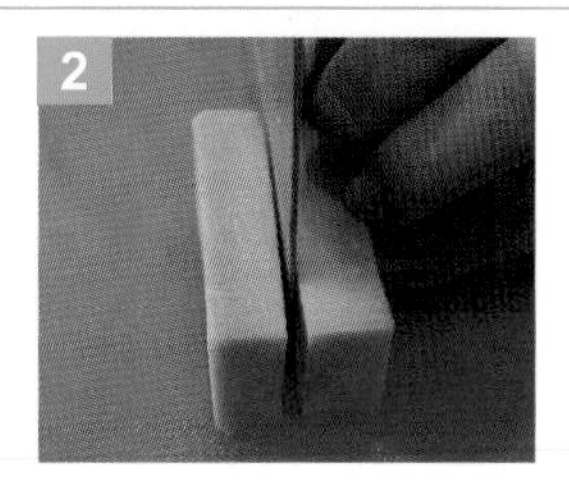
2 直切片。

3 斜刀下一刀。

4 對稱下斜刀。

5 切片。

粒	規格（公分）	長、寬、高（厚）各 0.4 ～ 0.8

1 切修紅蘿蔔的四邊，呈長方塊。

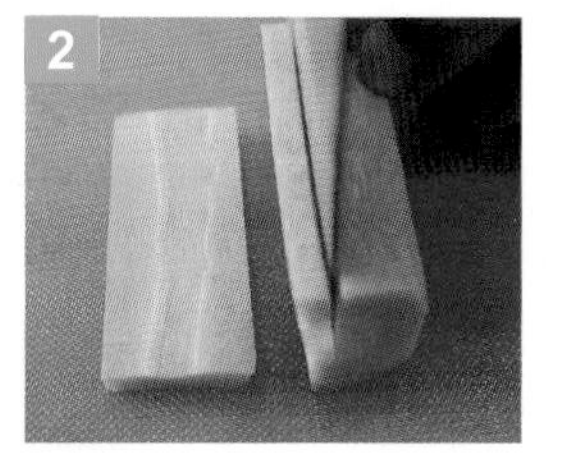
2 直切片。

3 直切絲。

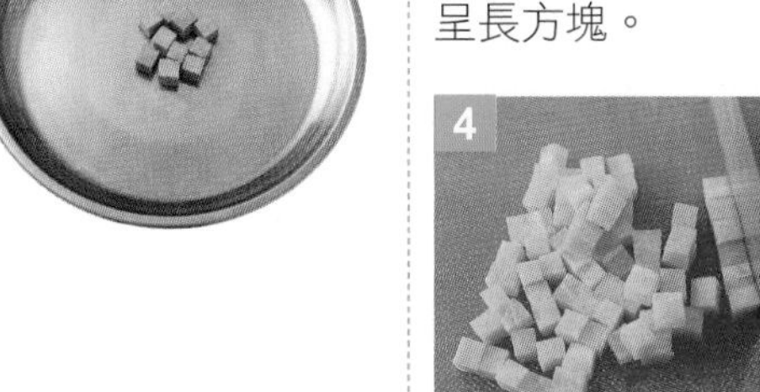
4 直切粒。

條	規格（公分）	寬、高（厚）各為 0.5 ～ 1.0，長 4.0 ～ 6.0	
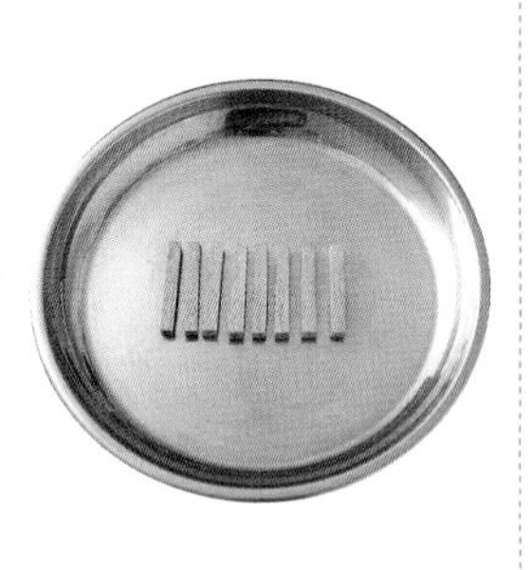	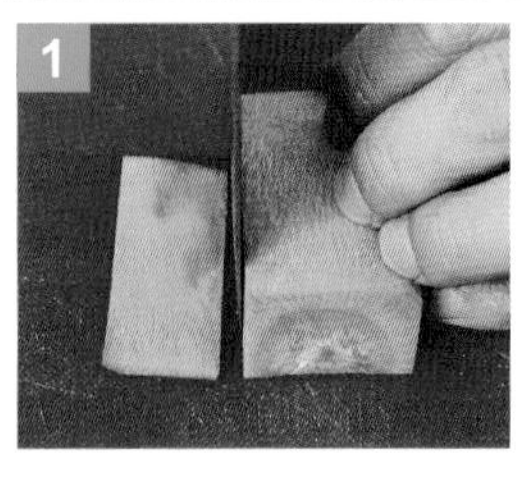 切修紅蘿蔔的四邊，呈長方塊。	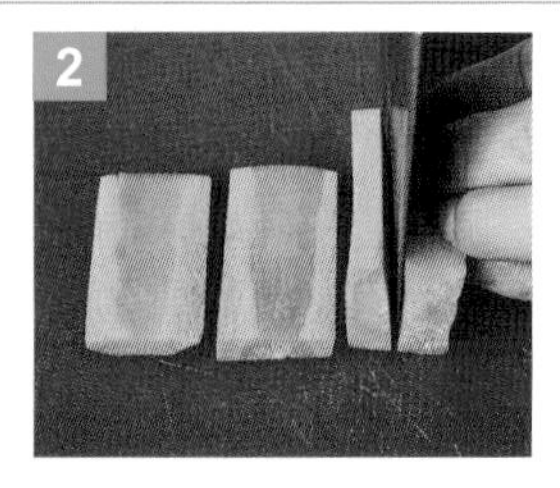 直切片。	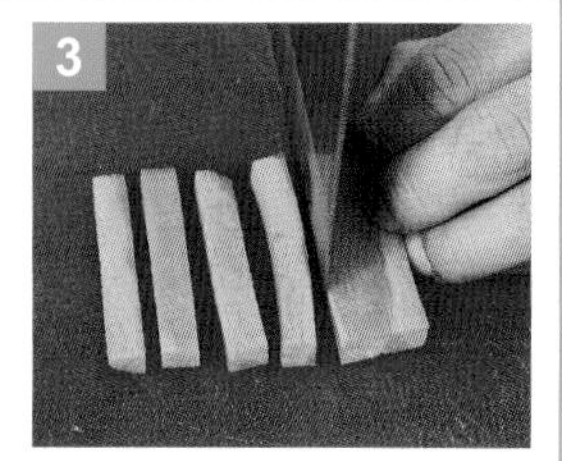 直切條。

◆ 芹菜

絲	規格（公分）	寬、高（厚）各為 0.2 ～ 0.4，長 4.0 ～ 6.0	
	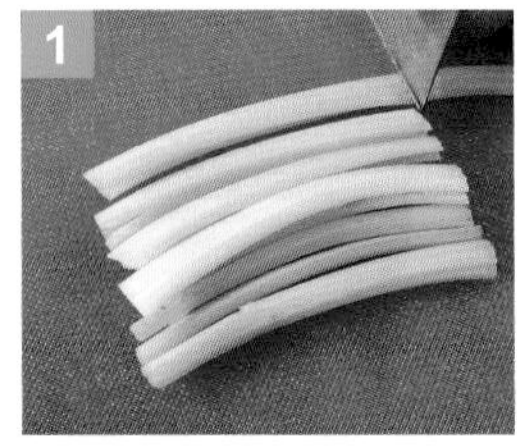 將芹菜直切段。	 平刀壓扁。	 直切絲。

末	規格（公分）	直徑 0.3 以下碎末	
	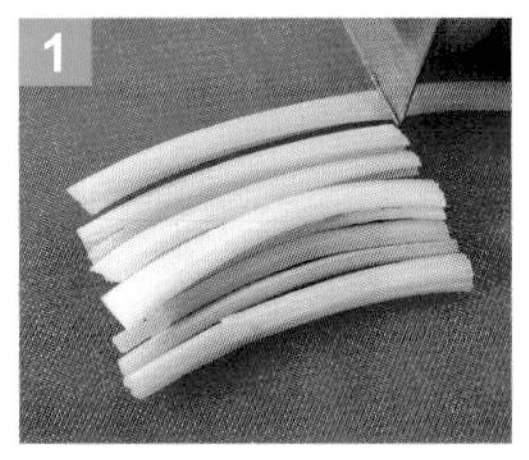 將芹菜直切段。	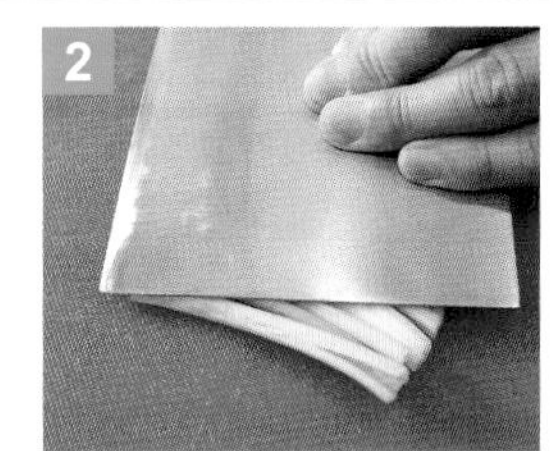 平刀壓扁。	 直切絲。
	 直切末。		

菱形片	規格（公分）	長 2.0 ～ 3.0，寬 1.0 ～ 2.0，高（厚）0.2 ～ 0.4
	1 切修紅蘿蔔的四邊，呈長方塊。 2 直切片。 3 斜刀下一刀。 4 對稱下斜刀。 5 切片。	

粒	規格（公分）	長、寬、高（厚）各 0.4 ～ 0.8
	1 切修紅蘿蔔的四邊，呈長方塊。 2 直切片。 3 直切絲。 4 直切粒。	

條	規格（公分）	寬、高（厚）各為 0.5 ～ 1.0，長 4.0 ～ 6.0

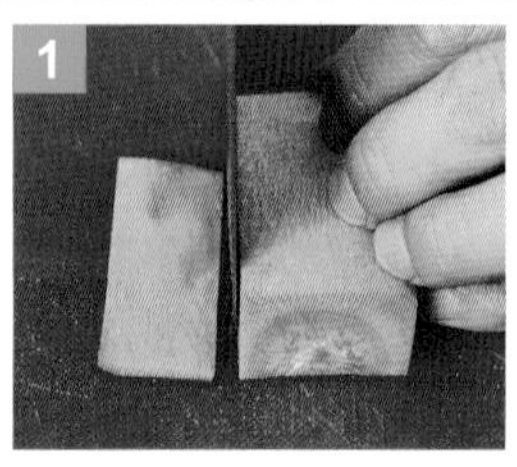

1 切修紅蘿蔔的四邊，呈長方塊。

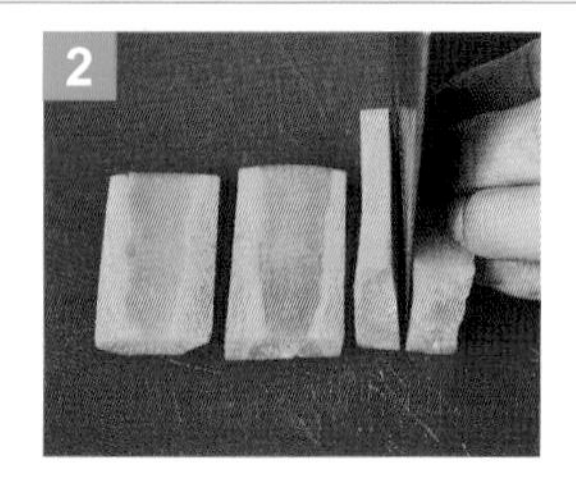

2 直切片。

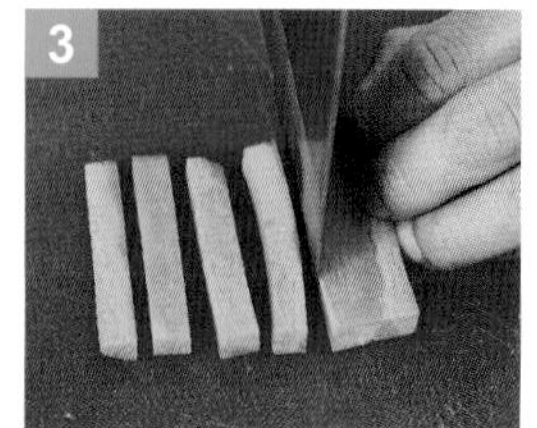

3 直切條。

◆ 芹菜

絲	規格（公分）	寬、高（厚）各為 0.2 ～ 0.4，長 4.0 ～ 6.0

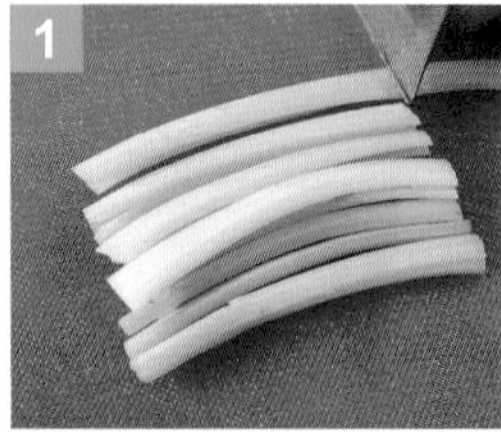

1 將芹菜直切段。

2 平刀壓扁。

3 直切絲。

末	規格（公分）	直徑 0.3 以下碎末

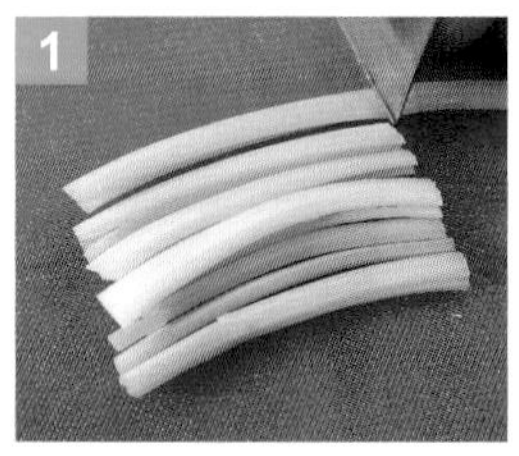

1 將芹菜直切段。

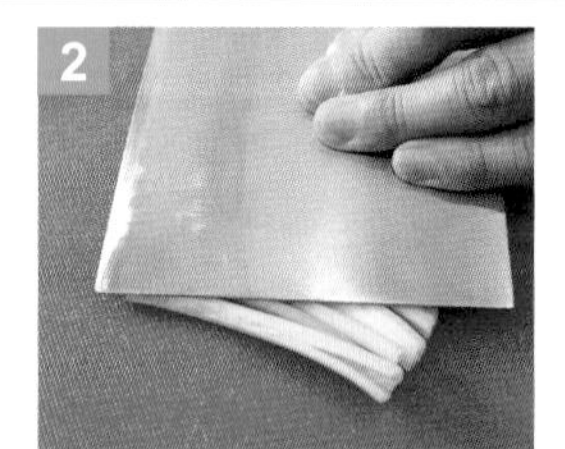

2 平刀壓扁。

3 直切絲。

4 直切末。

長段	規格（公分）	長 15.0 公分以上（可供綑綁）
		由上往下，拉成粗長段。

段	規格（公分）	長 4.0 ～ 6.0
	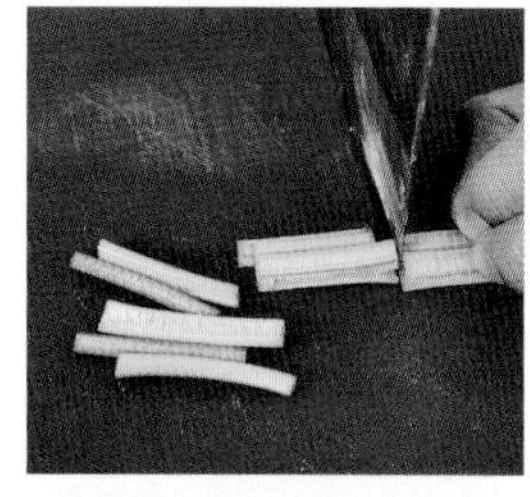	直切段。

粒	規格（公分）	長、寬、高（厚）各為 0.4 ～ 0.8
		直切粒。

◆ 小黃瓜

絲	規格（公分）	寬、高（厚）各為 0.2 ～ 0.4，長 4.0 ～ 6.0
	 1 將小黃瓜斜切片。	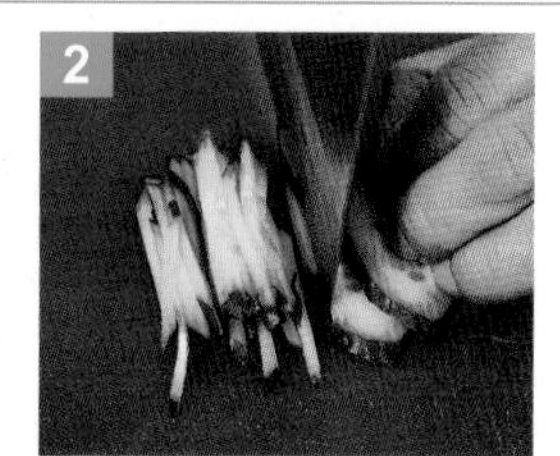 2 直切絲。

滾刀塊	規格（公分）	長、寬 2.0 ～ 4.0 的滾刀塊

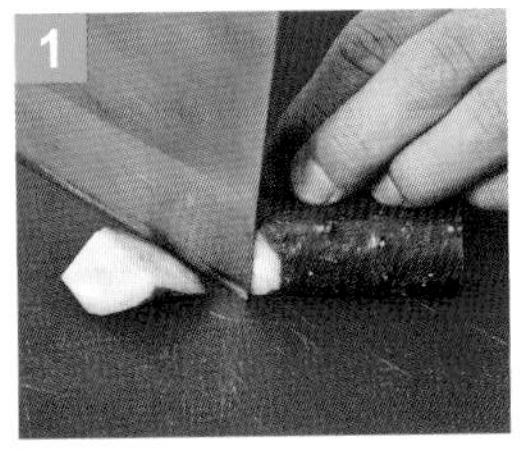

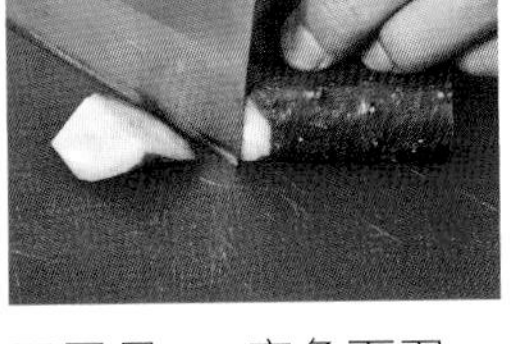

1 刀子呈 45 度角下刀。

2 小黃瓜每轉一面即下一刀。

菱形片	規格（公分）	長 4.0 ～ 6.0，寬 2.0 ～ 4.0，高（厚）0.2 ～ 0.4

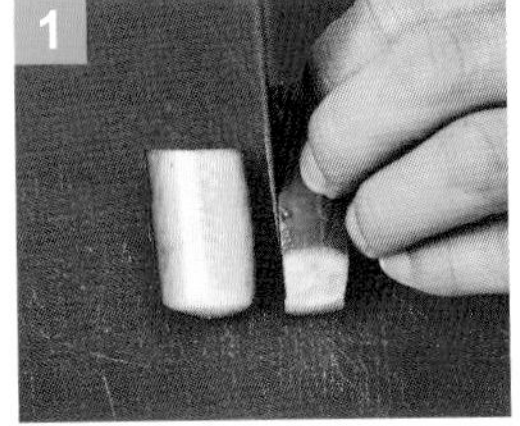

1 將小黃瓜切修兩邊。

2 平面朝下，斜刀下刀。

3 對稱下斜刀。

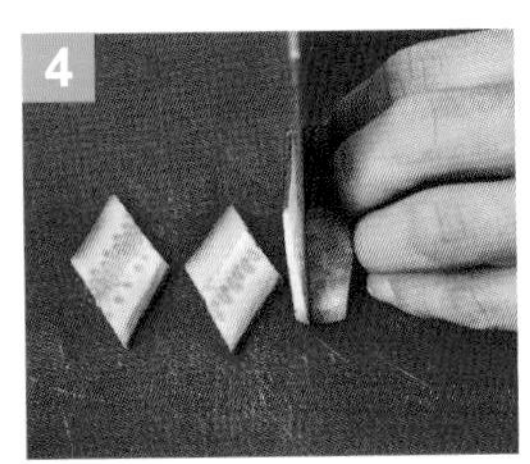

4 直切片。

◆ 紅甜椒

絲	規格（公分）	寬、高（厚）各為 0.2 ～ 0.4，長 4.0 ～ 6.0

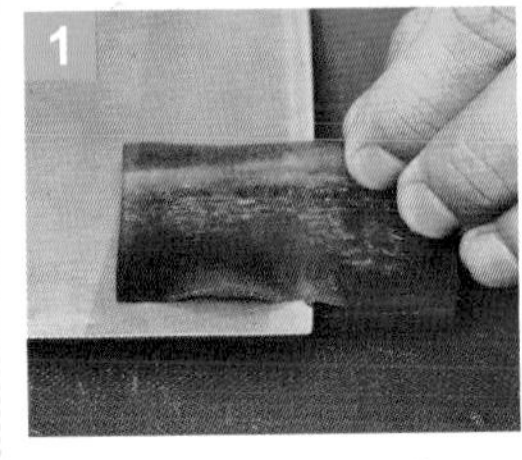

1 修齊紅甜椒的內膜。

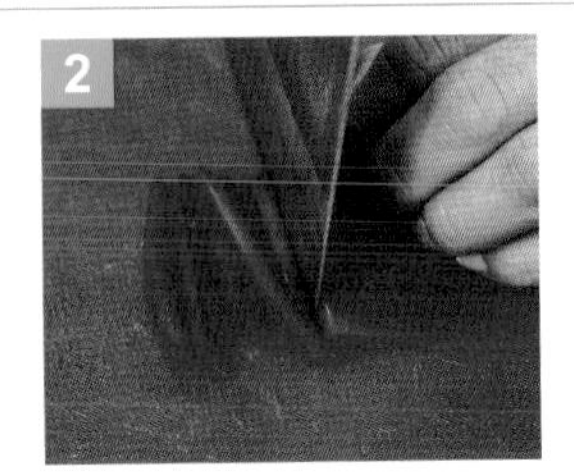

2 直切絲。

長段	規格（公分）	長 15.0 公分以上（可供綑綁）
	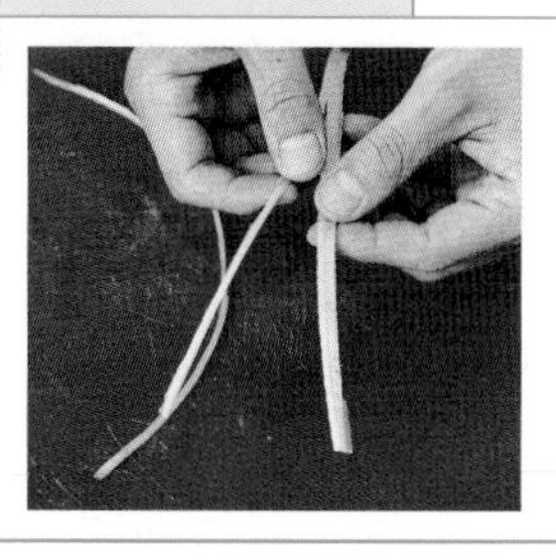	由上往下，拉成粗長段。

段	規格（公分）	長 4.0 ～ 6.0
	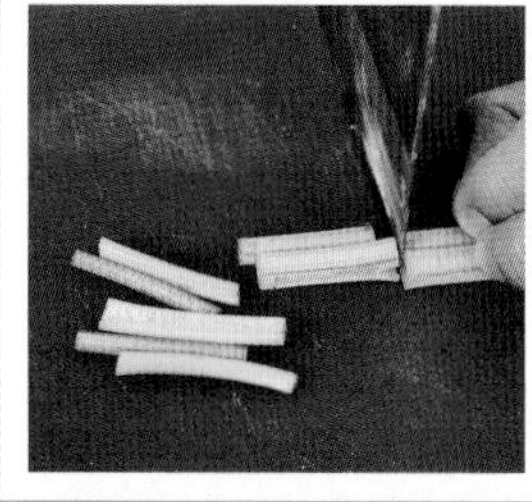	直切段。

粒	規格（公分）	長、寬、高（厚）各為 0.4 ～ 0.8
	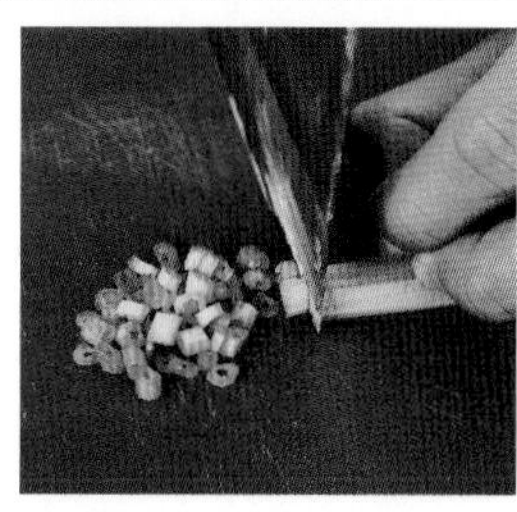	直切粒。

◆ 小黃瓜

絲	規格（公分）	寬、高（厚）各為 0.2 ～ 0.4，長 4.0 ～ 6.0
	 將小黃瓜斜切片。	 直切絲。

滾刀塊	規格（公分）	長、寬 2.0 ～ 4.0 的滾刀塊
	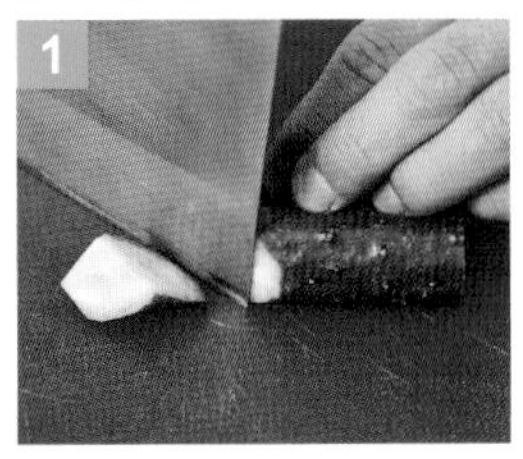 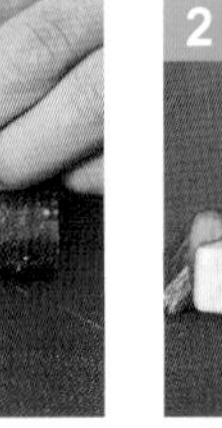 刀子呈 45 度角下刀。	小黃瓜每轉一面即下一刀。

菱形片	規格（公分）	長 4.0 ～ 6.0，寬 2.0 ～ 4.0，高（厚）0.2 ～ 0.4	
	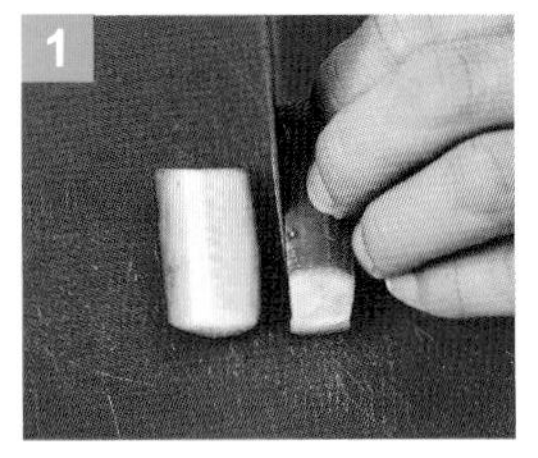 將小黃瓜切修兩邊。	 平面朝下，斜刀下刀。	 對稱下斜刀。
	 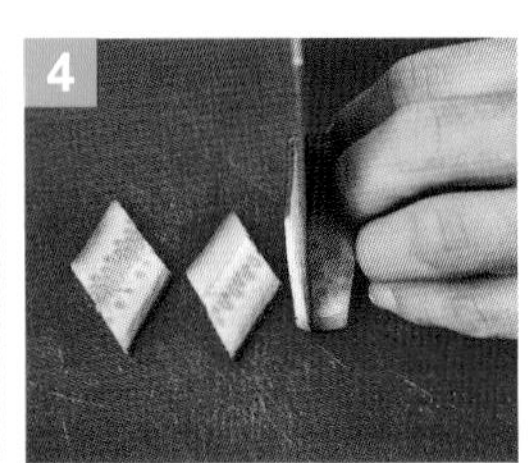 直切片。		

◆ 紅甜椒

絲	規格（公分）	寬、高（厚）各為 0.2 ～ 0.4，長 4.0 ～ 6.0
	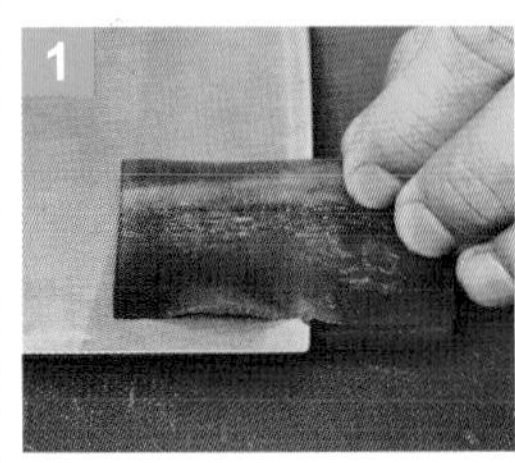 修齊紅甜椒的內膜。	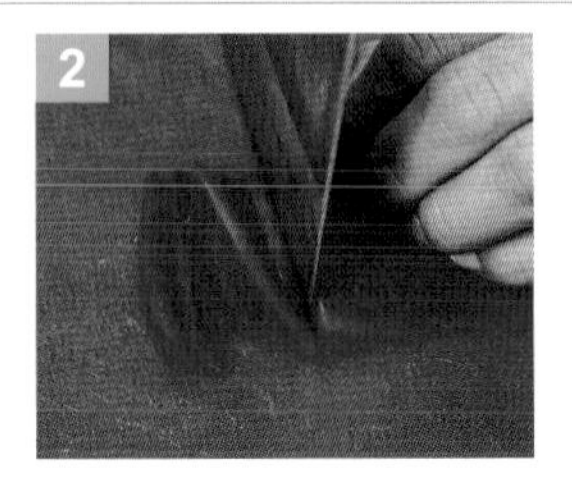 直切絲。

末	規格（公分）	直徑 0.3 以下碎末

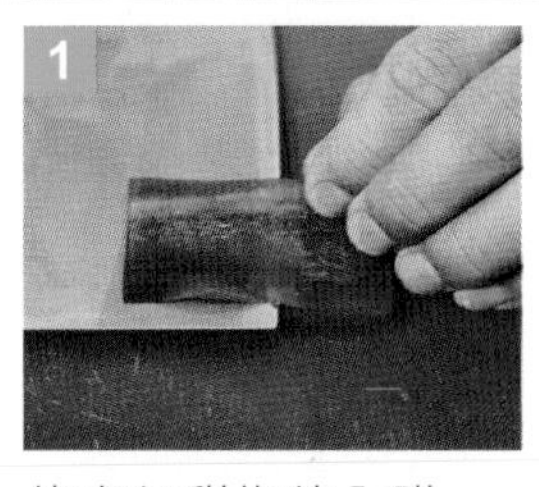

修齊紅甜椒的內膜。

直切絲。

直切末。

菱形片	規格（公分）	長 3.0 ～ 5.0，寬 2.0 ～ 4.0，高（厚）依食材規格。

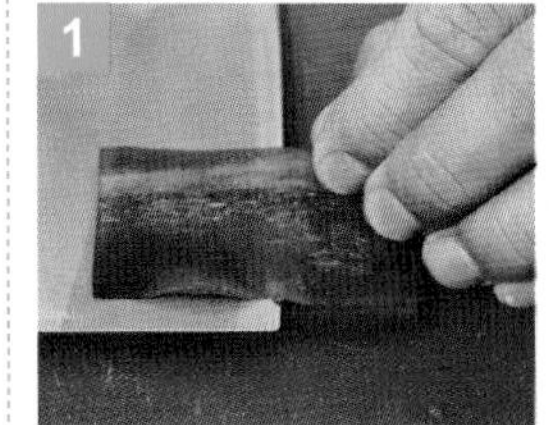

修齊紅甜椒的內膜。

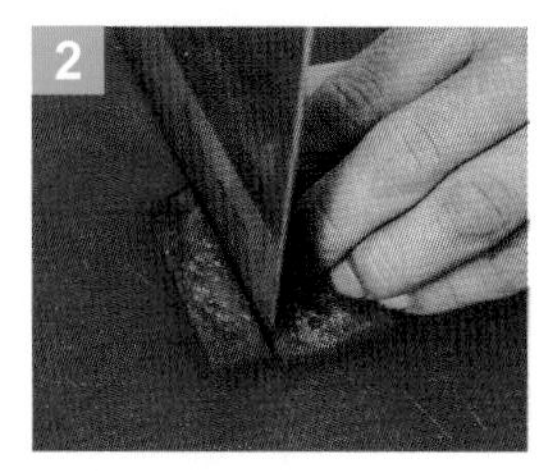

直切條。

斜切下刀。

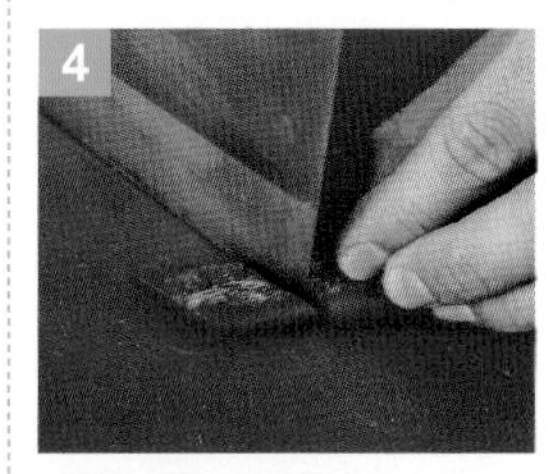

對稱下斜刀。

條	規格（公分）	長 4.0 ～ 6.0，寬 0.5 ～ 1.0，高（厚）依食材規格

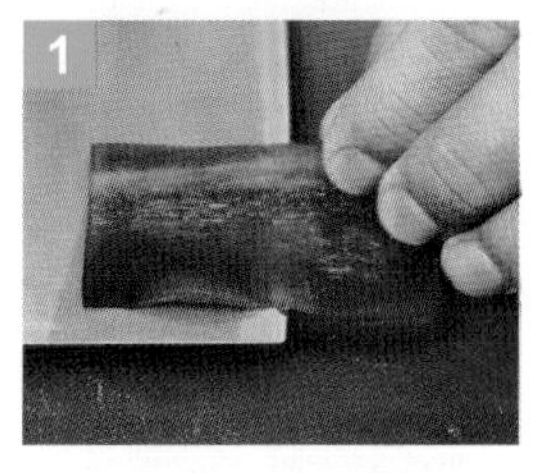

修齊紅甜椒的內膜。

直切條。

◆ 青江菜

末	規格（公分）	直徑 0.3 以下碎末

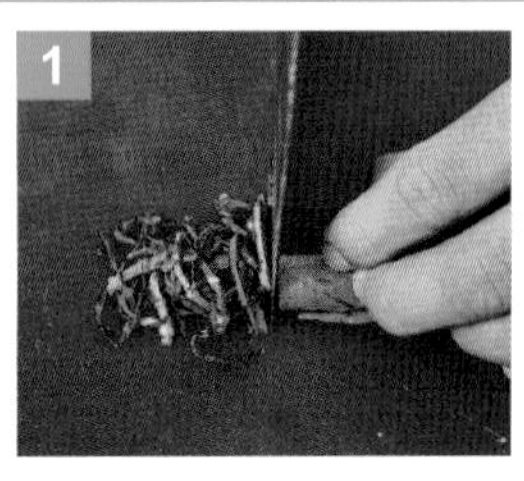

1 取青江菜葉捲起，直切絲。

2 直切末。

對切	規格（公分）	對切為 1/2

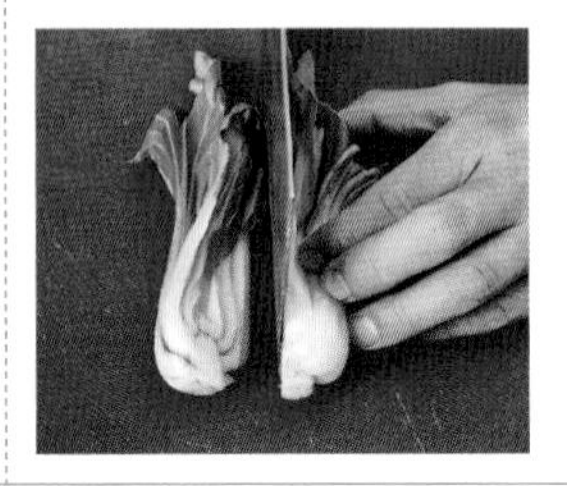

直刀對切。

◆ 白山藥

條	規格（公分）	寬、高（厚）各為 0.8 ～ 1.2，長 4.0 ～ 6.0

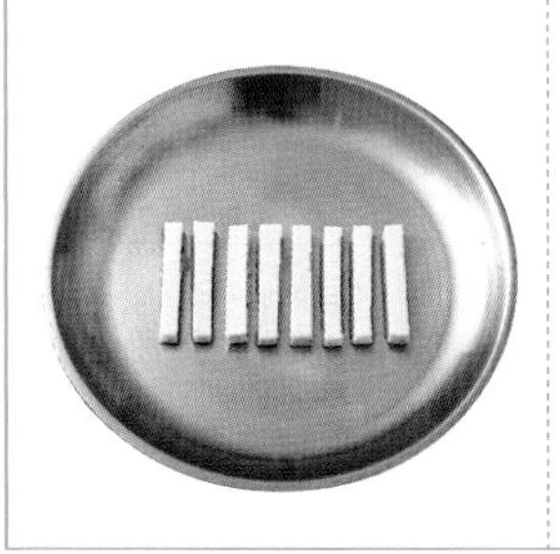

1 將白山藥切成長方塊。

2 直切片。

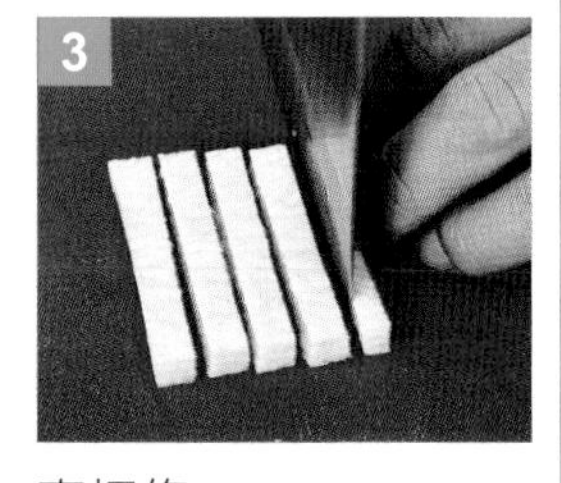

3 直切條。

片	規格（公分）	長 4.0 ～ 6.0，寬 2.0 ～ 4.0，高（厚）0.4 ～ 0.6

1 將白山藥切成長方塊。

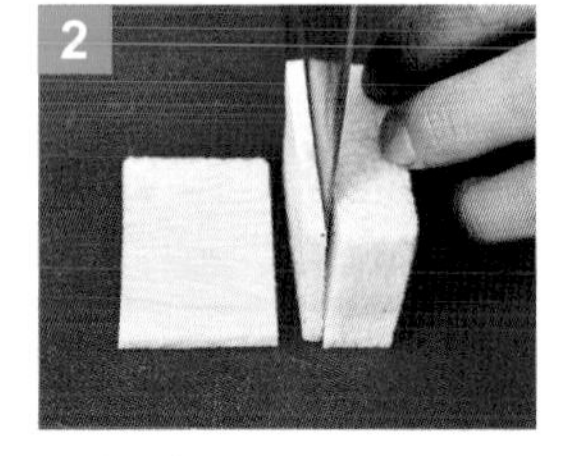

2 直切片。

◆ 白蘿蔔

長薄片	規格（公分）	長 12.0 以上，寬 4.0 以上，高（厚）0.3 以下
	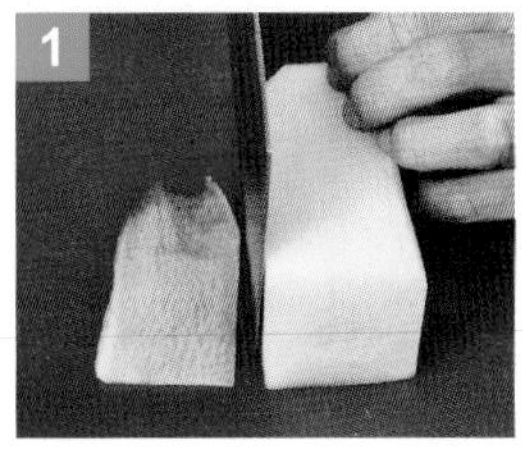 切修白蘿蔔的四邊，呈長方塊。	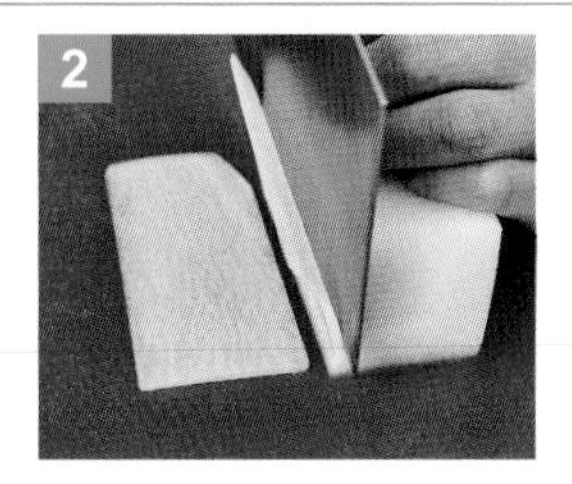 直切片。

絲	規格（公分）	寬、高（厚）各為 0.2 ～ 0.4，長 4.0 ～ 6.0	
	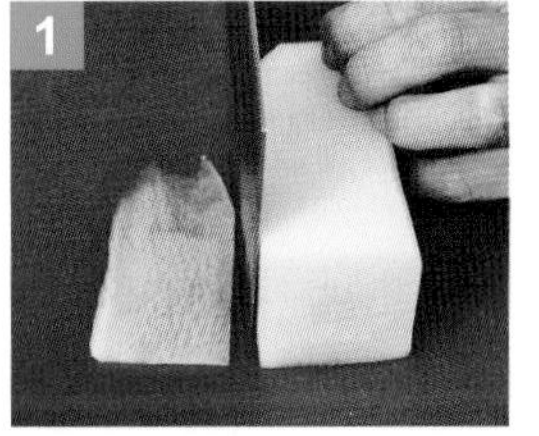 切修白蘿蔔的四邊，呈長方塊。	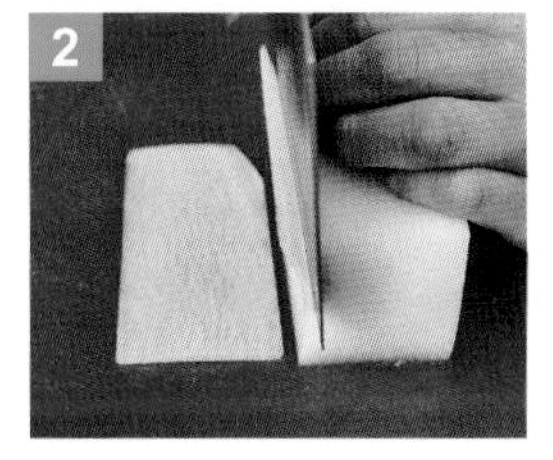 直切片。	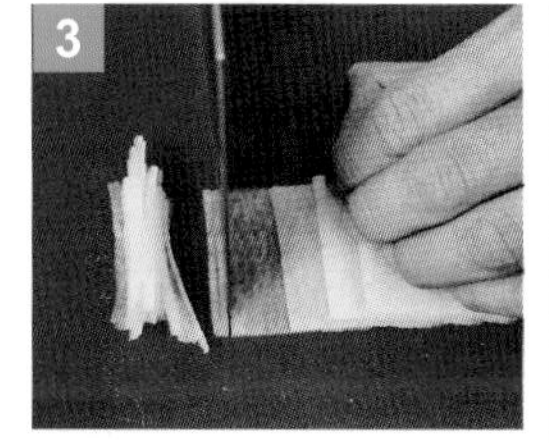 直切絲。

◆ 杏鮑菇

片	規格（公分）	長 4.0 ～ 6.0，寬 2.0 ～ 4.0，高（厚）0.4 ～ 0.6
	 切修杏鮑菇的四邊，呈長方塊。	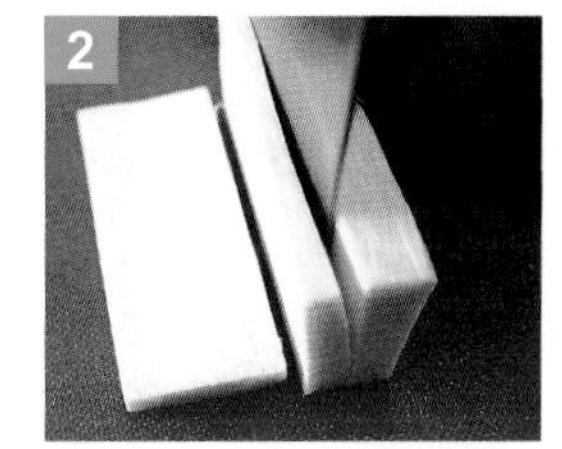 直切片。

剞刀厚片	規格（公分）	長 4.0 ～ 6.0，高（厚）1.0 ～ 1.5，寬依杏鮑菇。格子間隔 0.3 ～ 0.5，深度達 1/2 深的剞刀片塊

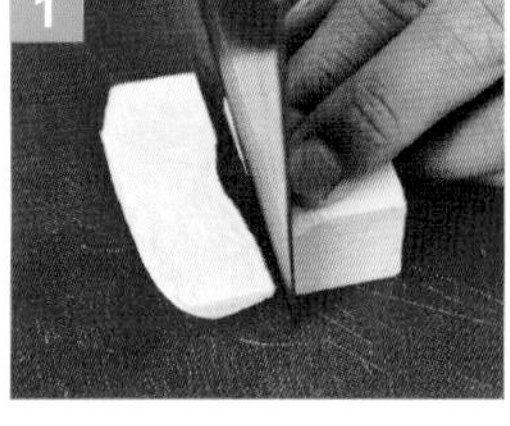

1 切修杏鮑菇的四邊，呈長方塊。

2 直切厚片。

3 直切至深度 2/3 處。

4 轉向，直切深度至 2/3 處，呈十字交叉刀紋。

條	規格（公分）	長 4.0 ～ 6.0，寬為 0.5 ～ 1.0

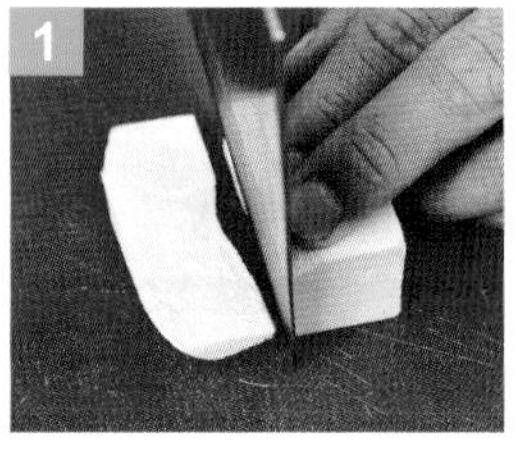

1 切修杏鮑菇的四邊，呈長方塊。

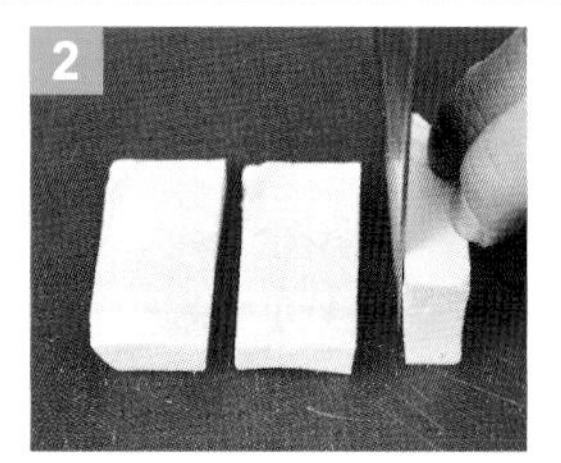

2 直切片。

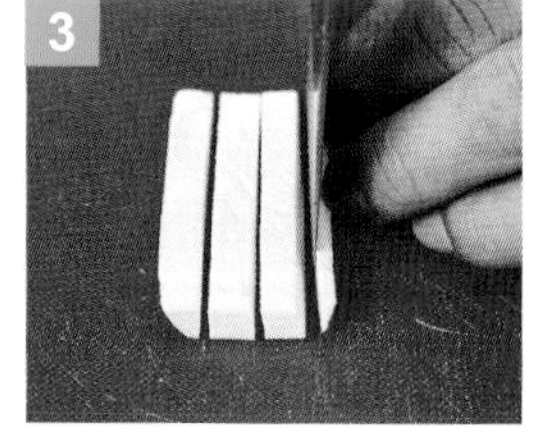

3 直切條。

滾刀塊	規格（公分）	長、寬 2.0 ～ 4.0 的滾刀塊

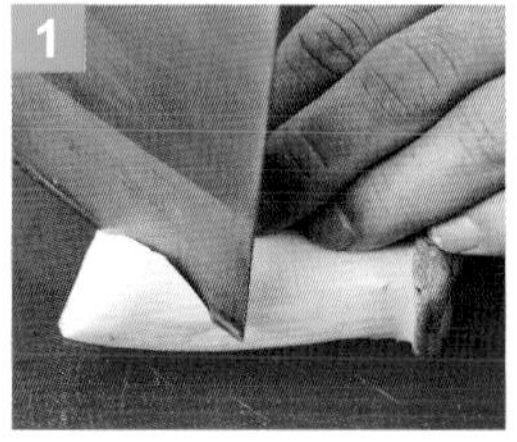

1 刀子呈 45 度角下刀。

2 杏鮑菇每轉一面即下一刀。

◆ 玉米筍

片	規格（公分）	高（厚）0.3 以下

將玉米筍橫放，直切片即完成。

條	規格（公分）	寬、高（厚）各為 0.5 ～ 1.0，長 4.0 ～ 6.0

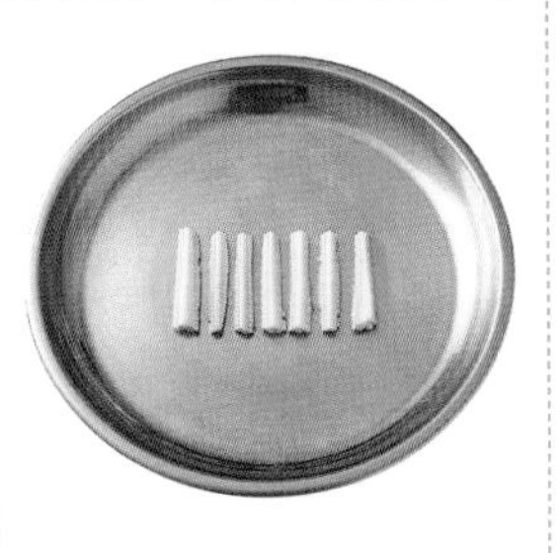

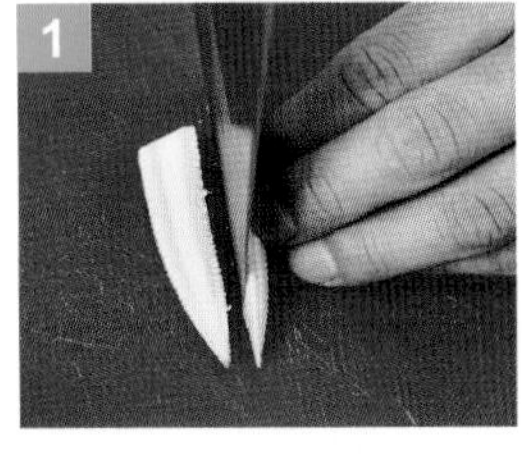

1 將玉米筍直切對半。

2 直切條即完成。

斜段	規格（公分）	1/2 斜角對切

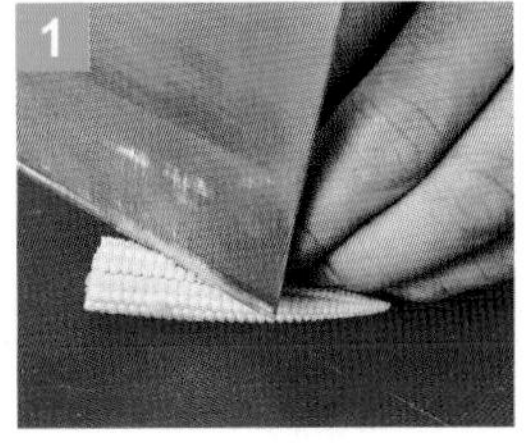

1 刀子呈 45 度角。

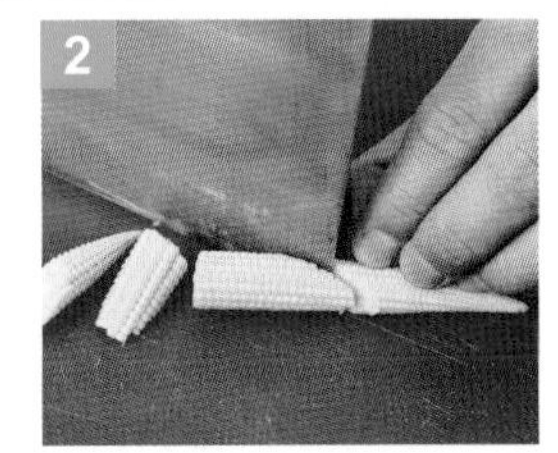

2 斜刀切斜段即完成。

◆ 四季豆

片	規格（公分）	高（厚）0.3 以下

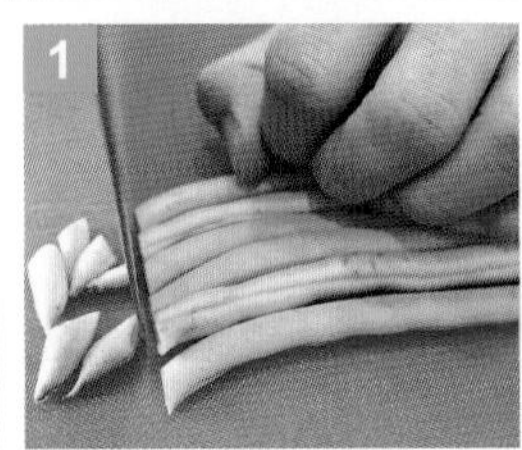

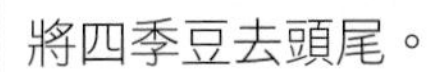

1 將四季豆去頭尾。

2 直切片。

粒	規格（公分）	高（厚）0.4 ～ 0.8
	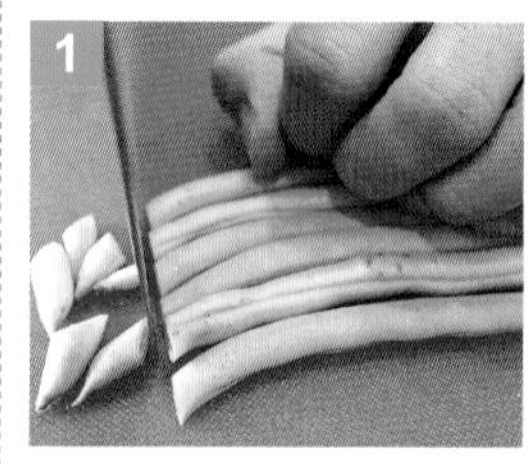 將四季豆去頭尾。	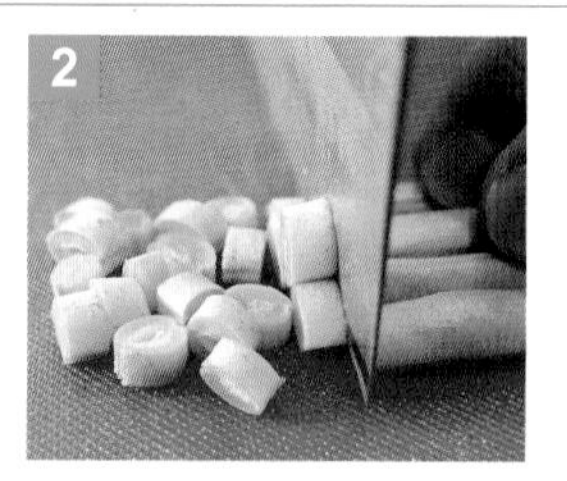 直切粒。

長條	規格（公分）	切除頭尾兩端
	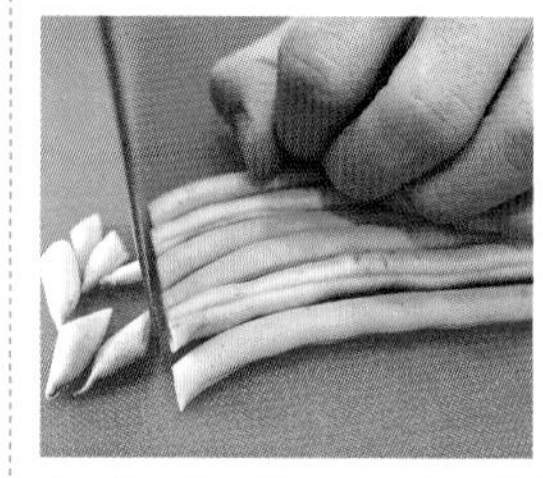	將四季豆去頭尾。

段	規格（公分）	長 4.0 ～ 6.0
	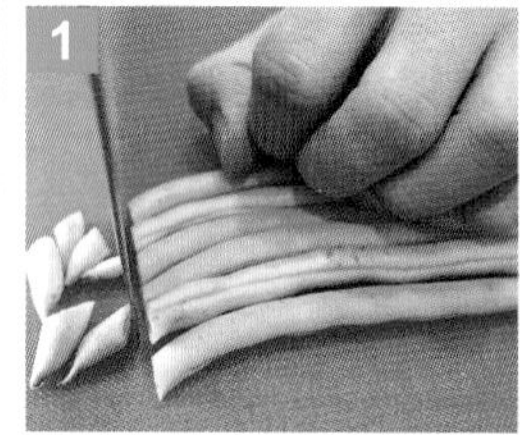 將四季豆去頭尾。	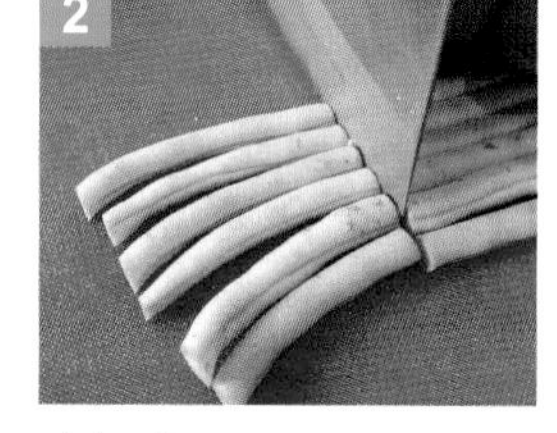 直切段。

◆ 茄子

條	規格（公分）	長 4.0 ～ 6.0，茄子依圓徑切 1/4
	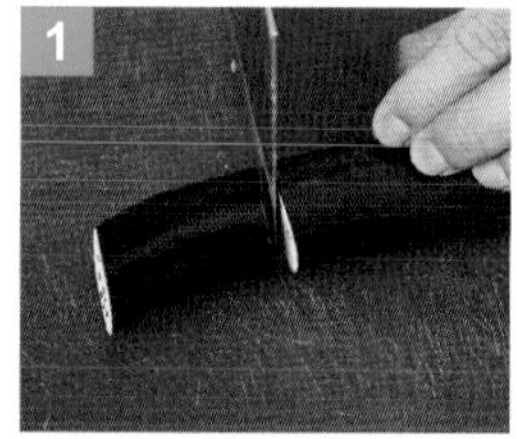 將茄子直切段。	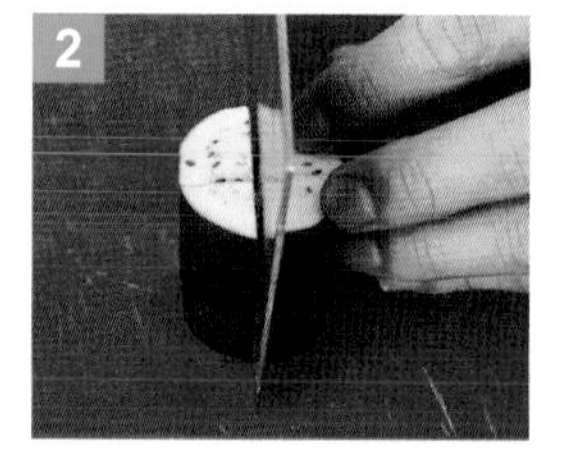 一開四。

段	規格（公分）	長 4.0 ～ 6.0 直段或斜段，直徑依食材規格可剖開
	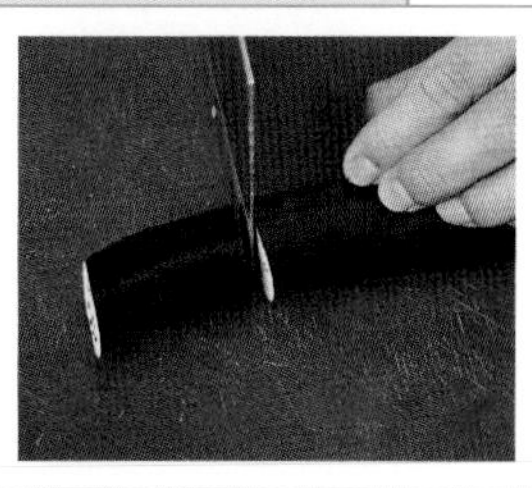	將茄子直切段。

空心段	規格（公分）	長 4.0 ～ 6.0 直段，以湯匙後端將中心挖空
	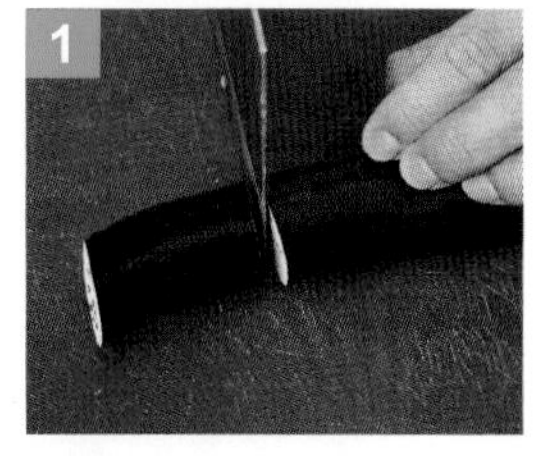 將茄子直切段。	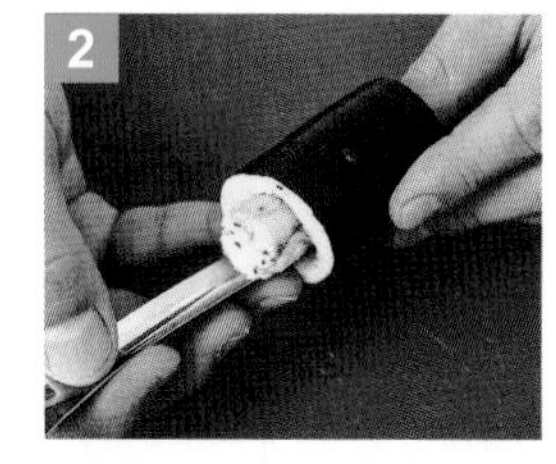 以湯匙後段挖空中心。

夾	規格（公分）	長 4.0 ～ 6.0，寬 3.0 以上，高（厚）0.8 ～ 1.2 雙飛片
	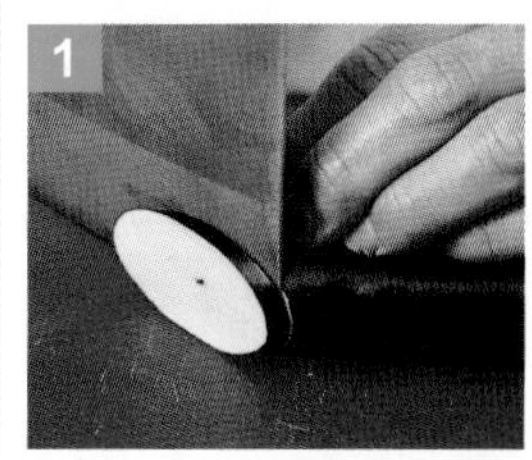 斜切一刀深至 2/3 不斷。	斜切第二刀切斷。

◆ 芋頭

片	規格（公分）	高（厚）0.5 ～ 1.0
	 將芋頭直刀對切。	 直切半圓片。

絲	規格（公分）	寬、高（厚）各為 0.2 ～ 0.4，長 4.0 ～ 6.0

1 切修芋頭的四邊，呈長方塊。

2 直切片。

3 直切絲。

條	規格（公分）	寬、高（厚）各為 0.5 ～ 1.0，長 4.0 ～ 6.0

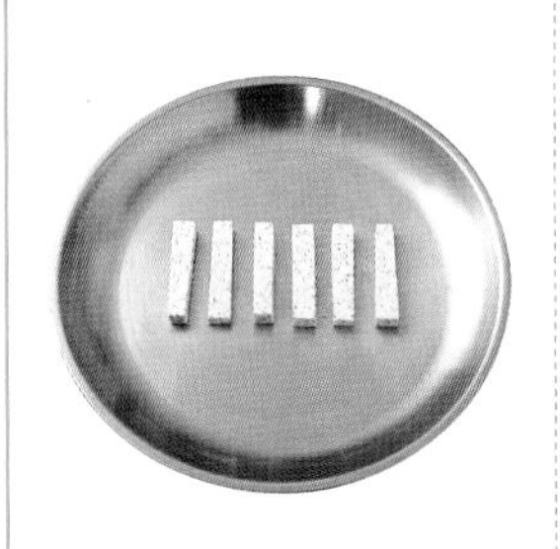

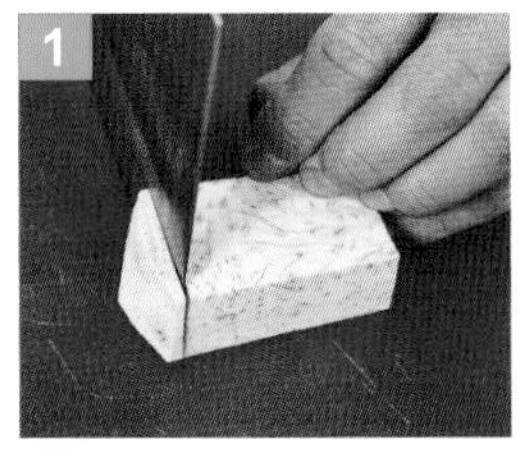

1 切修芋頭的四邊，呈長方塊。

2 直切片。

3 直切條。

粒	規格（公分）	長、寬、高（厚）各 0.4 ～ 0.8

1 切修芋頭的四邊，呈長方塊。

2 直切片。

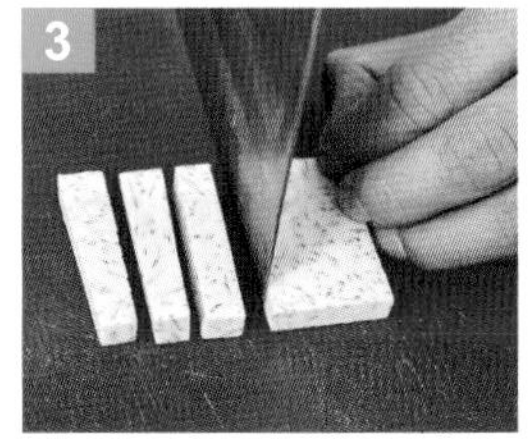

3 直切條。

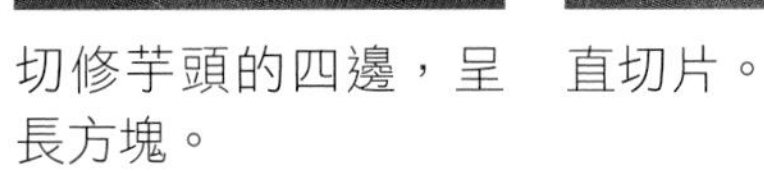

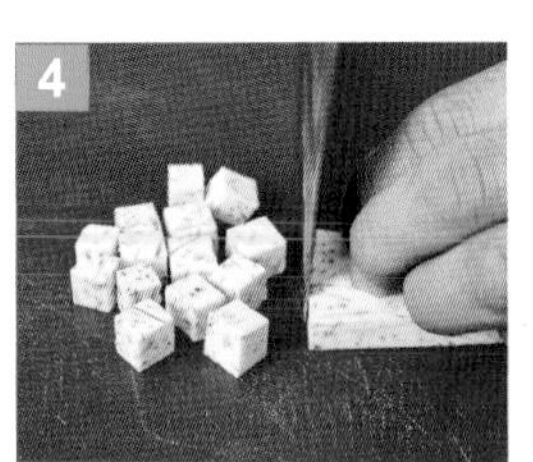

4 直切粒。

◆ 鮮香菇

塊(直刀厚片)	規格(公分)	一開四	
	1 將鮮香菇去蒂。	2 直刀對切。	3 一開四。

斜片	規格(公分)	去蒂,斜切,寬 2.0 ~ 4.0、長度及高(厚)依食材規格
	1 將鮮香菇去蒂。	2 斜切片。

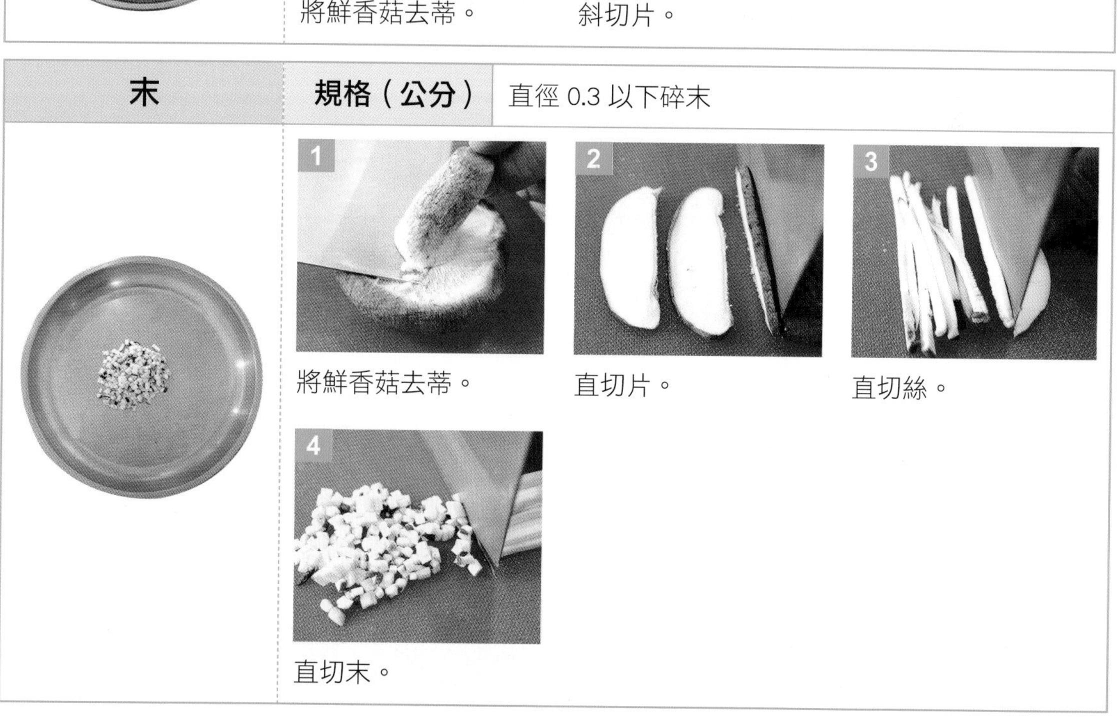

末	規格(公分)	直徑 0.3 以下碎末	
	1 將鮮香菇去蒂。	2 直切片。	3 直切絲。
	4 直切末。		

◆ 綠豆芽

去頭尾	規格（公分）	銀芽

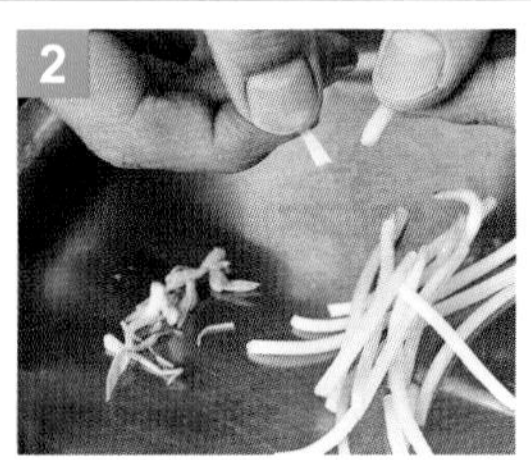

拔掉綠豆芽的頭部。

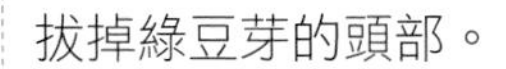

拔掉尾部。

◆ 黃甜椒

菱形片	規格（公分）	長 3.0 ～ 5.0，寬 2.0 ～ 4.0，高（厚）依食材規格

1. 修齊黃甜椒的內膜。
2. 直切條。
3. 斜刀下刀。
4. 對稱下斜刀。

絲	規格（公分）	寬、高（厚）各為 0.2 ～ 0.4，長 4.0 ～ 6.0

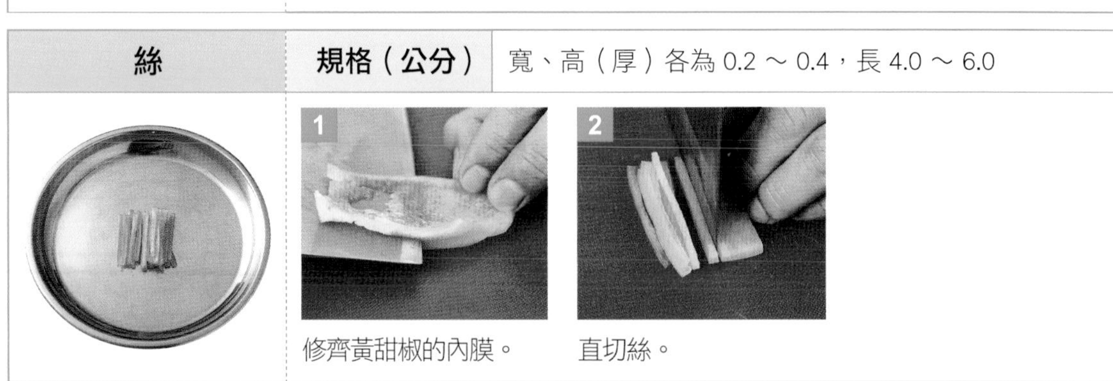

1. 修齊黃甜椒的內膜。
2. 直切絲。

末	規格（公分）	直徑 0.3 以下碎末
	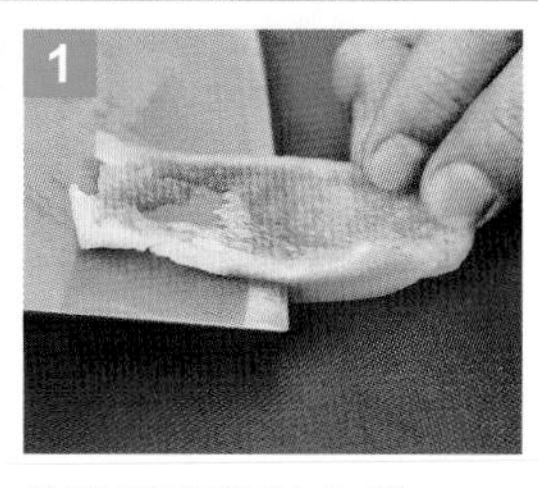 修齊黃甜椒的內膜。	 直切絲。
	 直切末。	

◆ 冬瓜

長薄片	規格（公分）	長 12.0 以上，寬 4.0 以上，高（厚）0.3 以下
	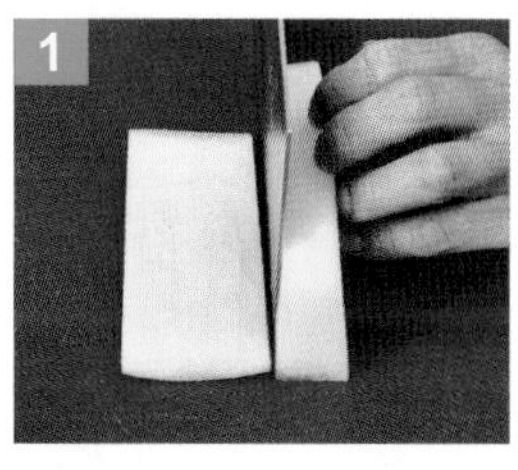 切長 12 公分、寬 4 公分的長方塊狀。	 直切片。

雙飛片	規格（公分）	長 4.0 ～ 6.0，寬 3.0 以上，高（厚）0.8 ～ 1.2 雙飛片
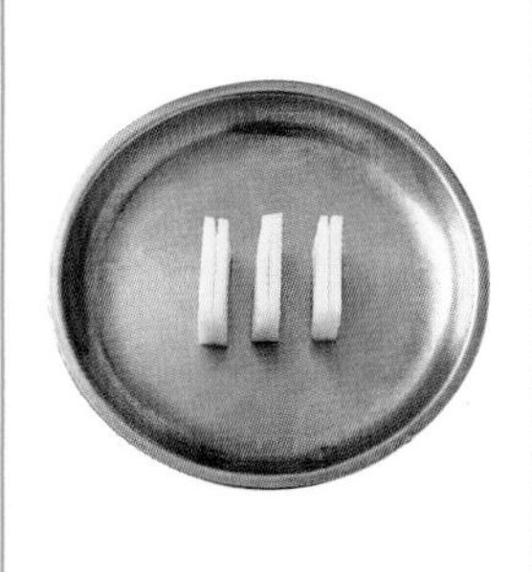	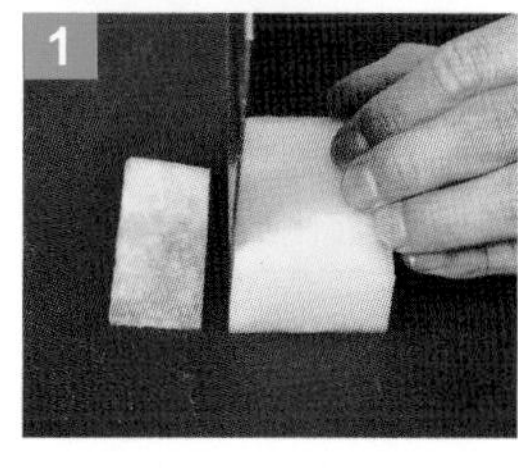 切修冬瓜的四邊，呈長方塊。	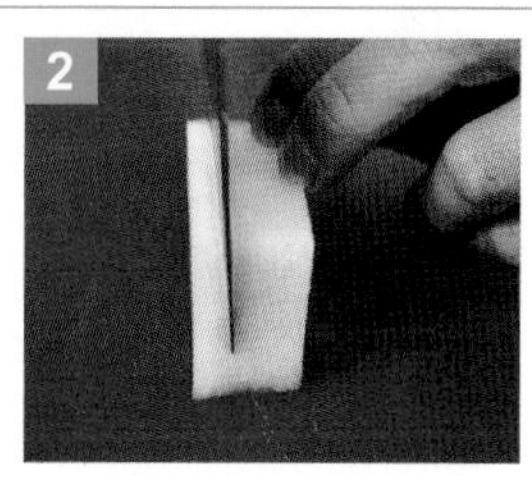 直切一刀不斷。
	 直切第二刀，切斷。	

長方盒	規格（公分）	長 6.0、寬 4.0	
	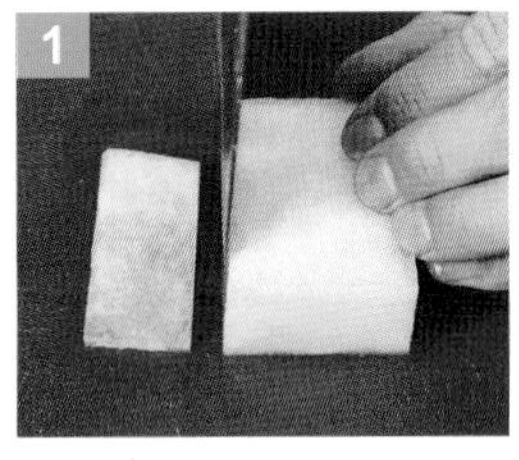 切修冬瓜的四邊，呈長方塊。	 修成長 6 公分、寬 4 公分的長方塊狀。	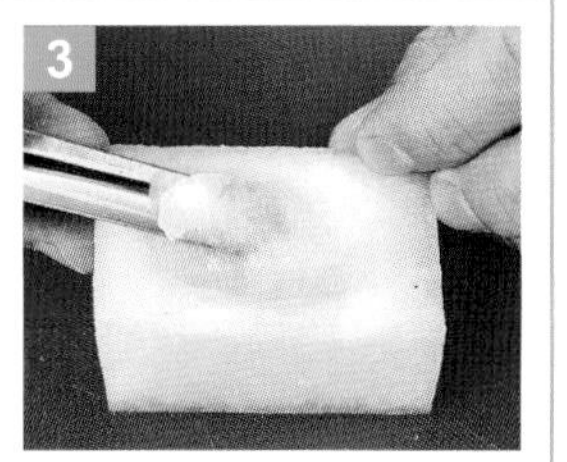 用湯匙後段挖出一個凹槽。

◆ 高麗菜

大片	規格（公分）	整葉，將粗梗修齊
	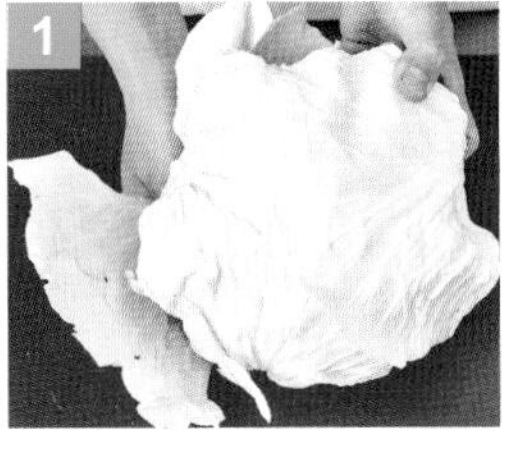 將高麗菜剝葉。	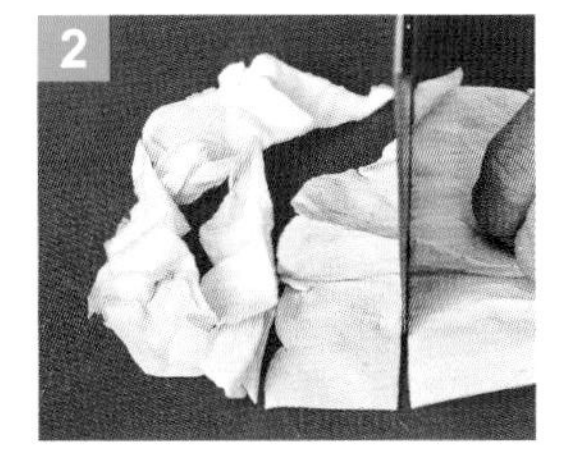 菜葉修邊。

絲	規格（公分）	寬、高（厚）各為 0.2 ～ 0.4，長 4.0 ～ 6.0	
	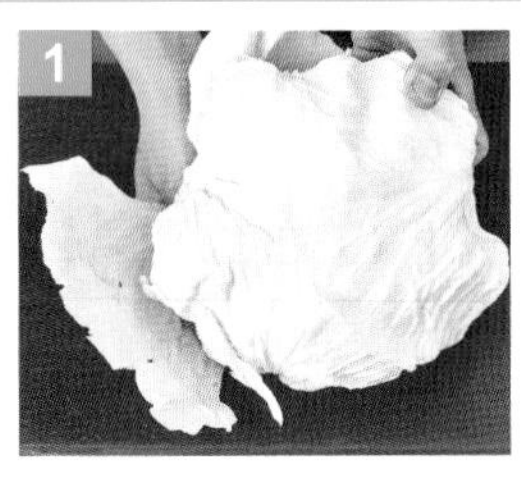 將高麗菜剝葉。	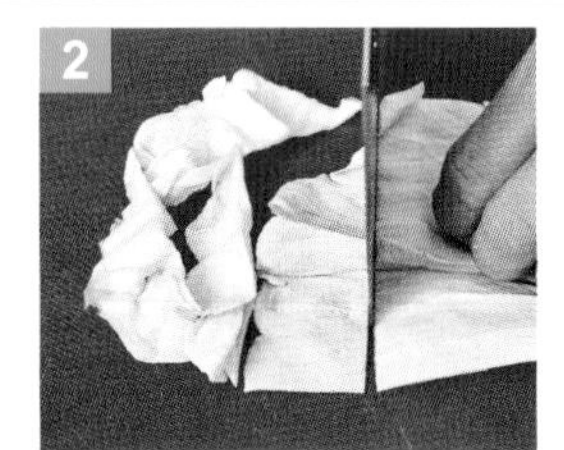 菜葉修邊。	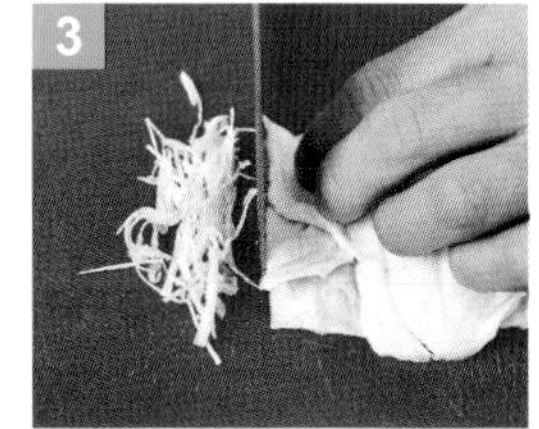 直切絲。

◆ 馬鈴薯

圓片	規格（公分）	高（厚）0.5 ～ 1.0
	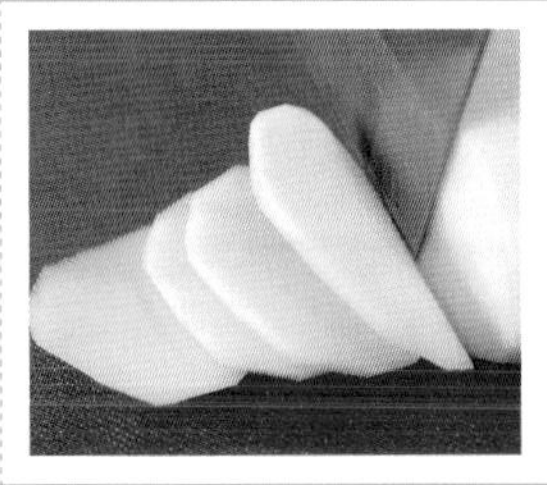	將馬鈴薯直切圓片。

長片	規格（公分）	長 4.0 ～ 6.0，寬 2.0 ～ 4.0，高（厚）0.4 ～ 0.6
	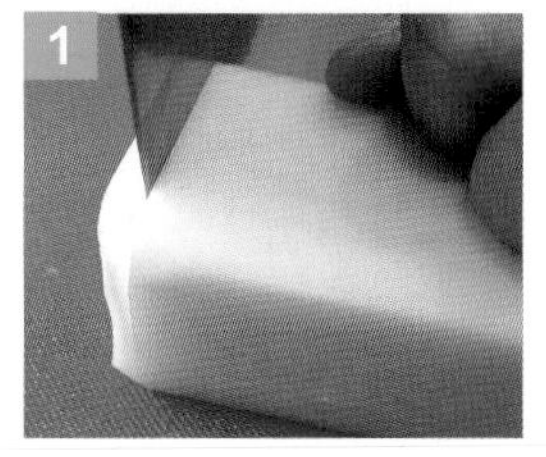 切修馬鈴薯的四邊，呈長方塊。	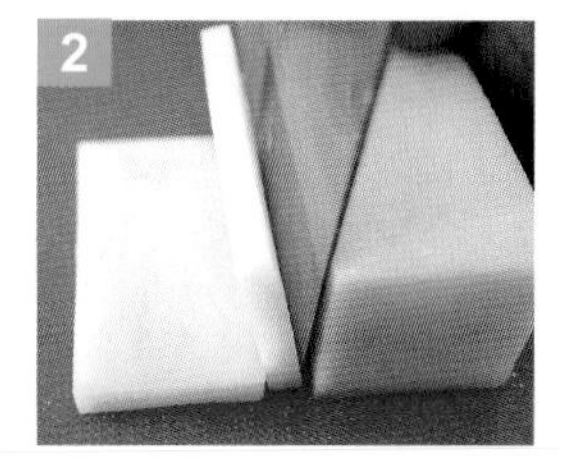 直切片。

粒	規格（公分）	長、寬、高（厚）各 0.4 ～ 0.8	
	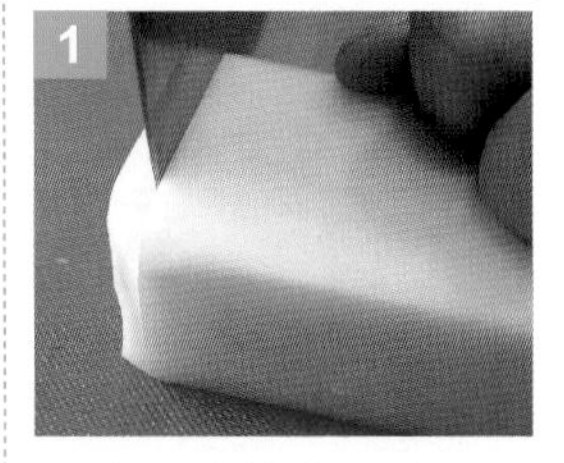 切修馬鈴薯的四邊，呈長方塊。	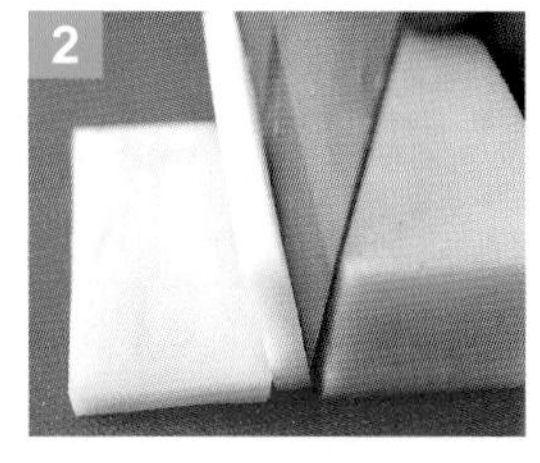 直切片。	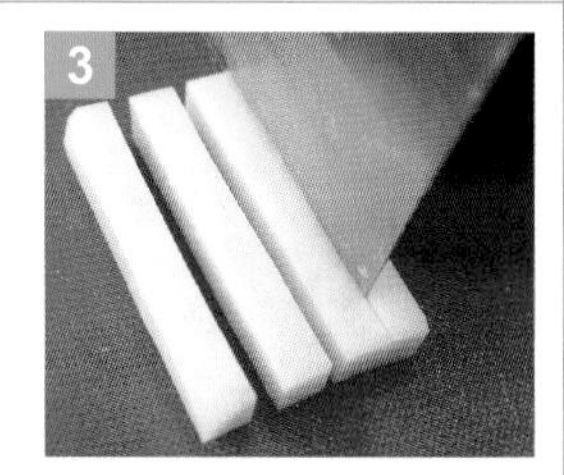 直切細條。
	 直切粒。		

◆ 牛蒡

絲	規格（公分）	寬、高（厚）各為 0.2 ～ 0.4，長 4.0 ～ 6.0	
	 切修牛蒡的四邊，呈長方塊。	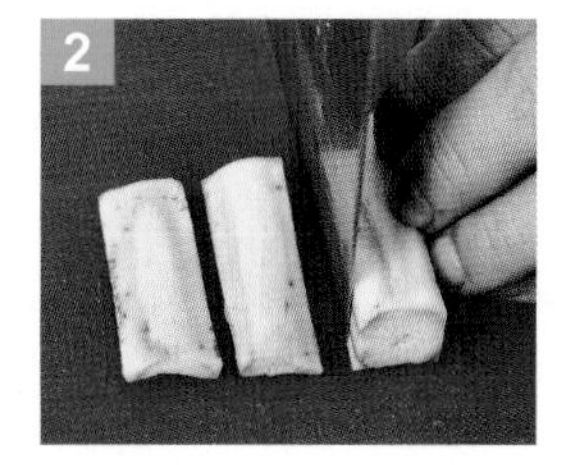 直切片。	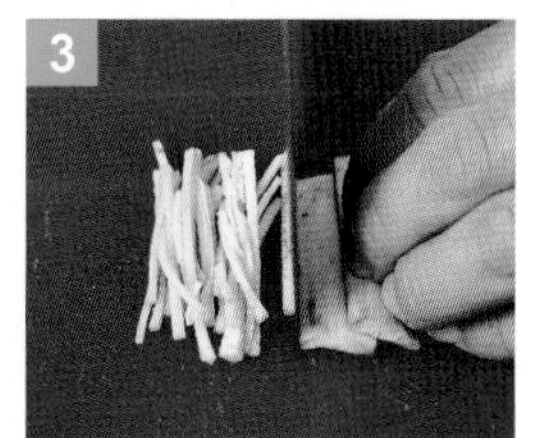 直切絲。

斜片	規格（公分）	長 4.0 ～ 6.0，寬依食材規格，高（厚）0.2 ～ 0.4
	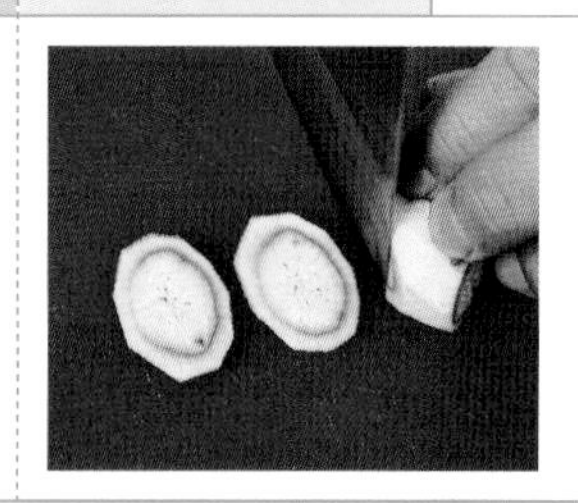	將牛蒡斜切片。

◆ 豆薯

末	規格（公分）	直徑 0.3 以下碎末
	 切修豆薯的四邊，呈長方塊。  直切片。 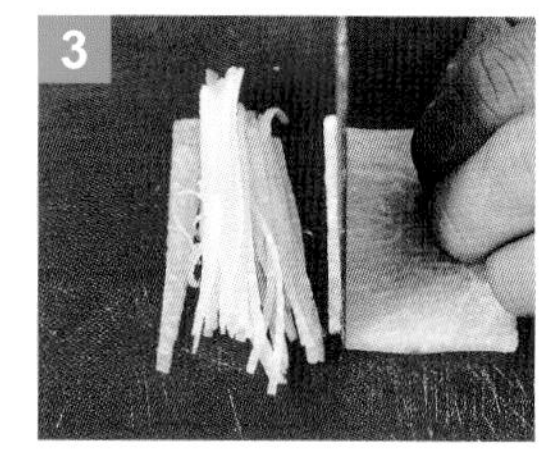 直切絲。  直切末即完成。	

鬆	規格（公分）	長、寬、高（厚）各 0.1 ～ 0.3，整齊刀工

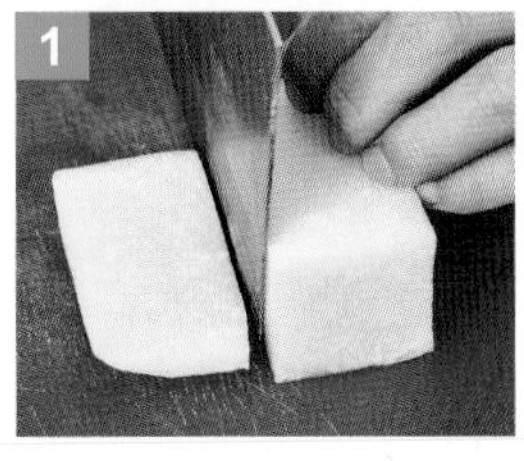
1 切修豆薯的四邊，呈長方塊。

2 直切片。

3 直切絲。

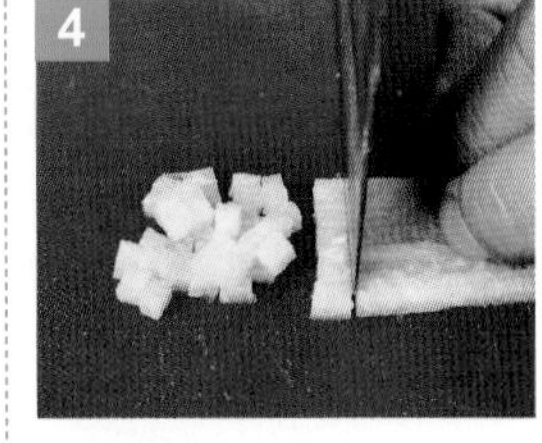
4 直切鬆即完成。

粒	規格（公分）	長、寬、高（厚）各 0.4 ～ 0.8

1 切修豆薯的四邊，呈長方塊。

2 直切片。

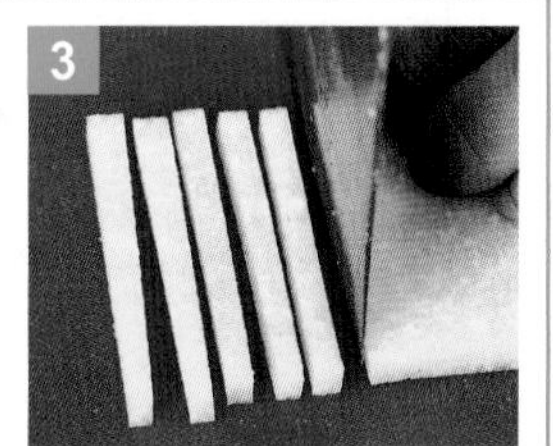
3 直切條。

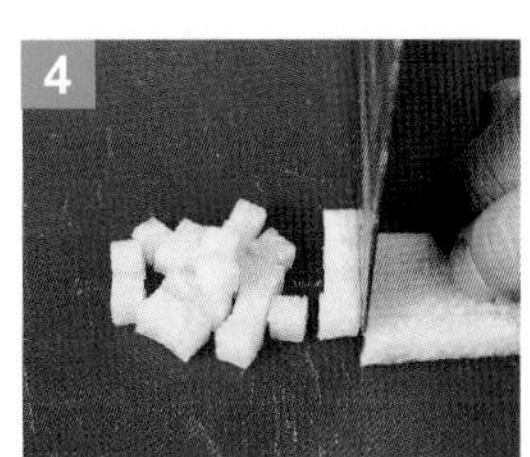
4 直切粒即完成。

◆ 西芹

粒	規格（公分）	長、寬、高（厚）各 0.4 ～ 0.8

1 將西芹切段。

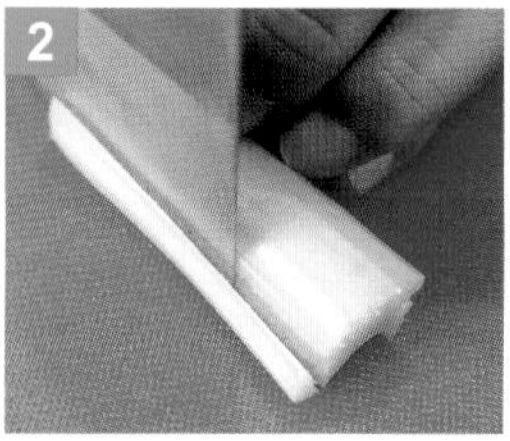

2 修邊。

3 切片。

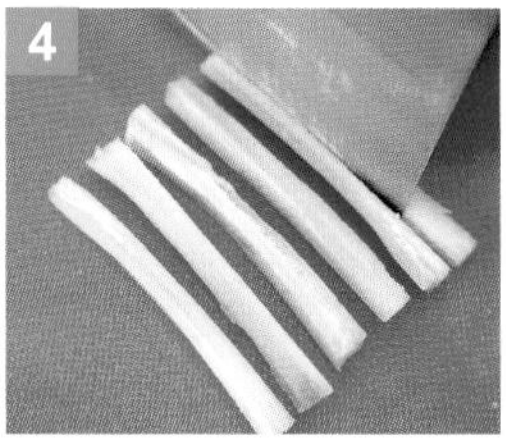

4 直切絲。

5 直切粒。

菱形片	規格（公分）	長 3.0 ～ 5.0，寬 2.0 ～ 4.0，高（厚）依食材規格

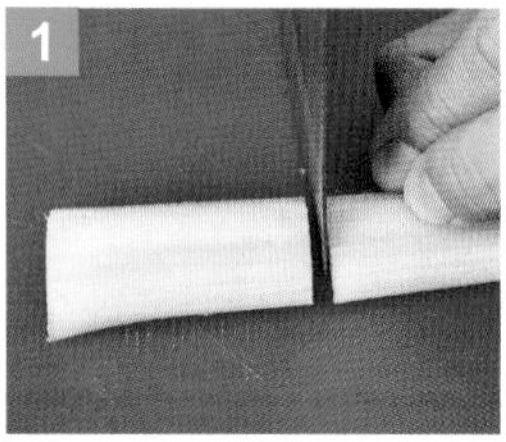

1 將西芹切段。

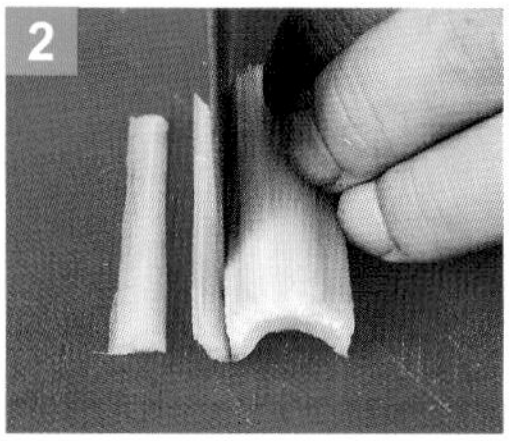

2 修邊。

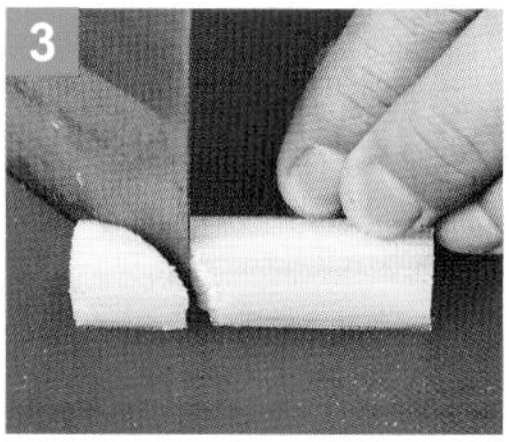

3 斜切下刀。

4 對稱下斜刀。

絲	規格（公分）	寬、高（厚）各為 0.2 ～ 0.4，長 4.0 ～ 6.0	
	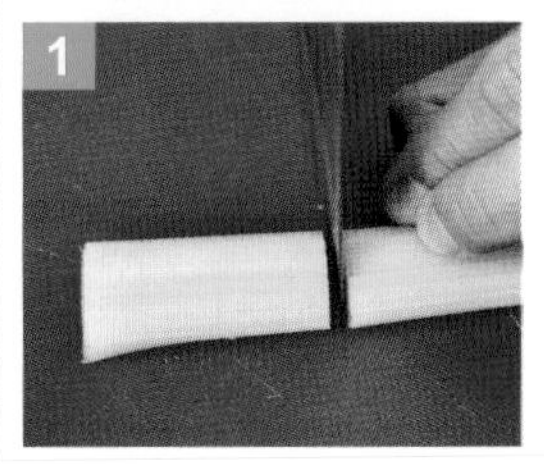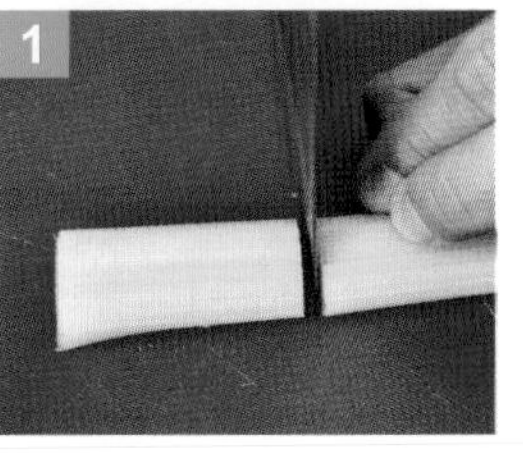 將西芹切段。	平切片。	 直切絲。

◆ 地瓜

圓片	規格（公分）	高（厚）0.5 ～ 1.0
	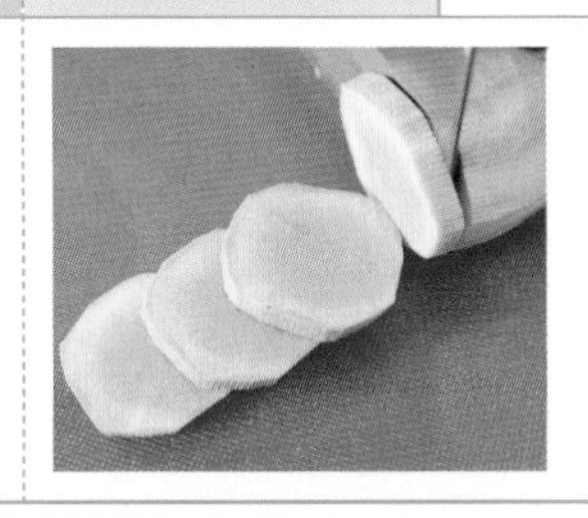	將地瓜直切圓片。

絲	規格（公分）	寬、高（厚）各為 0.2 ～ 0.4，長 4.0 ～ 6.0	
	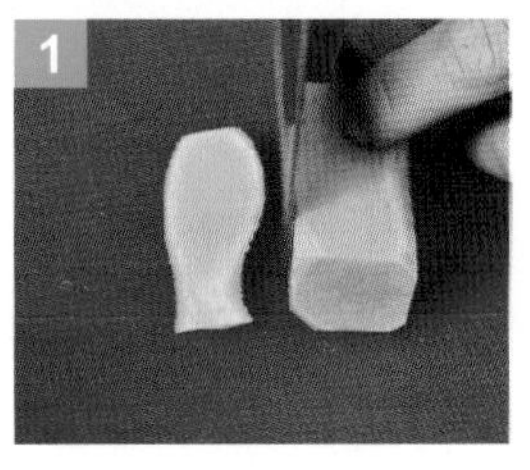 切修地瓜的四邊，呈長方塊。	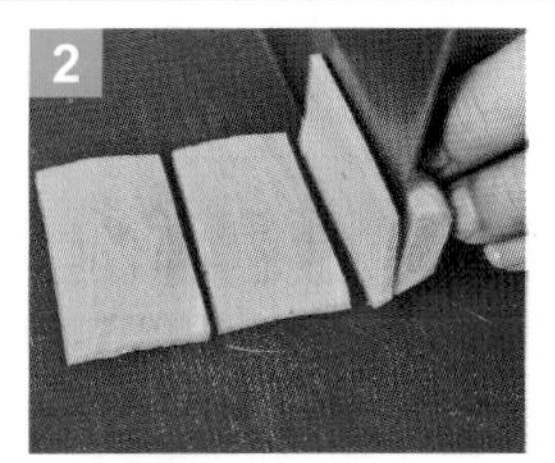 直切片。	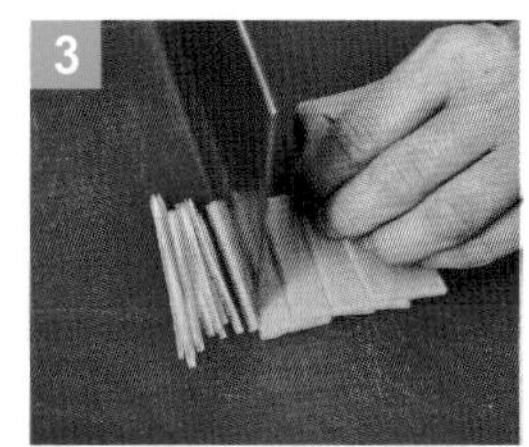 直切絲。

滾刀塊	規格（公分）	邊長 2.0 ～ 4.0 的滾刀塊	
	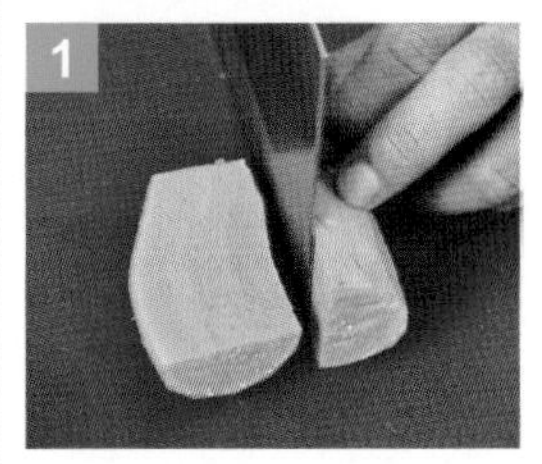 將地瓜直刀對切。	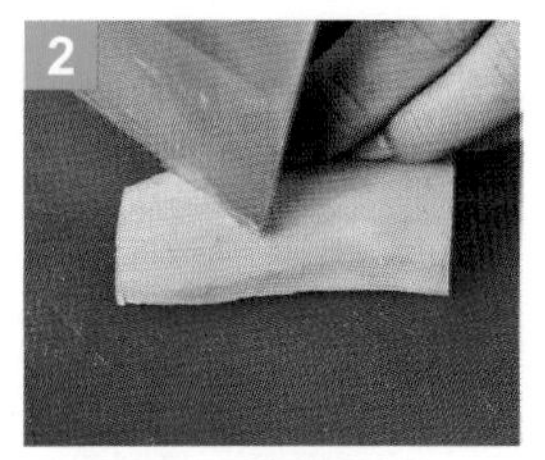 刀子呈 45 度角下刀。	 地瓜每轉一面即下一刀。

條	規格（公分）	寬、高（厚）各為 0.5 ～ 1.0，長 4.0 ～ 6.0。
	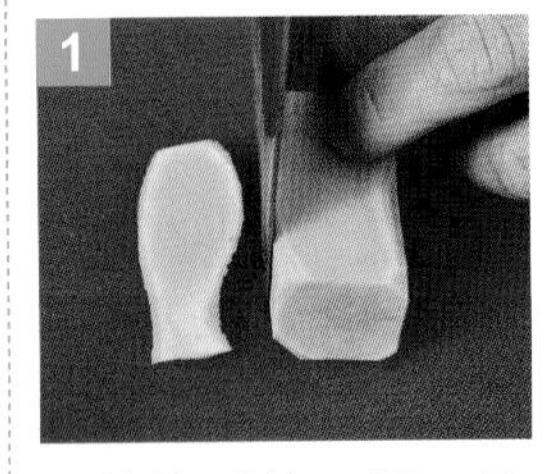 1 切修地瓜的四邊，呈長方塊。	2 直切片。 3 直切條。

◆ 大白菜

塊	規格（公分）	對切後，各一開四。
	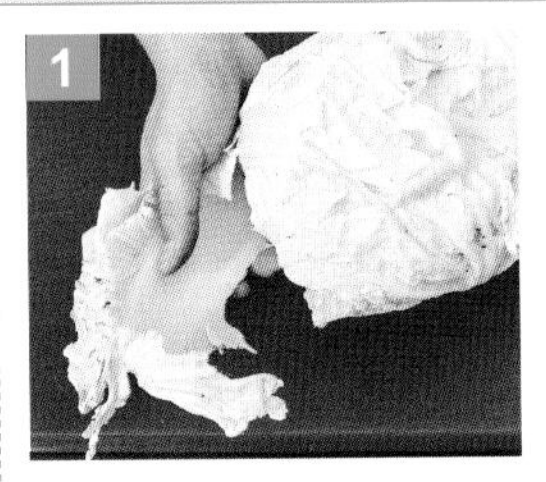 1 剝除大白菜的外葉。	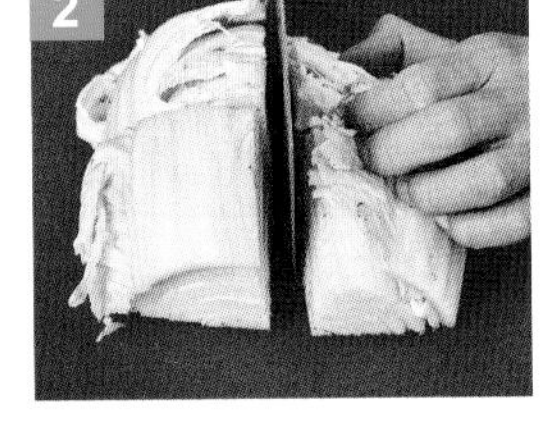 2 直切塊。

◆ 香菜

末	規格（公分）	直徑 0.3 以下碎末。
		將香菜直切末。

段	規格（公分）	直徑 4.0 ～ 6.0。
		將香菜直切段。

粒	規格（公分）	直徑 0.4 ～ 0.8
		將香菜直切粒。

◆ 洋菇

剞刀	規格（公分）	長、寬依食材規格。格子間隔 0.3 ～ 0.5，深度達 1/2 深的剞刀片塊。需從洋菇蒂面切花。	
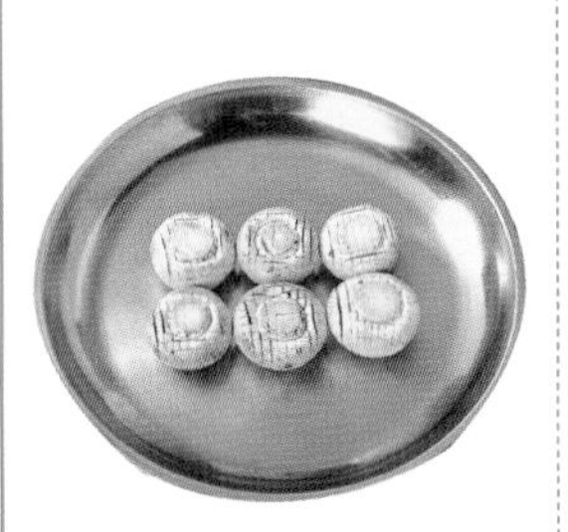	 將洋菇去蒂。	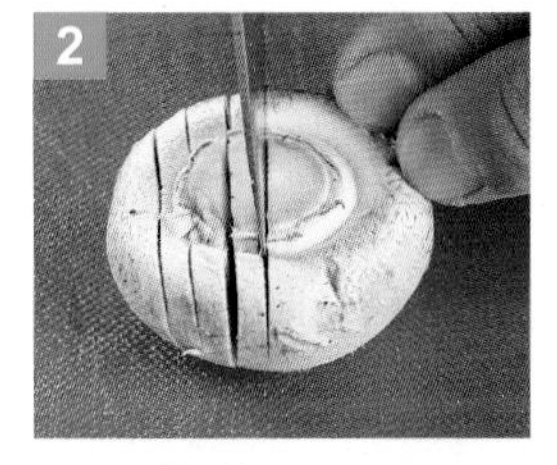 從洋菇蒂面，取間隔 0.4，直切至深度 1/2 處。	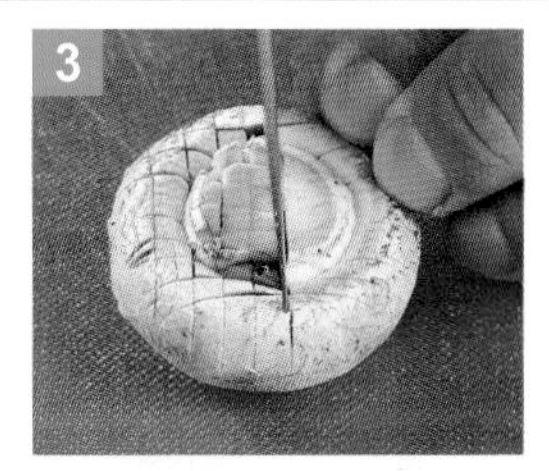 轉向間隔 0.4，直切至深度 1/2 處。

◆ 苦瓜

條	規格（公分）	寬、高（厚）各為 0.8 ～ 1.2，長 4.0 ～ 6.0
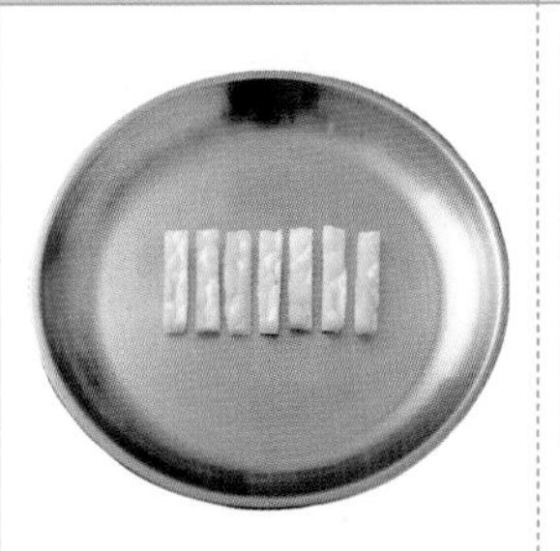	 將苦瓜直切長方塊。	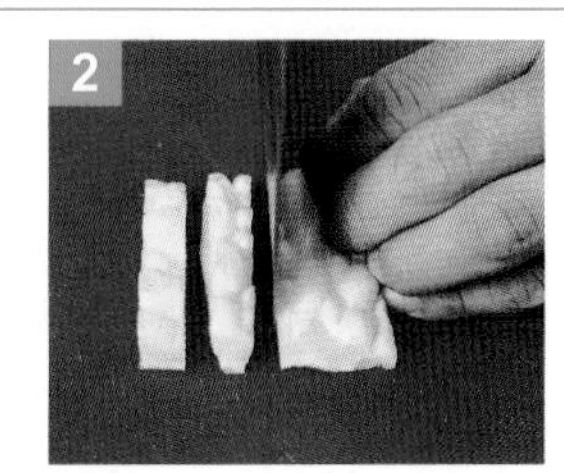 直切條。

◆ 鮑魚菇

剞刀	規格（公分）	長、寬依食材規格。格子間隔 0.3 ～ 0.5，深度達 1/2 深的剞刀片塊	
	 將鮑魚菇斜切去蒂頭。	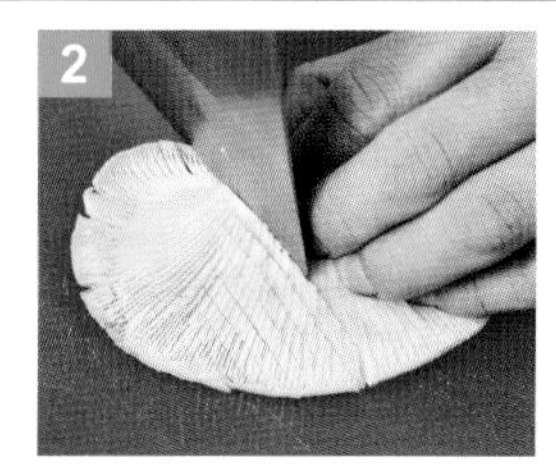 直切至深度 1/2 處。	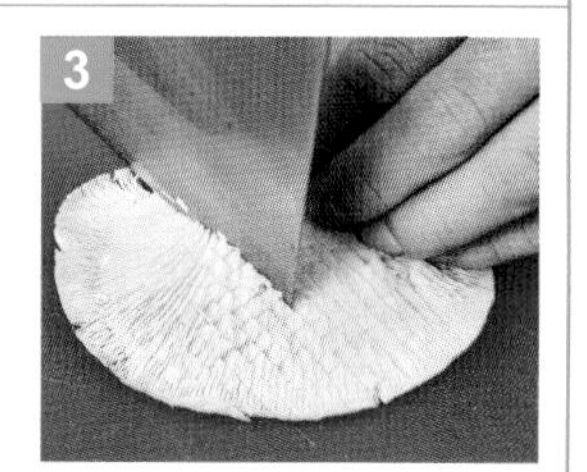 轉向，直切至深 1/2 處，呈十字交叉刀紋。

◆ 金針菇

段	規格（公分）	去蒂頭
		將金針菇去蒂頭。

04 ｜ 雞蛋

雞蛋	規格（公分）	三段式	
	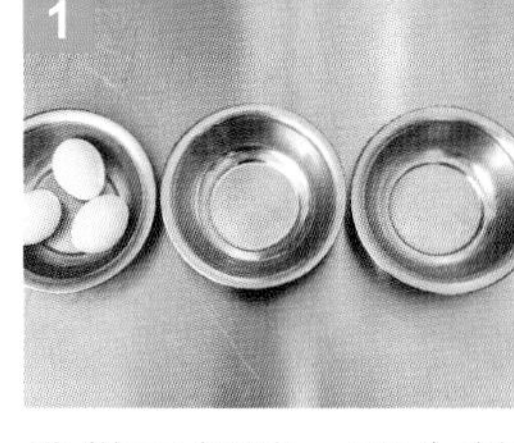 準備三個碗，蛋先敲第一個碗。	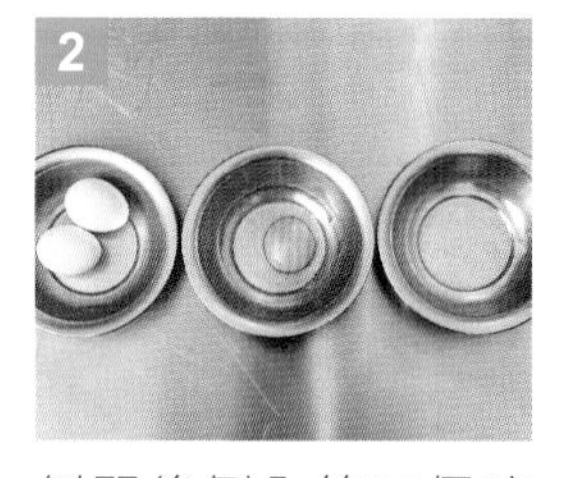 剝開後倒入第二個碗中，檢查第二個碗中的蛋有沒有壞掉。	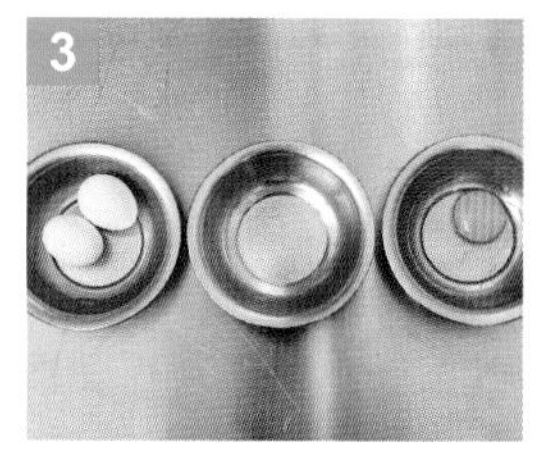 若沒有壞掉，即倒入第三個碗中。
	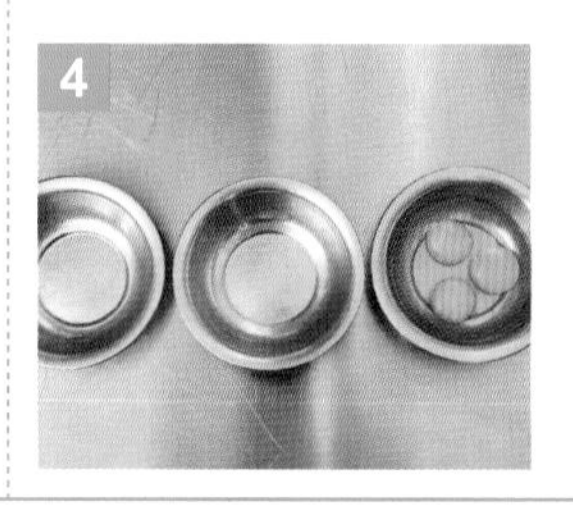	依序前面兩個步驟，將蛋全部打完即可。	

PART 07

術科試題操作

壹、301 大題

301-1

榨菜炒筍絲（p.154）

麒麟豆腐片（p.156）

三絲淋素蛋餃（p.158）

301-2

紅燒烤麩塊（p.164）

炸蔬菜山藥條（p.166）

蘿蔔三絲捲（p.168）

301-3

乾煸杏鮑菇（p.172）

酸辣筍絲羹（p.174）

三色煎蛋（p.176）

301-4

素燴杏菇捲（p.180）

燜燒辣味茄條（p.182）

炸海苔芋絲（p.184）

301-5

鹽酥香菇塊（p.188）

銀芽炒雙絲（p.190）

茄汁豆包卷（p.192）

301-6

三珍鑲冬瓜（p.197）

炒竹筍梳片（p.199）

炸素菜春捲（p.201）

乾炒素小魚干（p.206）

燴三色山藥片（p.208）

辣炒蒟蒻絲（p.210）

301-8

燴素什錦（p.214）

三椒炒豆乾絲（p.216）

咖哩馬鈴薯排（p.218）

301-9

炒牛蒡絲（p.222）

豆瓣鑲茄段（p.224）

醋溜芋頭條（p.226）

301-10

三色洋芋沙拉（p.230）

豆薯炒蔬菜鬆（p.232）

木耳蘿蔔絲球（p.234）

301-11

家常煎豆腐（p.238）

青椒炒杏菇條（p.240）

芋頭地瓜絲糕（p.242）

301-12

香菇柴把湯（p.247）

素燒獅子頭（p.249）

什錦煎餅（p.251）

301-1 題組

榨菜炒筍絲

麒麟豆腐片

三絲淋素蛋餃

1. 菜名與食材切配依據

菜餚名稱	主要刀工	烹調法	主材料類別	材料組合	水花款式	盤飾款式
榨菜炒筍絲	絲	炒	桶筍	榨菜、桶筍、青椒、紅辣椒、中薑		參考規格明細
麒麟豆腐片	片	蒸	板豆腐	乾香菇、板豆腐、紅蘿蔔、中薑	參考規格明細	
三絲淋素蛋餃	絲、末	淋溜	雞蛋	乾香菇、乾木耳、生豆包、桶筍、小黃瓜、芹菜、中薑、紅蘿蔔、雞蛋		

2. 材料明細

名稱	規格描述	重量（數量）	備註
乾香菇	外型完整，直徑 4 公分以上	5 朵	
乾木耳	葉面泡開有 4 公分以上	1 大片	10 克以上／片
榨菜	體型完整無異味	200 克以上 1 顆	
生豆包	形體完整、無破損、無酸味	1 塊	50 克／塊
板豆腐	老豆腐，不得有酸味	400 克以上	注意保存
桶筍	合格廠商效期內	100 克以上	若為空心或軟爛不足需求量，應檢人可反應更換
青椒	表面平整不皺縮不潰爛	60 克	
紅辣椒	表面平整不皺縮不潰爛	1 條	

名稱	規格描述	重量（數量）	備註
小黃瓜	鮮度足，不可大彎曲	1 條	80 克以上／條
大黃瓜	表面平整不皺縮不潰爛	1 截	6 公分長
芹菜	新鮮青翠	80 克	
紅蘿蔔	表面平整不皺縮不潰爛	300 克	空心須補發
中薑	夠切絲的長段無潰爛	100 克	
雞蛋	外型完整鮮度足	4 個	

3. 規格明細

材料	規格描述（長度單位：公分）	數量	備註
紅蘿蔔水花片	指定 1 款，指定款須參考下列指定圖（形狀大小需可搭配菜餚）	6 片以上	
中薑水花	自選 1 款	6 片以上	
配合材料擺出兩種盤飾	下列指定圖 3 選 2	各 1 盤	
木耳絲	寬 0.2 ～ 0.4，長 4.0 ～ 6.0，高（厚）依食材規格	20 克以上	
香菇末	直徑 0.3 以下碎末	20 克以上	
榨菜絲	寬、高（厚）各為 0.2 ～ 0.4，長 4.0 ～ 6.0	150 克以上	
豆腐片	長 4.0 ～ 6.0、寬 2.0 ～ 4.0、高（厚）0.8 ～ 1.5 長方片	12 片	
筍絲	寬、高（厚）各為 0.2 ～ 0.4，長 4.0 ～ 6.0	60 克以上	
青椒絲	寬、高（厚）各為 0.2 ～ 0.4，長 4.0 ～ 6.0	40 克以上	
紅蘿蔔絲	寬、高（厚）各為 0.2 ～ 0.4，長 4.0 ～ 6.0	25 克以上	
中薑絲	寬、高（厚）各為 0.3 以下，長 4.0 ～ 6.0	10 克以上	

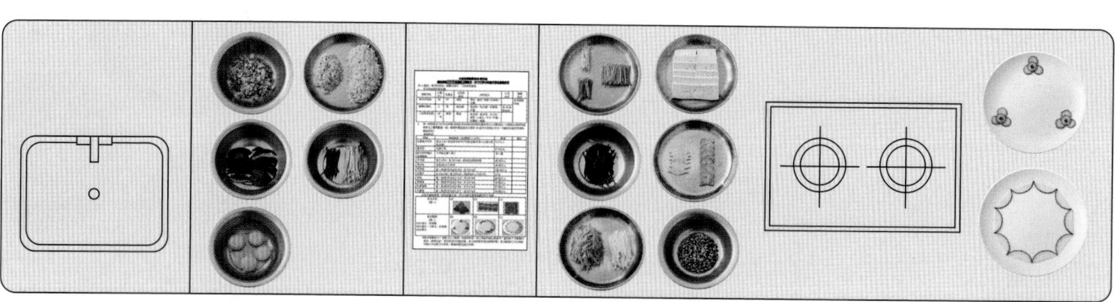

301-1-1

榨菜炒筍絲

烹調規定及備註

1. 配料可汆燙或直接炒熟，中薑絲爆香，再調味拌炒成菜。
2. 榨菜須泡水稍除鹹味，過鹹則扣分，規定材料不得短少。

材料及刀工規格

材料	刀工	規格（長度單位：公分）	圖示
榨菜	絲	寬、高（厚）各為 0.2～0.4，長 4.0～6.0	
桶筍	絲	寬、高（厚）各為 0.2～0.4，長 4.0～6.0	
青椒	絲	寬、高（厚）各為 0.2～0.4，長 4.0～6.0	
紅辣椒	絲	寬、高（厚）各為 0.2～0.4，長 4.0～6.0	
中薑	絲	寬、高（厚）各為 0.3 以下，長 4.0～6.0	

調味料： 鹽 1/2 小匙、米酒 1 小匙、味精 1/2 小匙、香油 1 小匙

重點步驟：

取一鍋滾水，汆燙榨菜絲，約 1 ～ 2 分鐘後撈出。

另取一鍋滾水，汆燙桶筍絲，約 1 ～ 2 分鐘後撈出。

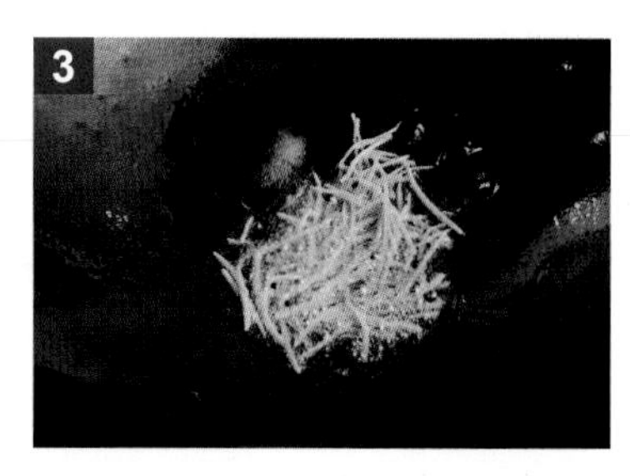

熱鍋入沙拉油，爆香中薑絲。

加入所有材料拌炒。

加入調味料拌炒至熟。

將成品盛盤，以乾淨整潔為主。

注意事項

1. 榨菜含鈉量高，建議榨菜絲在烹調前先汆燙，去除過多的鹹味。
2. 桶筍為加工醃製品，建議桶筍在烹調前先汆燙，去除多餘的酸味。
3. 青椒絲、辣椒絲避免烹調過久，導致變黃。

301-1-2

麒麟豆腐片

烹調規定及備註

1. 香菇炸香。
2. 板豆腐、配料和兩款水花片互疊整齊，入蒸籠蒸熟，再以調味芡汁淋上。
3. 規定材料不得短少。
4. 水花兩款各 6 片以上。

材料及刀工規格

材料	刀工	規格（長度單位：公分）	圖示
乾香菇	斜片	長 4.0 ～ 6.0，寬 2.0 ～ 4.0	
板豆腐	長方片	長 4.0 ～ 6.0，寬 2.0 ～ 4.0，高（厚）0.8 ～ 1.5	
紅蘿蔔	水花片	指定 1 款，指定款須參考下列指定圖（形狀大小需可搭配菜餚）	
中薑	水花片	自選 1 款	

調味料： ❶ 鹽 1/4 小匙、米酒 1 小匙、味精 1/2 小匙、水 1/2 杯
❷ 太白粉水 11/2 小匙
❸ 香油 1/4 小匙

重點步驟：

1 熱鍋加入沙拉油，將香菇片炸香。

2 取一鍋滾水，汆燙紅蘿蔔水花、中薑水花，約 30 秒後撈出。

3 取一腰子盤，擺放板豆腐片、紅蘿蔔水花、香菇片、中薑水花。

4 放入蒸籠，以中大火蒸 7 ～ 10 分鐘，取出倒掉多餘的水分。

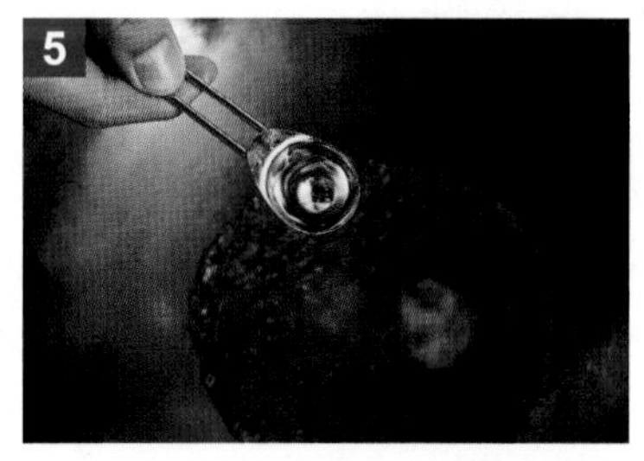

5 取一鍋子，先加入調味料 ❶ 煮滾，加入調味料 ❷ 勾薄芡，再加入調味料 ❸。

6 將芡汁淋至蒸好的麒麟豆腐片上。

注意事項

❶ 板豆腐片切割時，建議以推切方式切割，可降低破損的機率。
❷ 香菇油炸前，建議用紙巾擦乾水分，除了可以縮短油炸時間以外，也能減少油爆意外。
❸ 勾芡濃稠度以薄芡為主，避免過度黏稠而影響成品美觀。

301-1-3

三絲淋素蛋餃

淋 溜

烹調規定及備註

1. 炒香菇末、芹菜末、豆包及桶筍末做餡料。
2. 煎蛋皮入料做成餃子狀，再封口後蒸熟。
3. 以中薑絲爆香，入三絲料調味淋上，再勾薄芡。
4. 蛋餃需呈荷包狀（即半圓狀），需有適當餡量，規定材料不得短少。

材料及刀工規格

材料	刀工	規格（長度單位：公分）	圖示
乾香菇	末	直徑 0.3 以下碎末	
乾木耳	絲	寬 0.2 ～ 0.4，長 4.0 ～ 6.0， 高（厚）依食材規格	
生豆包	末	直徑 0.3 以下碎末	

材料	刀工	規格（長度單位：公分）	圖示
桶筍	末	直徑 0.3 以下碎末	
小黃瓜	絲	寬、高（厚）各為 0.2 ～ 0.4 以下，長 4.0 ～ 6.0	
芹菜	末	直徑 0.3 以下碎末	
中薑	絲	寬、高（厚）各為 0.3 以下，長 4.0 ～ 6.0	
紅蘿蔔	絲	寬、高（厚）各為 0.2 ～ 0.4，長 4.0 ～ 6.0	
雞蛋		三段式打蛋法	

■ **調味料：** ❶ 太白粉水 1 大匙
❷ 鹽 1/4 小匙、味精 1/4 小匙、胡椒 1/4 小匙、香油 1 小匙、太白粉水 1 小匙
❸ 水 1 杯、鹽 1/4 小匙、味精 1/4 小匙
❹ 太白粉水 1 大匙、香油 1/4 小匙

■ **重點步驟：**

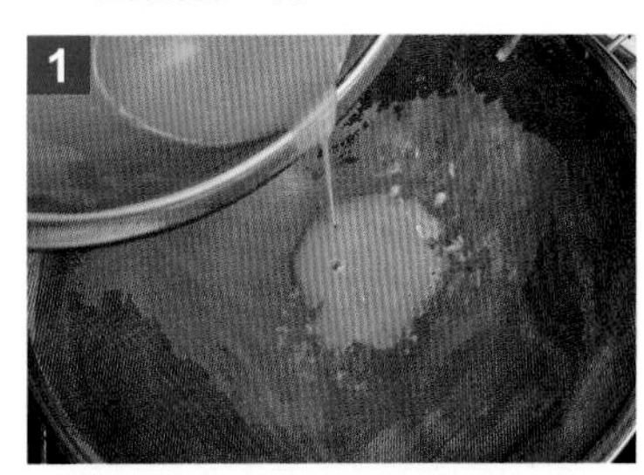

1 雞蛋洗淨後以三段式打蛋法處理，加入調味料 ❶ 拌勻，過篩備用。

2 熱鍋放入沙拉油，依序炒香菇末、豆包末、桶筍末、芹菜末，加調味料 ❷ 拌炒均勻，撈起備用。

3 熱鍋加入沙拉油潤鍋，以紙巾擦拭多餘油脂，倒入蛋液，以小火煎成圓形蛋皮。

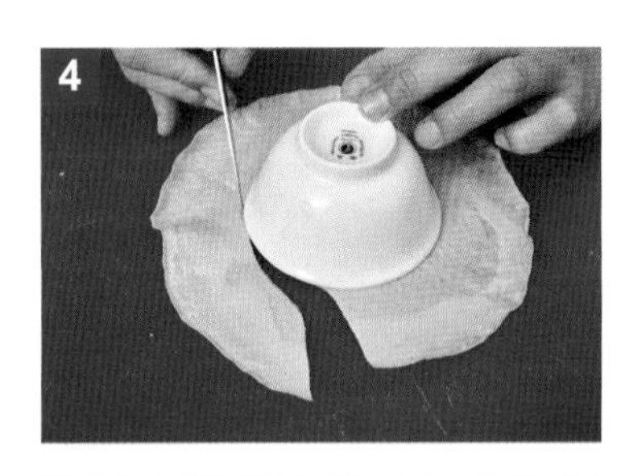

將蛋皮整齊堆疊於生食砧板上，以磁湯碗蓋住，用刀子劃圓割開。

每一片蛋皮中間平均放上餡料，撒上少許太白粉後對摺，整齊擺放於瓷盤，以大火蒸 5 分鐘。

爆香中薑絲後加入紅蘿蔔絲、木耳絲炒香，加入調味料 ❸ 煮滾後，加入小黃瓜絲，再加入調味料 ❹ 勾芡、加香油，最後淋至蛋餃上。

❶ 雞蛋前處理時，參考 p.53，使用三段式打蛋法。

❷ 煎蛋皮時，在蛋液中加入少許太白粉水，可增加蛋皮的韌性及拉力，使蛋皮不易破碎。此外，煎蛋皮時，必須確實潤鍋，以防沾黏。

❸ 潤鍋是指將鍋子燒熱，倒入沙拉油高溫燒至微冒白煙，讓油進入到鍋子的毛孔中，使鍋子表面形成保護膜，達到不沾鍋的原理。（參考 p.54）

❹ 製作蛋餃時，建議蛋皮漂亮的面朝下放，放入餡料並對摺後，漂亮的面才會朝外。

❺ 小黃瓜最後再放入，避免久煮後顏色變黃，影響成品美觀。

可將這個題組三道菜餚中，操作過程容易出錯的地方寫下來，多加練習！

301-2 題組

紅燒烤麩塊

炸蔬菜山藥條

蘿蔔三絲捲

1. 菜名與食材切配依據

菜餚名稱	主要刀工	烹調法	主材料類別	材料組合	水花款式	盤飾款式
紅燒烤麩塊	塊	紅燒	烤麩	乾香菇、烤麩、桶筍、小黃瓜、紅蘿蔔、中薑		
炸蔬菜山藥條	條、末	酥炸	山藥	紅甜椒、青江菜、中薑、山藥		參考規格明細
蘿蔔三絲卷	片、絲	蒸	白蘿蔔	乾木耳、豆乾、芹菜、紅蘿蔔、中薑、白蘿蔔	參考規格明細	

2. 材料明細

名稱	規格描述	重量（數量）	備註
乾香菇	外型完整，直徑 4 公分以上	3 朵	
乾木耳	葉面泡開有 4 公分以上	1 大片	10 克以上／片
五香大豆乾	形體完整、無破損、無酸味直徑 4 公分以上	1 塊	35 克以上／塊
烤麩	形體完整，無酸味	180 克	
桶筍	合格廠商效期內	淨重 120 克以上	若為空心或軟爛不足需求量，應檢人可反應更換
紅甜椒	表面平整不皺縮不潰爛	70 克	140 克以上／個
紅辣椒	表面平整不皺縮不潰爛	1 條	10 克以上
小黃瓜	鮮度足，不可大彎曲	2 條	80 克以上／條

名稱	規格描述	重量（數量）	備註
大黃瓜	表面平整不皺縮不潰爛	1 截	6 公分長
青江菜	青翠新鮮	60 克以上	
芹菜	新鮮翠綠	120 克	15 公分以上（長度可供捆綁用）
紅蘿蔔	表面平整不皺縮不潰爛	300 克	空心須補發
中薑	夠切絲的長段無潰爛	80 克	
白山藥	表面平整不皺縮不潰爛	300 克	
白蘿蔔	表面平整不皺縮不潰爛	500 克以上	直徑 6 公分、長 12 公分以上，無空心

3. 規格明細

材料	規格描述（長度單位：公分）	數量	備註
紅蘿蔔水花片兩款	自選 1 款及指定 1 款，指定款須參考下列指定圖（形狀大小需可搭配菜餚）	各 6 片以上	
配合材料擺出兩種盤飾	下列指定圖 3 選 2	各 1 盤	
木耳絲	寬 0.2 ～ 0.4，長 4.0 ～ 6.0，高（厚）依食材規格	20 克以上	
紅甜椒末	直徑 0.3 以下碎末	50 克以上	
青江菜末	直徑 0.3 以下碎末	40 克以上	
山藥條	寬、高（厚）各為 0.8 ～ 1.2，長 4.0 ～ 6.0	200 克以上	
紅蘿蔔絲	寬、高（厚）各為 0.2 ～ 0.4，長 4.0 ～ 6.0	25 克以上	
白蘿蔔薄片	長 12.0 以上，寬 4.0 以上，高（厚）0.3 以下	6 片	
中薑絲	寬、高（厚）各為 0.3 以下，長 4.0 ～ 6.0	10 克以上	
中薑末	直徑 0.3 以下碎末	10 克以上	

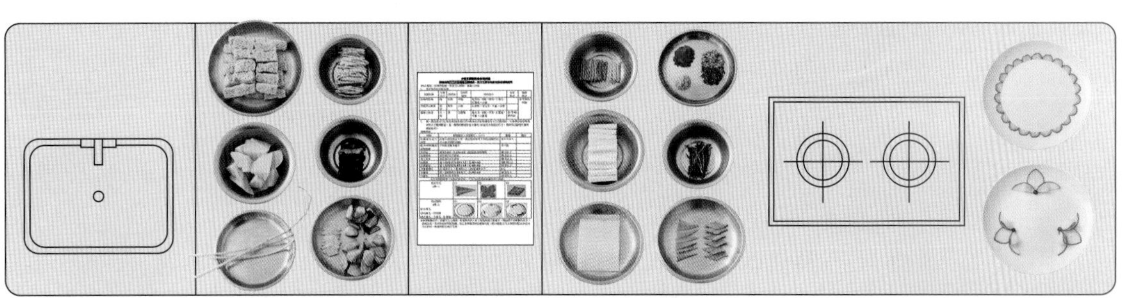

紅燒烤麩塊

紅燒

烹調規定及備註

① 烤麩、乾香菇、紅蘿蔔、桶筍油炸至微上色。
② 中薑爆香，將配料燒透並稍收汁、入味。
③ 規定材料不得短少。

材料及刀工規格

材料	刀工	規格（長度單位：公分）	圖示
乾香菇	斜切片	去蒂頭、斜切片寬 2.0 ～ 4.0 公分	
烤麩	塊	一開四	
桶筍	滾刀塊	邊長 2.0 ～ 4.0 公分	
小黃瓜	滾刀塊	邊長 2.0 ～ 4.0 公分	
紅蘿蔔	滾刀塊	邊長 2.0 ～ 4.0 公分	
中薑	菱形片	長 3.0 ～ 5.0 公分，寬 2.0 ～ 4.0 公分	

■ **調味料：** ① 水 1 杯、醬油 3 大匙、胡椒 1/4 小匙、糖 1 大匙、味精 1 小匙
② 太白粉水 1 大匙

■ **重點步驟：**

熱鍋入沙拉油，分別將乾香菇片、紅蘿蔔、桶筍和小黃瓜滾刀塊炸上色。

將烤麩塊以中大火炸至金黃酥脆。

爆香中薑片。

放入所有材料（小黃瓜滾刀塊除外）與調味料 ①，燒煮約 3 ～ 5 分鐘。

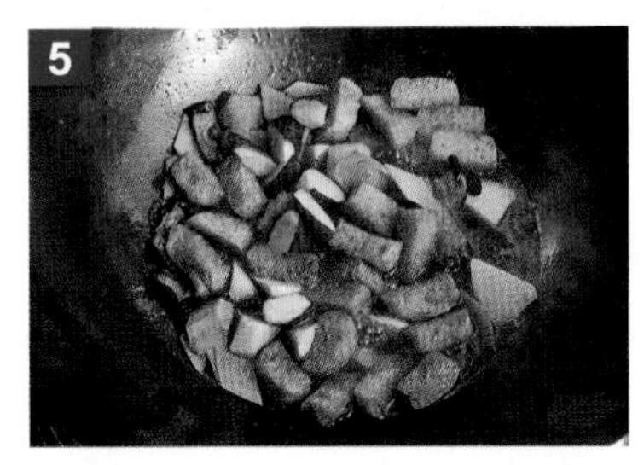

燒至入味後，加入小黃瓜滾刀塊續燒 2 分鐘，再加入調味料 ②。

略微收汁後即可盛盤。

① 每一種食材滾刀塊的大小盡量一致，雖然不在刀工受評項目中，但成品呈現較美觀。
② 小黃瓜最後再放入，避免久煮後顏色變黃，影響成品美觀。

301-2-2

炸蔬菜山藥條

酥炸

烹調規定及備註

1. 山藥條沾上蔬菜麵糊（蔬菜末調合麵糊），炸熟炸酥防夾生。
2. 調拌胡椒鹽入味。
3. 需沾上蔬菜麵糊，規定材料不得短少。

材料及刀工規格

材料	刀工	規格（長度單位：公分）	圖示
紅甜椒	末	直徑 0.3 以下碎末	
青江菜	末	直徑 0.3 以下碎末	
中薑	末	直徑 0.3 以下碎末	
山藥	條	寬、高（厚）各為 0.8 ～ 1.2， 長 4.0 ～ 6.0	

調味料： ❶ 麵粉 2/3 杯、太白粉 1/3 杯、泡打粉 1 大匙、水 2/3 杯、沙拉油 1 大匙、白醋 1 大匙
❷ 麵粉 2 大匙
❸ 胡椒 1/4 小匙、鹽 1/4 小匙、糖 1/4 小匙

重點步驟：

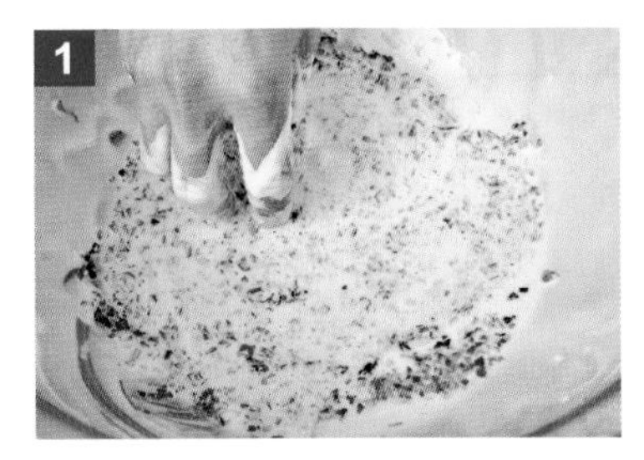

1 鋼盆放入調味料❶，加入蔬菜末拌勻，做為蔬菜麵糊備用。

2 山藥條拍少許調味料❷備用。

3 熱鍋加入沙拉油，燒至約 180 度，放入幾滴蔬菜麵糊試油溫。

4 將山藥條沾上麵糊，一條一條放入油鍋。

5 轉小火炸 3 ～ 5 分鐘至金黃酥脆。

6 乾鍋放入調味料❸，放入炸酥脆的山藥條，翻炒拌勻後即可盛盤。

注意事項

❶ 泡打粉是一種化學膨鬆劑，遇見酸性物質會產生二氧化碳，造成麵糊和麵糰的膨脹。因此麵糊中加入少許白醋，可以縮短等待麵糊靜置的時間，並可使炸衣膨鬆酥脆。

❷ 判斷麵糊的濃稠度，可以用手指沾裹上麵糊，若麵糊穩定包覆手指，且麵糊滴落時的速度緩慢即可。若麵糊流失太快就是水量太多，可加少許麵粉調整濃度。

❸ 油溫判斷方法：可以將蔬菜麵糊滴入油鍋中，若呈現立即定型並浮至表面、呈現微金黃色即到達溫度。

301-2-3

蘿蔔三絲捲

■ **烹調規定及備註**

1. 白蘿蔔片及芹菜燙軟後，用白蘿蔔片捲入豆乾、紅蘿蔔、木耳、中薑，以芹菜綁成捲。
2. 白蘿蔔捲蒸透，調味後以薄芡淋汁。
3. 以兩款紅蘿蔔水花片煮熟，適量加入。
4. 規定材料不得短少。

■ **材料及刀工規格**

材料	刀工	規格（長度單位：公分）	圖示
乾木耳	絲	寬 0.2 ～ 0.4，長 4.0 ～ 6.0， 高（厚）依食材規格	
豆乾	絲	寬、高（厚）各為 0.2 ～ 0.4，長 4.0 ～ 6.0	
芹菜	長段	長 15.0 以上（可供綑綁）	
紅蘿蔔	水花片	自選 1 款及指定 1 款，指定款須參考下列指定圖（形狀大小需可搭配菜餚）	

材料	刀工	規格（長度單位：公分）	圖示
紅蘿蔔	絲	寬、高（厚）各為 0.2 ～ 0.4，長 4.0 ～ 6.0	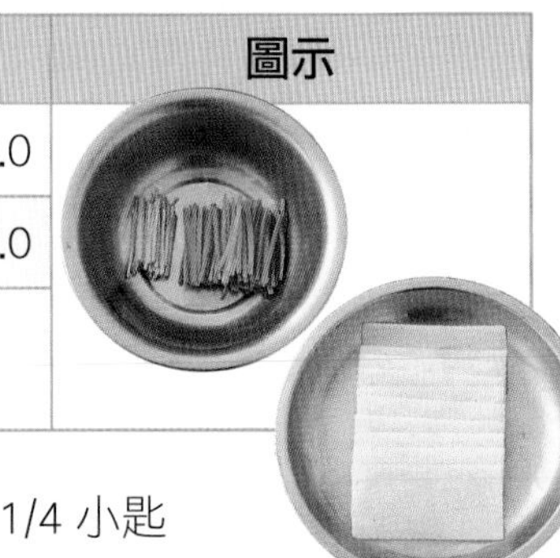
中薑	絲	寬、高（厚）各為 0.3 以下，長 4.0 ～ 6.0	
白蘿蔔	長薄片	長 12.0 以上，寬 4.0 以上， 高（厚）0.3 以下	

調味料： ❶ 水 1/2 杯、鹽 1/2 小匙、味精 1/2 小匙、香油 1/4 小匙
❷ 太白粉水 1 小匙

重點步驟：

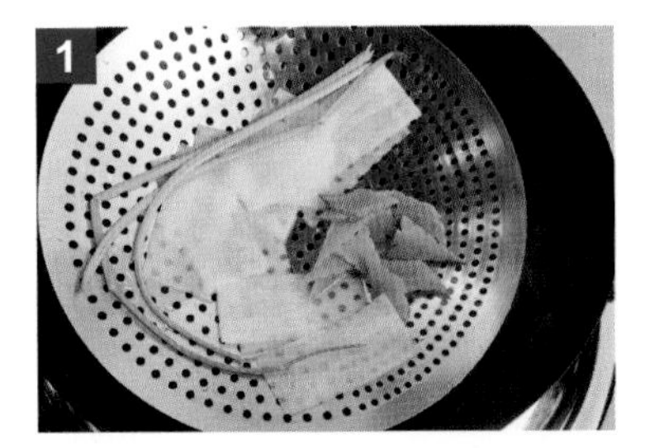

取一水鍋，將白蘿蔔片燙軟、芹菜長段燙軟、紅蘿蔔水花燙熟，撈起備用。

水鍋繼續汆燙木耳絲、豆乾絲、紅蘿蔔絲、中薑絲，撈起備用。

取生食砧板，放上燙軟的白蘿蔔片，排上燙熟的菜絲。

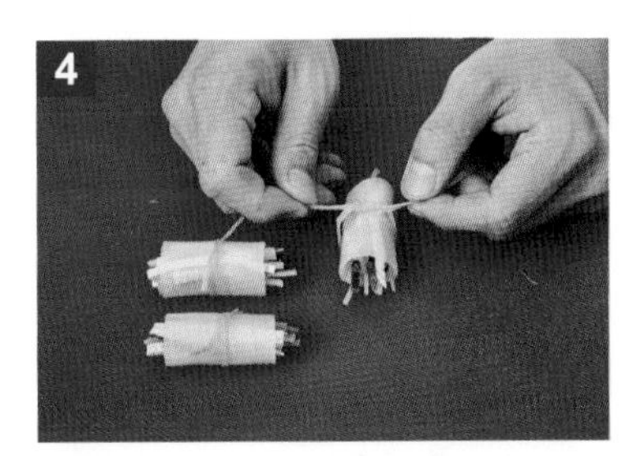

捲起，用芹菜固定綁緊並打結，修切兩側突出的菜絲。

放入蒸籠蒸 5 分鐘後取出，倒出多餘的水分。

取一乾鍋，放入調味料 ❶，煮滾後加入調味料 ❷ 勾芡。放入水花片，淋上芡汁即可。

注意事項

❶ 白蘿蔔捲的蔬菜絲要平均放入，才不會有大小捲之分，影響成品美觀。
❷ 若芹菜較粗，燙熟後可用手絲成細條狀，但仍建議不要太細，以免綁的時候容易斷掉。

301-3 題組

乾煸杏鮑菇　　酸辣筍絲羹　　三色煎蛋

1. 菜名與食材切配依據

菜餚名稱	主要刀工	烹調法	主材料類別	材料組合	水花款式	盤飾款式
乾煸杏鮑菇	片、末	煸	杏鮑菇	冬菜、杏鮑菇、紅辣椒、芹菜、紅蘿蔔、中薑	參考規格明細	
酸辣筍絲羹	絲	羹	桶筍	乾木耳、板豆腐、桶筍、小黃瓜、紅蘿蔔、中薑		參考規格明細
三色煎蛋	片	煎	雞蛋	玉米筍、四季豆、紅蘿蔔、芹菜、雞蛋		

2. 材料明細

名稱	規格描述	重量（數量）	備註
乾木耳	葉面泡開有 4 公分以上	1 大片	10 克以上 / 片
冬菜	合格廠商效期內	5 克	
板豆腐	老豆腐，不得有酸味	100 克以上	半塊
桶筍	合格廠商效期內	淨重 120 克以上	若為空心或軟爛不足需求量，應檢人可反應更換
玉米筍	合格廠商效期內	2 支	可用罐頭取代
杏鮑菇	型大結實飽滿	2 支	100 克以上 / 支
紅辣椒	表面平整不皺縮不潰爛	2 條	10 克以上 / 條
小黃瓜	鮮度足，不可大彎曲	2 條	80 克以上 / 條

名稱	規格描述	重量（數量）	備註
大黃瓜	表面平整不皺縮不潰爛	1 截	6 公分長
四季豆	長 14 公分以上鮮度足	2 支	
芹菜	青翠新鮮	90 克	
紅蘿蔔	表面平整不皺縮不潰爛	300 克	空心須補發
中薑	夠切絲的長段無潰爛	70 克	
雞蛋	外型完整鮮度足	5 個	

3. 規格明細

材料	規格描述（長度單位：公分）	數量	備註
紅蘿蔔水花片兩款	自選 1 款及指定 1 款，指定款須參考下列指定圖（形狀大小需可搭配菜餚）	各 6 片以上	
配合材料擺出兩種盤飾	下列指定圖 3 選 2	各 1 盤	
木耳絲	寬 0.2 ～ 0.4，長 4.0 ～ 6.0，高（厚）依食材規格	20 克以上	
冬菜末	直徑 0.3 以下碎末	5 克以上	
豆腐絲	寬、高（厚）各為 0.2 ～ 0.4，長 4.0 ～ 6.0	80 克以上	
筍絲	寬、高（厚）各為 0.2 ～ 0.4，長 4.0 ～ 6.0	100 克以上	
杏鮑菇片	寬 2.0 ～ 4.0、高（厚）0.4 ～ 0.6，長 4.0 ～ 6.0	180 克以上	
小黃瓜絲	寬、高（厚）各為 0.2 ～ 0.4，長 4.0 ～ 6.0	30 克以上	
中薑末	直徑 0.3 以下碎末	10 克以上	
紅蘿蔔絲	寬、高（厚）各為 0.2 ～ 0.4，長 4.0 ～ 6.0	30 克以上	
紅蘿蔔指甲片	長、寬各為 1.0 ～ 1.5，高（厚）0.3 以下	15 克以上	

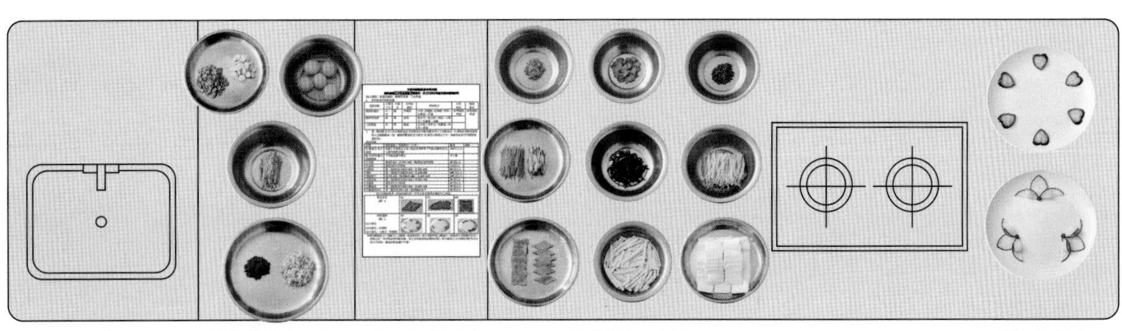

301-3-1

乾煸杏鮑菇

（若有少許微焦的斑點，屬合理的狀態）

烹調規定及備註

1. 杏鮑菇炸至脫水皺縮不焦黑，或以煸炒法煸至乾扁脫水皺縮而不焦黑。
2. 中薑爆香，以炒、煸炒法收汁完成（需含芹菜）。
3. 焦黑部分不得超過總量之 1/4，不得出油而油膩，規定材料不得短少。

材料及刀工規格

材料	刀工	規格（長度單位：公分）	圖示
冬菜	末	直徑 0.3 以下	
杏鮑菇	片	寬 2.0 ～ 4.0，高（厚）0.4 ～ 0.6，長 4.0 ～ 6.0	
紅辣椒	末	直徑 0.3 以下	
芹菜	末	直徑 0.3 以下	

材料	刀工	規格（長度單位：公分）	圖示
紅蘿蔔	水花片	自選 1 款及指定 1 款，指定款須參考下列指定圖（形狀大小需可搭配菜餚）	
中薑	末	直徑 0.3 以下	

調味料： ❶ 鹽 1/4 小匙、米酒 1 小匙、糖 1/4 小匙、味精 1/4 小匙、香油 1/4 小匙、醬油 1/4 小匙
❷ 白醋 1/4 小匙

重點步驟：

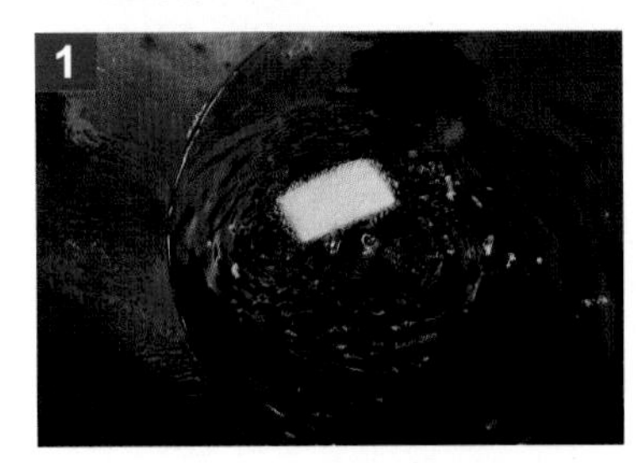

取一油鍋，判斷油溫約 180 度，放入一片杏鮑菇片，若有冒泡即可下鍋。

將杏鮑菇炸至脫水皺縮不焦黑，取出備用。

紅蘿蔔水花過油備用。

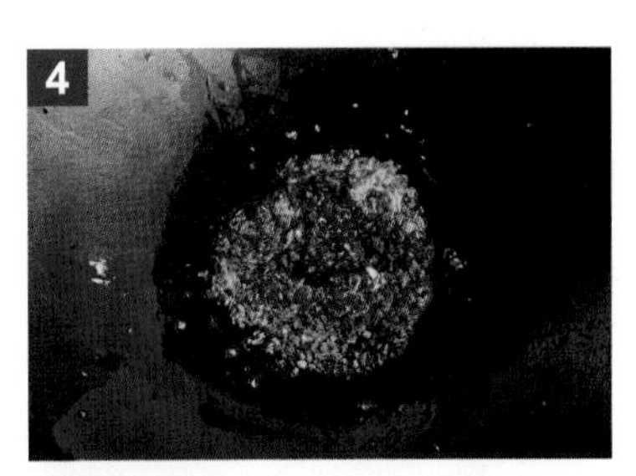

爆香中薑末，加入冬菜末、辣椒末炒香。

放入杏鮑菇片拌勻，加入調味料 ❶ 炒至收汁。

加入紅蘿蔔水花片、芹菜末、調味料 ❷，拌炒均勻。

❶ 特別注意油溫的控制，以免杏鮑菇過於焦黑。
❷ 芹菜最後再放入拌炒，避免烹調過久導致顏色變黃，影響美觀。
❸ 白醋最後放入的目的是為了讓香氣更足夠，也避免烹調過久，醋酸溶解鍋中黑垢，使成品產生鐵鏽味或其他異味。

301-3-2

酸辣筍絲羹

烹調規定及備註

1. 以中薑爆香加入配料，調味適中，再以太白粉勾芡。
2. 酸辣調味需明顯，規定材料不得短少。

材料及刀工規格

材料	刀工	規格（長度單位：公分）	圖示
乾木耳	絲	寬 0.2 ～ 0.4，長 4.0 ～ 6.0， 高（厚）依食材規格	
板豆腐	絲	寬、高（厚）各為 0.2 ～ 0.4，長 4.0 ～ 6.0	
桶筍	絲	寬、高（厚）各為 0.2 ～ 0.4，長 4.0 ～ 6.0	
小黃瓜	絲	寬、高（厚）各為 0.2 ～ 0.4，長 4.0 ～ 6.0	
紅蘿蔔	絲	寬、高（厚）各為 0.2 ～ 0.4，長 4.0 ～ 6.0	
中薑	絲	寬、高（厚）各為 0.2 ～ 0.4，長 4.0 ～ 6.0	

調味料： ❶ 鹽 1/2 小匙、味精 1/2 小匙、醬油 2 大匙、胡椒粉 1/2 小匙、烏醋 1 大匙、白醋 1 大匙、香油 1 小匙、米酒 1 大匙
❷ 太白粉水 1/4 杯

重點步驟：

取一水鍋，水滾後加入桶筍絲氽燙，去除酸味後撈起。

爆香薑絲。

放入所有材料（小黃瓜和豆腐絲除外），羹盤裝八分滿的水，倒入鍋中。

煮滾後加入調味料 ❶ 拌勻。

加入小黃瓜絲、豆腐絲，加入調味料 ❷ 勾芡。

盛盤後，用筷子順時針或逆時針劃圓撥動，整理美觀即可。

注意事項

❶ 桶筍為加工醃製品，建議桶筍在烹調前先氽燙，去除多餘的酸味。
❷ 注意爆香薑絲的火候，不宜太大，以免焦黑。
❸ 小黃瓜和豆腐最後下，避免久煮小黃瓜變黃、豆腐破碎，影響成品美觀。
❹ 勾芡濃稠度須注意，避免過稀、結塊、黏稠。

三色煎蛋

（改刀 6 片）

烹調規定及備註

1. 所有材料煎成一大圓片，熟而金黃上色。
2. 全熟，可焦黃但不焦黑，須以熟食砧板刀具做熟食切割，規定材料不得短少。

材料及刀工規格

材料	刀工	規格（長度單位：公分）	圖示
玉米筍	片	高（厚）0.3 以下	
四季豆	片	高（厚）0.3 以下	
紅蘿蔔	指甲片	長、寬各為 1.0 ～ 1.5，高（厚）0.3 以下	
芹菜	粒	高（厚）0.3 以下	
雞蛋		三段式打蛋法	

■ **調味料：** 鹽 1/2 小匙、味精 1/2 小匙、胡椒粉 1/4 小匙

■ **重點步驟：**

1 取一水鍋，水滾後汆燙四季豆片、紅蘿蔔片、玉米筍片，燙熟後撈起備用。

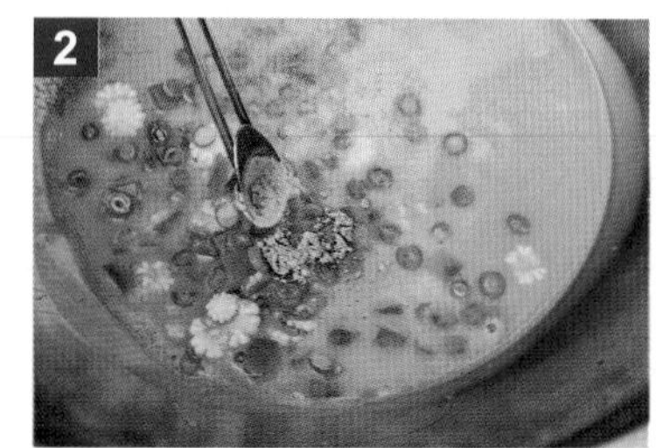

2 將燙好的蔬菜、芹菜粒放入蛋液中，加入調味料拌勻備用。

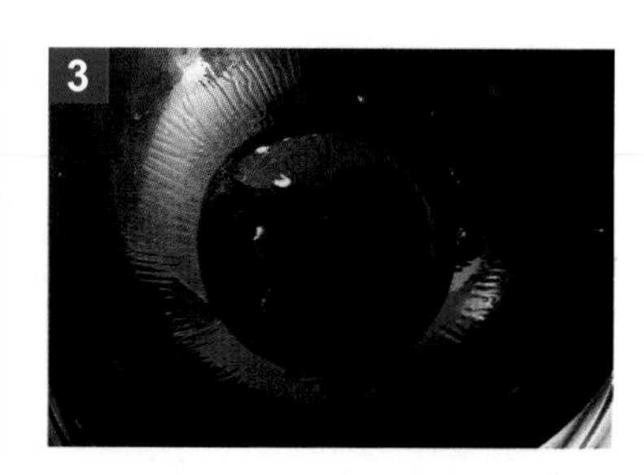

3 潤鍋。

4 鍋中加入 2 大匙沙拉油，燒熱後將蛋液倒入鍋中，轉動鍋子使蛋液成圓形，並用筷子或炒鏟以順（逆）時針，攪動中心至半凝固狀。

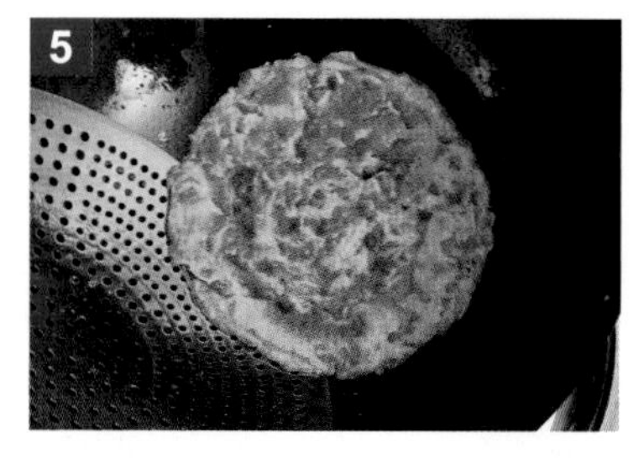

5 用漏勺協助翻面，並煎至金黃熟透即可。

6 熟食砧板及刀具噴酒精消毒，戴手套切割，切六等分即可擺盤。

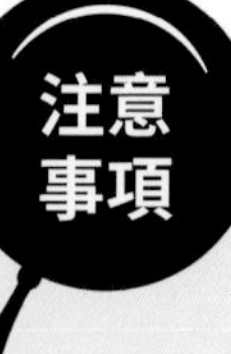

注意事項

1. 潤鍋是指將鍋子燒熱，倒入沙拉油高溫燒至微冒白煙，讓油進入到鍋子的毛孔中，使鍋子表面形成保護膜，達到不沾鍋的原理。（參考 p.54）
2. 翻面時要特別注意，建議用漏勺協助翻面比較安全。
3. 使用中小火煎，避免燒焦。
4. 雞蛋前處理時，可參考 P.53 使用三段式打蛋法。

301-4 題組

素燴杏菇捲

燜燒辣味茄條

炸海苔芋絲

1. 菜名與食材切配依據

菜餚名稱	主要刀工	烹調法	主材料類別	材料組合	水花款式	盤飾款式
素燴杏菇捲	剞刀厚片	燴	杏鮑菇	桶筍、杏鮑菇、小黃瓜、紅蘿蔔、中薑	參考規格明細	
燜燒辣味茄條	條、末	燒	茄子	乾香菇、茄子、紅辣椒、芹菜		參考規格明細
炸海苔芋絲	絲	酥炸	芋頭	乾香菇、海苔片、芋頭、紅蘿蔔		

2. 材料明細

名稱	規格描述	重量（數量）	備註
乾香菇	外型完整，直徑 4 公分以上	5 朵	
海苔片	合格廠商效期內	2 張	20 公分 x25 公分
桶筍	合格廠商效期內	淨重 120 克以上	若為空心或軟爛不足需求量，應檢人可反應更換
杏鮑菇	型大結實飽滿	2 支	100 克以上／支
小黃瓜	鮮度足，不可大彎曲	2 條	80 克以上／條
大黃瓜	表面平整不皺縮不潰爛	1 截	6 公分長
茄子	鮮度足無潰爛	2 條	180 克以上／每條
紅辣椒	表面平整不皺縮不潰爛	1 條	

名稱	規格描述	重量（數量）	備註
芹菜	新鮮翠綠	70 克	
芋頭	表面平整不皺縮不潰爛	120 克	
紅蘿蔔	表面平整不皺縮不潰爛	300 克	空心須補發
中薑	夠切絲的長段無潰爛	70 克	

3. 規格明細

材料	規格描述（長度單位：公分）	數量	備註
紅蘿蔔水花片兩款	自選 1 款及指定 1 款，指定款須參考下列指定圖（形狀大小需可搭配菜餚）	各 6 片以上	
配合材料擺出兩種盤飾	下列指定圖 3 選 2	各 1 盤	
香菇絲	寬、高（厚）各為 0.2 ～ 0.4，長度依食材規格	2 朵	
香菇末	直徑 0.3 以下碎末	1 朵	
海苔絲	寬為 0.2 ～ 0.4，長 4.0 ～ 6.0	2 張切完	
剞刀杏鮑菇片	長 4.0 ～ 6.0，高（厚）1.0 ～ 1.5，寬依杏鮑菇。格子間格 0.3 ～ 0.5，深度達 1/2 深的剞刀片塊	160 克以上	
辣椒末	直徑 0.3 以下碎末	6 克以上	
茄條	長 4.0 ～ 6.0，茄子依圓徑切 1/4	290 克以上	
中薑片	長 2.0 ～ 3.0，寬 1.0 ～ 2.0、高（厚）0.2 ～ 0.4，可切菱形片	6 片	
芋頭絲	寬、高（厚）各為 0.2 ～ 0.4，長 4.0 ～ 6.0	50 克以上	
紅蘿蔔絲	寬、高（厚）各為 0.2 ～ 0.4，長 4.0 ～ 6.0	30 克以上	

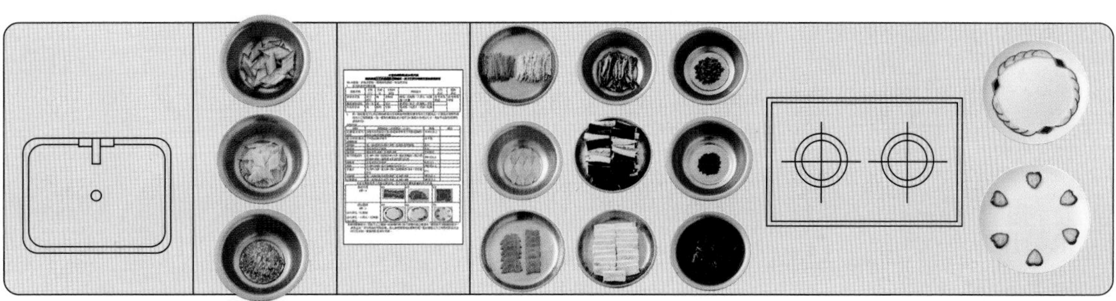

301-4-1

素燴杏菇捲

烹調規定及備註

1. 杏菇捲後，熱油定型。
2. 小黃瓜、紅蘿蔔水花需脫生，小黃瓜要保持綠色。
3. 中薑爆香，加入配料調味再燴成菜。
4. 杏菇捲不得散開不成形，需有燴汁，規定材料不得短少。

材料及刀工規格

材料	刀工	規格（長度單位：公分）	圖示
桶筍	菱形片	長 2.0 ～ 3.0，寬 1.0 ～ 2.0， 高（厚）0.2 ～ 0.4	
杏鮑菇	剞刀 厚片	長 4.0 ～ 6.0，高（厚）1.0 ～ 1.5， 寬依杏鮑菇。格子間隔 0.3 ～ 0.5， 深度達 1/2 深的剞刀片塊	
小黃瓜	菱形片	長 2.0 ～ 3.0，寬 1.0 ～ 2.0， 高（厚）0.2 ～ 0.4	

材料	刀工	規格（長度單位：公分）	圖示
紅蘿蔔	水花片	自選 1 款及指定 1 款，指定款須參考下列指定圖（形狀大小需可搭配菜餚）	
中薑	菱形片	長 2.0 ～ 3.0，寬 1.0 ～ 2.0，高（厚）0.2 ～ 0.4	

調味料：
❶ 麵粉 2 大匙、太白粉 2 大匙
❷ 醬油 1 大匙、糖 1 小匙、鹽 1/4 小匙、味精 1/4 小匙、米酒 1 小匙、香油 1 小匙、水 1/2 杯
❸ 太白粉水 1 小匙

重點步驟：

1 取一水鍋，汆燙杏鮑菇剞刀厚片、桶筍菱形片、小黃瓜菱形片、紅蘿蔔水花片，撈起備用。

2 杏鮑菇剞刀厚片用紙巾擦乾水分，備用。

3 杏鮑菇剞刀厚片撒上調味料❶，將格子紋路朝外捲起，用牙籤固定。

4 起油鍋約 180 度，放入杏鮑菇捲炸至金黃定型，撈出備用。

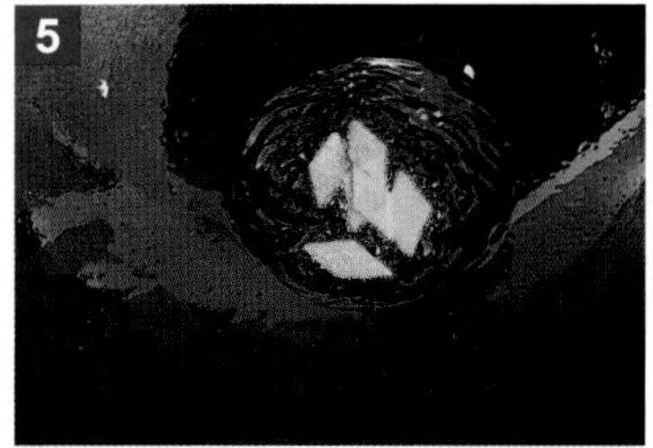
5 爆香中薑片。

6 續入其他材料（小黃瓜最後放）和調味料❷煮滾，放入調味料❸勾芡即可擺盤。

注意事項

杏鮑菇以牙籤固定後再入油鍋炸，比較容易定型，炸完後記得將牙籤抽出。

301-4-2

燜燒辣味茄條

烹調規定及備註

1. 茄條炸過以保紫色而透。
2. 香菇爆香加入配料調味，再入主料，加入芹菜勾淡芡收汁。
3. 規定材料不得短少。

材料及刀工規格

材料	刀工	規格（長度單位：公分）	圖示
乾香菇	末	直徑 0.3 以下	
茄子	條	長 4.0 ～ 6.0，茄子依圓徑切 1/4	
紅辣椒	末	直徑 0.3 以下	
芹菜	末	直徑 0.3 以下	

調味料： ❶ 豆瓣醬 1/2 大匙、醬油 1/2 大匙、糖 1 小匙、味精 1/4 小匙、米酒 1 大匙、烏醋 1 小匙、水 1/2 杯
❷ 太白粉水 1 小匙

重點步驟：

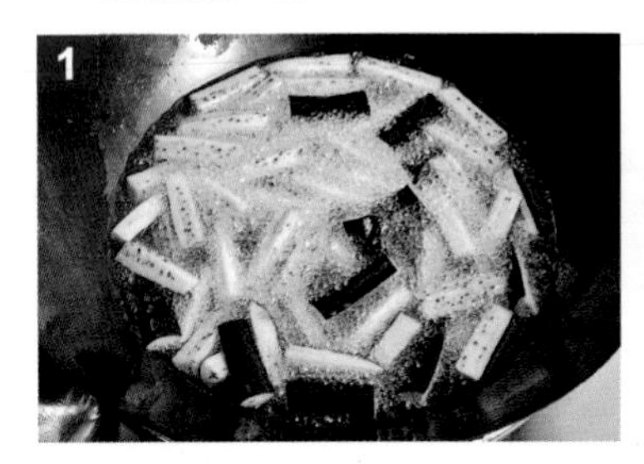
1 取一油鍋，油溫約 180 度，以中大火炸茄條。

2 炸至定色後（呈鮮紫色），撈出瀝油備用。

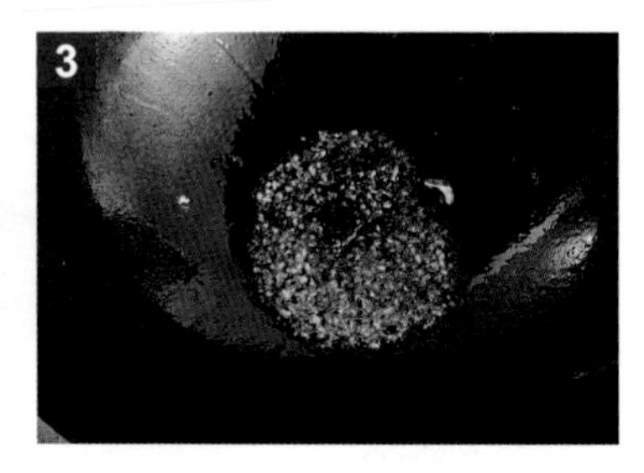
3 爆香辣椒末、香菇末。

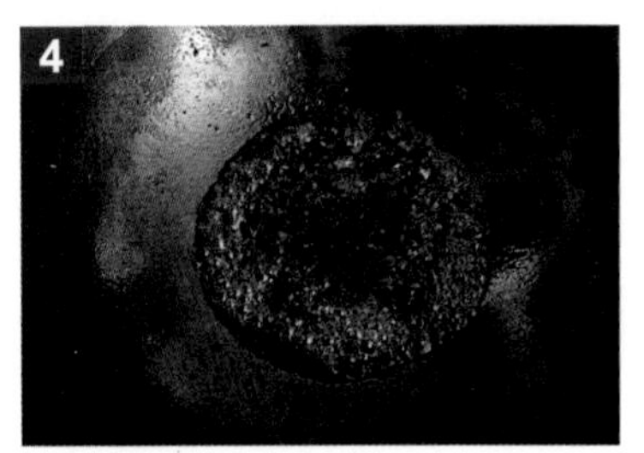
4 加入調味料 ❶ 煮滾。

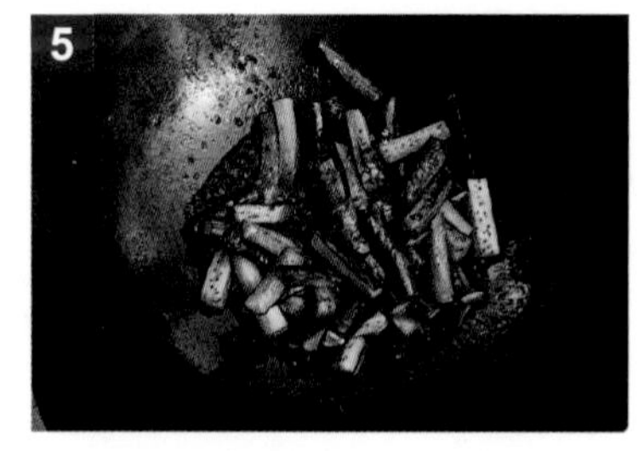
5 放入茄條燜燒約 1 分鐘。

6 起鍋前加入調味料 ❷ 勾薄芡，並加入芹菜末拌勻。

注意事項

❶ 茄子切開後變色的原因，是因為接觸到氧氣產生化學反應，建議將茄子浸泡在鹽水、檸檬水或白醋水中，延緩茄子褐變。
❷ 炸茄條前，建議用紙巾擦乾水分，降低油爆發生機率。
❸ 炸茄條建議用高溫油炸，可鎖住花青素，維持亮彩紫豔色。
❹ 爆香時沙拉油不要放太多，以免出油，影響成品美觀。
❺ 茄條炸熟後已軟化，燒煮時間不宜過久。

301-4-3

炸海苔芋絲

酥炸

烹調規定及備註

1. 海苔以熱油炸酥，調味入盤圍邊。
2. 芋頭和其他食材，分別沾乾粉用熱油炸酥，再調味入盤中。
3. 規定材料不得短少。

材料及刀工規格

材料	刀工	規格（長度單位：公分）	圖示
乾香菇	絲	寬、高（厚）各為 0.2 ～ 0.4， 長度依食材規格	
海苔片	絲	寬為 0.2 ～ 0.4，長 4.0 ～ 6.0	
芋頭	絲	寬、高（厚）各為 0.2 ～ 0.4，長 4.0 ～ 6.0	
紅蘿蔔	絲	寬、高（厚）各為 0.2 ～ 0.4， 長 4.0 ～ 6.0	

■ **調味料：** ❶ 麵粉 1/2 杯
❷ 胡椒粉 1/6 小匙、鹽 1/6 小匙、味精 1/6 小匙

■ **重點步驟：**

1 取一鋼盆，放入芋頭絲、紅蘿蔔絲，放入麵粉拌勻。

2 起油鍋約 160 度，放入海苔絲炸至收縮酥脆，撈出瀝油備用。

3 油鍋轉中小火，放入芋頭絲、紅蘿蔔絲炸至金黃酥脆，撈出備用。

4 香菇絲擦乾水分，均勻沾上麵粉，放入油鍋炸至金黃酥脆，撈出備用。

5 炸好的海苔絲放入瓷盤，加入少許胡椒粉、鹽調味，鋪底擺盤。

6 炸好的芋頭絲、紅蘿蔔絲、香菇絲，分別加入鹽、胡椒粉、味精，攪拌均勻，放置海苔絲上擺盤。

❶ 炸海苔油溫不可過低，同時注意避免炸太久，以免含油。
❷ 芋頭絲、蘿蔔絲需均勻沾粉並撥鬆，避免油炸時沾黏結塊。

301-5 題組

鹽酥香菇塊

銀芽炒雙絲

茄汁豆包卷

1. 菜名與食材切配依據

菜餚名稱	主要刀工	烹調法	主材料類別	材料組合	水花款式	盤飾款式
鹽酥香菇塊	塊	酥炸	鮮香菇	鮮香菇、紅辣椒、芹菜、中薑		
銀芽炒雙絲	絲	炒	綠豆芽	豆乾、青椒、紅辣椒、綠豆芽、中薑		參考規格明細
茄汁豆包卷	條	滑溜	芋頭 豆包	生豆包、小黃瓜、黃甜椒、紅蘿蔔、芋頭	參考規格明細	

2. 材料明細

名稱	規格描述	重量（數量）	備註
生豆包	形體完整、無破損、無酸味	3 塊	50 克／塊
五香大豆乾	形體完整、無破損、無酸味 直徑 4 公分以上	1 塊	35 克以上／塊
鮮香菇	新鮮無軟爛，直徑 5 公分	10 朵	
紅辣椒	表面平整不皺縮不潰爛	2 條	10 克
青椒	表面平整不皺縮不潰爛	60 克以上	1/2 個，120 克以上／個
小黃瓜	鮮度足，不可大彎曲	1 條	80 克以上／條
大黃瓜	表面平整不皺縮不潰爛	1 截	6 公分長
黃甜椒	表面平整不皺縮不潰爛	70 克以上	1/2 個，140 克以上／個

名稱	規格描述	重量（數量）	備註
綠豆芽	新鮮不潰爛	150 克	
芹菜	新鮮翠綠	70 克	
中薑	夠切絲的長段無潰爛	80 克	
紅蘿蔔	表面平整不皺縮不潰爛	300 克	空心須補發
芋頭	表面平整不皺縮不潰爛	150 克	

3. 規格明細

材料	規格描述（長度單位：公分）	數量	備註
紅蘿蔔水花片兩款	自選 1 款及指定 1 款，指定款須參考下列指定圖（形狀大小需可搭配菜餚）	各 6 片以上	
配合材料擺出兩種盤飾	下列指定圖 3 選 2	各 1 盤	
豆乾絲	寬、高（厚）各為 0.2 ～ 0.4，長 4.0 ～ 6.0	25 克以上	
紅辣椒絲	寬、高（厚）各為 0.3 以下，長 4.0 ～ 6.0	5 克以上	
青椒絲	寬、高（厚）各為 0.2 ～ 0.4，長 4.0 ～ 6.0	25 克以上	
芹菜粒	長、寬、高（厚）各為 0.2 ～ 0.4	30 克以上	
紅蘿蔔條	寬、高（厚）各為 0.5 ～ 1.0，長 4.0 ～ 6.0	6 條以上	
中薑末	直徑 0.3 以下碎末	10 克以上	
中薑絲	寬、高（厚）各為 0.3 以下，長 4.0 ～ 6.0	10 克以上	
芋頭條	寬、高（厚）各為 0.5 ～ 1.0，長 4.0 ～ 6.0	80 克以上	

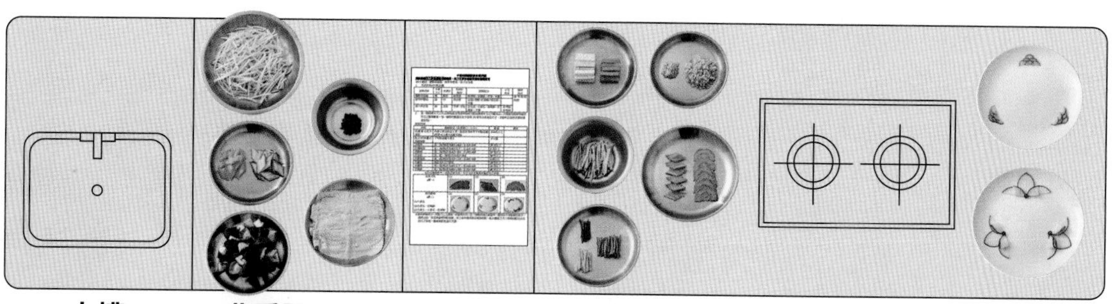

301-5-1

鹽酥香菇塊

酥炸

烹調規定及備註

1. 鮮香菇醃入辛香料，沾乾粉或麵糊炸至表皮酥脆，再以椒鹽調味。
2. 香菇酥脆不得含油，規定材料不得短少。

材料及刀工規格

材料	刀工	規格（長度單位：公分）	圖示
鮮香菇	塊	去蒂頭，一開四	
紅辣椒	末	直徑 0.3 以下碎末	
芹菜	粒	長、寬、高（厚）各為 0.2 ～ 0.4	
中薑	末	直徑 0.3 以下碎末	

調味料： ❶ 麵粉 2/3 杯、太白粉 1/3 杯、泡打粉 1 大匙、白醋 1 大匙、沙拉油 1 大匙、水 1 杯
❷ 鹽 1/2 小匙、胡椒 1/2 小匙、水 1/2 小匙
❸ 鹽 1/2 小匙、胡椒 1/2 小匙、味精 1/2 小匙

重點步驟：

1 調味料 ❶ 全部拌勻，攪拌至無顆粒光滑狀備用。

2 鮮香菇塊以調味料 ❷ 抓醃備用。

3 起油鍋約 180 度，將醃入味的香菇塊均勻裹上麵糊，放入油鍋。

4 炸至金黃酥脆，撈起瀝油備用。

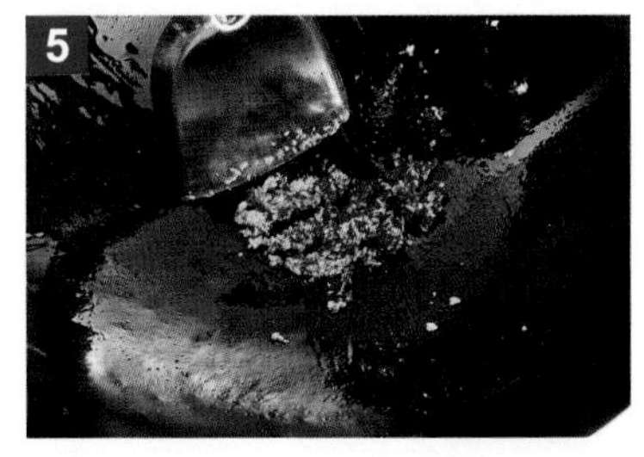
5 取一乾鍋，放入少許沙拉油，爆香中薑、辣椒末。

6 續放入炸熟的香菇塊，加入調味料 ❸ 及芹菜粒拌勻。

❶ 泡打粉是一種化學膨鬆劑，遇見酸性物質會產生二氧化碳，造成麵糊和麵糰的膨脹。因此麵糊中加入少許白醋，可以縮短等待麵糊靜置的時間，並可使炸衣膨鬆酥脆。
❷ 判斷麵糊的濃稠度，可以用手指沾裹麵糊，若麵糊穩定包覆手指，且麵糊滴落時的速度緩慢即可；若麵糊流失太快就是水量太多，可加少許麵粉調整濃度。
❸ 油溫判斷方法：可以將麵糊滴入油鍋中，若呈現立即定型並浮至表面、呈現微金黃色即到達溫度。

301-5-2

銀芽炒雙絲

烹調規定及備註

1. 豆乾可先泡熱水、油炸或直接炒皆可。
2. 銀芽、青椒等配料需脫生或保色，以中薑炒香入所有食材，加調味料拌炒或熟炒均勻皆可。
3. 綠豆芽未去頭尾，則不符合題意，規定材料不得短少。

材料及刀工規格

材料	刀工	規格（長度單位：公分）	圖示
豆乾	絲	寬、高（厚）各為 0.2 ～ 0.4，長 4.0 ～ 6.0	
青椒	絲	寬、高（厚）各為 0.2 ～ 0.4，長 4.0 ～ 6.0	
紅辣椒	絲	寬、高（厚）各為 0.3 以下，長 4.0 ～ 6.0	
綠豆芽	去頭尾	銀芽	
中薑	絲	寬、高（厚）各為 0.3 以下，長 4.0 ～ 6.0	

調味料： 鹽 1/2 小匙、味精 1/2 小匙、香油 1/2 小匙、水 1 大匙

重點步驟：

綠豆芽去頭尾，即為銀芽。

取一水鍋，快速汆燙豆乾絲、銀芽、青椒絲，撈起備用。

取一乾鍋，中小火爆香中薑絲、紅辣椒絲。

續入所有材料。

放入調味料。

以中大火拌炒至熟透，即可盛盤。

1. 拌炒豆乾時，翻炒的力道盡量輕一點，以免斷掉。
2. 大部分材料在汆燙時都已大致煮熟，因此拌炒時，不需再加入過多的水分，也不可炒太久，以免影響成品美觀。

301-5-3

茄汁豆包卷

滑溜

烹調規定及備註

1. 芋頭條炸熟、紅蘿蔔條汆燙，將豆包捲入材料成圓筒狀，再炸定型（可沾麵糊）。
2. 小黃瓜、黃甜椒需脫生保色，以茄汁調味燴煮。
3. 加入紅蘿蔔水花拌合點綴。
4. 不得嚴重出油，規定材料不得短少。
5. 豆包卷不可鬆脫。

材料及刀工規格

材料	刀工	規格（長度單位：公分）	圖示
生豆包	片	攤開後對半切	
小黃瓜	菱形片	長 2.0 ～ 3.0，寬 1.0 ～ 2.0，高（厚）0.2 ～ 0.4	
黃甜椒	菱形片	長 2.0 ～ 3.0，寬 1.0 ～ 2.0，高（厚）0.2 ～ 0.4	
紅蘿蔔	條	寬、高（厚）各為 0.5 ～ 1.0，長 4.0 ～ 6.0	

材料	刀工	規格（長度單位：公分）	圖示
紅蘿蔔	水花片	自選 1 款及指定 1 款，指定款須參考下列指定圖（形狀大小需可搭配菜餚）	
芋頭	條	寬、高（厚）各為 0.5 ～ 1.0，長 4.0 ～ 6.0	

■ **調味料：** ❶ 水 3 大匙、麵粉 2 大匙
❷ 番茄醬 4 大匙、鹽 1/4 小匙、糖 1 大匙、味精 1/4 小匙、水 1/2 杯
❸ 太白粉水 1 小匙

■ **重點步驟：**

1 取一水鍋，氽燙紅蘿蔔條、小黃瓜菱形片、黃甜椒菱形片、紅蘿蔔水花片，撈起備用。

2 取一油鍋，炸熟芋頭條，撈起備用。

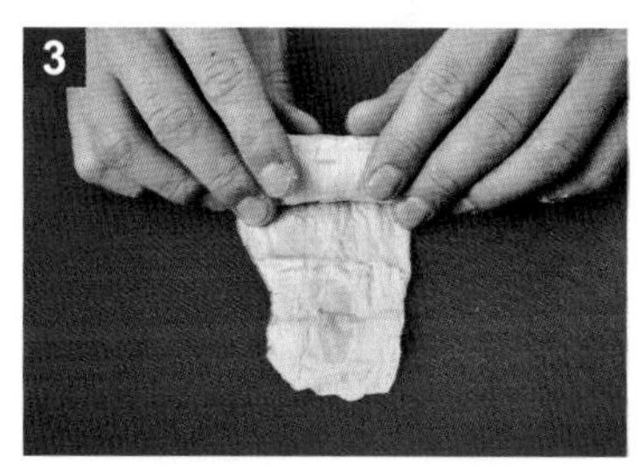

3 取一生食砧板，將豆包攤平，放上芋頭條、紅蘿蔔條捲起。

4 調味料 ❶ 拌勻為麵糊。豆包收口處，以麵糊黏起，插上牙籤固定。

5 油鍋約 180 度，放入豆包炸至金黃定型，撈起後拔掉牙籤備用。

6 取一乾鍋，放入所有材料及調味料 ❷ 煮滾後，加入調味料 ❸ 勾芡，即可盛盤。

注意事項

❶ 豆包捲建議捲緊後，沾上麵糊並用牙籤固定，油炸時才不會散開。炸完之後，牙籤記得要拔出來。
❷ 炸豆包的油溫不可過低，以免含油。

301-6 題組

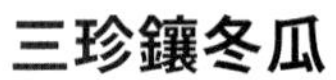
三珍鑲冬瓜

炒竹筍梳片

炸素菜春捲

1. 菜名與食材切配依據

菜餚名稱	主要刀工	烹調法	主材料類別	材料組合	水花款式	盤飾款式
三珍鑲冬瓜	長方塊末	蒸	冬瓜	乾香菇、冬菜、生豆包、冬瓜、青江菜、紅蘿蔔、中薑		
炒竹筍梳片	梳子片	炒	桶筍	乾香菇、桶筍、小黃瓜、紅蘿蔔、中薑	參考規格明細	參考規格明細
炸素菜春捲	絲	炸	春捲皮	乾香菇、豆乾、春捲皮、桶筍、芹菜、高麗菜、紅蘿蔔		

2. 材料明細

名稱	規格描述	重量（數量）	備註
冬菜	合格廠商效期內	5 克	
乾香菇	外型完整，直徑 4 公分以上	6 朵	
桶筍	合格廠商效期內	300 克	若為空心或軟爛不足需求量，應檢人可反應更換
五香大豆乾	形體完整、無破損、無酸味直徑 4 公分以上	1 塊	35 克以上／塊
生豆包	形體完整、無破損、無酸味	1 塊	50 克／塊

名稱	規格描述	重量（數量）	備註
春捲皮	合格廠商效期內	8 張	冷凍正方形或新鮮圓形春捲皮
紅蘿蔔	表面平整不皺縮不潰爛	300 克	空心須補發
中薑	夠切絲的長段無潰爛	80 克	
高麗菜	新鮮翠綠	120 克	
冬瓜	表面平整不皺縮不潰爛	500 克	厚度 3 公分、長度 4 公分以上
青江菜	新鮮翠綠	3 顆	30 克以上／棵
芹菜	新鮮翠綠	80 克以上	
紅辣椒	表面平整不皺縮不潰爛	1 條	
大黃瓜	表面平整不皺縮不潰爛	1 截	6 公分長
小黃瓜	鮮度足，不可大彎曲	1 條	80 克以上／條

3. 規格明細

材料	規格描述（長度單位：公分）	數量	備註
紅蘿蔔水花片兩款	自選 1 款及指定 1 款，指定款須參考下列指定圖（形狀大小需可搭配菜餚）	各 6 片以上	
配合材料擺出兩種盤飾	下列指定圖 3 選 2	各 1 盤	
香菇絲	寬、高（厚）各為 0.2 ～ 0.4，長度依食材規格	2 朵	
香菇末	直徑 0.3 以下碎末	1 朵	
冬菜末	直徑 0.3 以下碎末	5 克以上	
豆乾絲	寬、高（厚）各為 0.2 ～ 0.4，長 4.0 ～ 6.0	25 克以上	
筍絲	寬、高（厚）各為 0.2 ～ 0.4，長 4.0 ～ 6.0	40 克以上	
竹筍梳子片	長 4.0 ～ 6.0，寬 2.0 ～ 4.0，高（厚）0.2 ～ 0.4 的梳子花刀片（花刀間格為 0.5 以下）	200 克以上	
小黃瓜片	長 4.0 ～ 6.0，寬 2.0 ～ 4.0，高（厚）0.2 ～ 0.4，可切菱形片	6 片	
中薑末	直徑 0.3 以下碎末	10 克以上	
紅蘿蔔絲	寬、高（厚）各為 0.2 ～ 0.4，長 4.0 ～ 6.0	25 克以上	

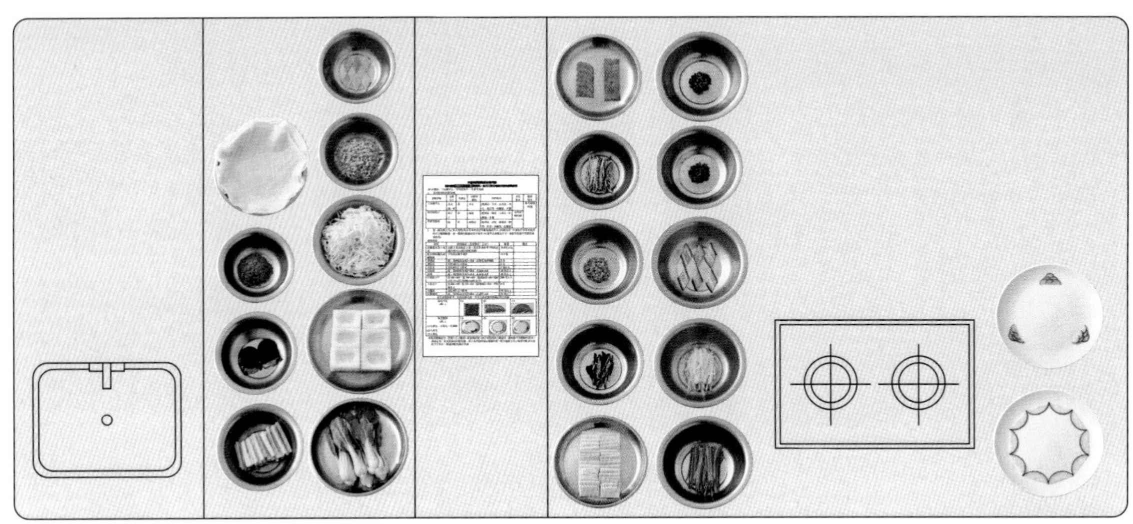

可將這個題組三道菜餚中，操作過程容易出錯的地方寫下來，多加練習！

301-6-1

三珍鑲冬瓜

烹調規定及備註

1. 以中薑爆炒香菇末、豆包末、紅蘿蔔末、冬菜末炒熟調味，再鑲入挖空冬瓜塊內蒸熟。
2. 以青江菜擺盤，調味勾芡淋上。
3. 鑲冬瓜約為長、寬各 4 ～ 6 公分之長方體，高（厚）依食材規格，規定材料不得短少。

材料及刀工規格

材料	刀工	規格（長度單位：公分）
乾香菇	末	直徑 0.3 以下碎末
冬菜	末	直徑 0.3 以下碎末
生豆包	末	直徑 0.3 以下碎末
冬瓜	長方盒	長、寬各 4 ～ 6 公分之長方體， 高（厚）依食材規格
青江菜	對切	一開二對切，洗淨

圖示

材料	刀工	規格（長度單位：公分）	圖示
紅蘿蔔	末	直徑 0.3 以下碎末	
中薑	末	直徑 0.3 以下碎末	

調味料： ① 鹽 1/2 小匙、胡椒 1/2 小匙、味精 1/2 小匙、太白粉水 1 小匙
② 鹽 1/2 小匙、味精 1/2 小匙、香油 1/2 小匙、水 1 杯
③ 太白粉水 1 大匙

重點步驟：

1 取一水鍋，放入冬瓜盒汆燙 1 分鐘，撈出瀝乾水分。

2 水鍋續用，汆燙青江菜後撈出，放至瓷碗中備用。

3 爆香中薑末，加入所有蔬菜末料、調味料 ① 拌炒均勻。

4 將餡料平均放入冬瓜盒內，放入蒸籠蒸 5 ～ 10 分鐘。

5 取一乾鍋，將調味料 ② 煮滾，以調味料 ③ 勾芡。

6 將燙熟的青江菜擺入冬瓜盤中，淋上芡汁。

① 挖冬瓜凹槽建議使用湯匙後端小凹槽挖取。
② 冬瓜塊烹調的時間要注意，需煮至熟透但不軟爛。
③ 青江菜梗易夾沙土，應確實檢查是否清洗乾淨。

301-6-2

炒竹筍梳片

烹調規定及備註

1. 中薑片、香菇片爆香，竹筍梳子片加入配料、水花片拌炒調味。
2. 油汁不得過多，規定材料不得短少。

材料及刀工規格

材料	刀工	規格（長度單位：公分）	圖示
乾香菇	斜片	去蒂頭、斜切片寬 2.0 ～ 4.0	
桶筍	梳子片	長4.0～6.0，寬2.0～4.0，高（厚）0.2～0.4的梳子花刀片（花刀間格為0.5以下）	
小黃瓜	菱形片	長 4.0 ～ 6.0，寬 2.0 ～ 4.0，高（厚）0.2 ～ 0.4	
紅蘿蔔	水花片	自選 1 款及指定 1 款，指定款須參考下列指定圖（形狀大小需可搭配菜餚）	
中薑	菱形片	長 4.0 ～ 6.0，寬 2.0 ～ 4.0，高（厚）0.2 ～ 0.4	

調味料： 鹽 1 小匙、胡椒 1/2 小匙、味精 1/2 小匙、香油 1/2 小匙、水 1 大匙

重點步驟：

取一水鍋，汆燙桶筍梳子片，撈起備用。

汆燙紅蘿蔔水花，撈起備用。

爆香中薑菱形片、香菇片。

加入其他材料拌炒。

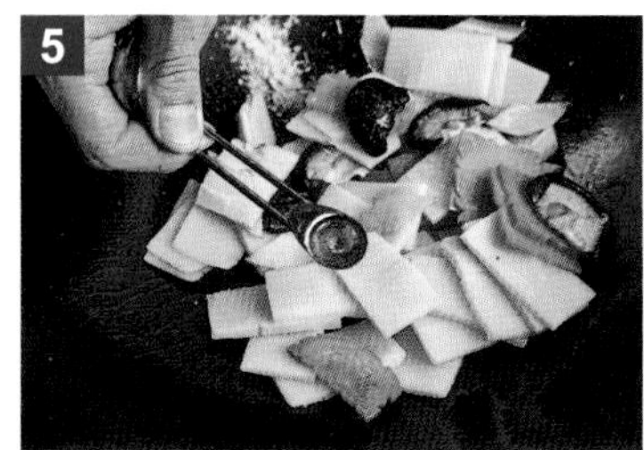

加入調味料拌炒。

盛盤。

❶ 桶筍為加工醃製品，建議桶筍在烹調前先汆燙，去除多餘的酸味。
❷ 小黃瓜最後再放入，避免久煮後顏色變黃，影響成品美觀。
❸ 建議桶筍放入後小力翻炒，以免梳片斷掉。

301-6-3

炸素菜春捲

■ 烹調規定及備註

1. 香菇、芹菜爆香與配料炒熟調味。
2. 以春捲皮包入炒熟餡料捲起，油炸至酥上色。
3. 春捲需緊實無破損，規定材料不得短少。

■ 材料及刀工規格

材料	刀工	規格（長度單位：公分）	圖示
乾香菇	絲	寬、高（厚）各為 0.2 ～ 0.4，長度依食材規格	
豆乾	絲	寬、高（厚）各為 0.2 ～ 0.4，長 4.0 ～ 6.0	
春捲皮	正方片	修掉圓邊，略呈方片	
桶筍	絲	寬、高（厚）各為 0.2 ～ 0.4，長 4.0 ～ 6.0	
芹菜	段	長 4.0 ～ 6.0	

材料	刀工	規格（長度單位：公分）	圖示
高麗菜	絲	寬、高（厚）各為 0.2 ～ 0.4，長 4.0 ～ 6.0	
紅蘿蔔	絲	寬、高（厚）各為 0.2 ～ 0.4，長 4.0 ～ 6.0	

調味料： ❶ 鹽 1/4 小匙、胡椒粉 1/4 小匙、味精 1/4 小匙、太白粉水 1 小匙
❷ 麵粉 1/2 杯、水 1/4 杯

重點步驟：

爆香芹菜段、乾香菇絲。

加入其他絲料、調味料 ❶ 拌炒均勻，即為餡料。

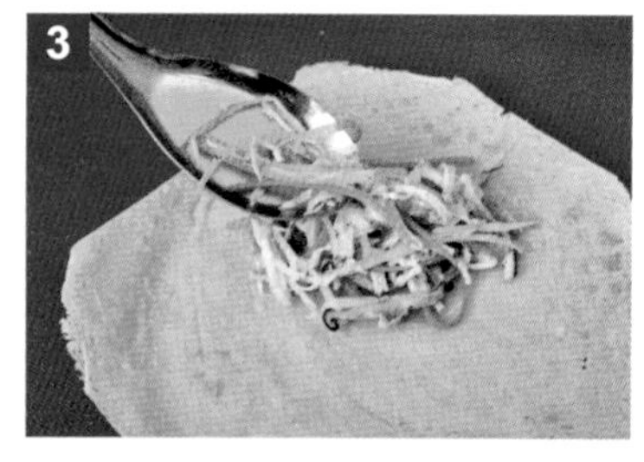

春捲皮切成正方片，平鋪於生食砧板上，一角朝內，放上餡料。

調味料 ❷ 攪拌均勻，即為麵糊。

春捲皮捲起後，封口處沾裹調味料 ❷ 麵糊。

起油鍋約 180 度，放入春捲，改中小火炸熟後，撈起瀝乾。

❶ 春捲若還沒有要包，春捲皮必須以塑膠袋包著，或用保鮮膜覆蓋，以免接觸到空氣後變得乾硬，導致包的時候容易破掉。
❷ 炸春捲的油溫不可過高，以免焦黑。

Memo

可將這個題組三道菜餚中，操作過程容易出錯的地方寫下來，多加練習！

301-7 題組

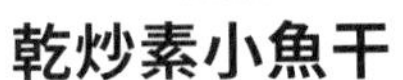
乾炒素小魚干

燴三色山藥片

辣炒蒟蒻絲

1. 菜名與食材切配依據

菜餚名稱	主要刀工	烹調法	主材料類別	材料組合	水花款式	盤飾款式
乾炒素小魚干	條	炸、炒	海苔片 千張豆皮	海苔片、千張豆皮、紅辣椒、芹菜、中薑		
燴三色山藥片	片	燴	白山藥	乾木耳、小黃瓜、白山藥、紅蘿蔔、中薑	參考規格明細	參考規格明細
辣炒蒟蒻絲	絲	炒	白蒟蒻 (長方形)	乾香菇、桶筍、白蒟蒻、紅辣椒、青椒、中薑		

2. 材料明細

名稱	規格描述	重量(數量)	備註
乾木耳	葉面泡開有 4 公分以上	1 大片	10 克以上/片
乾香菇	外型完整,直徑 4 公分以上	3 朵	
海苔片	合格廠商效期內	6 張	20 公分 ×25 公分
千張豆皮	合格廠商效期內	6 張	20 公分 ×25 公分
白蒟蒻	外型完整、無裂痕	200 克以上	1 塊
桶筍	合格廠商效期內	淨重 100 克以上	若為空心或軟爛不足需求量,應檢人可反應更換
小黃瓜	鮮度足,不可大彎曲	1 條	80 克以上/條
大黃瓜	表面平整不皺縮不潰爛	1 截	6 公分長

名稱	規格描述	重量（數量）	備註
紅辣椒	表面平整不皺縮不潰爛	2 條	
青椒	表面平整不皺縮不潰爛	60 克以上	120 克以上／個
芹菜	新鮮翠綠	90 克	
紅蘿蔔	表面平整不皺縮不潰爛	300 克	空心須補發
中薑	夠切絲的長段無潰爛	150 克	
白山藥	表面平整不皺縮不潰爛	300 克	

3. 規格明細

材料	規格描述（長度單位：公分）	數量	備註
紅蘿蔔水花片兩款	指定 1 款，指定款須參考下列指定圖（形狀大小需可搭配菜餚）	6 片以上	
中薑水花	自選 1 款	6 片以上	
配合材料擺出兩種盤飾	下列指定圖 3 選 2	各 1 盤	
香菇絲	寬、高（厚）各為 0.2 ～ 0.4，長度依食材規格	3 朵	
白蒟蒻絲	寬、高（厚）各為 0.2 ～ 0.4，長 4.0 ～ 6.0	160 克以上	
筍絲	寬、高（厚）各為 0.2 ～ 0.4，長 4.0 ～ 6.0	80 克以上	
小黃瓜片	長 4.0 ～ 6.0，寬 2.0 ～ 4.0，高（厚）0.2 ～ 0.4，可切菱形片	6 片	
紅辣椒絲	寬、高（厚）各為 0.3 以下，長 4.0 ～ 6.0	10 克以上	
中薑絲	寬、高（厚）各為 0.3 以下，長 4.0 ～ 6.0	20 克以上	
中薑末	直徑 0.3 以下碎末	20 克以上	
白山藥片	長 4.0 ～ 6.0，寬 2.0 ～ 4.0，高（厚）0.4 ～ 0.6	200 克以上	

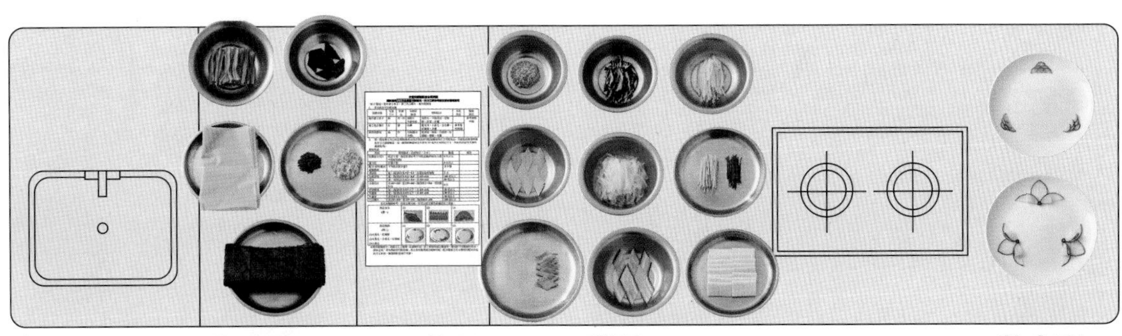

301-7-1

乾炒素小魚干

烹調規定及備註

1. 三張千張豆皮和三張海苔一層一層沾上麵糊貼緊，再改刀切成（寬 0.3 公分～ 0.6 公分 × 長 4.0 公分～ 6.0 公分的條形），以熱油炸酥，和三種爆香料及椒鹽調味。
2. 海苔條炸酥不含油，規定材料不得短少。

材料及刀工規格

材料	刀工	規格（長度單位：公分）	圖示
海苔片			
千張豆皮			
紅辣椒	末	直徑 0.3 以下	
芹菜	末	直徑 0.3 以下	
中薑	末	直徑 0.3 以下	

調味料： ❶ 麵粉 1 杯、水 1 杯
❷ 鹽 1/2 小匙、糖 1/2 小匙、胡椒 1/6 小匙

重點步驟：

調味料 ❶ 拌勻成麵糊備用。

依序從底部為海苔→豆皮→海苔→豆皮→海苔→豆皮，層層往上堆疊，每層中間塗上麵糊。

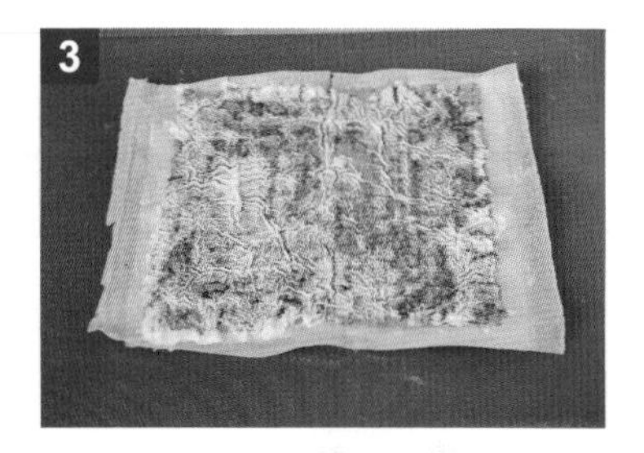

重複重點步驟 2，共做兩份。

改刀切成寬 0.4 公分 × 長 5 公分的長條形。

起油鍋約 180 度，放入素小魚干，以中大火炸酥，撈起。

油鍋倒出，利用餘油爆香蔬菜碎末，加入調味料 ❷，放入素小魚干拌勻。

❶ 切割素小魚干時，因為麵糊較濃稠，所以切割時會比較難切，建議用壓切方式，操作上比較安全。
❷ 調配好的麵糊應該如白膠般濃稠，如果過稀，可以添加適量麵粉。

301-7-2

燴三色山藥片

烹調規定及備註

1. 山藥汆燙、油炸或直接炒皆可。
2. 其他配料需汆燙脫生，小黃瓜需保持綠色。
3. 以薑水花爆香和配料燴煮調味。
4. 需有燴汁，規定材料不得短少。

材料及刀工規格

材料	刀工	規格（長度單位：公分）	圖示
乾木耳	菱形片	長 4.0 ～ 6.0，寬 2.0 ～ 4.0	
小黃瓜	菱形片	長 4.0 ～ 6.0，寬 2.0 ～ 4.0，高（厚）0.2 ～ 0.4	
白山藥	片	長 4.0 ～ 6.0，寬 2.0 ～ 4.0，高（厚）0.4 ～ 0.6	
紅蘿蔔	水花片	指定 1 款，指定款須參考下列指定圖（形狀大小需可搭配菜餚）	
中薑	水花片	自選 1 款	

調味料： ❶ 鹽 1/4 小匙、味精 1/4 小匙、米酒 1 小匙、水 1/2 杯
❷ 太白粉水 1 小匙

重點步驟：

汆燙山藥片，撈起備用。

汆燙紅蘿蔔水花片、乾木耳菱形片、小黃瓜菱形片，撈起備用。

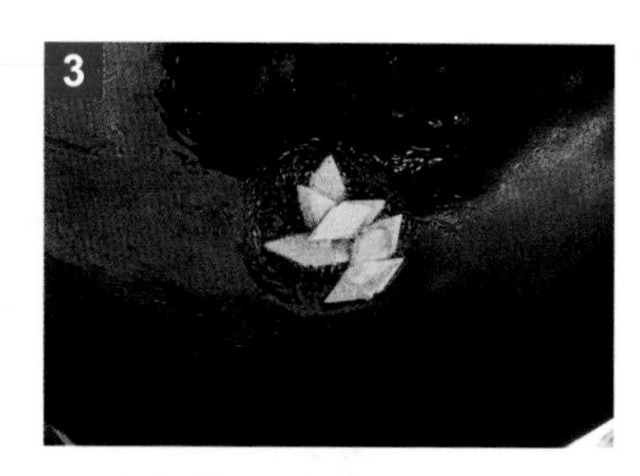

爆香中薑水花片。

續入乾木耳菱形片、白山藥片、調味料 ❶ 煮滾。

放入紅蘿蔔水花片、小黃瓜菱形片。

加入調味料 ❷ 勾芡。

❶ 小黃瓜最後再放入，避免久煮後顏色變黃，影響成品美觀。
❷ 山藥帶有黏液，切割時若不小心易受傷，可以用清水加少許白醋清洗，減少黏液。
❸ 山藥富含豐富鐵質，削皮切割後碰到空氣會變黃、發黑，可以浸泡於醋水或鹽水中，保持顏色白皙。

301-7-3

辣炒蒟蒻絲

烹調規定及備註

1. 蒟蒻需過熱水去除鹼味。
2. 以中薑和香菇爆香，加入配料拌炒調味。
3. 鹼味過重扣分（調味與火候），規定材料不得短少。

材料及刀工規格

材料	刀工	規格（長度單位：公分）	圖示
乾香菇	絲	寬、高（厚）各為 0.2 ～ 0.4， 長度依食材規格	
桶筍	絲	寬、高（厚）各為 0.2 ～ 0.4，長 4.0 ～ 6.0	
白蒟蒻	絲	寬、高（厚）各為 0.2 ～ 0.4，長 4.0 ～ 6.0	
紅辣椒	絲	寬、高（厚）各為 0.3 以下，長 4.0 ～ 6.0	
青椒	絲	寬、高（厚）各為 0.3 以下，長 4.0 ～ 6.0	
中薑	絲	寬、高（厚）各為 0.3 以下，長 4.0 ～ 6.0	

調味料： 糖 1 小匙、醬油 1/4 小匙、烏醋 1/4 小匙、辣油 1 小匙、水 1 大匙

重點步驟：

蒟蒻絲汆燙後撈起。

桶筍絲汆燙後撈起。

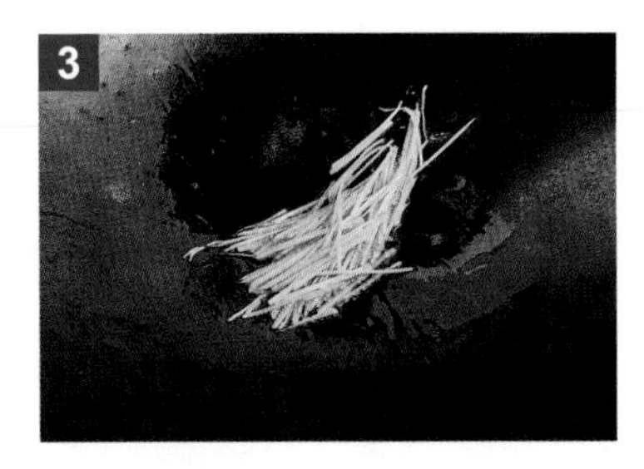

爆香中薑絲。

爆香香菇絲。

加入所有材料拌炒。

加入調味料拌炒均勻。

1. 爆香薑絲時，油溫勿過高，以免焦黑。
2. 桶筍為加工醃製品，建議在烹調前先汆燙，去除多餘的酸味。
3. 市售蒟蒻通常以熱鹼處理，建議在烹調前以大量清水沖洗或汆燙，以去除鹼味。

301-8 題組

燴素什錦

三椒炒豆乾絲

咖哩馬鈴薯排

1. 菜名與食材切配依據

菜餚名稱	主要刀工	烹調法	主材料類別	材料組合	水花款式	盤飾款式
燴素什錦	片	燴	乾香菇 桶筍	乾香菇、桶筍、麵筋泡、小黃瓜、紅蘿蔔、中薑	參考規格明細	
三椒炒豆乾絲	絲	熟炒	豆乾	乾木耳、豆乾、紅甜椒、黃甜椒、青椒、中薑		參考規格明細
咖哩馬鈴薯排	泥、片	炸、淋	馬鈴薯	乾木耳、小黃瓜、芹菜、馬鈴薯、中薑、紅蘿蔔		

2. 材料明細

名稱	規格描述	重量（數量）	備註
麵筋泡	無油耗味	8 粒	
乾香菇	外型完整，直徑 4 公分以上	3 朵	
乾木耳	葉面泡開有 4 公分以上	2 大片	10 克以上／片
桶筍	合格廠商效期內	150 克	若為空心或軟爛不足需求量，應檢人可反應更換
五香大豆乾	形體完整、無破損、無酸味直徑 4 公分以上	1 塊	35 克以上／塊
小黃瓜	鮮度足，不可大彎曲	2 條	80 克以上／條
大黃瓜	表面平整不皺縮不潰爛	1 截	6 公分長
紅辣椒	表面平整不皺縮不潰爛	1 條	

名稱	規格描述	重量（數量）	備註
青椒	表面平整不皺縮不潰爛	60 克以上	1/2 個 120 克以上／個
黃甜椒	表面平整不皺縮不潰爛	70 克以上	1/2 個 140 克以上／個
紅甜椒	表面平整不皺縮不潰爛	70 克以上	1/2 個 140 克以上／個
芹菜	新翠鮮綠	40 克	
馬鈴薯	表面平整不皺縮不潰爛	300 克	
紅蘿蔔	表面平整不皺縮不潰爛	300 克	空心須補發
中薑	夠切絲的長段無潰爛	80 克	

3. 規格明細

材料	規格描述（長度單位：公分）	數量	備註
紅蘿蔔水花片兩款	自選 1 款及指定 1 款，指定款須參考下列指定圖（形狀大小需可搭配菜餚）	各 6 片以上	
配合材料擺出兩種盤飾	下列指定圖 3 選 2	各 1 盤	
木耳絲	寬 0.2 ～ 0.4，長 4.0 ～ 6.0，高（厚）依食材規格	20 克以上	
豆乾絲	寬、高（厚）各為 0.2 ～ 0.4，長 4.0 ～ 6.0	30 克以上	
青椒絲	寬、高（厚）各為 0.2 ～ 0.4，長 4.0 ～ 6.0	50 克以上	
黃甜椒絲	寬、高（厚）各為 0.2 ～ 0.4，長 4.0 ～ 6.0	50 克以上	
紅甜椒絲	寬、高（厚）各為 0.2 ～ 0.4，長 4.0 ～ 6.0	50 克以上	
芹菜末	直徑 0.3 以下碎末	20 克以上	
中薑絲	寬、高（厚）各為 0.3 以下，長 4.0 ～ 6.0	10 克以上	
中薑片	長 2.0～3.0，寬 1.0～2.0、高（厚）0.2～0.4，可切菱形片	40 克以上	

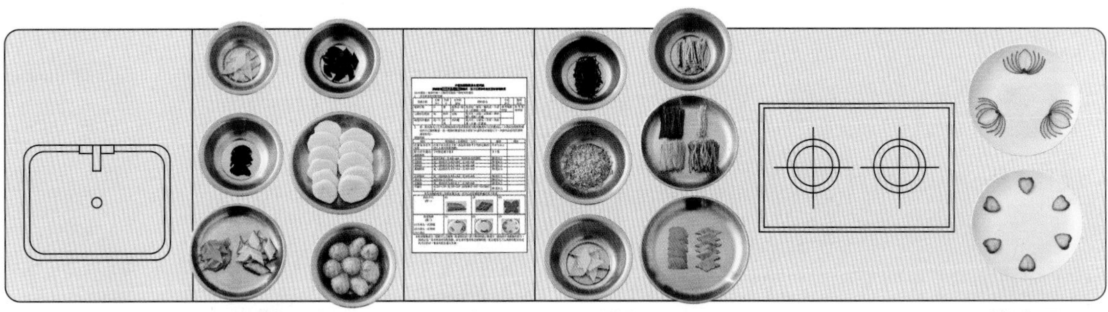

301-8-1

燴素什錦

烹調規定及備註

1. 麵筋泡、桶筍需汆燙。
2. 以中薑爆香，加入配料和紅蘿蔔水花片，調味勾芡。
3. 規定材料不得短少。

材料及刀工規格

材料	刀工	規格（長度單位：公分）	圖示
乾香菇	斜片	去蒂頭、斜切片寬 2.0 ～ 4.0	
桶筍	菱形片	長 4.0 ～ 6.0，寬 2.0 ～ 4.0，厚 0.2 ～ 0.4	
麵筋泡		沖洗，瀝乾	
小黃瓜	菱形片	長 4.0 ～ 6.0，寬 2.0 ～ 4.0，厚 0.2 ～ 0.4	
紅蘿蔔	水花片	自選 1 款及指定 1 款，指定款須參考下列指定圖（形狀大小需可搭配菜餚）	
中薑	菱形片	長 2.0 ～ 3.0，寬 1.0 ～ 2.0，高（厚）0.2 ～ 0.4，可切菱形片	

■ **調味料：** ❶ 米酒 1/2 小匙、鹽 1/2 小匙、味精 1/2 小匙、香油 1/2 小匙、水 2/3 杯
❷ 太白粉 1 大匙

■ **重點步驟：**

汆燙麵筋泡，撈起備用。

汆燙桶筍片，撈起配用。

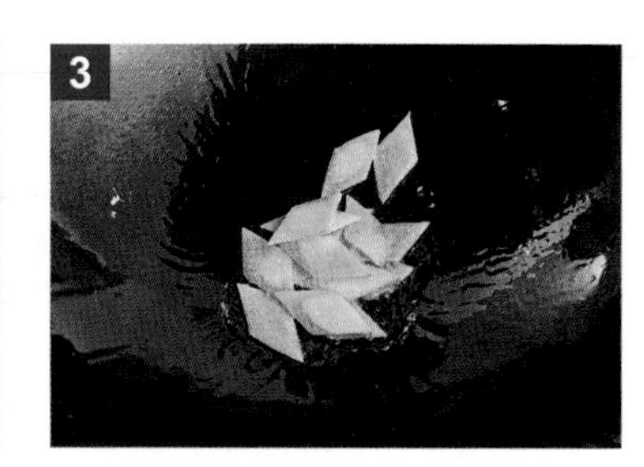

爆香中薑片。

續入乾香菇斜片、桶筍菱形片、紅蘿蔔水花片、調味料 ❶ 煮滾。

加入小黃瓜菱形片和麵筋泡煮熟。

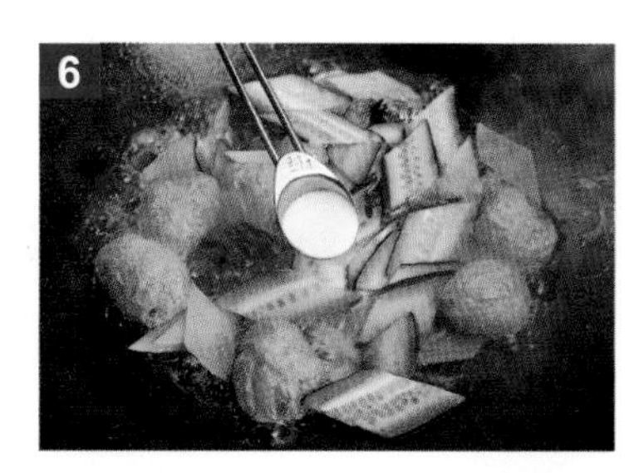

加入調味料 ❷ 勾芡，即可盛盤。

注意事項

❶ 勾芡火候勿過大，以免黏稠結塊。
❷ 桶筍為加工醃製品，建議在烹調前先汆燙，去除多餘的酸味。
❸ 麵筋泡為加工製品，建議烹調前先汆燙，去除多餘的油脂和消除油耗味。

301-8-2

三椒炒豆乾絲

烹調規定及備註

1. 豆乾絲油炸或直接炒皆可。
2. 紅甜椒、黃甜椒、青椒需脫生。
3. 以中薑絲爆香，加入配料合炒調味。
4. 規定材料不得短少。

材料及刀工規格

材料	刀工	規格（長度單位：公分）	圖示
乾木耳	絲	寬 0.2 ～ 0.4，長 4.0 ～ 6.0， 高（厚）依食材規格	
豆乾	絲	寬、高（厚）各為 0.2 ～ 0.4，長 4.0 ～ 6.0	
紅甜椒	絲	寬、高（厚）各為 0.2 ～ 0.4，長 4.0 ～ 6.0	
黃甜椒	絲	寬、高（厚）各為 0.2 ～ 0.4，長 4.0 ～ 6.0	
青椒	絲	寬、高（厚）各為 0.2 ～ 0.4，長 4.0 ～ 6.0	
中薑	絲	寬、高（厚）各為 0.3 以下，長 4.0 ～ 6.0	

調味料： 鹽 1/2 小匙、味精 1/2 小匙、米酒 1/2 小匙、香油 1/2 小匙

重點步驟：

起油鍋約 180 度，放入豆乾絲炸至上色。

等豆乾絲完全上色，撈起瀝乾油分。

油鍋續入紅甜椒絲、青椒絲、黃甜椒絲過油。

油倒掉，利用餘油爆香中薑絲。

放入木耳絲拌炒。

加入所有材料、調味料拌勻。

注意事項

1. 豆乾油炸過，翻炒時較不易破碎。
2. 材料皆已過油處理，因此爆香的油不用加太多，以免成品過度出油。

301-8-3

咖哩馬鈴薯排

烹調規定及備註

1. 馬鈴薯去皮切片，蒸熟搗泥調味，放入芹菜末拌勻做成排狀，沾粉炸成金黃色。
2. 咖哩醬調味加入配料勾芡，淋上馬鈴薯排。
3. 馬鈴薯排（可加玉米粉調和）油炸後不得焦黑夾生，不得鬆散不成形，形狀大小需均一，規定材料不得短少。

材料及刀工規格

材料	刀工	規格（長度單位：公分）	圖示
乾木耳	菱形片	長 2.0 ～ 3.0，寬 1.0 ～ 2.0，高（厚）0.2 ～ 0.4	
小黃瓜	菱形片	長 2.0 ～ 3.0，寬 1.0 ～ 2.0，高（厚）0.2 ～ 0.4	
芹菜	末	直徑 0.3 以下碎末	
馬鈴薯	圓片	高（厚）0.5 ～ 1.0	

材料	刀工	規格（長度單位：公分）	圖示
中薑	菱形片	長 2.0 ～ 3.0，寬 1.0 ～ 2.0，高（厚）0.2 ～ 0.4	
紅蘿蔔	菱形片	長 2.0 ～ 3.0，寬 1.0 ～ 2.0，高（厚）0.2 ～ 0.4	

調味料：
❶ 鹽 1/2 小匙、胡椒 1/4 小匙
❷ 麵粉 2 小匙、太白粉 2 小匙
❸ 咖哩粉 1 小匙、水 1 杯、鹽 1 大匙、糖 1 大匙、味精 1 大匙、太白粉水 1/2 大匙

重點步驟：

1 馬鈴薯圓片蒸 12 ～ 15 分鐘，蒸熟後取出。

2 放入芹菜末、調味料 ❶ 拌勻。

3 平均分成六等分，並搓成圓球狀。

4 壓成圓扁狀，拍調味料 ❷ 薄粉。

5 油鍋約 180 度，放入馬鈴薯，炸至金黃上色，撈起。

6 調味料 ❸ 攪拌均勻後倒入鍋中，放入所有材料，小黃瓜最後放，煮熟。

❶ 咖哩粉遇熱容易結塊，建議調味料事先攪拌均勻，然後再下鍋。
❷ 小黃瓜最後再放入，避免久煮後顏色變黃，影響成品美觀。
❸ 馬鈴薯排經過油炸程序後已經熟透，在後續烹煮的過程不可過久，以免馬鈴薯排盛盤時鬆散、不成形。

301-9 題組

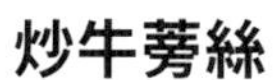

豆瓣鑲茄段

醋溜芋頭條

1. 菜名與食材切配依據

菜餚名稱	主要刀工	烹調法	主材料類別	材料組合	水花款式	盤飾款式
炒牛蒡絲	絲	炒	牛蒡	乾香菇、紅辣椒、芹菜、中薑、牛蒡		
豆瓣鑲茄段	段、末	炸、燒	茄子	板豆腐、茄子、芹菜、中薑、豆薯、紅蘿蔔	參考規格明細	參考規格明細
醋溜芋頭條	條	滑溜	芋頭	鳳梨片、青椒、紅甜椒、中薑、芋頭		

2. 材料明細

名稱	規格描述	重量（數量）	備註
乾香菇	外型完整，直徑 4 公分以上	2 朵	
鳳梨片	合格廠商效期內	2 片	罐頭鳳梨片
板豆腐	老豆腐，不得有酸味	1/2 塊（100 克）	注意保存
青椒	表面平整不皺縮不潰爛	60 克以上	1/2 個 120 克以上／個
紅甜椒	表面平整不皺縮不潰爛	70 克以上	1/2 個 140 克以上／個
紅辣椒	表面平整不皺縮不潰爛	2 條	
小黃瓜	鮮度足，不可大彎曲	1 條	80 克以上／條
大黃瓜	表面平整不皺縮不潰爛	1 截	6 公分長
茄子	鮮度足無潰爛	2 條	180 克以上／每條

名稱	規格描述	重量（數量）	備註
芹菜	新鮮翠綠	80 克	
紅蘿蔔	表面平整不皺縮不潰爛	300 克	
芋頭	表面平整不皺縮不潰爛	200 克	
豆薯	表面平整不皺縮不潰爛	50 克	
牛蒡	表面平整不皺縮不潰爛	250 克	無空心
中薑	夠切絲的長段無潰爛	80 克	

3. 規格明細

材料	規格描述（長度單位：公分）	數量	備註
紅蘿蔔水花片兩款	自選 1 款及指定 1 款，指定款須參考下列指定圖（形狀大小需可搭配菜餚）	各 6 片以上	
配合材料擺出兩種盤飾	下列指定圖 3 選 2	各 1 盤	
香菇絲	寬、高（厚）各為 0.2 ～ 0.4，長度依食材規格	2 朵	
紅辣椒絲	寬、高（厚）各為 0.3 以下，長 4.0 ～ 6.0	10 克以上	
青椒條	寬為 0.5 ～ 1.0，長 4.0 ～ 6.0，高（厚）依食材規格	50 克以上	去內膜
紅甜椒條	寬為 0.5 ～ 1.0，長 4.0 ～ 6.0，高（厚）依食材規格	50 克以上	去內膜
牛蒡絲	寬、高（厚）各為 0.2 ～ 0.4，長 4.0 ～ 6.0	200 克以上	
中薑絲	寬、高（厚）各為 0.3 以下，長 4.0 ～ 6.0	30 克以上	
芋頭條	寬、高（厚）各為 0.5 ～ 1.0，長 4.0 ～ 6.0	150 克以上	
豆薯末	直徑 0.3 以下碎末	30 克以上	

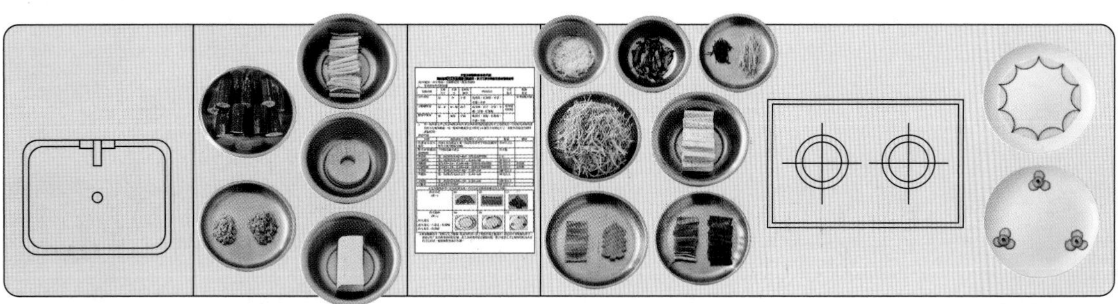

炒牛蒡絲

烹調規定及備註

1. 牛蒡絲需汆燙或直接炒熟。
2. 以中薑絲、香菇絲爆香，加入配料調味炒均勻。
3. 規定材料不得短少。

材料及刀工規格

材料	刀工	規格（長度單位：公分）	圖示
乾香菇	絲	寬、高（厚）各為 0.2 ～ 0.4， 長度依食材規格	
紅辣椒	絲	寬、高（厚）各為 0.3 以下，長 4.0 ～ 6.0	
芹菜	段	長 4.0 ～ 6.0	
中薑	絲	寬、高（厚）各為 0.3 以下，長 4.0 ～ 6.0	
牛蒡	絲	寬、高（厚）各為 0.2 ～ 0.4，長 4.0 ～ 6.0	

■ **調味料：** 鹽 1/2 小匙、味精 1/2 小匙、米酒 2 小匙、水 1 小匙、香油 1 小匙

■ **重點步驟：**

牛蒡絲切完後應泡在白醋水中，避免氧化變黑。

汆燙牛蒡絲，撈起。

爆香中薑絲、香菇絲。

加入牛蒡絲拌勻。

加入紅辣椒絲、芹菜段。

加入調味料拌炒均勻。

❶ 建議紅辣椒、芹菜最後下，可保持顏色鮮豔。

❷ 牛蒡含有豐富的鐵質，剖面一旦曝露在空氣中會立即氧化，變成黑褐色，建議切開後放入醋水中稍微浸泡，但仍建議盡快料理，以免養分流失。

豆瓣鑲茄段

烹調規定及備註

1. 配料炒香調味，加入豆腐泥成餡料。
2. 茄子切 4 ～ 6 公分長段，挖空茄肉，再塞入餡料，沾上麵糊封口以油炸熟，以中薑片爆香，加辣豆瓣醬調味成醬汁，入兩款水花拌燒。
3. 需有適當餡料，規定材料不得短少。

材料及刀工規格

材料	刀工	規格（長度單位：公分）	圖示
板豆腐		壓成泥	
茄子	段	長 4.0 ～ 6.0 直段	
芹菜	末	直徑 0.3 以下	
中薑	末	直徑 0.3 以下	
豆薯	末	直徑 0.3 以下	
紅蘿蔔	水花片	自選 1 款及指定 1 款，指定款須參考下列指定圖（形狀大小需可搭配菜餚）	

調味料： ① 鹽 1/4 小匙、糖 1/8 小匙、胡椒粉 1/4 小匙、太白粉 1 小匙
② 麵粉 1 杯、水 1/2 杯
③ 辣豆瓣 1 小匙、醬油 1 小匙、糖 1/2 小匙、鹽 1/2 小匙、味精 1/2 小匙、水 1 杯
④ 太白粉水 1 小匙

重點步驟：

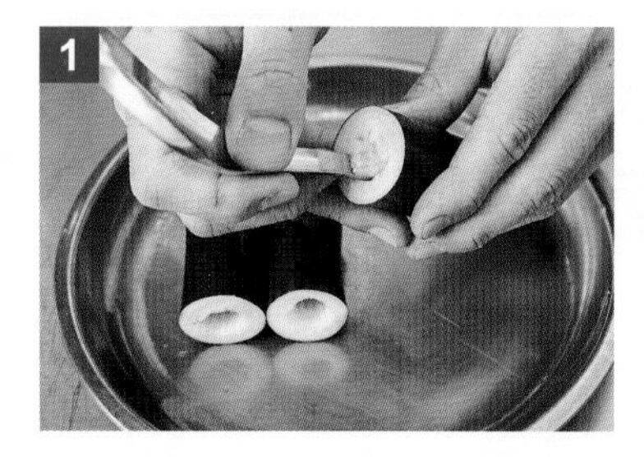

以湯匙後段將茄段挖空茄肉。

爆香中薑末，續入芹菜末、豆薯末，加入調味料 ① 拌炒均勻。

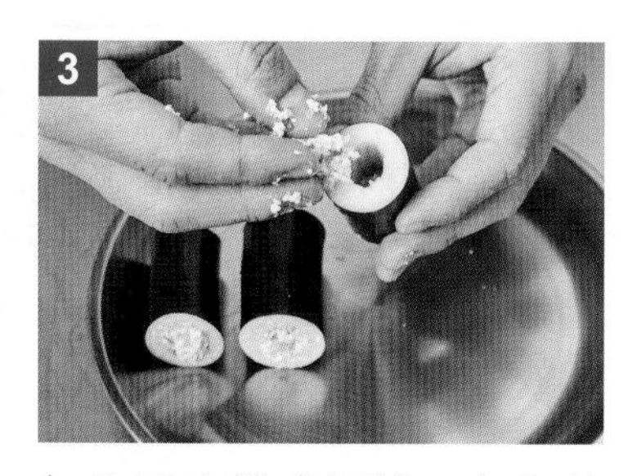

加入豆腐拌成泥狀，塞入茄段中。

將茄段兩端以調味料 ② 麵糊封口。

起油鍋約 180 度，放入茄段炸至定色。

起一乾鍋，加入調味料 ③ 煮滾後，加入紅蘿蔔水花片、茄段略燒，加調味料 ④ 勾薄芡。

注意事項

① 內餡鑲入茄肉應壓緊，再以麵糊封口。
② 茄段燒煮時間勿過久，以免爆餡，影響美觀。
③ 炸茄子建議用高溫油炸，可鎖住花青素，使顏色維持亮彩紫豔。

醋溜芋頭條

滑溜

烹調規定及備註

1. 芋頭條需沾麵糊炸熟。
2. 青椒需汆燙脫生保持翠綠，紅甜椒需脫生。
3. 以中薑絲爆香，放入調味料、配料並勾芡後，續放芋頭條，以滑溜完成。
4. 規定材料不得短少。

材料及刀工規格

材料	刀工	規格（長度單位：公分）	圖示
鳳梨片	片	一開六	
青椒	條	寬為 0.5 ～ 1.0，長 4.0 ～ 6.0， 高（厚）依食材規格，去內膜	
紅甜椒	條	寬為 0.5 ～ 1.0，長 4.0 ～ 6.0， 高（厚）依食材規格，去內膜	
中薑	絲	寬、高（厚）各為 0.3 以下，長 4.0 ～ 6.0	

材料	刀工	規格（長度單位：公分）	圖示
芋頭	條	寬、高（厚）各為 0.5 ～ 1.0， 長 4.0 ～ 6.0	

■ **調味料：** ❶ 麵粉 1/2 杯、水 3/4 杯
❷ 鹽 1/4 小匙、醬油 1 大匙、米酒 1 小匙、烏醋 1 小匙、糖 1 小匙、味精 1/2 小匙、水 1/2 杯
❸ 太白粉水 1 小匙

■ **重點步驟：**

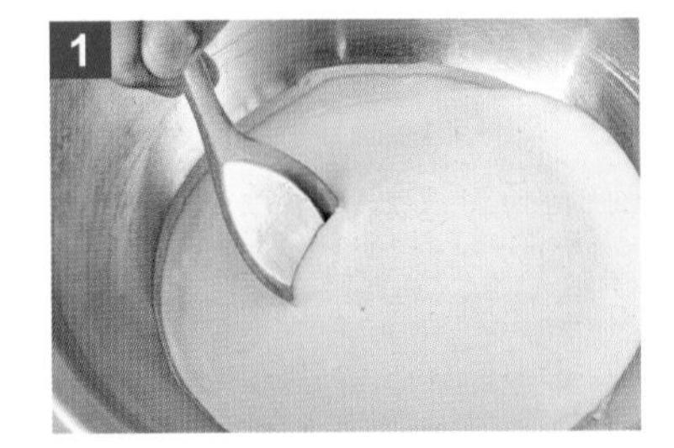

調味料 ❶ 拌勻為麵糊。

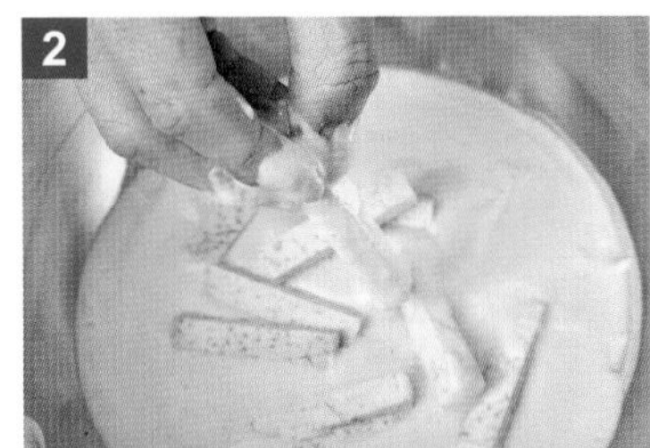

芋頭條沾麵糊。

起油鍋約 180 度，放入芋頭條，炸至金黃熟透。

汆燙青椒條、紅甜椒條，撈起備用。

爆香中薑絲，加入調味料 ❷ 煮滾。

加入所有材料、調味料 ❸ 拌炒均勻。

❶ 芋頭需炸熟，可用剪刀剪一塊，判斷是否熟透。
❷ 麵糊若太稀，可添加麵粉調整，太濃稠則加入水調整。

301-10 題組

三色洋芋沙拉

豆薯炒蔬菜鬆

木耳蘿蔔絲球

1. 菜名與食材切配依據

菜餚名稱	主要刀工	烹調法	主材料類別	材料組合	水花款式	盤飾款式
三色洋芋沙拉	粒	涼拌	馬鈴薯	玉米粒、沙拉醬、四季豆、西芹、紅蘿蔔、馬鈴薯		參考規格明細
豆薯炒蔬菜鬆	鬆	炒	豆薯	乾香菇、生豆包、紅甜椒、芹菜、中薑、豆薯		
木耳蘿蔔絲球	絲	蒸	白蘿蔔	乾木耳、小黃瓜、白蘿蔔、紅蘿蔔、中薑	參考規格明細	

2. 材料明細

名稱	規格描述	重量（數量）	備註
乾香菇	外型完整，直徑 4 公分以上	2 朵	
乾木耳	葉面泡開有 4 公分以上	2 大片	10 克以上／片
玉米粒	合格廠商效期內	50 克	罐頭玉米粒
生豆包	形體完整、無破損、無酸味	1 塊	50 克／塊
沙拉醬	合格廠商效期內	100 克以上	
紅甜椒	表面平整不皺縮不潰爛	50 克	140 克以上／個
西芹	整把分單支發放	1 單支	80 克以上
四季豆	長 14 公分以上鮮度足	3 支	
小黃瓜	鮮度足，不可大彎曲	1 條	80 克以上／條

名稱	規格描述	重量（數量）	備註
紅辣椒	表面平整不皺縮不潰爛	1 條	
芹菜	新鮮翠綠	100 克	淨重
中薑	夠切絲的長段無潰爛	80 克	
紅蘿蔔	表面平整不皺縮不潰爛	300 克	空心須補發
白蘿蔔	表面平整不皺縮不潰爛	200 克	無空心
豆薯	表面平整不皺縮不潰爛	180 克	
馬鈴薯	表面平整不皺縮不潰爛	200 克	

3. 規格明細

材料	規格描述（長度單位：公分）	數量	備註
紅蘿蔔水花片兩款	自選 1 款及指定 1 款，指定款須參考下列指定圖（形狀大小需可搭配菜餚）	各 6 片以上	
配合材料擺出兩種盤飾	下列指定圖 3 選 2	各 1 盤	
西芹粒	長、寬、高（厚）各 0.4 ～ 0.8	40 克以上	
小黃瓜絲	寬、高（厚）各為 0.2 ～ 0.4，長 4.0 ～ 6.0	25 克以上	
馬鈴薯粒	長、寬、高（厚）各 0.4 ～ 0.8	170 克以上	
紅蘿蔔粒	長、寬、高（厚）各 0.4 ～ 0.8	40 克以上	
豆薯鬆	長、寬、高（厚）各 0.1 ～ 0.3，整齊刀工	150 克以上	
中薑末	直徑 0.3 以下碎末	10 克以上	
白蘿蔔絲	寬、高（厚）各為 0.2 ～ 0.4，長 4.0 ～ 6.0	170 克以上	
紅蘿蔔絲	寬、高（厚）各為 0.2 ～ 0.4，長 4.0 ～ 6.0	50 克以上	

301-10-1

三色洋芋沙拉

涼拌

烹調規定及備註

1. 馬鈴薯蒸熟，配料煮熟，放涼後以沙拉醬拌合調味。
2. 注重生熟食操作衛生，規定材料不得短少。

材料及刀工規格

材料	刀工	規格（長度單位：公分）	圖示
玉米粒	粒	罐頭	
沙拉醬		合格廠商效期內	
四季豆	粒	長、寬、高（厚）各 0.4 ～ 0.8	
西芹	粒	長、寬、高（厚）各 0.4 ～ 0.8	
紅蘿蔔	粒	長、寬、高（厚）各 0.4 ～ 0.8	
馬鈴薯	粒	長、寬、高（厚）各 0.4 ～ 0.8	

調味料： 糖 1 小匙、沙拉醬 3 小匙

重點步驟：

馬鈴薯粒、紅蘿蔔粒蒸熟。

汆燙玉米粒，撈起瀝乾。

續燙西芹粒，撈起瀝乾。

續燙四季豆粒，撈起泡入礦泉水中，待涼後瀝乾水分。

取一大瓷碗，放入調味料，接著將所有汆燙、蒸好的材料放入。

拌勻後即可盛盤。

1. 汆燙後的材料水分務必要瀝乾，以免成品出水。
2. 此道菜餚為涼拌菜，需特別注意熟食的操作過程，以免交叉污染。

301-10-2

豆薯炒蔬菜鬆

烹調規定及備註

1. 豆包炸酥切鬆狀，配料汆燙或直接炒熟。
2. 中薑、香菇爆香後放入所有配料，調味炒香成鬆菜。
3. 不得油膩帶湯汁，規定材料不得短少。

材料及刀工規格

材料	刀工	規格（長度單位：公分）	圖示
乾香菇	鬆	長、寬、高（厚）各 0.1 ～ 0.3，整齊刀工	
生豆包	鬆	長、寬、高（厚）各 0.1 ～ 0.3，整齊刀工	
紅甜椒	鬆	長、寬、高（厚）各 0.1 ～ 0.3，整齊刀工	
芹菜	鬆	長、寬、高（厚）各 0.1 ～ 0.3，整齊刀工	
中薑	末	直徑 0.3 以下	
豆薯	鬆	長、寬、高（厚）各 0.1 ～ 0.3，整齊刀工	

調味料： 鹽 1/4 小匙、味精 1/4 小匙、香油 1 小匙、米酒 1 小匙

重點步驟：

起油鍋 180 度，將豆包放入，炸至金黃硬脆。

炸好的豆包放在生食砧板上，切成鬆狀。

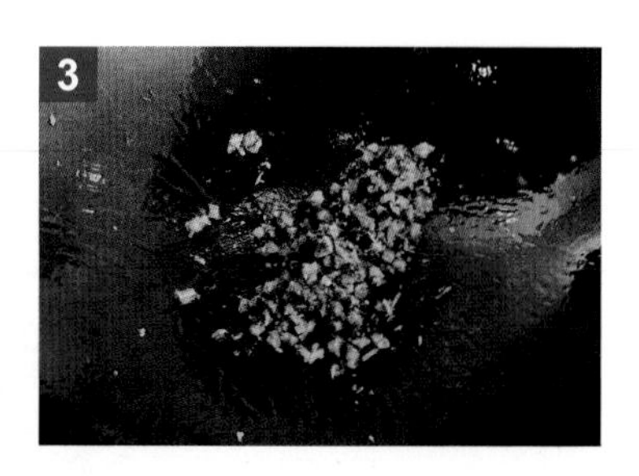

油倒掉，利用餘油爆香中薑末、香菇鬆。

放入豆薯鬆、紅甜椒鬆拌炒。

續入豆包鬆、芹菜鬆拌炒。

加入調味料拌炒均勻。

要注意油炸豆包油溫，若太低則含油、過高則易焦黑。

301-10-3

木耳蘿蔔絲球

烹調規定及備註

1. 除小黃瓜絲之外，其他絲料氽燙熟，加入調味料、麵粉拌合，製成球形及紅蘿蔔水花片入蒸籠蒸熟。
2. 以小黃瓜絲勾薄芡回淋。
3. 球形完整大小平均，規定材料不得短少。

材料及刀工規格

材料	刀工	規格（長度單位：公分）	圖示
乾木耳	絲	寬、高（厚）各為 0.2 ～ 0.4，長 4.0 ～ 6.0	
小黃瓜	絲	寬、高（厚）各為 0.2 ～ 0.4，長 4.0 ～ 6.0	
白蘿蔔	絲	寬、高（厚）各為 0.2 ～ 0.4，長 4.0 ～ 6.0	
紅蘿蔔	水花片	自選 1 款及指定 1 款，指定款須參考下列指定圖（形狀大小需可搭配菜餚）	
紅蘿蔔	絲	寬、高（厚）各為 0.2 ～ 0.4，長 4.0 ～ 6.0	
中薑	絲	寬、高（厚）各為 0.2 ～ 0.4，長 4.0 ～ 6.0	

調味料： ❶ 麵粉 1/2 杯、鹽 1/2 小匙、糖 1/2 小匙、胡椒粉 1/4 小匙
❷ 鹽 1/2 小匙、味精 1/2 小匙、香油 1/2 小匙、水 1 杯
❸ 太白粉水 1 大匙

重點步驟：

1 汆燙木耳絲、紅蘿蔔絲、白蘿蔔絲、中薑絲至軟，撈起瀝乾。

2 加入調味料 ❶ 拌勻，將材料分成六等分。

3 搓成球狀後，連同紅蘿蔔水花一起排入瓷盤。

4 蒸 8 ～ 10 分鐘後取出，倒出多餘的水分。

5 調味料 ❷ 煮滾後，加入小黃瓜絲、調味料 ❸ 勾芡。

6 淋至蒸熟後的木耳蘿蔔絲球上。

注意事項

❶ 木耳蘿蔔絲球在整型時，若有黏手的狀況，可以將手沾濕或抹香油，整體表面會比較光滑美觀。
❷ 小黃瓜最後再放入，避免久煮後顏色變黃，影響成品美觀。

301-11 題組

家常煎豆腐

青椒炒杏菇條

芋頭地瓜絲糕

1. 菜名與食材切配依據

菜餚名稱	主要刀工	烹調法	主材料類別	材料組合	水花款式	盤飾款式
家常煎豆腐	片	煎	板豆腐	乾木耳、板豆腐、小黃瓜、中薑、紅蘿蔔	參考規格明細	參考規格明細
青椒炒杏菇條	條	炒	杏鮑菇	杏鮑菇、青椒、紅辣椒、中薑、紅蘿蔔		
芋頭地瓜絲糕	絲	蒸	芋頭 地瓜	芹菜、芋頭、地瓜		

2. 材料明細

名稱	規格描述	重量（數量）	備註
乾木耳	葉面泡開有 4 公分以上	1 大片	10 克以上／片
板豆腐	老豆腐，不得有酸味	400 克以上	注意保存
杏鮑菇	型大結實飽滿	3 支	100 克以上／支
大黃瓜	表面平整不皺縮不潰爛	1 截	6 公分長
小黃瓜	鮮度足，不可大彎曲	1 條	80 克以上／條
青椒	表面平整不皺縮不潰爛	60 克	120 克以上／個
紅辣椒	表面平整不皺縮不潰爛	2 條	
芹菜	新鮮翠綠	50 克	
地瓜	表面平整不皺縮不潰爛	200 克	

名稱	規格描述	重量（數量）	備註
芋頭	表面平整不皺縮不潰爛	250 克	
紅蘿蔔	表面平整不皺縮不潰爛	300 克	空心須補發
中薑	夠切絲的長段無潰爛	80 克	

3. 規格明細

材料	規格描述（長度單位：公分）	數量	備註
紅蘿蔔水花片	指定 1 款，指定款須參考下列指定圖（形狀大小需可搭配菜餚）	6 片以上	
中薑水花	自選 1 款	6 片以上	
配合材料擺出兩種盤飾	下列指定圖 3 選 2	各 1 盤	
豆腐片	長 4.0 ～ 6.0、寬 2.0 ～ 4.0、高（厚）0.8 ～ 1.5 長方片	350 克以上	
杏鮑菇條	寬、高（厚）各為 0.5 ～ 1.0，長 4.0 ～ 6.0	250 克以上	
小黃瓜片	長 4.0 ～ 6.0，寬 2.0 ～ 4.0、高（厚）0.2 ～ 0.4，可切菱形片	6 片	
青椒條	寬為 0.5 ～ 1.0，長 4.0 ～ 6.0，高（厚）依食材規格	50 克以上	去內膜
芹菜粒	長、寬、高（厚）各為 0.2 ～ 0.4	20 克以上	
中薑絲	寬、高（厚）各為 0.3 以下，長 4.0 ～ 6.0	10 克以上	
芋頭絲	寬、高（厚）各為 0.2 ～ 0.4，長 4.0 ～ 6.0	200 克以上	
地瓜絲	寬、高（厚）各為 0.2 ～ 0.4，長 4.0 ～ 6.0	170 克以上	

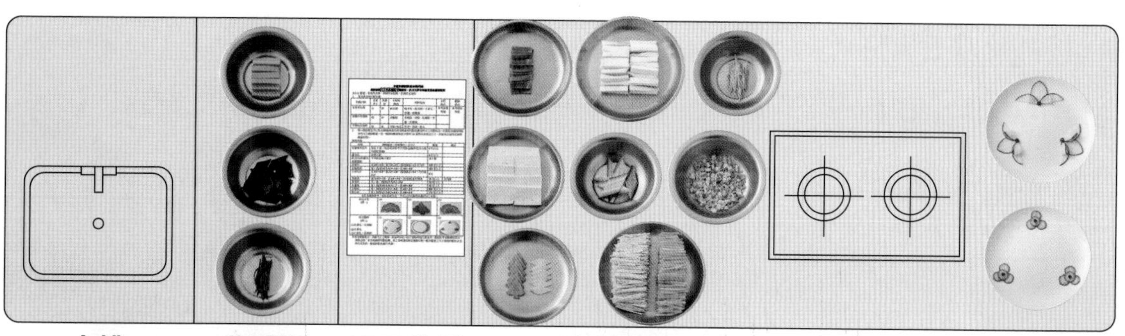

301-11-1

家常煎豆腐

煎

烹調規定及備註

1. 豆腐煎雙面至上色。
2. 以中薑爆香，加豆腐、配料、二款水花（各三片）下鍋，與醬汁拌合收汁即成。
3. 豆腐不得沾粉，成品醬汁極少或無醬汁。
4. 煎豆腐需有 60% 面積上色，焦黑處不得超過 10%，不得潰散變形或不成形。

材料及刀工規格

材料	刀工	規格（長度單位：公分）	圖示
乾木耳	菱形片	長 4.0 ～ 6.0，寬 2.0 ～ 4.0	
板豆腐	長方片	長 4.0 ～ 6.0，寬 2.0 ～ 4.0， 高（厚）0.8 ～ 1.5 長方片	
小黃瓜	菱形片	長 4.0 ～ 6.0，寬 2.0 ～ 4.0， 高（厚）0.2 ～ 0.4	

材料	刀工	規格（長度單位：公分）	圖示
中薑	水花片	自選 1 款	
紅蘿蔔	水花片	指定 1 款，指定款須參考下列指定圖（形狀大小需可搭配菜餚）	

調味料： 醬油 2 小匙、米酒 1/2 小匙、味精 1/2 小匙、糖 1 小匙、胡椒 1/6 小匙、香油 1/4 小匙、水 1/2 杯

重點步驟：

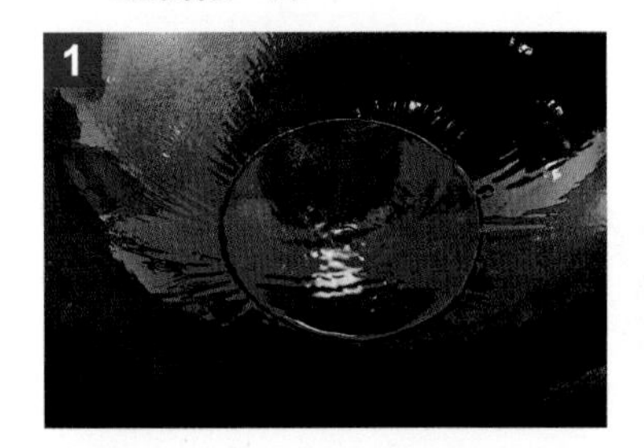

炒鍋加入 1/4 杯油潤鍋，油溫約 180 度。

豆腐片整齊排列入鍋中。

煎至兩面金黃，撈起。

爆香中薑水花片，加入調味料煮滾。

續入豆腐片、木耳菱形片燒至入味。

加入小黃瓜菱形片、紅蘿蔔水花片煮熟，盛盤。

注意事項

1. 豆腐下鍋前建議將水分擦乾，以免油爆產生危險。
2. 因規定豆腐不可拍粉，所以在煎豆腐之前必須確實潤鍋，並且增加油量，以中高油溫將豆腐表面炸至金黃、定型。
3. 豆腐剛下鍋時，不建議馬上翻動及搖晃鍋子，以免豆腐黏鍋。
4. 潤鍋是指將鍋子燒熱，倒入沙拉油高溫燒至微冒白煙，讓油進入到鍋子的毛孔中，使鍋子表面形成保護膜，達到不沾鍋的原理。（參考 p.54）

301-11-2

青椒炒杏菇條

烹調規定及備註

1. 杏鮑菇需汆燙至熟。
2. 中薑爆香，加入所有材料及調味料炒熟即可。
3. 規定材料不得短少。

材料及刀工規格

材料	刀工	規格（長度單位：公分）	圖示
杏鮑菇	條	寬、高（厚）各為 0.5 ～ 1.0，長 4.0 ～ 6.0	
青椒	條	寬為 0.5 ～ 1.0，長 4.0 ～ 6.0，高（厚）依食材規格，去內膜	
紅辣椒	絲	寬、高（厚）各為 0.3 以下，長 4.0 ～ 6.0	
中薑	絲	寬、高（厚）各為 0.3 以下，長 4.0 ～ 6.0	
紅蘿蔔	條	寬、高（厚）各為 0.5 ～ 1.0，長 4.0 ～ 6.0	

調味料： 水 2 小匙、鹽 1/4 小匙、味精 1/4 小匙、香油 1/4 小匙、米酒 1 小匙

重點步驟：

1 汆燙杏鮑菇條至熟，撈起。

2 續汆燙紅蘿蔔條，撈起。

3 爆香中薑絲。

4 續入所有材料，拌炒。

5 加入調味料，拌炒均勻。

6 若鍋中出水過多，可用漏勺裝盤。

青椒需炒熟，但避免久煮後顏色變黃，影響成品美觀。

301-11-3
芋頭地瓜絲糕

烹調規定及備註

❶ 食材加入乾粉拌合，調味放入（方形餐盒模型）蒸熟，切成塊或條狀排盤。

❷ 成品呈現雙色，全熟，須以熟食砧板刀具做熟食切割，規定材料不得短少。

材料及刀工規格

材料	刀工	規格（長度單位：公分）	圖示
芹菜	粒	長、寬、高（厚）各為 0.2 ～ 0.4	
芋頭	絲	寬、高（厚）各為 0.2 ～ 0.4，長 4.0 ～ 6.0	
地瓜	絲	寬、高（厚）各為 0.2 ～ 0.4，長 4.0 ～ 6.0	

調味料： ❶ 鹽 1/2 小匙、糖 1/2 小匙、香油 1 小匙
❷ 玉米粉 2 小匙、地瓜粉 2 小匙

重點步驟：

1 先將芋頭絲、地瓜絲放入鋼盆中。

2 加入調味料 ❶ 拌勻，使其軟化。

3 軟化後，接著加入調味料 ❷ 拌勻。

4 在方形鐵盒模型中，鋪上一層保鮮膜。

5 放入拌勻的絲料，輕壓，放入蒸籠蒸 15 ～ 20 分鐘。

6 蒸熟後取出放涼，戴上衛生手套，以白色砧板切成塊狀，擺盤。

絲料放入模型鐵盒中，輕壓即可，不可壓得太緊實，以免蒸煮時間拉長。

301-12 題組

香菇柴把湯

素燒獅子頭

什錦煎餅

1. 菜名與食材切配依據

菜餚名稱	主要刀工	烹調法	主材料類別	材料組合	水花款式	盤飾款式
香菇柴把湯	條	煮（湯）	乾香菇	乾香菇、干瓢、麵腸、桶筍、酸菜心、小黃瓜、中薑、紅蘿蔔	參考規格明細	
素燒獅子頭	末、片	紅燒	板豆腐	乾香菇、冬菜、板豆腐、芹菜、大白菜、中薑、豆薯		參考規格明細
什錦煎餅	絲	煎	高麗菜	乾木耳、麵腸、高麗菜、芹菜、中薑、紅蘿蔔、雞蛋		

2. 材料明細

名稱	規格描述	重量（數量）	備註
乾香菇	外型完整，直徑 4 公分以上	5 朵	
乾木耳	葉面泡開有 4 公分以上	2 大片	10 克以上／片
冬菜	合格廠商效期內	5 克	
干瓢	無酸味，效期內	8 條	20 公分／條
桶筍	合格廠商效期內	120 克	若為空心或軟爛不足需求量，應檢人可反應更換
酸菜心	不得軟爛	110 克以上	1/3 棵
板豆腐	老豆腐，不得有酸味	400 克	注意保存

名稱	規格描述	重量（數量）	備註
麵腸	扎實不軟爛、無酸味	1 條	100 克以上／條
小黃瓜	鮮度足，不可大彎曲	1 條	80 克以上／條
大黃瓜	表面平整不皺縮不潰爛	1 截	6 公分長
紅辣椒	表面平整不皺縮不潰爛	1 條	
大白菜	新鮮	200 克	
高麗菜	新鮮翠綠	180 克	
芹菜	新鮮翠綠	100 克	
中薑	夠切絲的長段無潰爛	100 克	
紅蘿蔔	表面平整不皺縮不潰爛	300 克	空心須補發
豆薯	表面平整不皺縮不潰爛	80 克	
雞蛋	外型完整鮮度足	2 個	

3. 規格明細

材料	規格描述（長度單位：公分）	數量	備註
紅蘿蔔水花片兩款	自選 1 款及指定 1 款，指定款須參考下列指定圖（形狀大小需可搭配菜餚）	各 6 片以上	
配合材料擺出兩種盤飾	下列指定圖 3 選 2	各 1 盤	
香菇條	寬為 0.5 ～ 1.0，高（厚）及長度依食材規格	10 條	
木耳絲	寬 0.2 ～ 0.4，長 4.0 ～ 6.0，高（厚）依食材規格	15 克以上	
酸菜條	寬為 0.5 ～ 1.0，長 4.0 ～ 6.0，高（厚）依食材規格	10 條	
麵腸條	寬、高（厚）各為 0.5 ～ 1.0，長 4.0 ～ 6.0	10 條	
中薑片	長 2.0 ～ 3.0，寬 0.2 ～ 0.4、高（厚）1.0 ～ 2.0，可切菱形片	50 克以上	
中薑末	直徑 0.3 以下碎末	15 克以上	
豆薯末	直徑 0.3 以下碎末	60 克以上	
中薑絲	寬、高（厚）各為 0.3 以下，長 4.0 ～ 6.0	20 克以上	

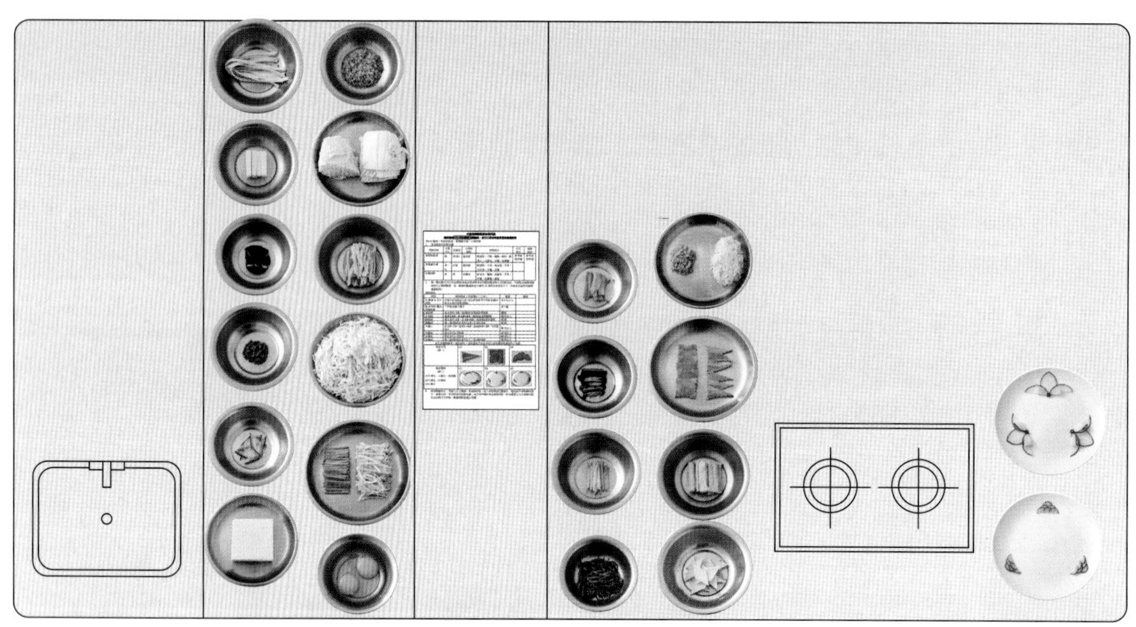
水槽
非受評刀工
刀工作品
規格卡
受評刀工
熟食區
(受評盤飾)

Memo
可將這個題組三道菜餚中，操作過程容易出錯的地方寫下來，多加練習！

301-12-1

香菇柴把湯

煮（湯）

烹調規定及備註

1. 香菇條、麵腸條（均 10 條）炸出香味。
2. 香菇條、麵腸條、酸菜條、筍條用干瓢綑綁成柴把狀，再放入水花片、小黃瓜片及中薑片，調味煮成湯。
3. 柴把須綁牢不得鬆脫，規定材料不得短少。

材料及刀工規格

材料	刀工	規格（長度單位：公分）	圖示
乾香菇	條	寬為 0.5 ～ 1.0，高（厚）及長度依食材規格	
干瓢		洗淨，泡水	
麵腸	條	寬、高（厚）各為 0.5 ～ 1.0，長 4.0 ～ 6.0	
桶筍	條	寬為 0.5 ～ 1.0，長 4.0 ～ 6.0	
酸菜心	條	寬為 0.5 ～ 1.0，長 4.0 ～ 6.0，高（厚）依食材規格	

材料	刀工	規格（長度單位：公分）	圖示
小黃瓜	菱形片	長 2.0 ～ 3.0，寬 0.2 ～ 0.4，高（厚）1.0 ～ 2.0	
中薑	菱形片	長 2.0 ～ 3.0，寬 0.2 ～ 0.4，高（厚）1.0 ～ 2.0	
紅蘿蔔	水花片	自選 1 款及指定 1 款，指定款須參考下列指定圖（形狀大小需可搭配菜餚）	

調味料： 鹽 1/2 小匙、糖 1/4 小匙、味精 1/2 小匙、香油 1/2 小匙

重點步驟：

起油鍋約 180 度，放入香菇條、麵腸條炸香。

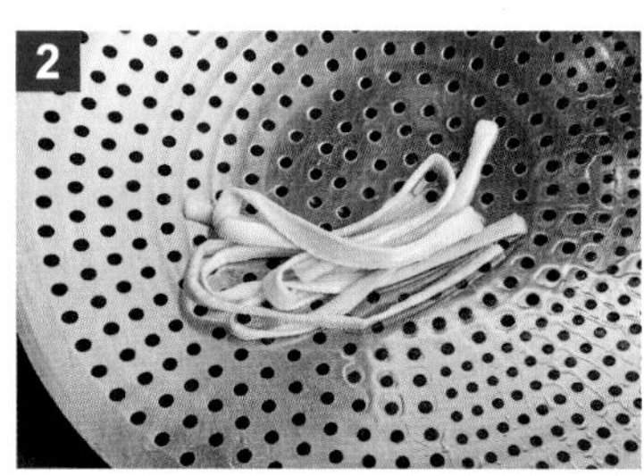

干瓢略燙至軟，撈起備用。

汆燙桶筍條、酸菜條、紅蘿蔔水花片，撈起。

分別將桶筍條、麵腸條、酸菜條、香菇條以干瓢綁起，當作柴把。

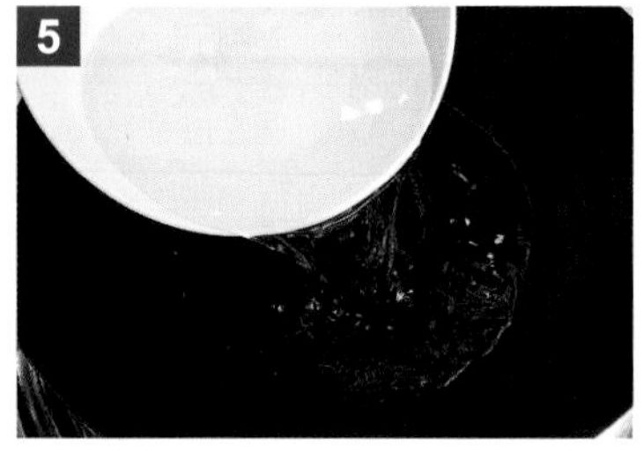

瓷碗公裝八分滿的水，倒入鍋中煮滾。

加入調味料、紅蘿蔔水花片、中薑菱形片、小黃瓜菱形片、柴把煮熟。

注意事項

❶ 干瓢不可燙太久，以免過軟，綁的時候容易斷掉，亦可泡軟即可。
❷ 小黃瓜最後再放入，避免久煮後顏色變黃，影響成品美觀。

301-12-2

素燒獅子頭

紅燒

烹調規定及備註

1. 板豆腐壓碎與冬菜末、豆薯末及薑末拌勻調味炸成球形（獅子頭）。
2. 香菇爆香加入所有配料、獅子頭燒成菜。
3. 素獅子頭需大小一致，外型完整，規定材料不得短少。

材料及刀工規格

材料	刀工	規格（長度單位：公分）	圖示
乾香菇	斜片	寬 2.0 ～ 4.0	
冬菜	末	直徑 0.3 以下碎末	
板豆腐		壓成泥	
芹菜	末	直徑 0.3 以下碎末	
大白菜	塊	長、寬 8.0 ～ 10.0	
中薑	末	直徑 0.3 以下碎末	
豆薯	末	直徑 0.3 以下碎末	

■ **調味料：** ❶ 鹽 1/2 小匙、味精 1/2 小匙、胡椒粉 1/2 小匙、香油 1 小匙、太白粉 2 小匙
❷ 太白粉 3 小匙、麵粉 3 小匙
❸ 醬油 2 小匙、鹽 1/4 小匙、米酒 1 小匙、糖 2 小匙、味精 1/2 小匙、胡椒粉 1/6 小匙、水 1 杯
❹ 太白粉水 1 小匙

■ **重點步驟：**

取一鋼盆，放入豆腐、冬菜末、豆薯末、薑末，加入調味料 ❶ 攪拌均勻。

將豆腐泥平均分配成六等分以上，搓圓。

起油鍋約 180 度，拍粉入油鍋，炸至金黃定型。

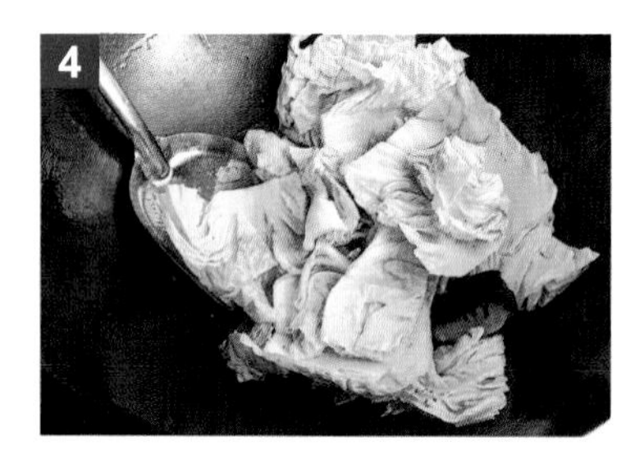

油鍋倒掉，利用餘油爆香香菇片，放入大白菜塊煸炒，放入調味料 ❸ 煮滾。

續入素獅子頭燒煮。

燒煮至白菜熟爛，加入調味料 ❹、芹菜末拌勻即可盛盤。

注意事項

攪拌豆腐時若覺得過濕、不好塑形，可適量添加太白粉、麵粉調整軟硬度。

301-12-3

什錦煎餅

烹調規定及備註

1. 所有配料加入芹菜、薑絲、調味料、蛋及麵糊拌合。
2. 煎熟，需切六人份。
3. 全熟，可焦黃但不焦黑，須以熟食砧板刀具做熟食切割，規定材料不得短少。

材料及刀工規格

材料	刀工	規格（長度單位：公分）	圖示
乾木耳	絲	寬 0.2 ～ 0.4，長 4.0 ～ 6.0，高（厚）依食材規格	
麵腸	絲	寬為 0.2 ～ 0.4，長 4.0 ～ 6.0	
高麗菜	絲	寬為 0.2 ～ 0.4，長 4.0 ～ 6.0	
芹菜	絲	寬為 0.2 ～ 0.4，長 4.0 ～ 6.0	
紅蘿蔔	絲	寬為 0.2 ～ 0.4，長 4.0 ～ 6.0	

材料	刀工	規格（長度單位：公分）	圖示
中薑	絲	寬、高（厚）各為 0.3 以下，長 4.0 ～ 6.0	
雞蛋		三段式打蛋法	

調味料： 鹽 1/2 小匙、糖 1/4 小匙、味精 1/2 小匙、胡椒 1/4 小匙、麵粉 1/2 杯、水 1/4 杯

重點步驟：

先爆香薑絲，續入所有絲料拌炒。

倒入鋼盆。

加入調味料、雞蛋，拌勻為蔬菜麵糊。

加入 3 小匙沙拉油潤鍋，放入蔬菜麵糊，中小火慢煎，避免燒焦。

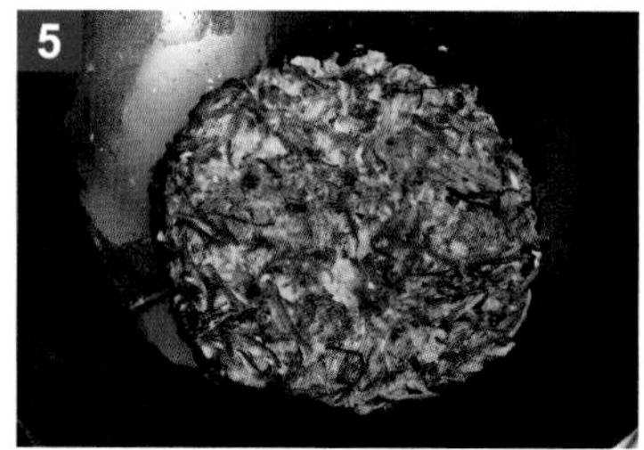

煎至兩面上色。

取熟食砧板，噴酒精，戴上衛生手套，切割煎餅為六等分。

注意事項

1. 雞蛋前處理時，參考 p.53，使用三段式打蛋法。
2. 將材料先炒過，是為了避免不熟。也可不炒料，但煎的時候，時間會拉長一些。
3. 潤鍋是指將鍋子燒熱，倒入沙拉油高溫燒至微冒白煙，讓油進入到鍋子的毛孔中，使鍋子表面形成保護膜，達到不沾鍋的原理。（參考 p.54）
4. 若對翻面沒信心，可以用漏勺輔助。

Memo

可將這個題組三道菜餚中，操作過程容易出錯的地方寫下來，多加練習！

貳、302 大題

302-1

紅燒杏菇塊（p.258）

焦溜豆腐片（p.260）

三絲冬瓜捲（p.262）

302-2

麻辣素麵腸片（p.267）

炸杏仁薯球（p.269）

榨菜冬瓜夾（p.271）

302-3

香菇蛋酥燜白菜（p.277）

粉蒸地瓜塊（p.279）

八寶米糕（p.281）

302-4

金沙筍梳片（p.287）

黑胡椒豆包排（p.289）

糖醋素排骨（p.291）

302-5

紅燒素黃雀包（p.297）

三絲豆腐羹（p.299）

西芹炒豆乾片（p.301）

302-6

乾煸四季豆（p.307）

三杯菊花洋菇（p.309）

咖哩茄餅（p.311）

302-7

烤麩麻油飯（p.317）

什錦高麗菜捲（p.319）

脆鱔香菇條（p.321）

302-8

茄汁燒芋頭丸（p.326）

素魚香茄段（p.328）

黃豆醬滷苦瓜（p.330）

302-9

梅粉地瓜條（p.334）

什錦鑲豆腐（p.336）

香菇炒馬鈴薯片（p.338）

302-10

三絲淋蒸蛋（p.342）

三色鮑菇捲（p.344）

椒鹽牛蒡片（p.346）

302-11

五絲豆包素魚（p.351）

乾燒金菇柴把（p.353）

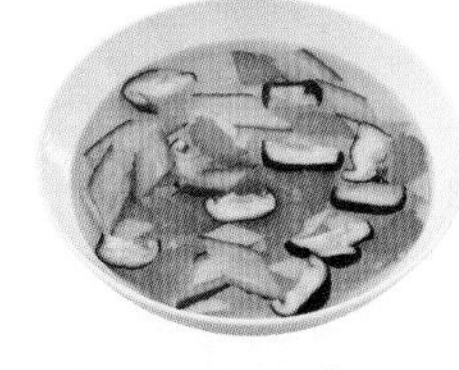
竹筍香菇湯（p.355）

302-12

沙茶香菇腰花（p.361）

麵包地瓜餅（p.363）

五彩拌西芹（p.365）

302-1 題組

紅燒杏菇塊

焦溜豆腐片

三絲冬瓜捲

1. 菜名與食材切配依據

菜餚名稱	主要刀工	烹調法	主材料類別	材料組合	水花款式	盤飾款式
紅燒杏菇塊	滾刀塊	紅燒	杏鮑菇	杏鮑菇、玉米筍、紅蘿蔔、中薑		參考規格明細
焦溜豆腐片	片	焦溜	板豆腐	板豆腐、紅甜椒、紅蘿蔔、青椒、中薑	參考規格明細	
三絲冬瓜捲	絲、片	蒸	冬瓜	冬瓜、桶筍、乾香菇、紅蘿蔔、芹菜、中薑		

2. 材料明細

名稱	規格描述	重量（數量）	備註
乾香菇	外型完整，直徑 4 公分以上	3 朵	
板豆腐	老豆腐，不得有酸味	300 克	注意保存
桶筍	合格廠商效期內	100 克	若為空心或軟爛不足需求量，應檢人可反應更換
杏鮑菇	型大結實飽滿	300 克	100 克以上／1 支
玉米筍	新鮮無潰爛	80 克	
小黃瓜	鮮度足，不可大彎曲	1 條	80 克以上／條
大黃瓜	表面平整不皺縮不潰爛	1 截	6 公分長
紅蘿蔔	表面平整不皺縮無潰爛	300 克	空心須補發

名稱	規格描述	重量(數量)	備註
青椒	表面平整不皺縮無潰爛	60 克以上	120 克以上/個
中薑	夠切絲與片的長段無潰爛	100 克	需可切片及絲
紅甜椒	表面平整不皺縮無潰爛	60 克	140 克以上/個
冬瓜	新鮮無潰爛	600 克	直徑 6 公分、長 12 公分以上
芹菜	新鮮不軟爛	120 克	長度 15 公分以上(可供綑綁)
紅辣椒	新鮮不軟爛	1 條	10 克/條

3. 規格明細

材料	規格描述(公分)	數量	備註
紅蘿蔔水花片兩款	自選 1 款及指定 1 款,指定款須參考下列指定圖 (形狀大小需可搭配菜餚)	各 6 片以上	
配合材料擺出兩種盤飾	下列指定圖 3 選 2	各 1 盤	
豆腐片	長 4.0 ~ 6.0,寬 2.0 ~ 4.0,高(厚)0.8 ~ 1.5	250 克以上	
桶筍絲	寬、高度各為 0.2 ~ 0.4,長 4.0 ~ 6.0	90 克以上	
杏鮑菇塊	長寬 2.0 ~ 4.0 的滾刀塊	280 克以上	
紅甜椒片	長 3.0 ~ 5.0、寬 2.0 ~ 4.0,高(厚)依食材規格,可切菱形片	50 克以上	需去內膜
青椒片	長 3.0 ~ 5.0,寬 2.0 ~ 4.0,高(厚)依食材規格,可切菱形片	50 克以上	需去內膜
紅蘿蔔塊	長寬 2.0 ~ 4.0 的滾刀塊	80 克以上	
冬瓜長片	長 12.0 以上,寬 4.0 以上,高(厚)0.3 以下	6 片	
紅蘿蔔絲	寬、高度各為 0.2 ~ 0.4,長 4.0 ~ 6.0	60 克以上	
中薑絲	寬、高度各為 0.3 以下,長 4.0 ~ 6.0	20 克以上	

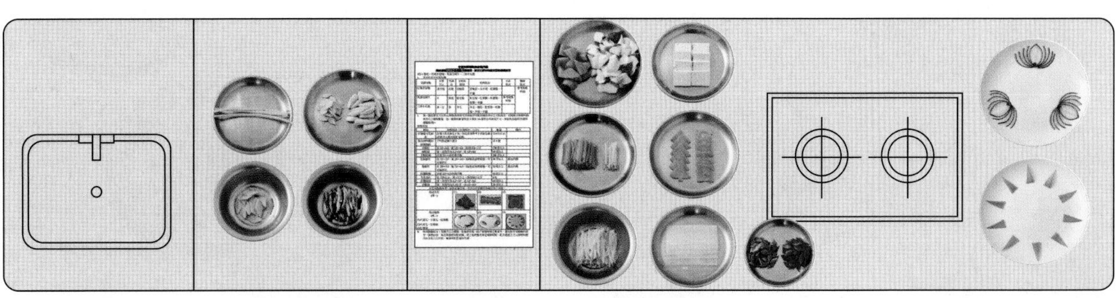

302-1-1

紅燒杏菇塊

紅燒

烹調規定及備註

1. 杏鮑菇塊、紅蘿蔔塊炸至表面微上色。
2. 薑爆香後將材料放入燒成菜收汁。
3. 成品之紅燒醬汁不得黏稠結塊、不得燒乾或浮油，規定食材不得短少。

材料及刀工規格

材料	刀工	規格（長度單位：公分）	圖示
杏鮑菇	滾刀塊	長、寬 2.0 ～ 4.0	
玉米筍	斜段	1/2 斜角對切	
紅蘿蔔	滾刀塊	長、寬 2.0 ～ 4.0	
中薑	菱形片	長 2.0 ～ 3.0，寬 1.0 ～ 2.0，高（厚）0.2 ～ 0.4	

■ **調味料：** ① 醬油 2 小匙、鹽 1/4 小匙、米酒 1/2 小匙、糖 1 小匙、味精 1/4 小匙、胡椒粉 1/6 小匙、水 1 杯
② 太白粉水 2 小匙

■ **重點步驟：**

起油鍋約 180 度，放入紅蘿蔔滾刀塊、杏鮑菇滾刀塊、玉米筍斜段。

炸上色，撈起瀝乾油分。

爆香中薑菱形片。

加入調味料 ① 煮滾。

放紅蘿蔔塊、杏鮑菇塊、玉米筍斜段，以小火煮 5 ～ 10 分鐘。

加入調味料 ②，勾薄芡收汁即可盛盤。

杏鮑菇烹煮後體積會縮小，紅蘿蔔滾刀可以切小一點，整體較為美觀（杏鮑菇切 4 公分滾刀塊、紅蘿蔔切 2.5 ～ 3 公分滾刀塊為佳）。

302-1-2

焦溜豆腐片

焦溜

烹調規定及備註

1. 豆腐不沾粉、油炸至上色。
2. 薑爆香，豆腐與配料、紅蘿蔔水花片入醬汁收乾。
3. 豆腐需金黃色，不潰散，不出油，僅豆腐表面沾附醬汁，盛盤後不得有燴汁，規定材料不得短少。

材料及刀工規格

材料	刀工	規格（長度單位：公分）	圖示
板豆腐	片	長4.0～6.0，寬2.0～4.0，高（厚）0.8～1.5	
紅甜椒	菱形片	長 3.0 ～ 5.0，寬 2.0 ～ 4.0，高（厚）依食材規格	
紅蘿蔔	水花片	自選 1 款及指定 1 款，指定款須參考下列指定圖（形狀大小需可搭配菜餚）	
青椒	菱形片	長 3.0 ～ 5.0，寬 2.0 ～ 4.0，高（厚）依食材規格	

材料	刀工	規格（長度單位：公分）	圖示
中薑	菱形片	長 3.0 ～ 5.0，寬 2.0 ～ 4.0， 高（厚）0.2 ～ 0.4	

調味料： ❶ 鹽 1/4 小匙、醬油 1 小匙、米酒 1/2 小匙、烏醋 1 小匙、糖 1 小匙、味精 1/2 小匙、胡椒粉 1/8 小匙、水 1/2 杯
❷ 太白粉水 1 小匙

重點步驟：

1 取一水鍋，放入紅蘿蔔水花片、青椒菱形片、紅甜椒菱形片汆燙，撈起。

2 起油鍋約 180 度，放入豆腐炸至定型、上色，撈起。

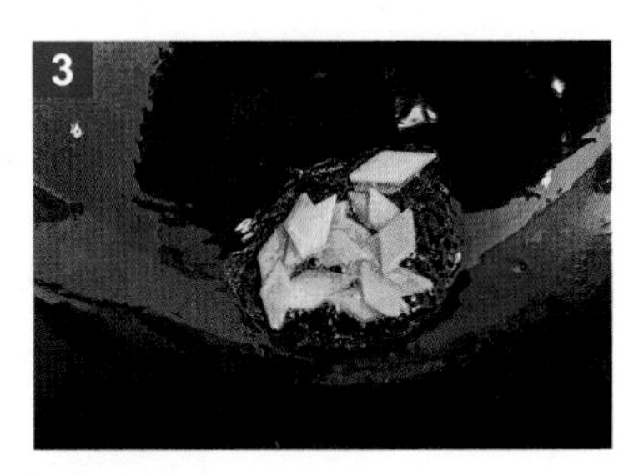

3 中薑菱形片爆香。

4 加入調味料 ❶ 燒煮至入味。

5 放入豆腐片、青椒菱形片、紅甜椒菱形片、紅蘿蔔水花片。

6 加調味料 ❷ 勾薄芡收汁，即可盛盤。

❶ 炸豆腐一定要高溫油炸，並且分開放入，以免油溫太低黏鍋。此外，不建議豆腐全部擺放在漏勺上面後下鍋油炸，容易沾黏破碎。
❷ 豆腐含水量較高，下鍋前可用紙巾擦拭表面水分，以免油爆。

302-1-3

三絲冬瓜捲

蒸

烹調規定及備註

1. 冬瓜片捲入紅蘿蔔絲、香菇絲、筍絲及薑絲。
2. 以芹菜綁起固定（芹菜需先汆燙泡冷）排盤蒸熟，淋上芡汁。
3. 冬瓜捲不得散開不成形，形狀大小均一，湯汁以薄芡為宜，規定材料不得短少。

材料及刀工規格

材料	刀工	規格（長度單位：公分）	圖示
冬瓜	長薄片	長 12.0 以上，寬 4.0 以上， 高（厚）0.3 以下	
桶筍	絲	寬、高度各為 0.2 ～ 0.4，長 4.0 ～ 6.0	
乾香菇	絲	寬、高度各為 0.2 ～ 0.4，長 4.0 ～ 6.0	
紅蘿蔔	絲	寬、高度各為 0.2 ～ 0.4，長 4.0 ～ 6.0	
中薑	絲	寬、高度各為 0.3 以下，長 4.0 ～ 6.0	
芹菜	長段	長 15 以上（可供綑綁）	

調味料： ❶ 鹽 1/2 小匙、味精 1/2 小匙、水 1 杯
❷ 太白粉水 2 小匙

重點步驟：

起水鍋，汆燙紅蘿蔔絲、香菇絲、桶筍絲、中薑絲，撈起。

水鍋繼續汆燙冬瓜片、芹菜段，撈起。

芹菜撈起後放入碗公，泡礦泉水備用。

冬瓜片鋪平於配菜盤，放上紅蘿蔔絲、桶筍絲、香菇絲、中薑絲捲起，以芹菜綑綁。

捲好六卷後擺入瓷盤中，放入蒸籠鍋蒸 5 ～ 8 分鐘至熟取出，倒出多餘的湯汁。

另一鍋內放調味料 ❶ 煮滾，加調味料 ❷ 勾薄芡，將芡汁淋在冬瓜捲上即可。

注意事項

❶ 芹菜綁起固定時，力道要注意，避免太用力而斷掉。
❷ 刀工應講求一致，成品才會美觀。

302-2 題組

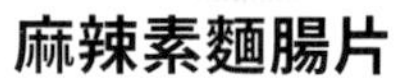
麻辣素麵腸片　　炸杏仁薯球　　榨菜冬瓜夾

1. 菜名與食材切配依據

菜餚名稱	主要刀工	烹調法	主材料類別	材料組合	水花款式	盤飾款式
麻辣素麵腸片	片	燒、燴	素麵腸	素麵腸、乾木耳、西芹、乾辣椒、中薑、花椒粒		
炸杏仁薯球	末	炸	馬鈴薯	馬鈴薯、芹菜、乾香菇、杏仁角		參考規格明細
榨菜冬瓜夾	雙飛片片	蒸	冬瓜、榨菜	冬瓜、榨菜、乾香菇、紅蘿蔔、中薑	參考規格明細	

2. 材料明細

名稱	規格描述	重量（數量）	備註
乾香菇	直徑 4 公分以上無蟲蛀	5 朵	須於洗鍋具時優先煮水浸泡於乾貨類切割
杏仁角	有效期限內	120 克	
花椒粒	有效期限內	可自取	
乾辣椒	外型完整無霉味	8 條	
乾木耳	葉面泡開有 4 公分以上	1 大片	
素麵腸	扎實不軟爛、無酸腐味	250 克	
榨菜	體型完整無異味	1 個	200 克／個以上
芹菜	新鮮無軟爛	40 克	
紅辣椒	新鮮不軟爛	1 條	10 克／條

名稱	規格描述	重量（數量）	備註
西芹	新鮮平整無潰爛	100 克	整把分單支發放
紅蘿蔔	表面平整不皺縮	300 克	若為空心須再補發
馬鈴薯	平整不皺縮無芽眼表皮呈黃色無綠色	300 克	
冬瓜	新鮮無潰爛	600 克	
中薑	夠切絲與片的長段無潰爛	100 克	需可切片
小黃瓜	鮮度足，不可大彎曲	1 條	80 克以上／條
大黃瓜	表面平整不皺縮不潰爛	1 截	6 公分長

3. 規格明細

材料	規格描述（公分）	數量	備註
紅蘿蔔水花	指定 1 款，指定款須參考下列指定圖（形狀大小需可搭配菜餚）	6 片以上	
中薑水花	自選 1 款	6 片以上	
配合材料擺出兩種盤飾	下列指定圖 3 選 2	各 1 盤	
乾香菇片	復水去蒂，斜切，寬 2.0 ～ 4.0、長度及高（厚）依食材規格	3 朵	
乾香菇末	直徑 0.3 以下碎末	2 朵	
素麵腸片	長 4.0 ～ 6.0，寬依食材規格、高（厚）0.2 ～ 0.4	230 克以上	
榨菜片	長 4.0 ～ 6.0，寬 2.0 ～ 4.0、高（厚）0.2 ～ 0.4	150 克以上	
芹菜粒	長、寬、高（厚）各為 0.2 ～ 0.4	20 克以上	
冬瓜夾	長 4.0 ～ 6.0，寬 3.0 以上，高（厚）0.8 ～ 1.2 雙飛片	6 片夾以上	
中薑片	長 2.0 ～ 3.0，寬 1.0 ～ 2.0、高（厚）0.2 ～ 0.4，可切菱形片	20 克以上	
西芹片	長 3.0 ～ 5.0，寬 2.0 ～ 4.0、高（厚）依食材規格，可切菱形片	80 克以上	

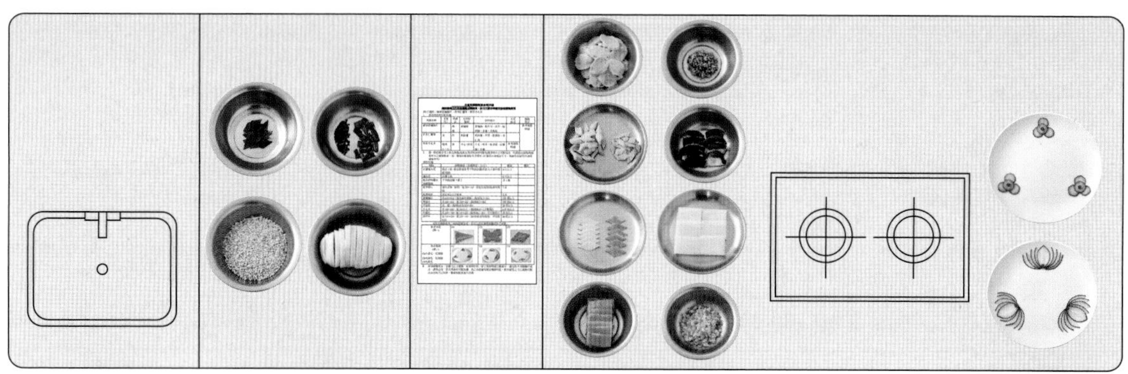

可將這個題組三道菜餚中，操作過程容易出錯的地方寫下來，多加練習！

302-2-1

麻辣素麵腸片

烹調規定及備註

1. 麵腸片過油上色瀝乾，用餘油爆香花椒粒後撈除。
2. 爆香薑與乾辣椒。
3. 放入所有配料與調味料燒至入味，勾芡即可。
4. 成品芡汁不得黏稠結塊、出油，規定材料不得短少。

材料及刀工規格

材料	刀工	規格（長度單位：公分）	圖示
素麵腸	斜片	長 4.0 ～ 6.0，寬依食材規格， 高（厚）0.2 ～ 0.4	
乾木耳	菱形片	長 3.0 ～ 5.0，寬 2.0 ～ 4.0	
西芹	菱形片	長 3.0 ～ 5.0，寬 2.0 ～ 4.0， 高（厚）依食材規格	
中薑	菱形片	長 2.0 ～ 3.0，寬 1.0 ～ 2.0， 高（厚）0.2 ～ 0.4	

材料	刀工	規格（長度單位：公分）	圖示
乾辣椒	段	1.5 小段，敲去籽	
花椒粒		有效期限內	

調味料： ❶ 辣豆瓣 1 小匙、醬油 1/2 小匙、糖 1/2 小匙、白醋 1/2 小匙、香油 1/2 小匙、水 2 大匙
❷ 太白粉水 1 小匙

重點步驟：

木耳菱形片、西芹菱形片汆燙備用。

起油鍋約 180 度，放入麵腸斜片炸至金黃，撈起。

餘油爆香花椒粒後撈除。

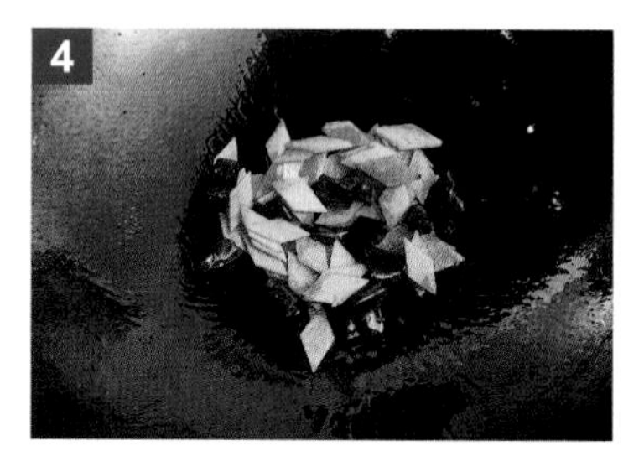

爆香乾辣椒、中薑片。

放入麵腸斜片、木耳菱形片及西芹菱形片、調味料 ❶ 拌炒均勻。

加入調味料 ❷ 勾薄芡即可盛盤。

❶ 炸麵腸必須以高溫，並一片一片放入，在炸的過程中也得翻撥，以免沾黏。

❷ 炒花椒粒建議在冷油時放入，用小火慢炒，待香氣釋放後撈除。若烹調溫度太高容易產生苦味。購買花椒後建議用密封罐保存，以免色味散失。

302-2-2

炸杏仁薯球

烹調規定及備註

1. 馬鈴薯去皮切片蒸熟搗成泥加入香菇末與芹菜粒調味。
2. 加麵粉、太白粉捏球狀沾杏仁角油炸至上色。
3. 每個球狀需大小平均，外型完整不潰散，顏色金黃不焦黑，規定材料不得短少。

材料及刀工規格

材料	刀工	規格（長度單位：公分）	圖示
馬鈴薯	圓片	高（厚）0.5 ～ 1.0	
芹菜	粒	長、寬、高（厚）各為 0.2 ～ 0.4	
乾香菇	末	直徑 0.3 以下	
杏仁角		有效期限內	

調味料： ❶ 糖 1/8 小匙、鹽 1/2 小匙、香油 1/8 小匙、胡椒粉 1/4 小匙、太白粉 1 大匙、麵粉 1 大匙
❷ 麵粉 1/2 杯、水 1/2 杯

重點步驟：

馬鈴薯蒸熟後加入乾香菇末、芹菜粒，加入調味料 ❶。

壓拌均勻。

搓成六顆大小相同的圓球狀。

調味料 ❷ 拌勻為麵糊。

馬鈴薯球沾一層薄麵糊，均勻裹上杏仁角。

起油鍋約 150 度，以小火炸至金黃色，撈出即可盛盤。

❶ 判斷馬鈴薯是否蒸熟，可以筷子判斷，穿透即表示熟了。
❷ 馬鈴薯球大小應一致。
❸ 炸油溫度不可過高，以免杏仁角焦黑。

302-2-3

榨菜冬瓜夾

烹調規定及備註

1. 冬瓜夾中夾入榨菜片、香菇片、薑水花片、紅蘿蔔水花片排盤。
2. 入蒸籠至熟透，起鍋後淋薄芡。
3. 每塊形狀大小平均，外型完整，規定材料不得短少。

材料及刀工規格

材料	刀工	規格（長度單位：公分）	圖示
冬瓜	雙飛片	長 4.0 ～ 6.0，寬 3.0 以上， 高（厚）0.8 ～ 1.2	
榨菜	長方片	長 4.0 ～ 6.0，寬 2.0 ～ 4.0， 高（厚）0.2 ～ 0.4	
乾香菇	斜片	復水去蒂，斜切，寬 2.0 ～ 4.0， 長度及高（厚）依食材規格	
紅蘿蔔	水花片	指定 1 款，指定款須參考下列指定圖 （形狀大小需可搭配菜餚）	
中薑	水花片	自選 1 款	

調味料： ❶ 鹽 1/4 小匙、味精 1/4 小匙、水 1 杯
❷ 太白粉水 1 小匙

重點步驟：

1 紅蘿蔔水花片、榨菜長方片、香菇斜片、中薑水花片略微汆燙，撈起備用。

2 將紅蘿蔔及中薑水花片、香菇斜片、榨菜長方片夾入冬瓜內。

3 放入蒸鍋蒸 10 分鐘至熟，取出，倒出多餘的湯汁。

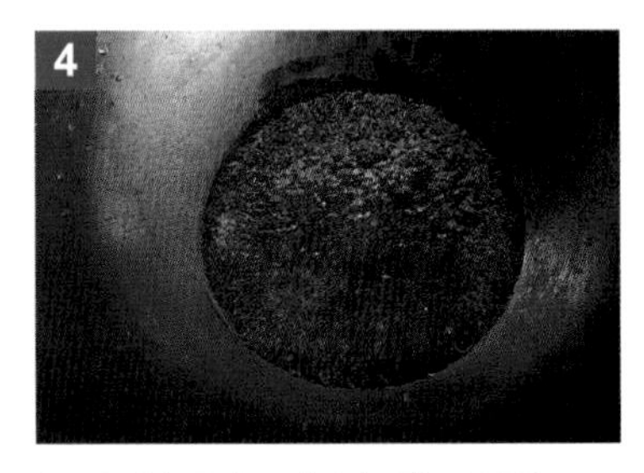

4 鍋內放入調味料 ❶ 煮開。

5 加入調味料 ❷ 勾薄芡。

6 芡汁淋回冬瓜夾上即可。

榨菜在製作過程中以大量鹽巴醃製，因此鈉含量高，在烹調前處理時應沖洗並汆燙，以免吃下過多鹽分。

Memo

可將這個題組三道菜餚中，操作過程容易出錯的地方寫下來，多加練習！

302-3 題組

香菇蛋酥燜白菜

粉蒸地瓜塊

八寶米糕

1. 菜名與食材切配依據

菜餚名稱	主要刀工	烹調法	主材料類別	材料組合	水花款式	盤飾款式
香菇蛋酥燜白菜	片、塊	燜煮	乾香菇 大白菜	乾香菇、大白菜、紅蘿蔔、中薑、雞蛋、桶筍	參考規格明細	
粉蒸地瓜塊	塊	蒸	地瓜	地瓜、鮮香菇、粉蒸粉		參考規格明細
八寶米糕	粒	蒸、拌	長糯米	長糯米、乾香菇、紅蘿蔔、芋頭、中薑、芹菜、豆乾、生豆包、豆薯		

2. 材料明細

名稱	規格描述	重量(數量)	備註
粉蒸粉	有效期限內	50 克	
乾香菇	直徑 4 公分以上無蟲蛀	5 朵	4 克/朵 (復水去蒂 9 克以上/朵)
長糯米	米粒完整無霉味	220 克	
豆乾	正方形豆乾,表面完整無酸味	1 塊	35 克以上/塊
生豆包	新鮮無酸味	1 片	
桶筍	合格廠商效期內	80 克	若為空心或軟爛不足需求量,應檢人可反應更換
大白菜	飽滿不鬆軟、新鮮無潰爛	300 克	不可有綠葉

名稱	規格描述	重量（數量）	備註
鮮香菇	直徑 5 公分以上新鮮無軟爛	3 朵	25 克以上／朵
紅辣椒	新鮮不軟爛	1 條	10 克／條
芹菜	新鮮不軟爛	60 克	
紅蘿蔔	表面平整不皺縮	300 克	空心須補發
地瓜	表面平整不皺縮無潰爛	300 克	
芋頭	平整扎實無潰爛	80 克	
中薑	新鮮無潰爛	80 克	
小黃瓜	鮮度足，不可大彎曲	1 條	80 克以上／條
大黃瓜	表面平整不皺縮不潰爛	1 截	6 公分長
豆薯	表面平整不皺縮無潰爛	20 克	
雞蛋	外型完整鮮度足	2 粒	

3. 規格明細

材料	規格描述（公分）	數量	備註
紅蘿蔔水花片兩款	自選 1 款及指定 1 款，指定款須參考下列指定圖（形狀大小需可搭配菜餚）	各 6 片以上	
配合材料擺出兩種盤飾	下列指定圖 3 選 2	各 1 盤	
香菇片	斜切，寬 2.0 ～ 4.0、長度及高（厚）依食材規格	3 朵（27 克以上）	使用乾香菇
香菇粒	切長、寬各 0.4 ～ 0.8 粒狀，高（厚）依食材規格	2 朵（18 克以上）	使用乾香菇
豆乾粒	長、寬、高（厚）各 0.4 ～ 0.8	25 克以上	
桶筍片	長 4.0 ～ 6.0，寬 2.0 ～ 4.0，高（厚）0.2 ～ 0.4，可切菱形片	70 克以上	
地瓜塊	邊長 2.0 ～ 4.0 的滾刀塊	250 克以上	
紅蘿蔔粒	長、寬、高（厚）各 0.4 ～ 0.8	50 克以上	
芋頭粒	長、寬、高（厚）各 0.4 ～ 0.8	50 克以上	
豆薯粒	長、寬、高（厚）各 0.4 ～ 0.8	15 克以上	
中薑末	直徑 0.3 以下碎末	20 克以上	

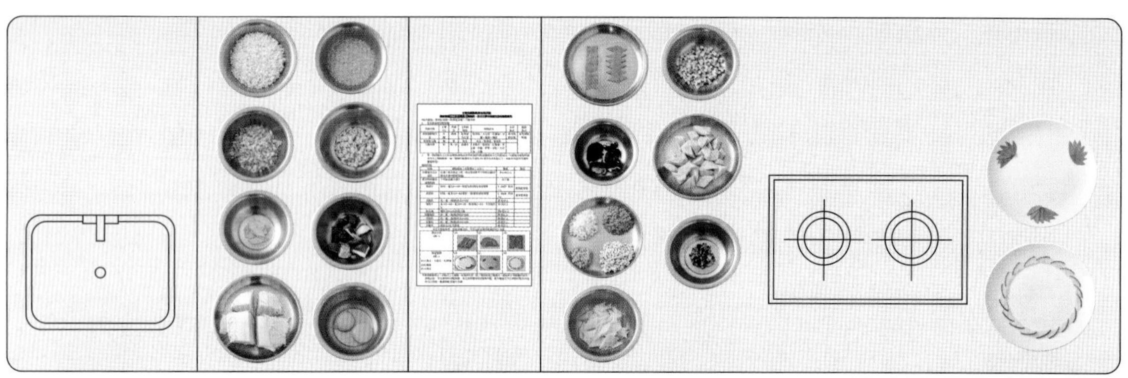

Memo

可將這個題組三道菜餚中，操作過程容易出錯的地方寫下來，多加練習！

302-3-1
香菇蛋酥燜白菜

燜煮

烹調規定及備註

1. 白菜切塊汆燙至熟，將全蛋液炸成蛋酥。
2. 以薑片、香菇爆香，入白菜、蛋酥、桶筍，與水花片燒至入味，再以淡芡收汁即可。
3. 蛋酥須成絲狀不得成糰，大白菜須軟且入味，規定材料不得短少。

材料及刀工規格

材料	刀工	規格（長度單位：公分）	圖示
乾香菇	斜片	斜切，寬 2.0 ～ 4.0，長度及高（厚）依食材規格	
大白菜	塊	6 公分大塊	
紅蘿蔔	水花片	自選 1 款及指定 1 款，指定款須參考下列指定圖（形狀大小需可搭配菜餚）	
中薑	菱形片	長 4.0 ～ 6.0，寬 2.0 ～ 4.0，高（厚）0.2 ～ 0.4	

材料	刀工	規格（長度單位：公分）	圖示
雞蛋	三段式	外型完整鮮度足	
桶筍	菱形片	長 4.0 ～ 6.0，寬 2.0 ～ 4.0，高（厚）0.2 ～ 0.4	

調味料： ❶ 醬油 2 小匙、米酒 1 小匙、味精 1/2 小匙、鹽 1/2 小匙、胡椒粉 1/4 小匙、水 2 杯
❷ 太白粉水 2 小匙

重點步驟：

雞蛋均勻打成蛋液，起油鍋約 180 度，邊倒入蛋液邊攪拌，炸成蛋酥。

撈起，瀝乾油分。

起水鍋，汆燙大白菜至熟，撈起瀝水。

爆香中薑菱形片、乾香菇斜片。

入大白菜塊、桶筍菱形片、紅蘿蔔水花片、2/3 的蛋酥、調味料 ❶，燜煮至入味。

加入調味料 ❷ 勾薄芡後，盛入羹盤，撒上 1/3 的蛋酥即可。

❶ 炸蛋酥油溫約 180 ～ 200 度，高油溫使雞蛋液落入鍋中定型的同時，瞬間讓水分蒸發釋出，造成空酥脆的狀態。另也可將漏勺舉在油鍋上空，滴入蛋液。

❷ 雞蛋前處理時，參考 p.53，使用三段式打蛋法。

302-3-2

粉蒸地瓜塊

烹調規定及備註

1. 地瓜去皮切塊、鮮香菇片加調味料及粉蒸粉拌勻蒸熟。
2. 地瓜刀工需成塊狀大小平均，粉蒸粉不得夾生，規定材料不得短少。

材料及刀工規格

材料	刀工	規格（長度單位：公分）	圖示
地瓜	滾刀塊	邊長 2.0 ～ 4.0	
鮮香菇	直刀厚片	一開四	
粉蒸粉		有效期限	

調味料： 水 6 小匙、辣豆瓣醬 1 小匙、甜麵醬 1 小匙、味精 1/8 小匙、香油 1 小匙、粉蒸粉 3 大匙

■ **重點步驟：**

將調味料、粉蒸粉放入鋼盆中拌均勻。

將地瓜塊、鮮香菇片放入調味料中拌均勻。

將材料移到瓷盤內。

放入蒸籠鍋中，蒸 15 分鐘至熟。

蒸熟後移出，倒出多餘的水分。

戴上手套，以長毛巾擦拭盤緣即可。

❶ 粉蒸粉的做法是將米磨碎後與其他香料混合所製成，因此使用粉蒸粉時必須添加適量的水分，避免粉蒸粉夾生。

❷ 想判斷是否蒸熟，可用筷子檢視，穿透就表示熟了。

❸ 蒸好後的成品盤中會有多餘的水分，建議將水分倒掉，並以長毛巾擦拭盤緣。

302-3-3

八寶米糕

蒸 拌

烹調規定及備註

1. 八寶料切粒過油後加醬料炒香。
2. 糯米蒸熟（或煮熟）後，將醬汁及配料拌入，拌勻後放入瓷碗中壓平，再入蒸籠蒸透，倒扣入盤。
3. 米糕需成扣碗形，糯米不得夾生，規定材料不得短少。

材料及刀工規格

材料	刀工	規格（長度單位：公分）	圖示
長糯米		米粒完整無霉味	
乾香菇	粒	切長、寬各 0.4 ～ 0.8 粒狀， 高（厚）依食材規格	
紅蘿蔔	粒	長、寬、高（厚）各 0.4 ～ 0.8	
芋頭	粒	長、寬、高（厚）各 0.4 ～ 0.8	
中薑	末	直徑 0.3 以下	
芹菜	粒	長、寬、高（厚）各 0.4 ～ 0.8	

材料	刀工	規格（長度單位：公分）	圖示
豆乾	粒	長、寬、高（厚）各 0.4 ～ 0.8	
生豆包	粒	長、寬、高（厚）各 0.4 ～ 0.8	
豆薯	粒	長、寬、高（厚）各 0.4 ～ 0.8	

調味料： ❶ 麵粉 2 小匙
❷ 麻油 3 小匙
❸ 醬油 2 小匙、味精 1/2 小匙、胡椒粉 1/8 小匙、鹽 1/2 小匙、水 1/4 杯

重點步驟：

1 將糯米與浸泡的水放入炒鍋內，炒至水分收乾。

2 平鋪於配菜盤上，蒸 15 ～ 20 分鐘至熟，取出。

3 生豆包利用調味料 ❶ 拌均匀，使其鬆散。

4 生豆包、芋頭粒、豆乾粒、紅蘿蔔粒、豆薯粒過油撈起。

5 取一乾鍋放入調味料 ❷，爆香薑末、香菇，加入調味料 ❸，放入所有配料、糯米飯、芹菜粒拌炒均勻。

6 將炒好的米糕裝入瓷扣碗中，回蒸 5 分鐘，取出倒扣於瓷盤中即可。

❶ 建議於第一階段清洗食材時，將糯米洗淨後，加入 1 杯水浸泡，能夠縮短後續烹調時間。
❷ 糯米用炒或汆燙的方式處理，可以縮短蒸的時間。

Memo

可將這個題組三道菜餚中，操作過程容易出錯的地方寫下來，多加練習！

302-4 題組

金沙筍梳片

黑胡椒豆包排

糖醋素排骨

1. 菜名與食材切配依據

菜餚名稱	主要刀工	烹調法	主材料類別	材料組合	水花款式	盤飾款式
金沙筍梳片	梳子片	炒	桶筍	桶筍、乾香菇、鹹蛋黃、中薑、芹菜		
黑胡椒豆包排	末	煎	生豆包	生豆包、乾木耳、紅蘿蔔、中薑、豆薯、雞蛋		參考規格明細
糖醋素排骨	塊	脆溜	半圓豆皮	半圓豆皮、青椒、紅辣椒、鳳梨片、芋頭、紅蘿蔔	參考規格明細	

2. 材料明細

名稱	規格描述	重量（數量）	備註
鳳梨片	有效期限內	1 圓片	鳳梨罐頭
半圓豆皮	不可破損、無油耗味	3 張	
乾香菇	直徑 4 公分以上	3 朵	須於洗鍋具時優先煮水浸泡於乾貨類切割 4 克／朵（復水去蒂 9 克以上／朵）
乾木耳	葉面泡開有 4 公分以上	1 大片	12 克／片（泡開 50 克以上／片）
桶筍	合格廠商效期內。若為空心或軟爛不足需求量，應檢人可反應更換	350 克	需縱切檢視才分發，烹調時需去酸味，可供切梳片
生豆包	無酸味、有效期限內	4 片	

名稱	規格描述	重量（數量）	備註
鹹蛋黃	有效期限內	3 粒	洗好蒸籠後上蒸
青椒	表面平整不皺縮無潰爛	60 克以上	120 克以上／個
紅辣椒	新鮮不軟爛	2 條	10 克以上／條
芹菜	新鮮不軟爛	30 克	
紅蘿蔔	表面平整不皺縮	300 克	若為空心須再補發
中薑	夠切片與末的長段無潰爛	80 克	需可切片及末
豆薯	表面平整不皺縮	50 克	
芋頭	表面平整不皺縮無潰爛	200 克	
小黃瓜	鮮度足，不可大彎曲	1 條	80 克以上
大黃瓜	表面平整不皺縮不潰爛	1 截	6 公分長
雞蛋	外型完整鮮度足	1 粒	

3. 規格明細

材料	規格描述（公分）	數量	備註
紅蘿蔔水花片兩款	自選 1 款及指定 1 款，指定款須參考下列指定圖（形狀大小需可搭配菜餚）	各 6 片以上	
配合材料擺出兩種盤飾	下列指定圖 3 選 2	各 1 盤	
乾香菇片	復水去蒂，斜切，寬 2.0 ～ 4.0、長度及高（厚）依食材規格	3 朵（27 克以上）	
乾木耳末	直徑 0.3 以下碎末	10 克以上	
桶筍梳子片	長 4.0 ～ 6.0，寬 2.0 ～ 4.0，高（厚）0.2 ～ 0.4 的梳子花刀片（花刀間隔為 0.5 以下）	300 克以上	
生豆包末	直徑 0.3 以下碎末	4 片（200 克以上）	
青椒片	長 3.0 ～ 5.0、寬 2.0 ～ 4.0，高（厚）依食材規格，可切菱形片	50 克以上	需去內膜
紅辣椒片	長 2.0 ～ 3.0，寬 1.0 ～ 2.0、高（厚）0.2 ～ 0.4，可切菱形片	15 克以上	
紅蘿蔔末	直徑 0.3 以下碎末	30 克以上	
芋頭條	寬、高（厚）各為 0.5 ～ 1.0，長 4.0 ～ 6.0	150 克以上	

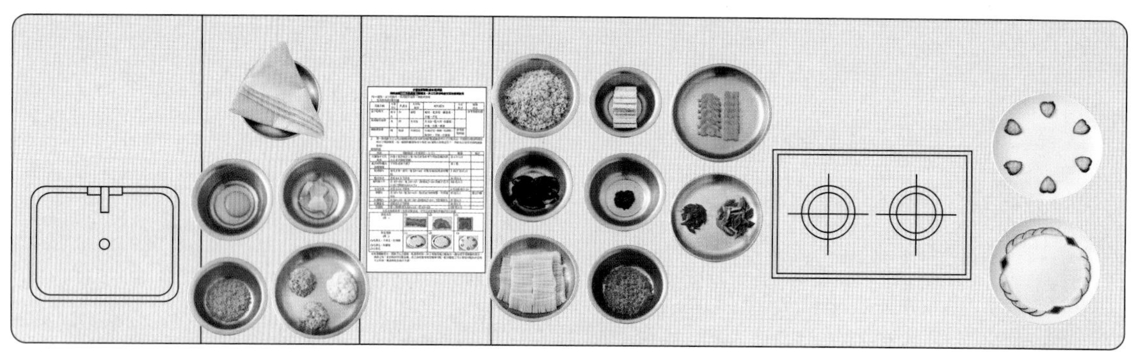

Memo

可將這個題組三道菜餚中，操作過程容易出錯的地方寫下來，多加練習！

302-4-1

金沙筍梳片

烹調規定及備註

1. 筍梳片汆燙後炸至上色，鹹蛋黃炒散。
2. 薑、香菇、筍梳片炒熟，加入芹菜調味炒均勻。
3. 鹹蛋黃細沙需沾附均勻，規定材料不得短少。

材料及刀工規格

材料	刀工	規格（長度單位：公分）	圖示
桶筍	梳子片	長4.0～6.0，寬2.0～4.0，高（厚）0.2～0.4的梳子花刀片（花刀間隔為0.5以下）	
乾香菇	斜片	復水去蒂，斜切，寬 2.0 ～ 4.0，長度及高（厚）依食材規格	
鹹蛋黃	蒸熟後切碎	直徑 0.5 以下	
中薑	末	直徑 0.5 以下	
芹菜	末	直徑 0.5 以下	

■ **調味料：** ❶ 麵粉 1/2 杯
❷ 鹽 1/2 小匙、糖 1 小匙、味精 1/2 小匙

■ **重點步驟：**

鹹蛋黃蒸熟，剁成細末備用。

桶筍梳子片和乾香菇斜片汆燙後，擦乾水分，沾上調味料 ❶。

起油鍋，將桶筍梳子片、乾香菇斜片炸上色，撈起瀝乾油分。

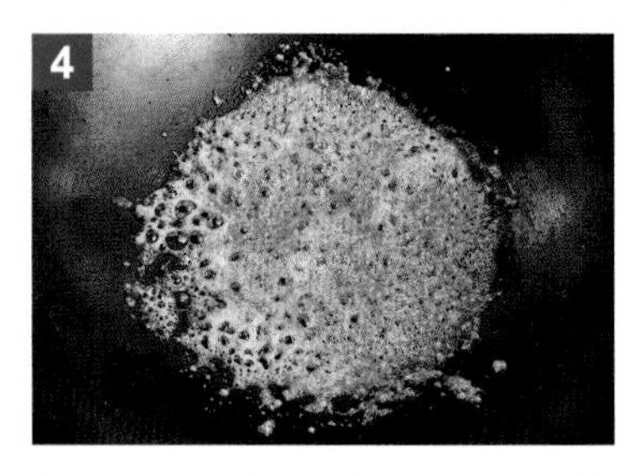

鍋內放 2 大匙油，將鹹蛋黃炒至起泡沫。

放入薑末、桶筍梳子片、香菇斜片、芹菜末拌炒。

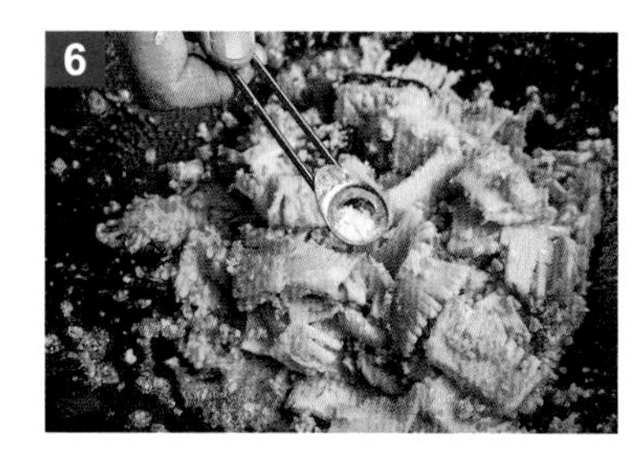

加入調味料 ❷ 拌炒均勻即可盛盤。

❶ 炒鹹蛋黃時勿用大火操作，以免燒焦。
❷ 鹹蛋黃用熱油炒的時候，如同金色的細沙流出，而且質地濃稠、色澤油亮，所以又稱「金沙」。

302-4-2

黑胡椒豆包排

烹調規定及備註

1. 紅蘿蔔、黑木耳、豆薯燙熟瀝乾。
2. 豆包切末拌入薑、紅蘿蔔、黑木耳、豆薯與黑胡椒粒等醬料調味後，塑成圓扁排狀（加入少許蛋液增加黏性）煎上色。
3. 豆包需完整不得破碎，豆包排不得夾生，規定材料不得短少。

材料及刀工規格

材料	刀工	規格（長度單位：公分）	圖示
生豆包	末	直徑 0.3 以下	
乾木耳	末	直徑 0.3 以下	
紅蘿蔔	末	直徑 0.3 以下	
中薑	末	直徑 0.5 以下	
豆薯	末	直徑 0.5 以下	
雞蛋		三段式打蛋法	

調味料： ❶ 鹽 1/2 小匙、糖 1/2 小匙、黑胡椒 1/2 小匙、麵粉 2 小匙、太白粉 1 小匙、香油 1 小匙
❷ 麵粉 3 大匙

重點步驟：

1 汆燙紅蘿蔔末、乾木耳末、豆薯末，瀝乾並擠乾水分。

2 取一個鋼盆，放入所有材料、調味料 ❶、雞蛋攪拌均勻。

3 分成六等分。

4 塑成圓餅狀。

5 拍上調味料 ❷ 的薄乾粉。

6 潤鍋，將豆包排煎至兩面金黃即可。

注意事項

❶ 雞蛋前處理時，參考 p.53，使用三段式打蛋法。
❷ 潤鍋是指將鍋子燒熱，倒入沙拉油高溫燒至微冒白煙，讓油進入到鍋子的毛孔中，使鍋子表面形成保護膜，達到不沾鍋的原理。（參考 p.54）

302-4-3

糖醋素排骨

脆溜

烹調規定及備註

1. 芋頭切條炸酥，半圓豆皮一張改三片，捲起芋頭條，沾麵糊炸上色，與紅蘿蔔水花片、青椒、紅辣椒、鳳梨片拌裹調味包芡成脆溜。
2. 素排骨不得過火或含油，規定材料不得短少。

材料及刀工規格

材料	刀工	規格（長度單位：公分）	圖示
半圓豆皮	片	一張改三片	
青椒	菱形片	長 3.0 ～ 5.0，寬 2.0 ～ 4.0，高（厚）依食材規格，需去內膜	
紅辣椒	菱形片	長 2.0 ～ 3.0，寬 1.0 ～ 2.0，高（厚）0.2 ～ 0.4	
鳳梨片	片	一開六	
芋頭	條	寬、高（厚）各為 0.5 ～ 1.0，長 4.0 ～ 6.0	

材料	刀工	規格（長度單位：公分）	圖示
紅蘿蔔	水花片	自選 1 款及指定 1 款，指定款須參考下列指定圖（形狀大小需可搭配菜餚）	

調味料： ❶ 麵粉 1/2 杯、水 2/3 杯
❷ 番茄醬 2 大匙、糖 2 大匙、白醋 2 大匙、鹽 1/4 小匙、水 2 大匙、太白粉水 1/4 小匙

重點步驟：

調味料 ❶ 拌勻為麵糊備用。

起油鍋約 180 度，將芋頭炸酥，撈起備用。

汆燙紅蘿蔔水花片、青椒菱形片、紅辣椒菱形片，撈起備用。

豆皮鋪平放上芋頭，包成條狀，接口處沾上麵糊黏合，當作素排骨。

將素排骨放入油鍋炸上色，撈起瀝乾油分。

鍋內煮開調味料 ❷，放入所有材料，拌炒均勻即可。

❶ 芋頭要炸熟再包入，避免不熟。
❷ 半圓豆皮碰到水會變濕軟，操作時容易破掉，因此操作時，砧板須保持乾燥，較好操作。

Memo

可將這個題組三道菜餚中，操作過程容易出錯的地方寫下來，多加練習！

302-5 題組

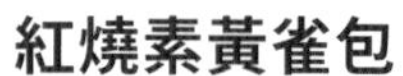

紅燒素黃雀包

三絲豆腐羹

西芹炒豆乾片

1. 菜名與食材切配依據

菜餚名稱	主要刀工	烹調法	主材料類別	材料組合	水花款式	盤飾款式
紅燒素黃雀包	粒	紅燒	半圓豆皮	半圓豆皮、紅蘿蔔、桶筍、乾香菇、中薑、豆薯、香菜、豆乾		參考規格明細
三絲豆腐羹	絲	羹	板豆腐	板豆腐、紅蘿蔔、乾木耳、桶筍、芹菜		
西芹炒豆乾片	片	炒	西芹	西芹、豆乾、紅蘿蔔、紅甜椒、黃甜椒、中薑	參考規格明細	

2. 材料明細

名稱	規格描述	重量（數量）	備註
乾木耳	葉面泡開有 4 公分以上	1 大片	12 克／片（泡開 50 克以上／片）
乾香菇	直徑 4 公分以上無蟲蛀	3 朵	4 克／朵（復水去蒂 9 克以上／朵）
半圓豆皮	有效期限內	3 張	直徑長 35 公分
桶筍	合格廠商效期內。若為空心或軟爛不足需求量，應檢人可反應更換	120 克	需縱切檢視才分發，烹調時需去酸味
板豆腐	老豆腐，新鮮無酸味	150 克（1/2 盒）	
五香大豆乾	正方形豆乾，表面完整無酸味	3 塊	35 克以上／塊

名稱	規格描述	重量（數量）	備註
紅甜椒	表面平整不皺縮無潰爛	70 克	140 克以上／個
黃甜椒	表面平整不皺縮無潰爛	70 克	140 克以上／個
紅辣椒	新鮮不軟爛	1 條	10 克以上／條
芹菜	新鮮無軟爛	30 克	
香菜	新鮮無軟爛	10 克	
西芹	新鮮挺直無軟爛	200 克	整把分單隻發放
紅蘿蔔	表面平整不皺縮	300 克	空心須補發
豆薯	表面平整不皺縮	30 克	
中薑	夠切絲與片的長段無潰爛	80 克	需可切粒及片
小黃瓜	鮮度足，不可大彎曲	1 條	80 克以上
大黃瓜	表面平整不皺縮不潰爛	1 截	6 公分長

3. 規格明細

材料	規格描述（公分）	數量	備註
紅蘿蔔水花片兩款	自選 1 款及指定 1 款，指定款須參考下列指定圖（形狀大小需可搭配菜餚）	各 6 片以上	
配合材料擺出兩種盤飾	下列指定圖 3 選 2	各 1 盤	
香菇粒	復水去蒂，切長、寬各 0.4 ～ 0.8 粒狀，高（厚）依食材規格	3 朵（27 克以上）	
木耳絲	寬 0.2 ～ 0.4，長 4.0 ～ 6.0，高（厚）依食材規格	45 克以上	
桶筍粒	長、寬、高（厚）各 0.4 ～ 0.8	40 克以上	
桶筍絲	寬、高（厚）各為 0.2 ～ 0.4，長 4.0 ～ 6.0	60 克以上	
黃甜椒片	長 3.0 ～ 5.0，寬 2.0 ～ 4.0，高（厚）依食材規格，可切菱形片	45 克以上	需去內膜
西芹片	長 3.0 ～ 5.0，寬 2.0 ～ 4.0，高（厚）依食材規格，可切菱形片	185 克以上	
紅蘿蔔粒	長、寬、高（厚）各 0.4 ～ 0.8	70 克以上	
豆薯粒	長、寬、高（厚）各 0.4 ～ 0.8	20 克以上	
紅蘿蔔絲	寬、高（厚）各為 0.2 ～ 0.4，長 4.0 ～ 6.0	80 克以上	

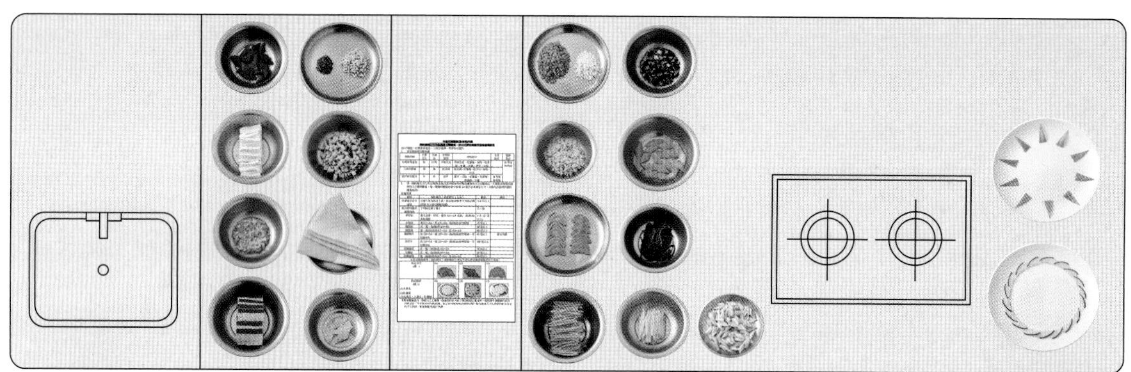

水槽　非受評刀工　刀工作品規格卡　受評刀工　熟食區（受評盤飾）

302-5-1

紅燒素黃雀包

紅燒

烹調規定及備註

1. 薑與材料爆香調味成餡料。
2. 半圓豆皮 1 張開成 2 張，包入餡料捲起，打結如黃雀狀過油炸成金黃色。
3. 調紅燒醬汁，黃雀包下醬汁拌入香菜燒煮。
4. 素黃雀包形狀需大小相似，不得破碎露出內餡，規定材料不得短少。

材料及刀工規格

材料	刀工	規格（長度單位：公分）	圖示
半圓豆皮	片	一開二	
紅蘿蔔	粒	長、寬、高（厚）各 0.4 ～ 0.8	
桶筍	粒	長、寬、高（厚）各 0.4 ～ 0.8	
乾香菇	粒	復水去蒂，切長、寬各 0.4 ～ 0.8 粒狀，高（厚）依食材規格	
中薑	粒	長、寬、高（厚）各 0.4 ～ 0.8	
豆薯	粒	長、寬、高（厚）各 0.4 ～ 0.8	

材料	刀工	規格（長度單位：公分）	圖示
香菜	粒	直徑 0.4 ～ 0.8	
豆乾	粒	長、寬、高（厚）各 0.4 ～ 0.8	

調味料： ❶ 鹽 1/4 小匙、糖 1/4 小匙、胡椒 1/8 小匙、香油 1/2 小匙
❷ 醬油 1 小匙、糖 1 小匙、水 3/4 杯、味精 1/2 小匙、香油 1/4 小匙
❸ 太白粉水 2 小匙

重點步驟：

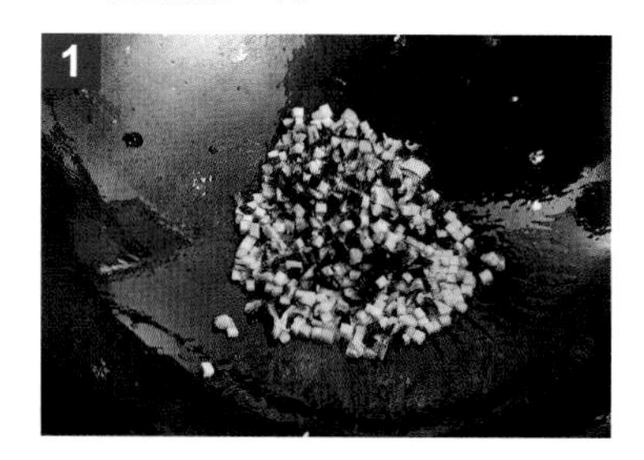
1 爆香中薑粒、乾香菇粒。

2 放入桶筍粒、豆乾粒、豆薯粒、紅蘿蔔粒，加調味料 ❶ 拌炒，起鍋放涼。

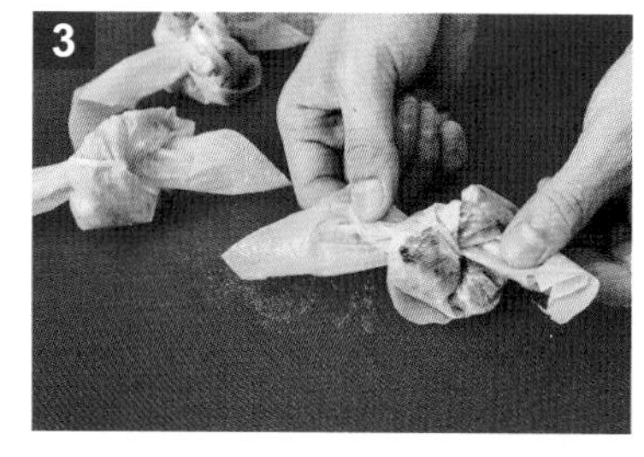
3 豆皮包入餡料捲起，打結成黃雀包。

4 起油鍋約 180 度，將黃雀包炸至定型、金黃色，撈起。

5 鍋中放入調味料 ❷ 煮滾，再放入黃雀包燒煮入味。

6 加入調味料 ❸ 勾薄芡收汁，撒上香菜拌勻即可盛盤。

❶ 半圓豆皮碰到水會變濕軟，操作時容易破掉，因此在操作時，砧板需要保持乾燥，有利於操作。
❷ 燒煮過程中要小心使用鍋鏟，避免不小心弄破黃雀包而導致露餡。

302-5-2

三絲豆腐羹

■ **烹調規定及備註**

1. 三絲下湯汁調味後再放入豆腐絲烹煮，以羹方式呈現。
2. 豆腐破碎不得超過 1/3 以上，規定材料不得短少。

■ **材料及刀工規格**

材料	刀工	規格（長度單位：公分）	圖示
板豆腐	絲	寬、高（厚）各為 0.2 ～ 0.4，長 4.0 ～ 6.0	
紅蘿蔔	絲	寬、高（厚）各為 0.2 ～ 0.4，長 4.0 ～ 6.0	
乾木耳	絲	寬 0.2 ～ 0.4，長 4.0 ～ 6.0，高（厚）依食材規格	
桶筍	絲	寬、高（厚）各為 0.2 ～ 0.4，長 4.0 ～ 6.0	
芹菜	末	直徑 0.2 ～ 0.3 以下	

調味料： ❶ 醬油 1 大匙、鹽 2 小匙、香油 1 小匙
❷ 太白粉水 6 大匙
❸ 烏醋 1 小匙

重點步驟：

汆燙紅蘿蔔絲、木耳絲、桶筍絲，撈起。

以羹盤裝八分滿的水，倒入鍋內煮開。

放入紅蘿蔔絲、木耳絲、桶筍絲。

放入調味料 ❶ 煮滾，加入豆腐絲。

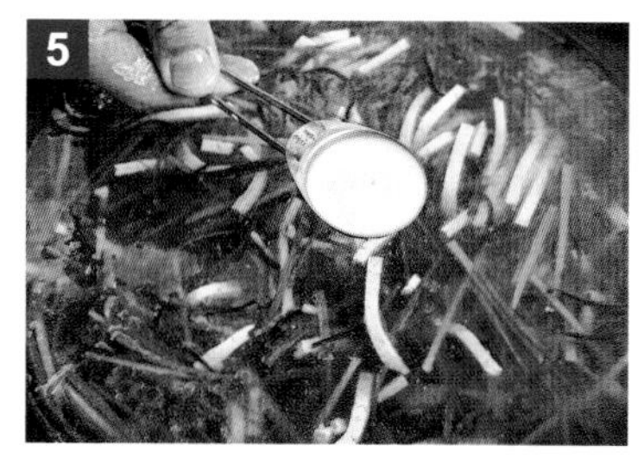

以調味料 ❷ 勾芡。

加入芹菜末、調味料 ❸ 拌勻即可起鍋。

注意事項

❶ 勾芡火候勿太大，以免結塊。
❷ 豆腐絲攪拌時須注意力道，以免破碎。

302-5-3

西芹炒豆乾片

烹調規定及備註

1. 豆乾過油上色，西芹、紅蘿蔔水花片氽燙。
2. 薑爆香放入其他配料炒香，再放入豆乾與西芹、紅蘿蔔水花片拌炒調味。
3. 豆乾破損不得超過 1/3，規定材料不得短少。

材料及刀工規格

材料	刀工	規格（長度單位：公分）	圖示
豆乾	片	長 4.0 ～ 6.0，寬 2.0 ～ 4.0，高（厚） 0.8 ～ 1.0	
紅蘿蔔	水花片	自選 1 款及指定 1 款，指定款須參考下列指定圖（形狀大小需可搭配菜餚）	
黃甜椒	菱形片	長 3.0 ～ 5.0，寬 2.0 ～ 4.0，高（厚）依食材規格，需去內膜	
紅甜椒	菱形片	長 3.0 ～ 5.0，寬 2.0 ～ 4.0，高（厚）依食材規格，需去內膜	

材料	刀工	規格（長度單位：公分）	圖示
西芹	菱形片	長 3.0 ～ 5.0，寬 2.0 ～ 4.0，高（厚）依食材規格	
中薑	菱形片	長 3.0 ～ 5.0，寬 2.0 ～ 4.0，高（厚）0.2 ～ 0.4	

■ **調味料：** 鹽 1/4 小匙、糖 1/4 小匙、味精 1/4 小匙、香油 1 小匙

■ **重點步驟：**

起油鍋約 180 度，將豆乾片炸至上色，撈起。

將西芹菱形片、紅蘿蔔水花片、紅甜椒菱形片、黃甜椒菱形片汆燙，撈起。

爆香中薑菱形片。

放入全部材料。

加調味料。

拌炒均勻即可盛盤。

西芹葉柄表面纖維較多，不易入口且不好消化，洗滌時，建議用削皮刀將纖維削掉。

Memo

可將這個題組三道菜餚中，操作過程容易出錯的地方寫下來，多加練習！

302-6 題組

乾煸四季豆

三杯菊花洋菇

咖哩茄餅

1. 菜名與食材切配依據

菜餚名稱	主要刀工	烹調法	主材料類別	材料組合	水花款式	盤飾款式
乾煸四季豆	段、末	煸	四季豆	四季豆、冬菜、乾香菇、中薑、芹菜		參考規格明細
三杯菊花洋菇	剞刀	燜燒	洋菇	洋菇、紅蘿蔔、九層塔、中薑、紅辣椒		
咖哩茄餅	雙飛片、末	拌炒、炸	茄子	茄子、豆薯、板豆腐、乾香菇、紅甜椒、青椒、紅蘿蔔	參考規格明細	

2. 材料明細

名稱	規格描述	重量（數量）	備註
乾香菇	直徑 4 公分無蟲蛀	3 朵	4 克／朵（復水去蒂 9 克以上／朵）
冬菜	有效期限內	10 克	
板豆腐	老豆腐，新鮮無酸味	100 克（1/3 盒）	
四季豆	飽滿鮮度足	250 克	每支長 14 公分以上
洋菇	新鮮不軟爛，直徑 3 公分以上	600 克	大朵，需能切花刀。如因季節因素或離島地區可購買罐頭替代。
茄子	表面平整不皺縮無潰爛	1 條	180 克以上／條
紅甜椒	表面平整不皺縮無潰爛	70 克	140 克以上／個
青椒	表面平整不皺縮無潰爛	60 克	120 克以上／個

名稱	規格描述	重量（數量）	備註
紅辣椒	新鮮無潰爛	2 條	10 克以上／條
芹菜	新鮮無軟爛	50 克	
九層塔	新鮮無變黑無潰爛	30 克	
中薑	夠切末與片的長段無潰爛	80 克	
紅蘿蔔	表面平整不皺縮	300 克	若為空心須再補發
豆薯	表面平整不皺縮	50 克	
小黃瓜	鮮度足，不可大彎曲	1 條	80 克以上
大黃瓜	表面平整不皺縮不潰爛	1 截	6 公分長

3. 規格明細

材料	規格描述（公分）	數量	備註
紅蘿蔔水花片兩款	自選 1 款及指定 1 款，指定款須參考下列指定圖（形狀大小需可搭配菜餚）	各 6 片以上	
配合材料擺出兩種盤飾	下列指定圖 3 選 2	各 1 盤	
香菇末	直徑 0.3 以下碎末	切完（泡開重量 27 克以上）	3 朵分 2 道菜使用
冬菜末	直徑 0.3 以下碎末	切完（8 克以上）	
洋菇花	長、寬依食材規格。格子間隔 0.3 ～ 0.5，深度達 1/2 深的剞刀片塊	切完（550 克以上）	從洋菇蒂面切花
茄夾	長 4.0 ～ 6.0，寬 3.0 以上，高（厚）0.8 ～ 1.2 雙飛片	切完 170 克以上	雙飛夾
紅甜椒片	長 3.0 ～ 5.0，寬 2.0 ～ 4.0，高（厚）依食材規格，可切菱形片	50 克以上	需去內膜
青椒片	長 3.0 ～ 5.0，寬 2.0 ～ 4.0，高（厚）依食材規格，可切菱形片	50 克以上	需去內膜
紅辣椒片	長 2.0 ～ 3.0，寬 1.0 ～ 2.0、高（厚）0.2 ～ 0.4，可切菱形片	10 克以上	
薑末	直徑 0.3 以下碎末	10 克以上	
中薑片	長 2.0 ～ 3.0，寬 1.0 ～ 2.0、高（厚）0.2 ～ 0.4，可切菱形片	50 克以上	

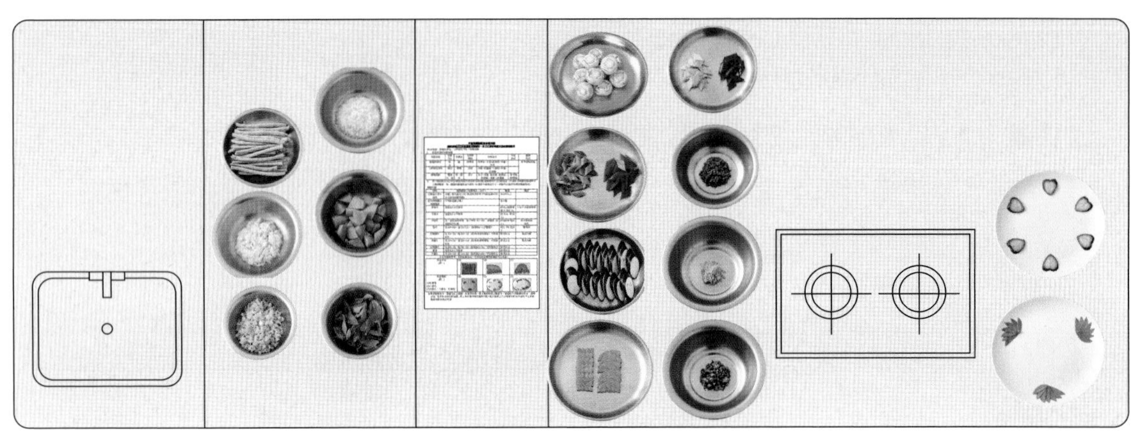

水槽　非受評刀工　刀工作品規格卡　受評刀工　熟食區（受評盤飾）

可將這個題組三道菜餚中，操作過程容易出錯的地方寫下來，多加練習！

302-6-1

乾煸四季豆

■ 烹調規定及備註

1. 四季豆過油（或煸炒），表面皺縮呈黃綠色不焦黑。
2. 配料末炒香，放入四季豆煸炒收汁完成。
3. 焦黑部分不得超過總量 1/4，不得出油而油膩，規定材料不得短少。

■ 材料及刀工規格

材料	刀工	規格（長度單位：公分）	圖示
四季豆	長條	切除頭尾兩端	
冬菜	末	直徑 0.3 以下	
乾香菇	末	直徑 0.3 以下	
中薑	末	直徑 0.3 以下	
芹菜	末	直徑 0.3 以下	

調味料： 醬油 1 大匙、糖 1 小匙、米酒 1 大匙、白醋 1 小匙

重點步驟：

油鍋溫度到 180 度，將擦乾水分的四季豆放到漏勺上，入油鍋。

改中小火，炸到表面皺縮呈黃綠色，撈起瀝乾備用。

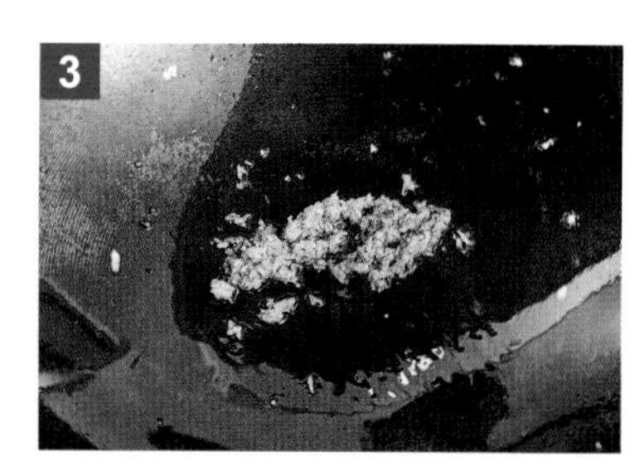

油鍋倒掉，利用鍋內餘油爆香薑末。

放入香菇末、冬菜末炒香。

再放四季豆拌炒。

加調味料、芹菜末拌炒後即可盛盤。

❶ 炸四季豆前應將水分擦乾，以免油爆。
❷ 為避免此道菜餚過於油膩，以油鍋餘油爆香即可。

302-6-2

三杯菊花洋菇

燜燒

烹調規定及備註

1. 洋菇花過油，呈金黃色不焦黑。
2. 紅蘿蔔切滾刀汆燙或過油，加薑片調味炒香，洋菇、九層塔下鍋燜燒收汁。
3. 洋菇須展現花形且不得破損、焦黑，規定材料不得短少。

材料及刀工規格

材料	刀工	規格（長度單位：公分）	圖示
洋菇	剞刀	長、寬依食材規格。格子間隔 0.3 ～ 0.5，深度達 1/2 深的剞刀片塊　。需從洋菇蒂面切花。	
紅蘿蔔	滾刀塊	長、寬 2.0 ～ 4.0	
九層塔		留葉去梗	
中薑	菱形片	長 2.0 ～ 3.0，寬 1.0 ～ 2.0，高（厚）0.2 ～ 0.4	
紅辣椒	菱形片	長 2.0 ～ 3.0，寬 1.0 ～ 2.0，高（厚）0.2 ～ 0.4	

■ **調味料：** ❶ 麵粉 2 大匙
❷ 麻油 2 大匙
❸ 醬油 1 大匙、糖 1 小匙、米酒 1 大匙、水 1/4 杯、太白粉水 1/2 小匙

■ **重點步驟：**

洋菇剞刀塊沾調味料 ❶ 備用。

起油鍋約 180 度，放入洋菇炸至金黃，撈起瀝乾油分。

續將紅蘿蔔滾刀塊過油至熟，撈起瀝乾油分。

調味料 ❷ 爆香中薑菱形片。

放入紅蘿蔔滾刀塊、洋菇剞刀塊、紅辣椒菱形片，加調味料 ❸ 燜燒收汁。

放上九層塔拌炒均勻即可盛盤。

❶ 炸洋菇前，記得擦乾水分或沾一層薄乾粉，以免油爆。
❷ 九層塔接觸到空氣後容易因氧化而變黑，除了不耐低溫外，加熱後的九層塔也容易變黑，因此在烹調時建議最後放，但仍須炒熟。

302-6-3

咖哩茄餅

■ 烹調規定及備註

1. 豆薯末、香菇末拌入豆腐泥調味成餡料，紅蘿蔔水花片汆燙。
2. 茄子鑲入餡料，裹麵糊炸上色。
3. 爆香調味料成咖哩醬汁，放入茄餅、配料與紅蘿蔔水花片拌入味。
4. 茄餅顏色需金黃不得焦黑，不得浮油而油膩，規定材料不得短少。

■ 材料及刀工規格

材料	刀工	規格（長度單位：公分）	圖示
茄子	夾	長 4.0 ～ 6.0，寬 3.0 以上， 高（厚）0.8 ～ 1.2 雙飛片	
豆薯	末	直徑 0.3 以下	
板豆腐		壓成泥	
乾香菇	末	直徑 0.3 以下	
紅甜椒	菱形片	長 3.0 ～ 5.0，寬 2.0 ～ 4.0，高（厚） 依食材規格	

材料	刀工	規格（長度單位：公分）	圖示
青椒	菱形片	長 3.0 ～ 5.0，寬 2.0 ～ 4.0，高（厚）依食材規格	
紅蘿蔔	水花片	自選 1 款及指定 1 款，指定款須參考下列指定圖（形狀大小需可搭配菜餚）	

調味料： ❶ 鹽 1/8 小匙、胡椒粉 1/4 小匙、太白粉 11/2 小匙
❷ 麵粉 1/2 杯、水 1/2 杯
❸ 咖哩粉 1 小匙、鹽 1/2 小匙、糖 1 小匙、水 1/2 杯
❹ 太白粉水 2 小匙

重點步驟：

1 汆燙紅蘿蔔水花片，撈起備用。

2 豆腐壓成泥拌入豆薯末、香菇末，加調味料 ❶ 拌勻成餡料。

3 將餡料填入茄子夾層內。

4 調味料 ❷ 麵糊拌勻，茄夾封口處沾裹上麵糊。

5 起油鍋約 180 度，放入茄子炸至定色，改中小火炸熟後，撈起瀝乾油分。

6 爆香紅甜椒菱形片、青椒菱形片，加調味料 ❸ 煮滾，放入紅蘿蔔水花片、茄夾拌勻，加入調味料 ❹ 勾薄芡。

注意事項

❶ 茄子切開後變色的原因，是因為接觸到氧氣產生化學反應，建議將茄子浸泡在鹽水、檸檬水或白醋水中，延緩茄子褐變。

❷ 調味料 ❸ 先攪拌均勻，將咖哩粉攪散，入鍋烹煮才不易結粒。

Memo

可將這個題組三道菜餚中，操作過程容易出錯的地方寫下來，多加練習！

302-7 題組

烤麩麻油飯

什錦高麗菜捲

脆鱔香菇條

1. 菜名與食材切配依據

菜餚名稱	主要刀工	烹調法	主材料類別	材料組合	水花款式	盤飾款式
烤麩麻油飯	片	生米燜煮	烤麩	烤麩、乾香菇、長糯米、老薑、乾紅棗		
什錦高麗菜捲	絲	蒸	高麗菜	高麗菜、紅蘿蔔、乾木耳、桶筍、豆乾、中薑、紅辣椒	參考規格明細	參考規格明細
脆鱔香菇條	條	炸、溜	乾香菇	乾香菇、白芝麻、香菜、中薑、紅辣椒		

2. 材料明細

名稱	規格描述	重量（數量）	備註
乾香菇	直徑 4 公分以上	23 朵	4 克／朵（復水去蒂 9 克以上／朵）
乾紅棗	飽滿無蟲蛀	8 顆	
乾木耳	葉面泡開有 4 公分以上	1 大片	12 克／片（泡開 50 克以上／片）
長糯米	米粒飽滿無蛀蟲	250 克	
白芝麻	乾燥無異味	5 克	
五香大豆乾	正方形豆乾，表面完整無酸味	1 塊	35 克以上／塊
桶筍	合格廠商效期內。若為空心或軟爛不足需求量，應檢人可反應更換	70 克	需縱切檢視才分發，烹調時需去酸味

名稱	規格描述	重量（數量）	備註
烤麩	有效期限內、無異味	100 克	
高麗菜	新鮮青脆無潰爛	7 葉	整顆剝葉發放
香菜	新鮮無軟爛	20 克	
紅辣椒	表面平整不皺縮	3 條	10 克以上／條
紅蘿蔔	表面平整不皺縮	300 克	若為空心須再補發
中薑	長段無潰爛	80 克	需可切絲及末
老薑	表面完整無潰爛	80 克	
小黃瓜	鮮度足，不可大彎曲	1 條	80 克以上
大黃瓜	表面平整不皺縮不潰爛	1 截	6 公分長

3. 規格明細

材料	規格描述（公分）	數量	備註
紅蘿蔔水花片兩款	自選 1 款及指定 1 款，指定款須參考下列指定圖（形狀大小需可搭配菜餚）	各 6 片以上	
配合材料擺出兩種盤飾	下列指定圖 3 選 2	各 1 盤	
香菇條	寬 0.5 ～ 1.0，長 4.0 ～ 6.0，高（厚）依食材規格	20 朵（180 克以上）	
木耳絲	寬 0.2 ～ 0.4，長 4.0 ～ 6.0，高（厚）依食材規格	30 克以上	
豆乾絲	寬、高（厚）各為 0.2 ～ 0.4，長 4.0 ～ 6.0	25 克以上	
桶筍絲	寬、高（厚）各為 0.2 ～ 0.4，長 4.0 ～ 6.0	60 克以上	
香菇片	去蒂，斜切，寬 2.0 ～ 4.0，長度及高（厚）依食材規格	3 朵 27 克以上	
紅辣椒絲	寬、高（厚）各為 0.3 以下，長 4.0 ～ 6.0	10 克以上	
中薑絲	寬、高（厚）各為 0.3 以下，長 4.0 ～ 6.0	20 克以上	
紅蘿蔔絲	寬、高（厚）各為 0.2 ～ 0.4，長 4.0 ～ 6.0	70 克以上	

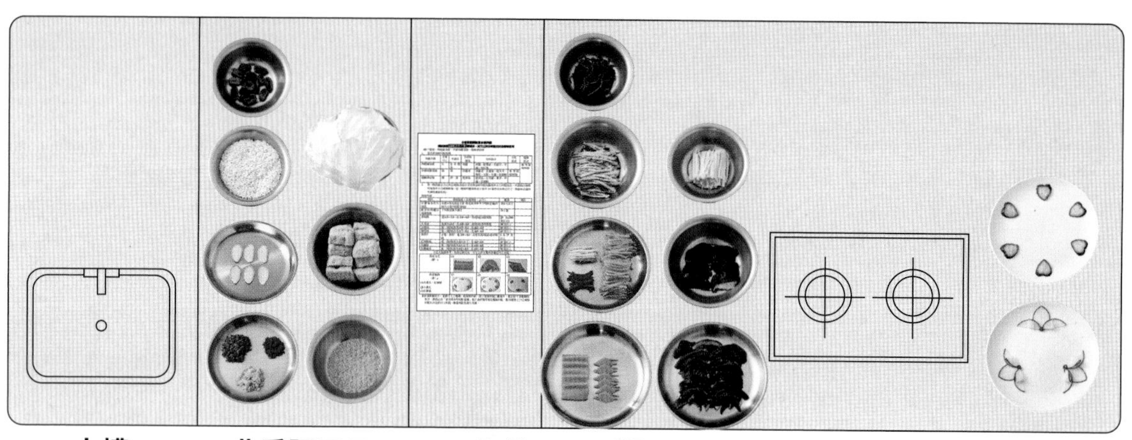

可將這個題組三道菜餚中，操作過程容易出錯的地方寫下來，多加練習！

302-7-1

烤麩麻油飯

生米燜煮

烹調規定及備註

1. 以麻油炒老薑片（不去皮），炒料、生糯米燜煮。
2. 燜煮法若有鍋粑需金黃色，規定材料不得短少。

材料及刀工規格

材料	刀工	規格（長度單位：公分）	圖示
烤麩	塊	一開四	
乾香菇	斜片	去蒂，斜切，寬 2.0 ～ 4.0， 長度及高（厚）依食材規格	
長糯米		米粒飽滿無蛀蟲	
老薑	斜片	不去皮，邊長 3.0 ～ 5.0，寬 2.0 ～ 4.0	
乾紅棗		泡軟、去籽	

■ **調味料：** ❶ 麻油 3 小匙
❷ 醬油 1 大匙、鹽 1/2 小匙、酒 1 大匙、味精 1/2 小匙、胡椒 1/6 小匙、水 1/2 杯

■ **重點步驟：**

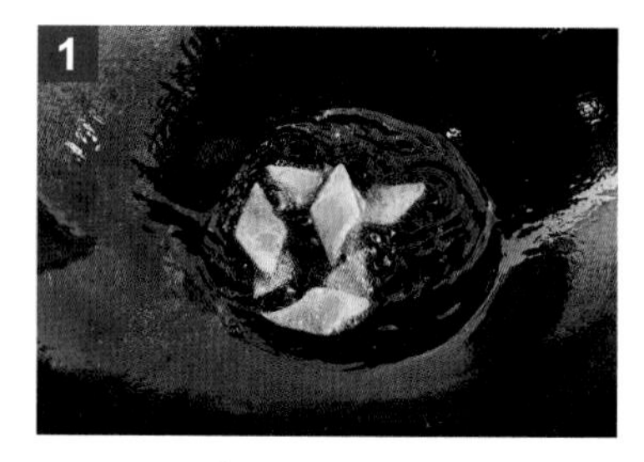

調味料 ❶ 以小火爆香老薑片。

加入長糯米與浸泡水，一同拌炒。

加入調味料 ❷ 拌勻。

放入所有配料拌炒。

用小火加鍋蓋燜煮 15 分鐘。

關火續燜 15 分鐘，待米粒全熟，翻拌即可盛盤。

❶ 麻油中的單元不飽和脂肪酸比較不耐高溫，料理時，建議以低溫慢火烹調，可保留不飽和脂肪酸的營養，並且不易形成苦味。
❷ 第一階段操作時，應先將糯米浸泡，可縮短燜煮時間。

302-7-2

什錦高麗菜捲

蒸

烹調規定及備註

1. 薑絲、紅辣椒絲及配料調味炒香。
2. 高麗菜燙軟後，包入配料成捲狀，紅蘿蔔水花片排盤，蒸熟後淋薄芡。
3. 高麗菜捲需成型、大小均一，不得爆餡破碎，規定材料不得短少。

材料及刀工規格

材料	刀工	規格（長度單位：公分）	圖示
高麗菜	大片	整葉將粗梗修齊	
紅蘿蔔	絲	寬、高（厚）各為 0.2 ～ 0.4，長 4.0 ～ 6.0	
紅蘿蔔	水花片	自選 1 款及指定 1 款，指定款須參考下列指定圖（形狀大小需可搭配菜餚）	
乾木耳	絲	寬 0.2 ～ 0.4，長 4.0 ～ 6.0，高（厚）依食材規格	
桶筍	絲	寬、高（厚）各為 0.2 ～ 0.4，長 4.0 ～ 6.0	
豆乾	絲	寬、高（厚）各為 0.2 ～ 0.4，長 4.0 ～ 6.0	

材料	刀工	規格（長度單位：公分）	圖示
中薑	絲	寬、高（厚）各為 0.3 以下，長 4.0 ～ 6.0	
紅辣椒	絲	寬、高（厚）各為 0.3 以下，長 4.0 ～ 6.0	

■ **調味料：** ❶ 鹽 1/4 小匙、味精 1/2 小匙、太白粉水 1 小匙、香油 1 小匙
❷ 水 2/3 杯、鹽 1/2 小匙、味精 1/2 小匙
❸ 太白粉水 2 小匙

■ **重點步驟：**

起一水鍋，放入高麗菜葉燙軟，撈起待冷。

汆燙紅蘿蔔水花片、紅蘿蔔絲、木耳絲、豆乾絲、桶筍絲，瀝乾。

炒香薑絲、辣椒絲，放入紅蘿蔔絲、木耳絲、豆乾絲、桶筍絲、調味料 ❶ 拌炒為餡料。

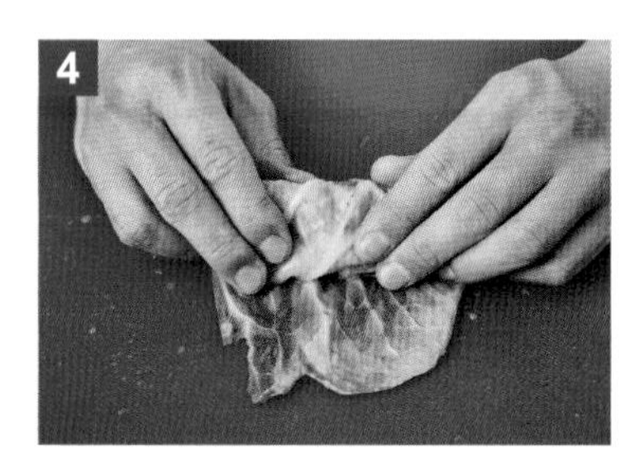

高麗菜鋪平，放上餡料捲成圓筒狀。

擺入瓷盤、放上水花片，放入蒸鍋蒸 5 分鐘，取出倒出餘汁。

鍋內加調味料 ❷ 煮滾，加入調味料 ❸ 勾薄芡，淋在高麗菜捲上即可。

❶ 高麗菜梗若較粗，可於放涼後，切修粗梗使其平整。
❷ 高麗菜燙軟即可，燙太爛會導致包餡時破掉。

302-7-3

脆鱔香菇條

烹調規定及備註

1. 乾香菇泡軟後擠乾去蒂，繞菇傘外緣剪至菇心之條狀。
2. 乾香菇醃料後沾粉油炸至上色。
3. 調酸甜味加入配料拌勻。
4. 香菇條須酥脆不得焦黑含油，規定材料不得短少。

材料及刀工規格

材料	刀工	規格（長度單位：公分）	圖示
乾香菇	條	寬 0.5 ～ 1.0，長 4.0 ～ 6.0，高（厚）依食材規格	
白芝麻		乾燥無異味	
香菜	末	直徑 0.3 以下	
中薑	末	直徑 0.3 以下	
紅辣椒	末	直徑 0.3 以下	

調味料： ❶ 鹽 1/4 小匙、胡椒 1/4 小匙、香油 1 小匙
❷ 麵粉 3 大匙、太白粉 3 大匙
❸ 糖 1 小匙、醬油 1 小匙、烏醋 1 小匙、香油 1 小匙、水 1 小匙、太白粉水 1 小匙

重點步驟：

乾香菇條加入調味料 ❶ 醃料攪拌。

沾調味料 ❷ 乾粉，抓鬆備用。

起油鍋約 180 度，放入抓鬆散的乾香菇條，勿黏成一團。

炸至金黃酥脆，撈起瀝乾油分。

用乾鍋炒熟芝麻至金黃色，撈起備用。

鍋子加入調味料 ❸，用小火煮至濃稠，放入香菇條、薑末、辣椒末、香菜末、熟白芝麻拌炒均勻即可。

❶ 若考場提供生白芝麻，需先小火乾炒至金黃再使用。
❷ 炸香菇條油溫不可過低，以免含油。

Memo

可將這個題組三道菜餚中，操作過程容易出錯的地方寫下來，多加練習！

302-8 題組

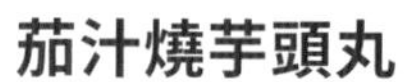
茄汁燒芋頭丸

素魚香茄段

黃豆醬滷苦瓜

1. 菜名與食材切配依據

菜餚名稱	主要刀工	烹調法	主材料類別	材料組合	水花款式	盤飾款式
茄汁燒芋頭丸	片、泥	蒸、燒	芋頭	芋頭、紅蘿蔔、黃甜椒、乾木耳、青椒	參考規格明細	
素魚香茄段	段	燒	茄子	茄子、鮮香菇、芹菜、九層塔、紅辣椒、中薑		參考規格明細
黃豆醬滷苦瓜	條	滷	苦瓜	苦瓜、黃豆醬、紅蘿蔔、香菜、玉米筍		

2. 材料明細

名稱	規格描述	重量（數量）	備註
黃豆醬	有效期限內	60 克	
乾木耳	葉面泡開有 4 公分以上	1 大片	12 克／片（泡開 50 克以上／片）
青椒	表面平整不皺縮	60 克	120 克以上／個
茄子	表面平整不皺縮無潰爛	2 條	180 克以上／條
鮮香菇	直徑 5 公分以上	2 朵	25 克以上／朵
紅辣椒	新鮮不軟爛	2 條	10 克以上／條
苦瓜	表面新鮮不皺縮	300 克	300 克以上／條
黃甜椒	表面平整不皺縮	70 克	140 克以上／個
芹菜	新鮮無潰爛	30 克	
九層塔	新鮮不變黑無潰爛	20 克	

名稱	規格描述	重量（數量）	備註
香菜	新鮮無潰爛	20 克	
玉米筍	新鮮無軟爛	50 克	可用罐頭替代
芋頭	表面平整不皺縮無潰爛	300 克	
紅蘿蔔	表面平整不皺縮	300 克	若為空心須再補發
中薑	新鮮長段無潰爛	50 克	
小黃瓜	鮮度足，不可大彎曲	1 條	80 克以上

3. 規格明細

材料	規格描述（公分）	數量	備註
紅蘿蔔水花片兩款	自選 1 款及指定 1 款，指定款須參考下列指定圖（形狀大小需可搭配菜餚）	各 6 片以上	
配合材料擺出兩種盤飾	下列指定圖 3 選 2	各 1 盤	
木耳片	長 3.0 ～ 5.0，寬 2.0 ～ 4.0，高（厚）依食材規格，可切菱形片	30 克以上	
黃甜椒片	長 3.0 ～ 5.0，寬 2.0 ～ 4.0，高（厚）依食材規格，可切菱形片	50 克以上	需去內膜
青椒片	長 3.0 ～ 5.0，寬 2.0 ～ 4.0，高（厚）依食材規格，可切菱形片	50 克以上	需去內膜
茄段	長 4.0 ～ 6.0 直段或斜段，直徑依食材規格可剖開	320 克以上	
紅辣椒末	直徑 0.3 以下碎末	15 克以上	
芹菜末	直徑 0.3 以下碎末	15 克以上	
苦瓜條	寬、高（厚）各為 0.8 ～ 1.2，長 4.0 ～ 6.0	250 克以上	
紅蘿蔔條	寬、高（厚）各為 0.5 ～ 1.0，長 4.0 ～ 6.0	70 克以上	
中薑末	直徑 0.3 以下碎末	30 克以上	

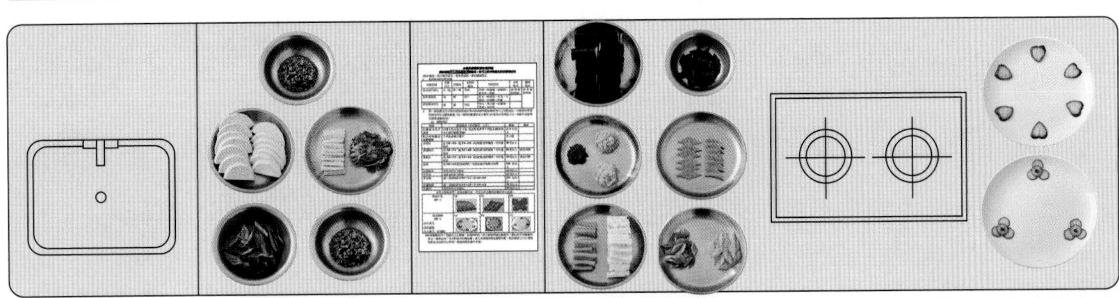

302-8-1

茄汁燒芋頭丸

烹調規定及備註

1. 芋頭蒸熟壓成泥加粉調味，成球狀炸上色定型。
2. 茄汁調味入配料、紅蘿蔔水花片及芋丸燒入味收汁。
3. 芋丸需成形不得鬆散，每顆大小相似，規定材料不得短少。

材料及刀工規格

材料	刀工	規格（長度單位：公分）	圖示
芋頭	片	高（厚）0.5 ～ 1.0	
紅蘿蔔	水花片	自選 1 款及指定 1 款，指定款須參考下列指定圖（形狀大小需可搭配菜餚）	
黃甜椒	菱形片	長 3.0 ～ 5.0，寬 2.0 ～ 4.0，高（厚）依食材規格，需去內膜	
乾木耳	菱形片	長 3.0 ～ 5.0，寬 2.0 ～ 4.0，高（厚）依食材規格	
青椒	菱形片	長 3.0 ～ 5.0，寬 2.0 ～ 4.0，高（厚）依食材規格，需去內膜	

調味料： ❶ 鹽 1/2 小匙、胡椒粉 1/4 小匙、麵粉 2 大匙
❷ 太白粉 2 大匙
❸ 番茄醬 3 大匙、糖 2 大匙、鹽 1/2 小匙、味精 1/2 小匙、水 2/3 杯

重點步驟：

木耳菱形片、黃甜椒菱形片、青椒菱形片、紅蘿蔔水花片汆燙備用。

芋頭片蒸熟，加入調味料❶，壓成芋泥。

芋泥平均分成六～八顆小球，拍調味料❷薄粉。

起油鍋 180 度，將芋頭丸炸至上色且熟透，撈起瀝乾油分。

將調味料❸倒入鍋中，小火拌均勻。

放入木耳菱形片、青椒菱形片、黃甜椒菱形片、紅蘿蔔水花片、芋頭丸，以中小火燒至收汁即可。

❶ 如何判斷炸芋頭丸的下鍋溫度？可以剝一小塊芋泥下鍋油炸，如果芋泥一下鍋便浮出油面，且芋泥周圍泡冒冒，代表油溫適當，即可下鍋。
❷ 芋頭丸大小盡量一致，尺寸差異太多，會影響成品美觀。

302-8-2

素魚香茄段

燒

烹調規定及備註

1. 茄子油炸呈亮紫色。
2. 以薑末爆香調味放入配料燒入味，勾薄芡。
3. 茄段需大小均一，不可含油，規定材料不得短少。

材料及刀工規格

材料	刀工	規格（長度單位：公分）	圖示
茄子	段	長 4.0 ～ 6.0 直段或斜段，直徑依食材規格可剖開	
鮮香菇	末	直徑 0.3 以下	
芹菜	末	直徑 0.3 以下	
九層塔		留葉去梗	
紅辣椒	末	直徑 0.3 以下	
中薑	末	直徑 0.3 以下	

調味料： ❶ 辣豆瓣醬 1 大匙、醬油 1/2 大匙、糖 1/2 大匙、水 1/4 杯、白醋 1 大匙、米酒 1 大匙
❷ 太白粉水 1 小匙

重點步驟：

起油鍋約 180 度，將茄段炸熟，使呈現亮紫色，撈起瀝乾油分。

爆香中薑末，炒香辣椒末、香菇末。

放調味料 ❶ 煮滾。

放入茄段，燒煮入味。

放下芹菜末、九層塔拌炒即可。

加入調味料 ❷ 勾薄芡收汁即可。

注意事項

❶ 茄子切開後變色的原因，是因為接觸到氧氣產生化學反應，建議將茄子浸泡在鹽水、檸檬水或白醋水中，延緩茄子褐變。

❷ 炸茄條前，建議先用紙巾或乾布擦乾水分，降低油爆發生機率。另外炸茄條時必須使用高溫油炸，鎖住花青素，維持茄子顏色亮彩紫豔。

❸ 九層塔接觸到空氣後容易因氧化而變黑，除了不耐低溫外，加熱後的九層塔也容易變黑，因此在烹調時建議最後放，但仍須炒熟。

302-8-3

黃豆醬滷苦瓜

烹調規定及備註

❶ 苦瓜條過油炸上色，加配料、調味料滷至軟嫩入味。
❷ 成品勿浮油，注意黃豆醬鹹度，成品不可有汁，規定材料不得短少。

材料及刀工規格

材料	刀工	規格（長度單位：公分）	圖示
苦瓜	條	寬、高（厚）各為 0.8 ～ 1.2，長 4.0 ～ 6.0	
黃豆醬		有效期限內	
紅蘿蔔	條	寬、高（厚）各為 0.5 ～ 1.0，長 4.0 ～ 6.0	
香菜	段	直徑 4.0 ～ 6.0	
玉米筍	條	直切一開四	

調味料： 黃豆醬 2 小匙、糖 1 小匙、水 2/3 杯、香油 1 小匙、米酒 1 小匙

重點步驟：

1 起油鍋約 180 度，苦瓜擦乾後放到漏勺中，放入油鍋。

2 將苦瓜條炸至上色，撈起瀝乾油分。

3 續炸紅蘿蔔條、玉米筍條，撈起瀝乾油分。

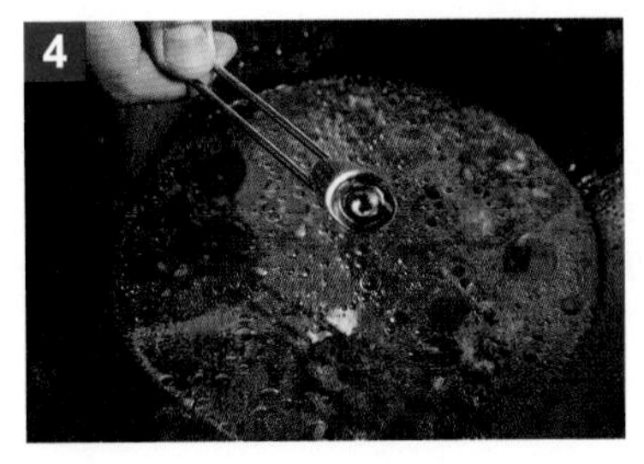

4 乾鍋放入調味料煮滾。

5 放入紅蘿蔔條、玉米筍條、苦瓜條，滷至熟透。

6 最後放上香菜段拌勻即可盛盤。

注意事項

1. 黃豆醬含鹽量比較高，調味時必須斟酌鹽的用量。
2. 香菜最後才下，以免煮太久顏色變黃，影響成品美觀。

302-9 題組

梅粉地瓜條

什錦鑲豆腐

香菇炒馬鈴薯片

1. 菜名與食材切配依據

菜餚名稱	主要刀工	烹調法	主材料類別	材料組合	水花款式	盤飾款式
梅粉地瓜條	條	酥炸	地瓜	地瓜、四季豆、梅子粉		
什錦鑲豆腐	末、塊	蒸	板豆腐	板豆腐、紅蘿蔔、乾香菇、玉米粒、中薑、豆薯、豆乾		參考規格明細
香菇炒馬鈴薯片	片	炒	馬鈴薯、鮮香菇	馬鈴薯、鮮香菇、紅蘿蔔、小黃瓜、中薑	參考規格明細	

2. 材料明細

名稱	規格描述	重量（數量）	備註
梅子粉	有效期限內，乾燥無受潮	30 克	
乾香菇	直徑 4 公分以上	1 朵	4 克／朵（復水去蒂 9 克以上／朵）
玉米粒	有效期限內	30 克	罐頭
板豆腐	老豆腐，新鮮無酸味	300 克（1 盒）	
五香大豆乾	正方形豆乾，表面完整無酸味	1 塊	35 克以上／塊
四季豆	新鮮平整不皺縮無潰爛	80 克	
鮮香菇	直徑 5 公分以上，新鮮無軟爛	3 朵	25 克以上／朵
紅辣椒	新鮮不軟爛	1 條	10 克以上／條
地瓜	表面平整不皺縮無潰爛	300 克	

名稱	規格描述	重量（數量）	備註
紅蘿蔔	表面平整不皺縮	300 克	若為空心須再補發
豆薯	表面平整不皺縮	40 克	
馬鈴薯	無芽眼、無潰爛	250 克	
中薑	新鮮無潰爛	80 克	
小黃瓜	鮮度足，不可大彎曲	1 條	80 克以上
大黃瓜	表面平整不皺縮不潰爛	1 截	6 公分長

3. 規格明細

材料	規格描述（公分）	數量	備註
紅蘿蔔水花片兩款	自選 1 款及指定 1 款，指定款須參考下列指定圖（形狀大小需可搭配菜餚）	各 6 片以上	
配合材料擺出兩種盤飾	下列指定圖 3 選 2	各 1 盤	
香菇末	直徑 0.3 以下碎末	9 克以上	
豆乾末	直徑 0.3 以下碎末	30 克以上	
鮮香菇片	去蒂，斜切，寬 2.0 ～ 4.0、長度及高（厚）依食材規格	65 克以上	
小黃瓜片	長 4.0 ～ 6.0，寬 2.0 ～ 4.0，高（厚）0.2 ～ 0.4，可切菱形片	40 克以上	
地瓜條	寬、高（厚）各為 0.5 ～ 1.0，長 4.0 ～ 6.0	250 克以上	
紅蘿蔔末	直徑 0.3 以下碎末	60 克以上	
豆薯末	直徑 0.3 以下碎末	25 克以上	
馬鈴薯片	長 4.0 ～ 6.0，寬 2.0 ～ 4.0，高（厚）0.4 ～ 0.6	200 克以上	

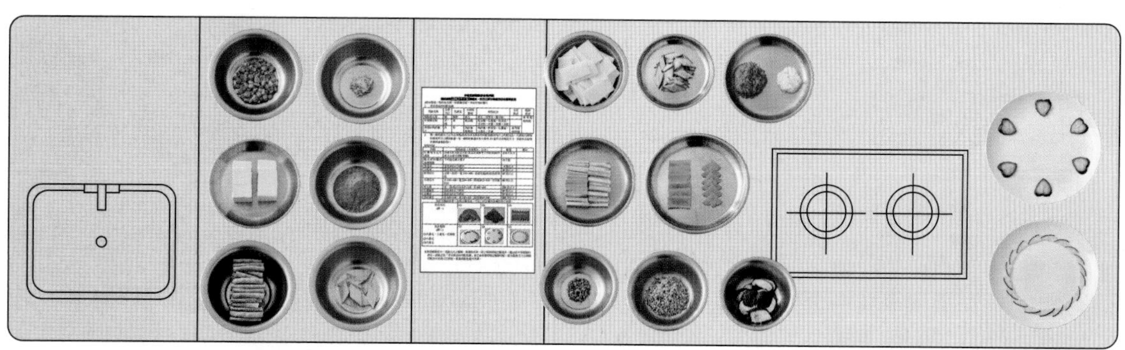

302-9-1

梅粉地瓜條

烹調規定及備註

1. 四季豆需切段。
2. 地瓜與四季豆沾麵糊炸熟上色，撒梅子粉調味。
3. 外型大小均一，沾粉均勻，不得脫粉、夾生、含油，規定材料不得短少。

材料及刀工規格

材料	刀工	規格（長度單位：公分）	圖示
地瓜	條	寬、高（厚）各為 0.5 ～ 1.0，長 4.0 ～ 6.0	
四季豆	段	長 4.0 ～ 6.0	
梅子粉		有效期限內，乾燥無受潮	

調味料： ❶ 太白粉 2/3 杯、麵粉 11/2 杯、泡打粉 2 小匙、沙拉油 1 大匙、水 2/3 杯、白醋 1 小匙
❷ 梅子粉 1 小匙

■ **重點步驟：**

調味料❶攪拌均勻為麵糊，靜置 5 ～ 10 分鐘。

將地瓜條沾麵糊。

待油鍋約 180 度後，放入地瓜條，撈出。

將四季豆沾麵糊。

續入四季豆。

炸至金黃酥脆撈起瀝乾，最後再撒上梅子粉翻拌均勻即可。

❶ 地瓜跟四季豆必須分別放入油鍋中炸，因兩者熟透的時間不同。
❷ 如何判斷油溫呢？可以將麵糊滴入油鍋中，若立即定型浮至表面、呈現微金黃色即可。判斷是否炸熟，可用剪刀剪開一條檢查。
❸ 依麵粉品牌或新舊，可能會影響麵糊的濃稠度。若太濃稠，可加水調整。
❹ 想判斷麵糊的濃稠度，可用手指沾裹上麵糊，若麵糊穩定包覆手指，且滴落時的速度緩慢，就可以了。

302-9-2

什錦鑲豆腐

蒸

烹調規定及備註

❶ 配料調味炒成內餡。
❷ 豆腐塊炸上色，挖出豆腐鑲入餡料，蒸熟後淋上芡汁。
❸ 豆腐不得破碎、焦黑、不得大小不一，規定材料不得短少。

材料及刀工規格

材料	刀工	規格（長度單位：公分）	圖示
板豆腐	四方塊	一開六	
紅蘿蔔	末	直徑 0.3 以下	
乾香菇	末	直徑 0.3 以下	
玉米粒		罐頭	
中薑	末	直徑 0.3 以下	
豆薯	末	直徑 0.3 以下	
豆乾	末	直徑 0.3 以下	

調味料： ❶ 鹽 1/4 小匙、糖 1/8 小匙、香油 1/2 小匙、胡椒粉 1/4 小匙、太白粉水 3 小匙
❷ 鹽 1/2 小匙、味精 1/2 小匙、水 1 杯
❸ 太白粉水 2 小匙

重點步驟：

起油鍋約 180 度，放入豆腐。

將豆腐炸至金黃色撈起，待涼後，用湯匙後端挖出凹槽。

爆香乾香菇末，加入所有材料、調味料❶拌炒成餡料，盛起。

將餡料填入豆腐凹槽，放入瓷盤，放入蒸鍋蒸熟。

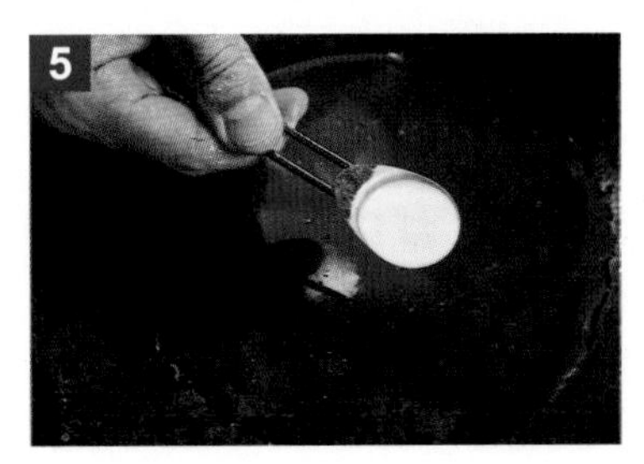

取一乾鍋，加入調味料❷煮滾，再加入調味料❸勾薄芡。

取出蒸好的豆腐，將芡汁淋在豆腐塊上即可。

注意事項

❶ 豆腐含水量較高，下鍋油炸前，可用紙巾擦拭表面水分，以免油爆。
❷ 以湯匙後端挖豆腐凹槽時，力道要拿捏好，以免太用力導致豆腐破掉。

302-9-3

香菇炒馬鈴薯片

烹調規定及備註

❶ 馬鈴薯去皮切片炸上色，紅蘿蔔水花片氽燙。
❷ 馬鈴薯與配料調味拌炒至熟。
❸ 馬鈴薯片不得鬆散、夾生或不成形，規定材料不得短少。

材料及刀工規格

材料	刀工	規格（長度單位：公分）	圖示
馬鈴薯	長片	長 4.0 ～ 6.0，寬 2.0 ～ 4.0， 高（厚）0.4 ～ 0.6	
鮮香菇	斜片	去蒂，斜切，寬 2.0 ～ 4.0， 長度及高（厚）依食材規格	
紅蘿蔔	水花片	自選 1 款及指定 1 款，指定款須參考 下列指定圖（形狀大小需可搭配菜餚）	

材料	刀工	規格（長度單位：公分）	圖示
中薑	菱形片	長 4.0 ～ 6.0，寬 2.0 ～ 4.0，高（厚）0.2 ～ 0.4	
小黃瓜	菱形片	長 4.0 ～ 6.0，寬 2.0 ～ 4.0，高（厚）0.2 ～ 0.4	

調味料： 鹽 1/2 小匙、糖 1/4 小匙、味精 1/2 小匙、水 1 小匙

重點步驟：

起油鍋約 180 度，放入馬鈴薯長片。

炸至金黃上色，撈起瀝乾油分。

汆燙鮮香菇斜片、紅蘿蔔水花片、小黃瓜菱形片，撈起。

爆香中薑菱形片。

放入全部材料。

加入調味料，拌炒均勻即可。

1. 炸馬鈴薯長片前，必須將水分吸乾，以免油爆。
2. 馬鈴薯務必炸熟，可以用剪刀剪一塊，來判斷是否熟了。
3. 馬鈴薯因含有酪氨酸，在削皮、切割後接觸空氣，就會變成黑褐，所以切割後、烹調前，可以浸泡在水裡，防止氧化。

302-10 題組

三絲淋蒸蛋

三色鮑菇捲

椒鹽牛蒡片

1. 菜名與食材切配依據

菜餚名稱	主要刀工	烹調法	主材料類別	材料組合	水花款式	盤飾款式
三絲淋蒸蛋	絲	蒸、羹	雞蛋	雞蛋、乾香菇、桶筍、小黃瓜、紅蘿蔔、中薑		參考規格明細
三色鮑菇捲	剞刀	炒	鮑魚菇	鮑魚菇、紅蘿蔔、黃甜椒、乾木耳、中薑、青椒	參考規格明細	
椒鹽牛蒡片	片	酥炸	牛蒡	牛蒡、芹菜、紅辣椒、中薑		

2. 材料明細

名稱	規格描述	重量（數量）	備註
乾香菇	直徑 4 公分以上	2 朵	4 克／朵（復水去蒂 9 克以上／朵）
乾木耳	葉面泡開有 4 公分以上	1 大片	12 克／片（泡開 50 克以上／片）
桶筍	合格廠商效期內	50 克	若為空心或軟爛不足需求量，應檢人可反應更換
小黃瓜	新鮮挺直無潰爛	2 條	80 克以上
大黃瓜	表面平整不皺縮不潰爛	1 截	6 公分長
鮑魚菇	新鮮不軟爛	4 大片	60 克／片
黃甜椒	新鮮無軟爛	70 克	140 克以上／個
青椒	新鮮無軟爛	60 克	120 克以上／個

名稱	規格描述	重量（數量）	備註
紅辣椒	表面平整不皺縮無潰爛	2 條	10 克以上／條
芹菜	新鮮無軟爛	30 克	
紅蘿蔔	表面平整不皺縮	300 克	若為空心須再補發
牛蒡	表面平整不皺縮	200 克	
中薑	長段無潰爛	120 克	可供切片與絲
雞蛋	外型完整鮮度足	4 顆	

3. 規格明細

材料	規格描述（公分）	數量	備註
紅蘿蔔水花片兩款	自選 1 款及指定 1 款，指定款須參考下列指定圖（形狀大小需可搭配菜餚）	各 6 片以上	
配合材料擺出兩種盤飾	下列指定圖 3 選 2	各 1 盤	
香菇絲	寬、高（厚）各為 0.2 ～ 0.4，長依食材規格	2 朵（18 克以上）	
桶筍絲	寬、高（厚）各為 0.2 ～ 0.4，長 4.0 ～ 6.0	40 克以上	
小黃瓜絲	寬、高（厚）各為 0.2 ～ 0.4，長 4.0 ～ 6.0	50 克以上	
鮑魚菇片	長、寬依食材規格。格子間隔 0.3 ～ 0.5，深度達 1/2 深的剞刀片塊	200 克以上	
黃甜椒片	長 3.0 ～ 5.0，寬 2.0 ～ 4.0，高（厚）依食材規格，可切菱形片	60 克以上	需去內膜
青椒片	長 3.0 ～ 5.0，寬 2.0 ～ 4.0，高（厚）依食材規格，可切菱形片	50 克以上	需去內膜
紅蘿蔔絲	寬、高（厚）各為 0.2 ～ 0.4，長 4.0 ～ 6.0	50 克以上	
牛蒡片	長 4.0 ～ 6.0，寬依食材規格，高（厚）0.2 ～ 0.4	180 克以上	去皮、斜刀切片

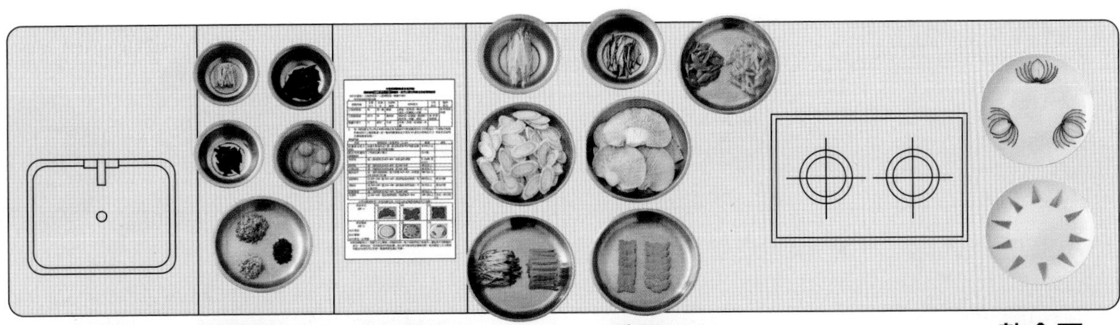

302-10-1

三絲淋蒸蛋

烹調規定及備註

1. 蒸蛋需水嫩且表面平滑，以水羹盤盛裝。
2. 乾香菇過油；紅蘿蔔、桶筍、小黃瓜汆燙即可。
3. 薑絲做為香配料的點綴。
4. 以琉璃芡淋於蒸蛋上，絲料及芡汁（約六、七分滿）適宜取量。
5. 四顆蛋份量的蒸蛋。
6. 允許有少許氣孔之嫩蒸蛋，不得為蒸過火的蜂巢狀，或變色之綠色蒸蛋，也不得為火候不足之未凝固作品。
7. 規定材料不得短少。

材料及刀工規格

材料	刀工	規格（長度單位：公分）	圖示
雞蛋		三段式打蛋法	
乾香菇	絲	寬、高（厚）各為 0.2 ～ 0.4，長依食材規格	
桶筍	絲	寬、高（厚）各為 0.2 ～ 0.4，長 4.0 ～ 6.0	
小黃瓜	絲	寬、高（厚）各為 0.2 ～ 0.4，長 4.0 ～ 6.0	

材料	刀工	規格（長度單位：公分）	圖示
紅蘿蔔	絲	寬、高（厚）各為 0.2 ～ 0.4，長 4.0 ～ 6.0	
中薑	絲	寬、高（厚）各為 0.2 ～ 0.4，長 4.0 ～ 6.0	

調味料： ❶ 鹽 1/4 小匙、白醋 1 小匙、水 11/2 杯、雞蛋 4 個
❷ 鹽 1 小匙、香油 1 小匙、味精 1 小匙、水 21/2 杯
❸ 太白粉水 3 小匙

重點步驟：

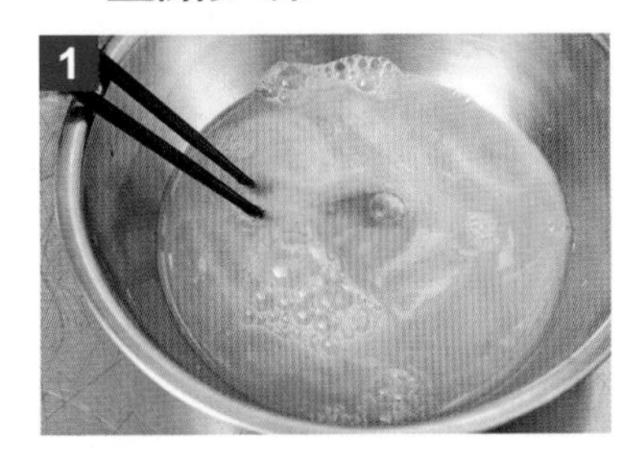

雞蛋依三段式打蛋順序，打散放入調味料 ❶ 拌勻。

過篩後倒入羹盤，鋪上保鮮膜，鍋蓋留一小縫隙，以中小火蒸約 12 分，蒸熟取出。

乾香菇過油備用。

汆燙筍絲、紅蘿蔔絲、小黃瓜絲，撈起。

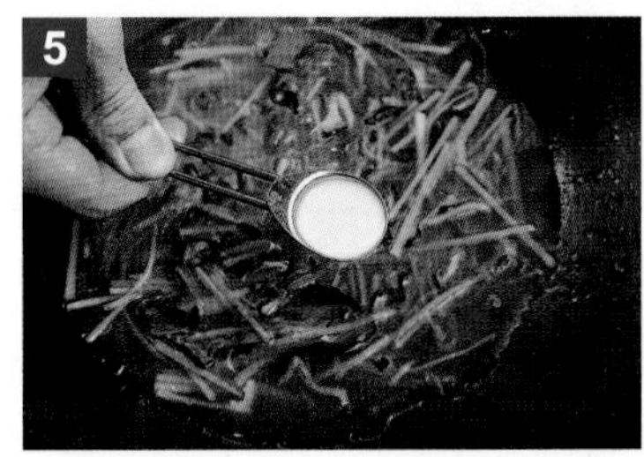

取一乾鍋，加入調味料 ❷ 煮滾後加入所有絲料，下調味料 ❸ 勾芡成琉璃芡。

淋於蒸蛋上即可。

❶ 蛋：水比例為 1：1.2 ～ 1.5，口感較滑嫩。一顆蛋約 50 ～ 60 克，四顆約 240 克，為一個量杯的量。因此四顆蛋，水可以加 1.2 ～ 1.5 杯。

❷ 使雞蛋凝固較快的方法，除了添加溫熱水以外，也可以在水中添加鹽與白醋。雞蛋前處理可參考 p.53 三段式打蛋法。

❸ 蒸蛋不可用大火，否則表面會呈現蜂巢狀或變成綠色。建議蒸的時候，蒸籠蓋留一小縫，不要完全蓋上。

302-10-2

三色鮑菇捲

烹調規定及備註

1. 鮑菇沾粉成捲型，炸上色。
2. 薑爆香，加配料調味與鮑菇捲、紅蘿蔔水花炒入味。
3. 鮑魚菇需呈捲狀，表面有花紋，不得含油焦黑，規定材料不得短少。

材料及刀工規格

材料	刀工	規格（長度單位：公分）	圖示
鮑魚菇	剞刀	長、寬依食材規格。格子間隔 0.3 ～ 0.5，深度達 1/2 深的剞刀片塊	
紅蘿蔔	水花片	自選 1 及指定 1 款，指定款須參考下列指定圖（形狀大小需可搭配菜餚）	
黃甜椒	菱形片	長 3.0 ～ 5.0，寬 2.0 ～ 4.0，高（厚）依食材規格，需去內膜	
乾木耳	菱形片	長 3.0 ～ 5.0，寬 2.0 ～ 4.0	
青椒	菱形片	長 3.0 ～ 5.0，寬 2.0 ～ 4.0，高（厚）依食材規格，需去內膜	

材料	刀工	規格（長度單位：公分）	圖示
中薑	菱形片	長 3.0 ～ 5.0，寬 2.0 ～ 4.0	

調味料： ❶ 太白粉 2 小匙 、麵粉 2 小匙
❷ 水 2 小匙、鹽 1/2 小匙、味精 1/4 小匙、香油 1 小匙、米酒 1 小匙
❸ 太白粉水 1 小匙

重點步驟：

1 汆燙鮑魚菇剞刀塊至軟，撈出後沖涼，擠乾水分備用。

2 汆燙木耳菱形片、青椒菱形片、黃甜椒菱形片、紅蘿蔔水花片，撈起。

3 將鮑菇片用牙籤固定，沾裹調味料 ❶ 乾粉，待返潮備用。

4 起油鍋約 180 度，將鮑菇捲炸至金黃酥脆，撈起瀝乾油分，並拔除牙籤。

5 爆香中薑菱形片。

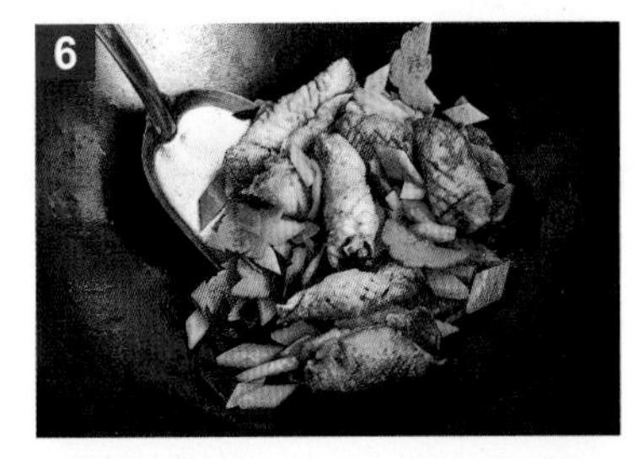
6 放入所有材料、調味料 ❷ 拌炒均勻，並加入調味料 ❸ 勾薄芡即可。

注意事項

❶ 鮑魚菇燙軟後，擦乾水分比較容易操作。
❷ 鮑魚菇捲起花紋朝外，以牙籤固定，炸熟後記得要拔除牙籤。

302-10-3

椒鹽牛蒡片

酥炸

烹調規定及備註

1. 牛蒡片沾麵糊炸酥。
2. 配料須爆香與牛蒡片一起撒上椒鹽拌勻。
3. 牛蒡片不可焦黑含油、椒鹽需均勻沾附，規定材料不得短少。

材料及刀工規格

材料	刀工	規格（長度單位：公分）	圖示
牛蒡	斜片	長 4.0 ～ 6.0，寬依食材規格，高（厚）0.2 ～ 0.4	
芹菜	末	直徑 0.3 以下	
紅辣椒	末	直徑 0.3 以下	
中薑	末	直徑 0.3 以下	

■ **調味料：** ❶ 太白粉 2/3 杯、麵粉 11/2 杯、泡打粉 2 小匙、沙拉油 1 大匙、水 2/3 杯、白醋 1 小匙
❷ 鹽 1/4 小匙、糖 1/4 小匙、胡椒粉 1/4 小匙

■ **重點步驟：**

調味料 ❶ 攪拌至光滑無顆粒，靜置 5～10 分鐘備用。

將牛蒡均勻裹上麵糊。

起油鍋約 180 度，放入牛蒡，轉中小火炸熟。

炸至金黃酥脆，撈起瀝乾油分。

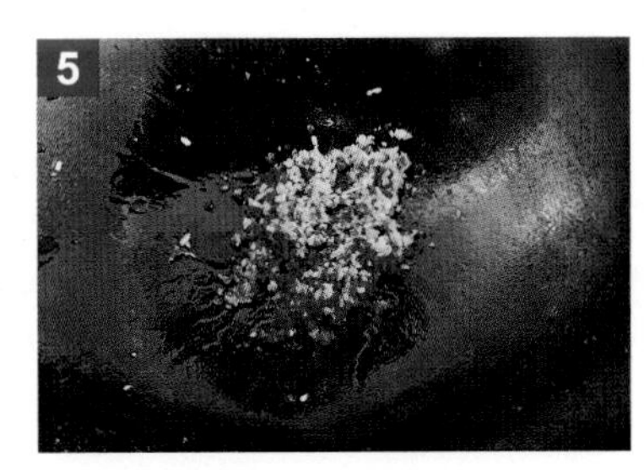
爆香中薑末、辣椒末。

放入牛蒡、芹菜末、調味料 ❷，拌炒均勻即可。

❶ 如何判斷油溫呢？可以將麵糊滴入油鍋中，若立即定型浮至表面、呈現微金黃色即可。判斷是否炸熟，可用剪刀剪開一條檢查。
❷ 依麵粉品牌或新舊，可能會影響麵糊的濃稠度。若太濃稠，可加水調整。想判斷麵糊的濃稠度，可用手指沾裹上麵糊，若麵糊穩定包覆手指，且滴落時的速度緩慢，就可以了。
❸ 牛蒡入油鍋炸尚未定型時，不要翻攪，以免麵糊脫落。

302-11 題組

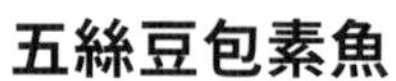
五絲豆包素魚

乾燒金菇柴把

竹筍香菇湯

1. 菜名與食材切配依據

菜餚名稱	主要刀工	烹調法	主材料類別	材料組合	水花款式	盤飾款式
五絲豆包素魚	絲	脆溜	生豆包	生豆包、海苔片、半圓豆皮、桶筍、乾木耳、紅蘿蔔、紅辣椒、中薑、酸菜仁		
乾燒金菇柴把	末	乾燒	金針菇	金針菇、海苔片、紅甜椒、黃甜椒、中薑、芹菜、豆薯、酒釀		參考規格明細
竹筍香菇湯	片	煮（湯）	鮮香菇 桶筍	鮮香菇、桶筍、小黃瓜、紅蘿蔔、中薑	參考規格明細	

2. 材料明細

名稱	規格描述	重量（數量）	備註
酒釀	有效期限內	20 克	公共材料區
海苔片	乾燥無受潮、有效期限內	2 大張	
乾木耳	葉面泡開有 4 公分以上	1 大片	12 克／片（泡開 50 克以上／片）
半圓豆皮	有效期限內	1 張	直徑長 35 公分以上
生豆包	有效期限內，無酸味	4 片	
酸菜仁	新鮮無軟爛	30 克	
桶筍	合格廠商效期內	100 克	若為空心或軟爛不足需求量，應檢人可反應更換

名稱	規格描述	重量(數量)	備註
金針菇	新鮮無軟爛	200 克	
鮮香菇	直徑 5 公分以上	4 朵	25 克以上／朵
紅甜椒	表面平整不皺縮無潰爛	30 克	140 克以上／個
黃甜椒	表面平整不皺縮無潰爛	30 克	140 克以上／個
紅辣椒	表面平整不皺縮	2 條	10 克以上／條
芹菜	新鮮無軟爛	20 克	
紅蘿蔔	表面平整不皺縮	300 克	若為空心須再補發
豆薯	表面平整不皺縮無潰爛	30 克	
中薑	新鮮長段無潰爛	100 克	夠切末、絲、片
小黃瓜	新鮮挺直無潰爛	1 條	80 克以上
大黃瓜	表面平整不皺縮不潰爛	1 截	6 公分長

3. 規格明細

材料	規格描述(公分)	數量	備註
紅蘿蔔水花片兩款	自選 1 款及指定 1 款,指定款須參考下列指定圖(形狀大小需可搭配菜餚)	各 6 片以上	
配合材料擺出兩種盤飾	下列指定圖 3 選 2	各 1 盤	
木耳絲	寬 0.2 ~ 0.4,長 4.0 ~ 6.0,高(厚)依食材規格	30 克以上	
酸菜仁絲	寬、高(厚)各為 0.2 ~ 0.4,長 4.0 ~ 6.0	20 克以上	
桶筍片	長 4.0 ~ 6.0,寬 2.0 ~ 4.0,高(厚)0.2 ~ 0.4,可切菱形片	70 克以上	
鮮香菇片	去蒂,斜切,寬 2.0 ~ 4.0、長度及高(厚)依食材規格	85 克以上	
紅甜椒末	直徑 0.3 以下碎末	20 克以上	需去內膜
黃甜椒末	直徑 0.3 以下碎末	20 克以上	需去內膜
紅辣椒絲	寬、高(厚)各為 0.3 以下,長 4.0 ~ 6.0	8 克以上	
中薑絲	寬、高(厚)各為 0.3 以下,長 4.0 ~ 6.0	30 克以上	
紅蘿蔔絲	寬、高(厚)各為 0.2 ~ 0.4,長 4.0 ~ 6.0	50 克以上	
豆薯末	直徑 0.3 以下碎末	20 克以上	

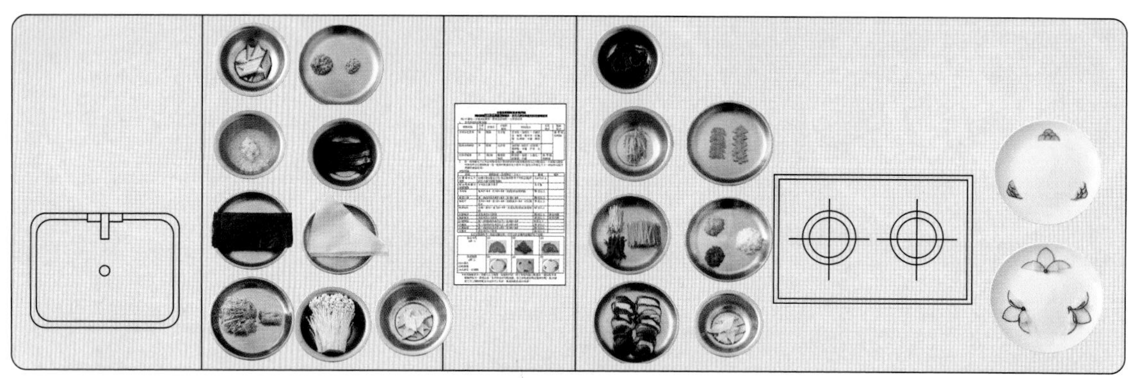

可將這個題組三道菜餚中，操作過程容易出錯的地方寫下來，多加練習！

302-11-1

五絲豆包素魚

脆溜

烹調規定及備註

1. 豆包調味成餡料。
2. 豆皮放海苔片，鋪上餡料，捲起成甜筒型，以麵糊封口蒸熟。
3. 切開成厚片狀連刀不斷，下鍋炸至金黃色。
4. 配料調味勾薄芡，淋上素魚。
5. 成品需扎實不可鬆散，需有魚形，規定材料不得短少。

材料及刀工規格

材料	刀工	規格（長度單位：公分）	圖示
生豆包	絲	寬、高（厚）各為 0.2 ～ 0.4，長 4.0 ～ 6.0	
海苔片		乾燥無受潮、有效期限內	
半圓豆皮		有效期限內	
桶筍	絲	寬、高（厚）各為 0.2 ～ 0.4 ，長 4.0 ～ 6.0	
酸菜仁	絲	寬、高（厚）各為 0.2 ～ 0.4，長 4.0 ～ 6.0	
乾木耳	絲	寬 0.2 ～ 0.4，長 4.0 ～ 6.0，高（厚）依食材規格	

材料	刀工	規格（長度單位：公分）	圖示
紅蘿蔔	絲	寬、高（厚）各為 0.2 ～ 0.4，長 4.0 ～ 6.0	
紅辣椒	絲	寬、高（厚）各為 0.3 以下，長 4.0 ～ 6.0	
中薑	絲	寬、高（厚）各為 0.3 以下，長 4.0 ～ 6.0	

■ **調味料：** ❶ 鹽 1/4 小匙、胡椒粉 1/4 小匙、太白粉 11/2 大匙
❷ 麵粉 3 大匙、水 2 大匙
❸ 太白粉 1 小匙
❹ 醬油 2 大匙、水 11/2 杯、味精 1/2 小匙、鹽 1/2 小匙、烏醋 1 大匙、太白粉水 2 小匙

■ **重點步驟：**

1 生豆包絲擠乾水分，加調味料 ❶ 拌勻，做成餡料。

2 豆皮鋪平，抹上調味料 ❷ 麵糊，放上海苔，鋪上餡料。

3 捲起成圓扁狀，整型成魚的形狀，再用麵糊封黏接口處。

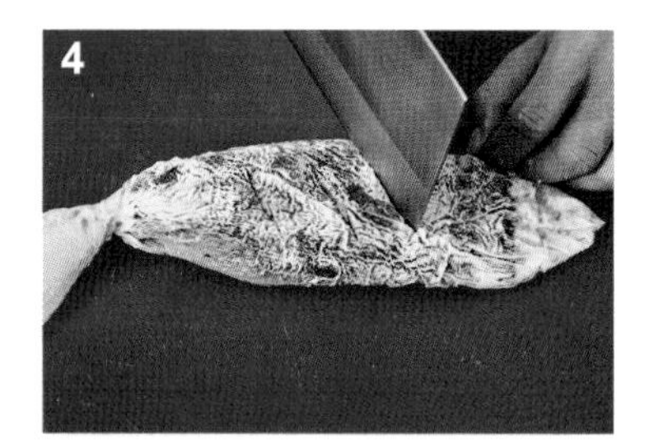

4 素魚腹表皮，斜切 3 刀。

5 以調味料 ❸ 拍粉，起油鍋約 180 度，放入炸定型，撈起放在瓷盤上。

6 爆香中薑，放入所有絲料，加入調味料 ❹ 勾薄芡，再淋於素魚上即可。

❶ 桶筍及酸菜仁為加工醃製品，烹調前必須先汆燙，去除多餘的酸味。
❷ 因成品為素魚，所以建議使用腰子盤（魚盤）盛盤。

302-11-2

乾燒金菇柴把

烹調規定及備註

1. 金針菇摺成柴把形，並以海苔捲起後封口。柴把沾麵糊炸酥。
2. 以中薑末爆香加入配料調味，入金菇柴把乾燒入味。
3. 金菇柴把不可焦黑、鬆散，規定材料不得短少。

材料及刀工規格

材料	刀工	規格（長度單位：公分）	圖示
金針菇	段	去蒂頭	
海苔片	條	剪成長條，長 6.0 ～ 8.0，寬 0.2 ～ 0.4	
紅甜椒	末	直徑 0.3 以下，需去內膜	
黃甜椒	末	直徑 0.3 以下，需去內膜	
中薑	末	直徑 0.3 以下	
芹菜	末	直徑 0.3 以下	
豆薯	末	直徑 0.3 以下	
酒釀		有效期限內，公共材料區	

■ **調味料：** ❶ 麵粉 3 大匙、水 2 大匙
❷ 麵粉 2 大匙
❸ 辣豆瓣醬 2 大匙、酒釀 1 小匙、醬油 1 小匙、糖 1/4 小匙、水 5 大匙、白醋 1/2 大匙
❹ 太白粉水 1 小匙

■ **重點步驟：**

1 金針菇平均分成六小把。

2 用海苔沾調味料 ❶ 麵糊，將金針菇捲成圓柱狀備用。

3 將金針菇沾濕，拍調味料 ❷ 麵粉備用。

4 油鍋約 180 度，放入金針菇後轉中小火。

5 將金針菇炸至金黃色，撈起瀝乾油分。

6 爆香中薑，放調味料 ❸ 煮滾，再加入豆薯末、紅甜椒末、黃甜椒末、柴把金針菇燒入味，加入調味料 ❹ 勾薄芡收汁，最後撒上芹菜末炒勻即可盛盤。

注意事項

❶ 金針菇柴把大小盡量一致，油炸時展開的大小才會美觀。
❷ 炸金針菇柴把的油溫不可過高，以免焦黑。

302-11-3

竹筍香菇湯

煮（湯）

烹調規定及備註

1. 食材加紅蘿蔔水花片調味煮熟。
2. 湯底不可過鹹，規定材料不得短少。

材料及刀工規格

材料	刀工	規格（長度單位：公分）	圖示
鮮香菇	斜片	去蒂，斜切，寬 2.0 ～ 4.0， 長度及高（厚）依食材規格	
桶筍	菱形片	長 4.0 ～ 6.0，寬 2.0 ～ 4.0，高（厚）0.2 ～ 0.4	
小黃瓜	菱形片	長 4.0 ～ 6.0，寬 2.0 ～ 4.0，高（厚）0.2 ～ 0.4	
紅蘿蔔	水花片	自選 1 款及指定 1 款，指定款須參考 下列指定圖（形狀大小需可搭配菜餚）	
中薑	菱形片	長 4.0 ～ 6.0，寬 2.0 ～ 4.0，高（厚）0.2 ～ 0.4	

■ **調味料：** 鹽 1 大匙、味精 1/2 大匙、香油 1/8 小匙、米酒 1 大匙

■ **重點步驟：**

將鮮香菇斜片、紅蘿蔔水花片、桶筍菱形片汆燙備用。

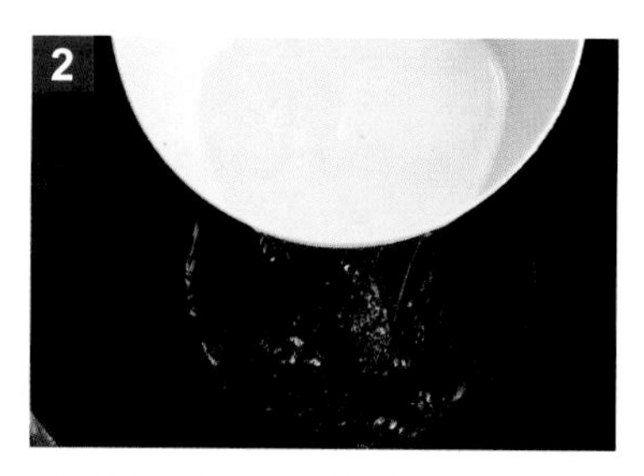

碗公加八分滿的水，倒入鍋中。

煮滾後加入中薑片、鮮香菇斜片、紅蘿蔔水花片、桶筍菱形片。

加入鹽、米酒。

再放入小黃瓜菱形片煮滾。

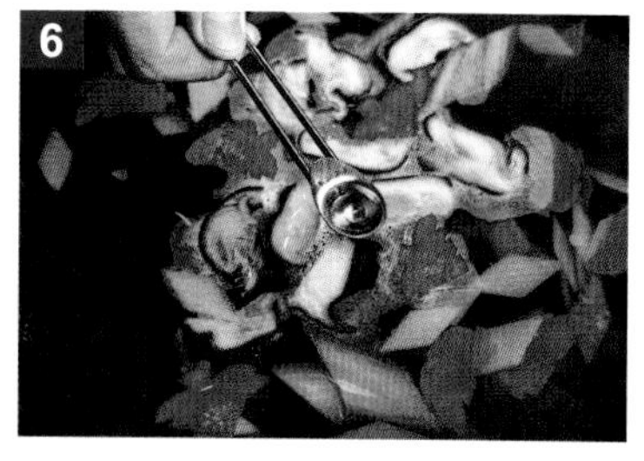

最後加入味精、香油即可。

❶ 桶筍為加工醃製品，建議桶筍烹調前先汆燙，去除多餘的酸味。
❷ 以碗公裝水倒入鍋中計算湯量，放入材料煮滾後，就可以全部倒回碗公，不用擔心湯不夠或太多。

Memo

可將這個題組三道菜餚中，操作過程容易出錯的地方寫下來，多加練習！

302-12 題組

沙茶香菇腰花

麵包地瓜餅

五彩拌西芹

1. 菜名與食材切配依據

菜餚名稱	主要刀工	烹調法	主材料類別	材料組合	水花款式	盤飾款式
沙茶香菇腰花	剞刀厚片	炒	乾香菇	乾香菇、紅甜椒、黃甜椒、青椒、中薑、紅蘿蔔	參考規格明細	參考規格明細
麵包地瓜餅	泥	炸	地瓜	地瓜、麵包屑、紅豆沙、雞蛋		
五彩拌西芹	絲	涼拌	西芹	西芹、紅蘿蔔、豆乾、乾木耳、綠豆芽、黃甜椒、中薑		

2. 材料明細

名稱	規格描述	重量（數量）	備註
素沙茶醬	有效期限內	60 克	
麵包屑	保存期限內	200 克	
乾木耳	葉面泡開有 4 公分以上	1 大片	12 克／片（泡開 50 克以上／片）
乾香菇	直徑 4 公分以上	20 朵	4 克／朵（復水去蒂 9 克以上／朵）
紅豆沙	有效期限內	120 克	
五香大豆乾	正方形豆乾，表面完整無酸味	1 塊	35 克以上／塊
紅甜椒	表面平整不皺縮無潰爛	70 克	140 克以上／個
黃甜椒	表面平整不皺縮無潰爛	140 克	140 克以上／個

名稱	規格描述	重量（數量）	備註
青椒	表面平整不皺縮無潰爛	60 克	120 克以上／個
綠豆芽	新鮮無軟爛	50 克	
紅辣椒	新鮮不軟爛	1 條	10 克以上／條
中薑	新鮮無軟爛	30 克	
地瓜	表面平整不皺縮無潰爛	350 克	
西芹	新鮮無潰爛	100 克	
紅蘿蔔	表面平整不皺縮	300 克	若為空心須再補發
小黃瓜	鮮度足，不可大彎曲	1 條	80 克以上
大黃瓜	表面平整不皺縮不潰爛	1 截	6 公分長
雞蛋	新鮮、有效期限內	1 粒	

3. 規格明細

材料	規格描述（公分）	數量	備註
紅蘿蔔水花片兩款	自選 1 款及指定 1 款，指定款須參考下列指定圖（形狀大小需可搭配菜餚）	各 6 片以上	
配合材料擺出兩種盤飾	下列指定圖 3 選 2	各 1 盤	
香菇剞刀片	長、寬依食材規格。格子間隔 0.3 ～ 0.5，深度達 1/2 深的剞刀片塊	180 克以上	
木耳絲	寬 0.2 ～ 0.4，長 4.0 ～ 6.0，高（厚）依食材規格	30 克以上	
豆乾絲	寬、高（厚）各為 0.2 ～ 0.4，長 4.0 ～ 6.0	30 克以上	
紅甜椒片	長 3.0 ～ 5.0，寬 2.0 ～ 4.0，高（厚）依食材規格，可切菱形片	50 克以上	需去內膜
黃甜椒片	長 3.0 ～ 5.0，寬 2.0 ～ 4.0，高（厚）依食材規格，可切菱形片	50 克以上	需去內膜
青椒片	長 3.0 ～ 5.0，寬 2.0 ～ 4.0，高（厚）依食材規格，可切菱形片	50 克以上	需去內膜
黃甜椒絲	寬、高（厚）各為 0.2 ～ 0.4，長 4.0 ～ 6.0	50 克以上	需去內膜
西芹絲	寬、高（厚）各為 0.2 ～ 0.4，長 4.0 ～ 6.0	80 克以上	
紅蘿蔔絲	寬、高（厚）各為 0.2 ～ 0.4，長 4.0 ～ 6.0	60 克以上	

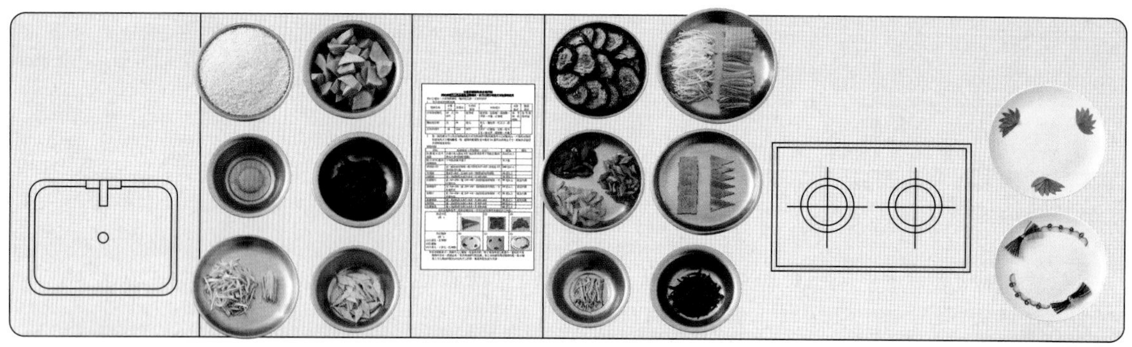

Memo

可將這個題組三道菜餚中，操作過程容易出錯的地方寫下來，多加練習！

302-12-1

沙茶香菇腰花

■ 烹調規定及備註

1. 香菇沾太白粉以牙籤固定成腰花形，過油上色。
2. 爆香調味，加入腰花、配料與紅蘿蔔水花片拌炒入味。
3. 不可嚴重出油，腰花不得鬆散焦黑，規定材料不得短少。

■ 材料及刀工規格

材料	刀工	規格（長度單位：公分）	圖示
乾香菇	剞刀	長、寬依食材規格。格子間隔 0.3 ～ 0.5，深度達 1/2 深的剞刀片塊	
紅甜椒	菱形片	長 3.0 ～ 5.0，寬 2.0 ～ 4.0，高（厚）依食材規格，需去內膜	
黃甜椒	菱形片	長 3.0 ～ 5.0，寬 2.0 ～ 4.0，高（厚）依食材規格，需去內膜	
青椒	菱形片	長 3.0 ～ 5.0，寬 2.0 ～ 4.0，高（厚）依食材規格，需去內膜	

材料	刀工	規格（長度單位：公分）	圖示
中薑	菱形片	長 3.0 ～ 5.0，寬 2.0 ～ 4.0， 高（厚）0.2 ～ 0.4	
紅蘿蔔	水花片	自選 1 款及指定 1 款，指定款須參考下列指定圖（形狀大小需可搭配菜餚）	

調味料： ❶ 太白粉 3 大匙
❷ 素沙茶醬 1 大匙、醬油 1 大匙、水 1 大匙、糖 1/4 大匙

重點步驟：

香菇拍上調味料 ❶，以牙籤固定，待返潮炸酥，瀝乾備用。

起油鍋約 180 度，炸酥香菇起鍋，瀝油備用，抽出牙籤。

青椒菱形片、紅甜椒菱形片、黃甜椒菱形片汆燙備用。

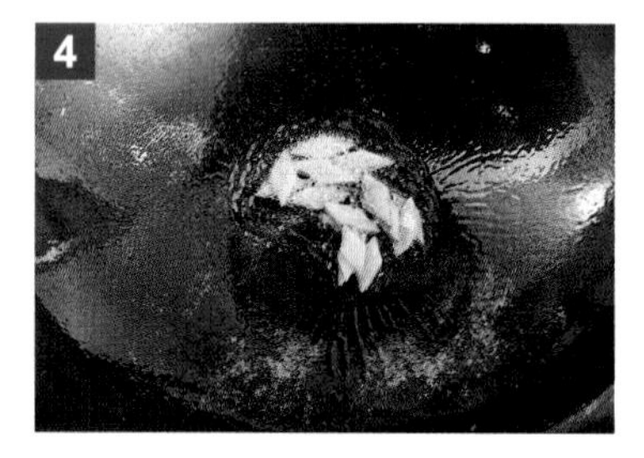

中薑菱形片爆香。

放入全部材料拌炒。

加入調味料 ❷ 拌炒均勻即可。

❶ 香菇格紋要朝外再以牙籤固定，紋路才會在外面。
❷ 素沙茶醬含油量高，爆香時沙拉油不要加太多，以免成品出油嚴重。

302-12-2

麵包地瓜餅

烹調規定及備註

1. 地瓜蒸熟壓成泥調味，包入紅豆沙成圓餅狀。
2. 裹上麵包屑，油炸至金黃色。
3. 地瓜餅大小一致，不可鬆散、脱粉及含油，規定材料不得短少。

材料及刀工規格

材料	刀工	規格（長度單位：公分）	圖示
地瓜	圓片	高（厚）0.5 ～ 1.0	
麵包屑		保存期限內	
紅豆沙		有效期限內	
雞蛋		三段式打蛋法	

調味料： 麵粉 2 小匙、太白粉 1 小匙、糖 1 小匙

重點步驟：

地瓜片蒸 15 ～ 20 分鐘，蒸熟取出壓成泥狀。

地瓜泥加調味料揉成麵糰，平均分成六等分備用。

紅豆沙平均分成六等分備用。

用地瓜泥包入豆沙餡，壓成圓餅狀。

將地瓜餅沾上蛋液，再沾裹麵包屑。

起油鍋約 150 度，放入地瓜餅，炸至金黃色撈起，再用大火逼油炸酥，撈起瀝乾油分，擺盤即可。

1. 公共材料區有另外放置 12 顆蛋，若蛋液不夠，可以至公共材料區拿 1 顆。
2. 地瓜餅沾麵包屑要壓緊實，可靜置 3 分鐘，使其返潮後再油炸，麵包屑較不易脫落。
3. 麵包屑油炸時容易上色，油溫建議不要太高，而且時間必須掌握得宜，否則很容易燒焦。
4. 雞蛋前處理時，參考 p.53，使用三段式打蛋法。

302-12-3

五彩拌西芹

涼拌

烹調規定及備註

1. 全部材料燙熟，以可食用水泡冷，瀝乾調味拌勻。
2. 需遵守衛生安全規定，規定材料不得短少。

材料及刀工規格

材料	刀工	規格（長度單位：公分）	圖示
西芹	絲	寬、高（厚）各為0.2～0.4，長4.0～6.0	
紅蘿蔔	絲	寬、高（厚）各為0.2～0.4，長4.0～6.0	
豆乾	絲	寬、高（厚）各為0.2～0.4，長4.0～6.0	
乾木耳	絲	寬0.2～0.4，長4.0～6.0，高（厚）依食材規格	
黃甜椒	絲	寬、高（厚）各為0.2～0.4，長4.0～6.0，需去內膜	

材料	刀工	規格（長度單位：公分）	圖示
綠豆芽	去頭尾	拔去頭尾，為銀芽	
中薑	絲	寬、高（厚）各為 0.2 ～ 0.4， 長 4.0 ～ 6.0	

調味料： 鹽 1 小匙、糖 1 小匙、味精 1 小匙、米酒 1 小匙、香油 11/2 小匙

重點步驟：

汆燙全部材料。

放入裝有食用水或礦泉水的大瓷碗公內。

待所有材料泡冷後瀝乾，放入乾的大瓷碗公中。

加入調味料。

用筷子或戴上衛生手套翻拌均勻。

瀝乾多餘的水分，擺盤即可。

❶ 此道菜餚為涼拌菜，需要特別注意衛生手法。
❷ 水分必須瀝乾後再調味，以免成品出水過多。

Memo

可將這個題組三道菜餚中，操作過程容易出錯的地方寫下來，多加練習！

可將這個題組三道菜餚中，操作過程容易出錯的地方寫下來，多加練習！

PART 08

學科測試應檢人須知

壹、測試內容

代碼	內容	出題比例
07601	中餐烹調素食丙級工作項目	60%
90010	食品安全衛生及營養相關職類 共同科目（不分級）	20%
90006	職業安全衛生 共同科目（不分級）	5%
90007	工作倫理與職業道德 共同科目（不分級）	5%
90008	環境保護 共同科目（不分級）	5%
90009	節能減碳 共同科目（不分級）	5%

◆ 學科考試攜帶小提醒：

1. **相關證件：**通知單、准考證、有照片之身分證件（例如身分證、健保卡、駕照）
2. **文具：**原子筆、修正帶、2B 鉛筆、橡皮擦（即測即評測驗採電腦作答，不需準備文具）

◆ 建議準備：

◎透明夾鏈袋，放入相關證件及文具，攜帶方便也較不易遺失。

貳、學科題庫

(一)中餐烹調素食丙級工作項目

07601 中餐烹調 —— 素食丙級

工作項目 01：食物性質之認識與選購

1. (3) 下列何種食物不屬堅果類？ ①核桃 ②腰果 ③黃豆 ④杏仁。
2. (2) 以發酵方法製作泡菜，其酸味是來自於醃漬時的 ①碳酸菌 ②乳酸菌 ③酵母菌 ④酒釀。
3. (4) 醬油膏比一般醬油濃稠是因為 ①醱酵時間較久 ②加入了較多的糖與鹽 ③濃縮了，水分含量較少 ④加入修飾澱粉在內。
4. (1) 深色醬油較適用於何種烹調法？ ①紅燒 ②炒 ③蒸 ④煎。
5. (4) 食用油若長時間加高溫，其結果是 ①能殺菌、容易保存 ②增加油色之美觀 ③增長使用期限 ④產生有害物質。
6. (2) 沙拉油品質愈好則 ①加熱後愈容易冒煙 ②加熱後不易冒煙 ③一經加熱即很快起泡沫 ④不加熱也含泡沫。
7. (2) 添加相同比例量的水於糯米中，烹煮後的圓糯米比尖糯米之質地 ①較硬 ②較軟 ③較鬆散 ④相同。
8. (1) 含有筋性的粉類是 ①麵粉 ②玉米粉 ③太白粉 ④甘藷粉。
9. (2) 下列何種澱粉以手捻之有滑感？ ①麵粉 ②太白粉 ③泡打粉 ④在來米粉。
10. (4) 黏性最大的米為 ①蓬萊米 ②在來米 ③胚芽米 ④糯米。
11. (1) 麵糰添加下列何種調味料可促進其延展性？ ①鹽 ②胡椒粉 ③糖 ④醋。
12. (2) 製作包子之麵粉宜選用下列何者？ ①低筋麵粉 ②中筋麵粉 ③高筋麵粉 ④澄粉。
13. (3) 花生與下列何種食物性質差異最大？ ①核桃 ②腰果 ③綠豆 ④杏仁。
14. (3) 因存放日久而發芽以致產生茄靈毒素，不能食用之食物是 ①洋蔥 ②胡蘿蔔 ③馬鈴薯 ④毛豆。
15. (2) 下列食品何者含澱粉質較多？ ①荸薺 ②馬鈴薯 ③蓮藕 ④豆薯(刈薯)。
16. (4) 下列食品何者為非發酵食品？ ①醬油 ②米酒 ③酸菜 ④牛奶。
17. (1) 大茴香俗稱 ①八角 ②丁香 ③花椒 ④甘草。
18. (3) 腐竹是用下列何種食材加工製成的？ ①綠豆 ②紅豆 ③黃豆 ④花豆。
19. (2) 豆腐是以 ①花豆 ②黃豆 ③綠豆 ④紅豆 為原料製作而成的。
20. (3) 經烹煮後顏色較易保持綠色的蔬菜為 ①小白菜 ②空心菜 ③芥蘭菜 ④青江菜。
21. (3) 低脂奶是指牛奶中 ①蛋白質 ②水分 ③脂肪 ④鈣 含量低於鮮奶。
22. (2) 下列何種食物切開後會產生褐變？ ①木瓜 ②楊桃 ③鳳梨 ④釋迦。
23. (2) 下列哪一種物質是禁止作為食品添加物使用？ ①小蘇打 ②硼砂 ③味素 ④紅色 6 號色素。

24.（3） 菜名中含有「雙冬」二字，常見的是哪二項材料？ ①冬瓜、冬筍 ②冬菇、冬菜 ③冬菇、冬筍 ④冬菇、冬瓜。

25.（4） 菜名中有「發財」二字的菜，其所用材料通常會有 ①香菇 ②金針 ③蝦米 ④髮菜。

26.（4） 銀芽是指 ①綠豆芽 ②黃豆芽 ③苜蓿芽 ④去掉頭尾的綠豆芽。

27.（1） 食物腐敗通常出現的現象為 ①發酸或產生臭氣 ②鹽分增加 ③蛋白質變硬 ④重量減輕。

28.（4） 發霉的穀類含有 ①氰化物 ②生物鹼 ③蕈毒鹼 ④黃麴毒素 對人體有害，不宜食用。

29.（4） 下列何種食物發芽後會產生毒素而不宜食用？ ①紅豆 ②綠豆 ③花生 ④馬鈴薯。

30.（3） 製作油飯時，為使其口感較佳，較常選用 ①蓬萊米 ②在來米 ③長糯米 ④圓糯米。

31.（2） 酸辣湯的辣味來自於 ①芥茉粉 ②胡椒粉 ③花椒粉 ④辣椒粉。

32.（3） 下列何者為較新鮮的蛋？ ①蛋殼光滑者 ②氣室大的蛋 ③濃厚蛋白量較多者④蛋白彎曲度小的。

33.（2） 製作蒸蛋時，添加何種調味料將有助於增加其硬度？ ①蔗糖 ②鹽 ③醋 ④酒。

34.（2） 下列哪一種為天然膨大劑？ ①發粉 ②酵母 ③小蘇打 ④阿摩尼亞。

35.（1） 乾米粉較耐保存之原因為 ①產品乾燥含水量低 ②含多量防腐劑 ③包裝良好 ④急速冷卻。

36.（4） 冷凍食品是一種 ①不夠新鮮的食物放入低溫冷凍而成 ②將腐敗的食物冰凍起來 ③添加化學物質於食物中並冷凍而成 ④把品質良好之食物，處理後放在低溫下，使之快速凍結之食品。

37.（2） 油炸食物後應 ①將油倒回新油容器中 ②將油渣過濾掉，另倒在乾淨容器中 ③將殘渣留在油內以增加香味 ④將油倒棄於水槽內。

38.（3） 罐頭可以保存較長的時間，主要是因為 ①添加防腐劑在內 ②罐頭食品濃稠度高，細菌不易繁殖 ③食物經過脫氣密封包裝，再加以高溫殺菌 ④罐頭為密閉的容器與空氣隔絕，外界氣體無法侵入。

39.（4） 食物烹調的原則宜為 ①調味料愈多愈好 ②味精用量為食物重量的百分之五 ③運用簡便的高湯塊 ④原味烹調。

40.（3） 下列材料何者不適合應用於素食中？ ①辣椒 ②薑 ③蕗蕎 ④九層塔。

41.（1） 吾人應少食用「造型素材」如素魚、素龍蝦的原因為 ①高添加物、高色素、 高調味料 ②低蛋白、高價位 ③造型欠缺真實感 ④高香料、高澱粉。

42.（2） 大部分的豆類不宜生食係因 ①味道噁心 ②含抗營養因子 ③過於堅硬，難以吞嚥 ④不易消化。

43.（4） 選擇生機飲食產品時，應先考慮 ①物美價廉 ②容易烹調 ③追求流行 ④個人身體特質。

44.（3） 一般製造素肉（人造肉）的原料是 ①玉米 ②雞蛋 ③黃豆 ④生乳。

45.（4） 所謂原材料，係指 ①原料及食材 ②乾貨及生鮮食品 ③主原料、副原料及食品添加物 ④原料及包裝材料。

46.（1） 麵粉糊中加了油，在烹炸食物時，會使外皮 ①酥脆 ②柔軟 ③僵硬 ④變焦。

47.（3） 將蛋放入 6% 的鹽水中，呈現半沉半浮表示蛋的品質為下列何者？ ①重量夠 ②愈新鮮 ③不新鮮 ④品質好。

48.（2） 乾燥金針容易有 ①一氧化硫 ②二氧化硫 ③氯化鈉 ④氫氧化鈉 殘留過量的問題，所以挑選金針時，以有優良金針標誌者為佳。

49.（1） 對光照射鮮蛋，品質愈差的蛋其氣室 ①愈大 ②愈小 ③不變 ④無氣室。

50.（3） 蘆筍筍尖尚未出土前採收的地下嫩莖為下列何者？ ①茭白筍 ②青蘆筍 ③白蘆筍 ④綠竹筍。

51.（2） 蛋黃醬中因含有 ①糖 ②醋酸 ③沙拉油 ④芥末粉 細菌不易繁殖，因此不易腐敗。

52.（2） 蛋黃醬之保存性很強，在室溫約可貯存多久？ ①一個月 ②三個月 ③五個月 ④七個月。

53.（3） 煮糯米飯（未浸過水）所用的水分比白米飯少，通常是白米飯水量的 ① 1/2 ② 1/3 ③ 2/3 ④ 1/4。

54.（3） 將炸過或煮熟之食物材料，加調味料及少許水，再放回鍋中炒至無汁且入味的烹調法是？ ①煨 ②燴 ③煸 ④燒。

55.（3） 蛋黃的彎曲度愈高者，表示該蛋愈 ①腐敗 ②陳舊 ③新鮮 ④與新鮮度沒有關係。

56.（2） 買雞蛋時宜選購 ①蛋殼光潔平滑者 ②蛋殼乾淨且粗糙者 ③蛋殼無破損即可 ④蛋殼有特殊顏色者。

57.（1） 選購皮蛋的技巧為下列何者？ ①蛋殼表面與生蛋一樣，無黑褐色斑點者 ②蛋殼有許多粗糙斑點者 ③蛋殼光滑即好，有無斑點皆不重要 ④價格便宜者。

58.（3） 鹹蛋一般是以 ①火雞蛋 ②鵝蛋 ③鴨蛋 ④鴕鳥蛋 醃漬而成。

59.（3） 下面哪一種是新鮮的乳品特徵？ ①倒入玻璃杯，即見分層沉澱 ②搖動時產生多量泡沫 ③濃度適當、不凝固，將乳汁滴在指甲上形成球狀 ④含有粒狀物。

60.（1） 採購蔬果應先考慮之要項為 ①生產季節與市場價格 ②形狀與顏色 ③冷凍品與冷藏品 ④重量與品名。

61.（3） 選購罐頭食品應注意 ①封罐完整即好 ②凸罐者表示內容物多 ③封罐完整，並標示完全 ④歪罐者為佳。

62.（1） 醬油如用於涼拌菜及快炒菜，為不影響色澤應選購 ①淡色 ②深色 ③薄鹽 ④醬油膏 醬油。

63.（2） 絲瓜的選購以何者最佳？ ①越輕越好 ②越重越好 ③越長越好 ④越短越好。

64.（3） 下列哪一種蔬菜在夏季是盛產期？ ①高麗菜 ②菠菜 ③絲瓜 ④白蘿蔔。

65.（4） 胚芽米中含 ①澱粉 ②蛋白質 ③維生素 ④脂肪 量較高，易酸敗、不耐貯藏。

66.（2） 蛋液中添加下列何種食材，可改善蛋的凝固性與增加蛋之柔軟度？ ①鹽 ②牛奶 ③水 ④太白粉。

67.（1） 1 台斤為 600 公克，3000 公克為 ① 3 公斤 ② 85 兩 ③ 6 台斤 ④ 8 台斤。

68.（3） 26 兩等於多少公克？ ① 26 公克 ② 850 公克 ③ 975 公克 ④ 1275 公克。

69.（3） 食材 450 公克最接近 ① 1 台斤 ②半台斤 ③ 1 磅 ④ 8 兩。

70.（1） 瓜類中，冬瓜比胡瓜的儲藏期 ①較長 ②較短 ③不能比較 ④相同。

71.（4）下列何者不屬於蔬菜？①豌豆夾 ②皇帝豆 ③四季豆 ④綠豆。

72.（3）屬於春季盛產的蔬菜是 ①麻竹筍 ②蓮藕 ③百合 ④大白菜。

73.（2）國內蔬菜水果之市場價格與 ①生長環境 ②生產季節 ③重量 ④地區性 具有密切關係。

74.（3）一般餐廳供應份數與 ①人事費用 ②水電費用 ③食物材料費用 ④房租 成正比。

75.（3）選購以符合經濟實惠原則的罐頭，須注意 ①價格便宜就好 ②進口品牌 ③外觀無破損、製造日期、使用時間、是否有歪罐或銹罐 ④可保存五年以上者。

76.（2）主廚開功能表製備菜餚，食材的選擇應以 ①進口食材 ②當地及季節性食材 ③價格昂貴的食材 ④保育類食材 來爭取顧客認同並達到成本控制的要求。

77.（4）良好的 ①大量採購 ②進口食材 ③低價食材 ④成本控制 可使經營者穩定產品價格，增加市場競爭力。

78.（3）身為廚師除烹飪技術外，採購蔬果應 ①價格便宜就好 ②那是採購人員的工作 ③需注意蔬果生長與盛產季節 ④不需考量太多合用就好。

79.（4）廚師烹調時選用當季、在地的各類生鮮食材 ①沒有特色 ②隨時可取食物，沒價值感 ③對消費者沒吸引力 ④可確保食材新鮮度，經濟又實惠。

80.（3）空心菜是夏季盛產的蔬菜屬於 ①根莖類 ②花果類 ③葉菜類 ④莖球類。

81.（4）身為廚師除烹飪技術外，對於食材生長季節問題，是否也需認識？ ①那是採購人員的工作 ②沒有必要瞭解認識 ③廠商的事 ④應經常吸收資訊，多認識食材。

82.（4）下列何者是五香粉的製作的主要原料 ①肉豆蔻 ②南薑 ③孜然 ④丁香。

83.（1）下列哪一段期間，箭竹筍產量最大 ①3～5 月 ②10～12 月 ③7～9 月 ④1～3 月。

84.（1）胡蘿蔔素是一種安定的色素，製造胡蘿蔔油 ①時間稍長油炸不易變色 ② 宜長時間油炸 ③長時間油炸會變色 ④維持極短時間油炸，色澤會改變。

85.（3）蔬菜類價格何時最不穩定？ ①冬季天氣寒冷 ②過年過節 ③夏天颱風季 ④ 秋季休耕。

86.（4）如何選購較甜美可口水果？ ①應選有蟲鳥咬過的較甜 ②外形較大者較甜美 ③外觀完整者較甜 ④當季時令水果可能較甜。

工作項目 02：食物貯存

1. （2） 食品冷藏溫度最好維持在多少℃？ ① 0℃以下 ② 7℃以下 ③ 10℃以上 ④ 20℃以上。
2. （4） 冷凍食品應保存之溫度是在 ① 4℃ ② 0℃ ③－ 5℃ ④－ 18℃ 以下。
3. （1） 蛋置放於冰箱中應 ①鈍端朝上 ②鈍端朝下 ③尖端朝上 ④橫放。
4. （4） 下列哪種食物之儲存方法是正確的？ ①將水果放於冰箱之冷凍層 ②將油脂放於火爐邊 ③將鮮奶置於室溫 ④將蔬菜放於冰箱之冷藏層。
5. （4） 食品之熱藏（高溫貯存）溫度應保持在多少℃？ ① 30℃以上 ② 40℃以上 ③ 50℃以上 ④ 60℃以上。
6. （4） 下列何種方法不能達到食物保存之目的？ ①放射線處理 ②冷凍 ③乾燥 ④塑膠袋包裝。
7. （3） 冰箱冷藏的溫度應在 ① 12℃ ② 8℃ ③ 7℃ ④ 0℃ 以下。
8. （3） 發酵乳品應貯放在 ①室溫 ②陰涼乾燥的室溫 ③冷藏庫 ④冷凍庫。
9. （2） 冷凍食品經解凍後 ①可以 ②不可以 ③無所謂 ④沒有規定 重新冷凍出售。
10. （1） 冷凍食品與冷藏食品之貯存 ①必須分開貯存 ②可以共同貯存 ③沒有規定 ④視情況而定。
11. （1） 買回家的冷凍食品，應放在冰箱的 ①冷凍層 ②冷藏層 ③保鮮層 ④最下層。
12. （1） 封罐良好的罐頭食品可以保存期限約 ①三年 ②五年 ③七年 ④九年。
13. （2） 調味乳應存放在 ①冷凍庫 ②冷藏庫 ③乾貨庫房 ④室溫 中。
14. （4） 甘薯最適宜的貯藏溫度為 ①－ 18℃以下 ② 0 ～ 3℃ ③ 3 ～ 7℃ ④ 15℃左右。
15. （3） 未吃完的米飯，下列保存方法以何者為佳？ ①放在電鍋中 ②放在室溫中 ③放入冰箱中冷藏 ④放在電子鍋中保溫。
16. （2） 香蕉不宜放在冰箱中儲存，是為了避免香蕉 ①失去風味 ②表皮迅速變黑 ③肉質變軟 ④肉色褐化。
17. （4） 下列水果何者不適宜低溫貯藏？ ①梨 ②蘋果 ③葡萄 ④香蕉。
18. （1） 下列何種方法，可防止冷藏（凍）庫的二次污染？ ①各類食物妥善包裝並分類貯存 ②食物交互置放 ③經常將食物取出並定期除霜 ④增加開關庫門之次數。
19. （2） 馬鈴薯的最適宜貯存溫度為 ① 5 ～ 8℃ ② 10 ～ 15℃ ③ 20 ～ 25℃ ④ 30 ～ 35℃。
20. （3） 關於蔬果的貯存，下列何者不正確？ ①南瓜放在室溫貯存 ②黃瓜需冷藏貯存 ③青椒置密封容器貯存以防氧化 ④草莓宜冷藏貯存。
21. （4） 蛋儲藏一段時間後，品質會產生變化且 ①比重增加 ②氣室縮小 ③蛋黃圓而濃厚 ④蛋白粘度降低。

22.（2） 食物安全的供應溫度是指 ①5～60℃ ②60℃以上、7℃以下 ③40～100℃ ④100℃以上、40℃以下。

23.（1） 對新鮮屋包裝的果汁，下列敘述何者正確？ ①必須保存在7℃以下的環境中 ②運送時不一定須使用冷藏保溫車 ③可保存在室溫中 ④需保存在冷凍庫中。

24.（4） 下列有關食物的儲藏何者為錯誤？ ①新鮮屋鮮奶儲放在5℃以下的冷藏室 ②冰淇淋儲放在－18℃以下的冷凍庫 ③利樂包（保久乳）裝乳品可儲放在乾貨庫房中 ④開罐後的奶粉為防變質宜整罐儲放在冰箱中。

25.（3） 下列敘述何者為錯誤？ ①低溫食品理貨作業應在15℃以下場所進行 ②乾貨庫房貨物架不可靠牆，以免吸濕 ③保溫食物應保持在50℃以上 ④低溫食品應以低溫車輛運送。

26.（2） 乾貨庫房的管理原則，下列敘述何者正確？ ①食物以先進後出為原則 ②相對濕度控制在40～60% ③最適宜溫度應控制在25～37℃ ④儘可能日光可直射以維持乾燥。

27.（3） 乾貨庫房的相對濕度應維持在 ①80%以上 ②60～80% ③40～60% ④20～4 0%。

28.（4） 為有效利用冷藏冷凍庫之空間並維持其品質，一般冷藏或冷凍庫的儲存食物量宜佔其空間的 ①100% ②90% ③80% ④60% 以下。

29.（4） 開罐後的罐頭食品，如一次未能用完時應如何處理？ ①連罐一併放入冰箱冷藏 ②連罐一併放入冰箱冷凍 ③把罐口蓋好放回倉庫待用 ④取出內容物用保鮮盒盛裝放入冰箱冷藏或冷凍。

30.（3） 乾燥食品的貯存期限最主要是較不受 ①食品中含水量的影響 ②食品的品質影響 ③食品重量的影響 ④食品配送的影響。

31.（3） 冷藏的主要目的在於 ①可以長期保存 ②殺菌 ③暫時抑制微生物的生長以及酵素的作用 ④方便配菜與烹調。

32.（2） 冷凍庫應隨時注意冰霜的清除，主要原因是 ①以免被師傅或老闆責罵 ②保持食品安全與衛生 ③因應衛生檢查 ④個人的表現。

33.（4） 冷凍與冷藏的食品均屬低溫保存方法 ①可長期保存不必詳加區分 ②不需先進先出用完即可 ③不需有使用期限的考量 ④應在有效期限內儘速用完。

34.（3） 鮮奶容易酸敗，為了避免變質 ①應放在室溫中 ②應放在冰箱冷凍 ③應放在冰箱冷藏 ④應放在陰涼通風處。

35.（2） 新鮮葉菜類買回來後若隔夜烹煮，應包裝好 ①存放於冷凍庫中 ②放於冷藏庫中 ③放在通風陰涼處 ④泡在水中。

36.（4） 鮮奶如需熱飲，各銷售商店可將瓶裝鮮奶加溫至 ①30℃ ②40℃ ③50℃ ④60℃ 以上。

37.（1） 一般食用油應貯藏在 ①陰涼乾燥的地方 ②陽光充足的地方 ③密閉陰涼的地方 ④室外屋簷下 以減緩油脂酸敗。

38.（2） 米應存放於 ①陽光充足乾燥的環境中 ②低溫乾燥環境中 ③陰冷潮濕的環境中 ④放於冷凍冰箱中。

39.（3）買回來的冬瓜表面上有白霜是 ①發霉現象 ②糖粉 ③成熟的象徵 ④快腐爛掉的現象。

40.（1）皮蛋又叫松花蛋，其製作過程是新鮮蛋浸泡於鹼性物質中，並貯放於 ①陰涼通風處 ②冷藏室 ③冷凍室 ④陽光充足處 密封保存。

41.（2）油脂開封後未用完部分應 ①不需加蓋 ②隨時加蓋 ③想到再蓋 ④放冰箱不用蓋。

42.（3）乾料放入儲藏室其數量不得超過儲藏室空間的 ① 40% ② 50% ③ 60% ④ 70% 以上。

43.（4）發霉的年糕應 ①將霉刮除後即可食用 ②洗淨後即可食用 ③將霉刮除洗淨後即可食用 ④不可食用。

44.（2）下列食物加工處理後何者不適宜冷凍貯存？ ①甘薯 ②小黃瓜 ③芋頭 ④胡蘿蔔。

45.（1）蔬果產品之冷藏溫度下列何者為宜？ ① 5 ～ 7℃ ② 2 ～ 4℃ ③ 2 ～－2℃ ④－5 ～－12℃。

46.（3）關於蔬果置冰箱貯存，下列何者正確？ ①西瓜冷凍貯存 ②黃瓜冷凍貯存 ③青椒置保鮮容器貯存以防氧化 ④香蕉冷藏貯存。

47.（2）一般罐頭食品 ①需冷藏 ②不需冷藏 ③需凍藏 ④需冰藏 ，但其貯存期限的長短仍受環境溫度的影響。

48.（4）剛買回來整箱（紙箱包裝）生鮮水果，應放於 ①冷藏庫地上貯存 ②冷凍庫地上貯存 ③冷藏庫架子上貯存 ④室溫架子上貯存。

49.（1）封罐不良歪斜的罐頭食品可否保存與食用？ ①否 ②可 ③可保存 1 年內用完 ④可保存 3 個月內用完。

50.（2）甘薯買回來不適宜貯藏的溫度為 ① 18℃ ② 0 ～ 3℃ ③ 20℃ ④ 15℃ 左右。

51.（4）以紅外線保溫的食物，溫度必須控制在 ① 7℃ ② 30℃ ③ 50℃ ④ 60℃ 以上。

52.（4）原料、物料之貯存，為避免混雜使用應依下列何種原則，以免食物因貯存太久而變壞、變質？ ①後進後出 ②先進後出 ③後進先出 ④先進先出。

53.（3）餐飲業實施 HACCP（食品安全管制系統）儲存管理，乾原料需放置於離地面 ① 2 吋 ② 4 吋 ③ 6 吋 ④ 8 吋 ，並且避免儲放在管線或冷藏設備下。

54.（3）餐飲業實施 HACCP（食品安全管制系統）儲存管理，生、熟食貯存 ①一起疊放熟食在生食上方 ②分開放置熟食在生食下方 ③分開放置熟食在生食上方 ④一起放置熟食在生食上方 以免交叉汙染。

55.（1）冰箱可以保持食物新鮮度，且食品放入之數量應為其容量的多少以下？ ① 60% ② 70% ③ 80% ④ 90%。

56.（4）生鮮香辛料要放於下列何種環境中貯存？ ①陰涼通風處 ②陽光充足處 ③冰箱冷凍庫 ④冰箱冷藏庫。

57.（4）餐飲業實施 HACCP（食品安全管制系統）正確的化學物質儲存管理應在原盛裝容器內並 ①專人看顧 ②專櫃放置 ③專人專櫃放置 ④專人專櫃專冊放置。

58.（1）未成熟的水果如香蕉、鳳梨、木瓜，應放置何處較容易熟成 ①一般室溫中 ②冷藏層 ③冰箱最下層 ④保鮮層。

59.（4）食品保存原則以下列何者最重要 ①方便 ②營養 ③經濟 ④衛生。

60.（2）有關草莓的貯存方法，下列何者正確 ①貯存前應水洗 ②貯存前不應水洗 ③水果去蒂可耐貯存 ④應用報紙包覆保持水分。

61.（1）蘋果應保存在攝氏多少度間 ①3－5 度 ②8－10 度 ③13－15 度 ④18－20 度。

62.（3）香蕉保存的溫度以攝氏幾度為宜 ①0－5 度 ②6－10 度 ③13－15 度 ④20－24 度。

63.（1）下列食品貯存敘述何者正確 ①最下層陳列架應距離地面約 15 公分避免蟲害受潮 ②食品應越盡量靠近冷藏庫風扇位置較冷 ③冷藏庫應把握「上生下熟原則」 ④食品進入冷藏庫應保持原包裝不可拆箱。

64.（4）新鮮葉菜類貯存應要 ①放在常溫貯存 ②減少空間浪費可擠壓疊放 ③以報紙覆蓋避免水分流失 ④未使用完應再包覆進冰箱。

65.（2）下列何種食物放在冷藏庫比放在室溫效果好 ①辣椒 ②萵苣 ③地瓜 ④豆薯。

66.（1）夏天的荔枝不利於貯存，買到幾天內的風味最佳 ①1～2 天 ②1 星期內 ③5 天內 ④2 星期。

67.（1）下列何種水果熟成過程中，不應與其他水果共同常溫貯存 ①蘋果 ②木瓜 ③香蕉 ④芒果。

68.（4）食品衛生檢驗方法由中央主管機關公告指定之；未公告指定者 ①得依公司總經理認可之方法為之 ②得依廚房衛生管理者認可之方法為之 ③不必理會 ④應行文衛生福利部認定之。

69.（4）食品添加物之品名、規格及其使用範圍、限量，應符合 ①公司標準作業之規定 ②師傅獨家秘方調配斤兩之規定 ③食品新鮮度來調配 ④中央主管機關之規定。

70.（2）販售包裝食品及食品添加物等，應有 ①英文及阿拉伯數字顯著標示容器或包裝之上 ②中文及通用符號顯著標示於包裝之上 ③市場採購不需要標示 ④有英文或中文標示就可以。

工作項目 03：食物製備

1. （4）將食物煎或炒以後再加入醬油、糖、酒及水等佐料放在慢火上烹煮的方式，為下列何者？ ①燴 ②溜 ③爆 ④紅燒。
2. （4）"爆"的菜應使用 ①微火 ②小火 ③中火 ④大火 來做。
3. （4）製作「燉」、「煨」的菜餚，應用 ①大火 ②旺火 ③武火 ④文火。
4. （4）中式菜餚所謂「醬爆」是指用 ①蕃茄醬 ②沙茶醬 ③芝麻醬 ④甜麵醬 來做。
5. （2）油炸掛糊食物以下列哪一溫度最適當？ ① 140℃ ② 180℃ ③ 240℃ ④ 260℃。
6. （2）蒸蛋時宜用 ①旺火 ②文火 ③武火 ④隨意。
7. （4）煎荷包蛋時應用 ①旺火 ②武火 ③大火 ④文火。
8. （1）刀工與火候兩者之間的關係 ①非常密切 ②有關但不重要 ③有些微關係 ④互不相干。
9. （3）製作拼盤（冷盤）時最著重的要點是在 ①刀工 ②排盤 ③刀工與排盤 ④火候。
10. （1）一般生鮮蔬菜之前處理宜採用 ①先洗後切 ②先切後洗 ③先泡後洗 ④洗、 切、泡、醃無一定的順序。
11. （2）清洗蔬菜宜用 ①擦洗法 ②沖洗法 ③泡洗法 ④漂洗法。
12. （4）熬高湯時，應在何時下鹽？ ①一開始時 ②水煮滾時 ③製作中途時 ④湯快完成時。
13. （3）烹調上所謂的五味是指 ①酸甜苦辣辛 ②酸甜苦辣麻 ③酸甜苦辣鹹 ④酸甜苦辣甘。
14. （4）下列的烹調方法中何者可不勾芡？ ①溜 ②羹 ③燴 ④燒。
15. （1）勾芡是烹調中的一項技巧，可使菜餚光滑美觀、口感更佳，為達「明油亮芡」的效果應 ①勾芡時用炒瓢往同一方向推拌 ②用炒瓢不停地攪拌 ③用麵粉來勾芡 ④芡粉中添加小蘇打。
16. （1）添加下列何種材料，可使蛋白打得更發？ ①檸檬汁 ②沙拉油 ③蛋黃 ④鹽。
17. （1）烹調時調味料的使用應注意下列何者？ ①種類與用量 ②美觀與外形 ③顧客的喜好 ④經濟實惠。
18. （2）買回來的橘子或香蕉等有外皮的水果，供食之前 ①不必清洗 ②要清洗 ③擦拭一下 ④最好加熱。
19. （4）下列何者不是蛋黃醬（沙拉醬）之基本材料？ ①蛋黃 ②白醋 ③沙拉油 ④牛奶。
20. （1）新鮮蔬菜烹調時火候應 ①旺火速炒 ②微火慢炒 ③旺火慢炒 ④微火速炒。
21. （4）胡蘿蔔切成簡式的花紋做為配菜用，稱之為 ①滾刀片 ②長形片 ③圓形片 ④水花片。
22. （3）煎蛋皮時為使蛋皮不容易破裂又漂亮，應添加何種佐料？ ①味素、太白粉 ②糖、太白粉 ③鹽、太白粉 ④玉米粉、麵粉。

23.（4） 「雀巢」的製作使用下列哪種材料為佳？ ①通心麵 ②玉米粉 ③太白粉 ④麵條。

24.（1） 經過洗滌、切割或熟食處理後的生料或熟料，再用調味料直接調味而成的菜餚，其烹調方法為下列何者？ ①拌 ②煮 ③蒸 ④炒。

25.（3） 依中餐烹調檢定標準，食物製備過程中，高污染度的生鮮材料必須採取下列何種方式？ ①優先處理 ②中間處理 ③最後處理 ④沒有規定。

26.（1） 三色煎蛋的洗滌順序，下列何者正確？ ①香菇→小黃瓜→蔥→胡蘿蔔→蛋 ②蛋→胡蘿蔔→蔥→小黃瓜→香菇 ③小黃瓜→蔥→香菇→蛋→胡蘿蔔 ④蛋→香菇→蔥→小黃瓜→胡蘿蔔。

27.（4） 製備熱炒菜餚，刀工應注意 ①絲要粗 ②片要薄 ③丁要大 ④刀工均勻。

28.（1） 刀身用力的方向是「向前推出」，適用於質地脆硬的食材，例如筍片、小黃瓜片蔬果等切片的刀法，稱之為 ①推刀法 ②拉刀法 ③剞刀法 ④批刀法。

29.（4） 凡以「宮保」命名的菜，都要用到下列何者？ ①青椒 ②紅辣椒 ③黃椒 ④乾辣椒。

30.（1） 羹類菜餚勾芡時，最好用 ①中小火 ②猛火 ③大火 ④旺火。

31.（2） 「爆」的時間要比「炒」的時間 ①長 ②短 ③相同 ④不一定。

32.（4） 下列刀工中何者為不正確？ ①「粒」比「丁」小 ②「末」比「粒」小 ③「茸」比「末」細 ④「絲」比「條」粗。

33.（2） 松子腰果炸好，放冷後顏色會 ①變淡 ②變深 ③變焦 ④不變。

34.（1） 製作完成之菜餚應注意 ①不可重疊放置 ②交叉放置 ③可重疊放置 ④沒有規定。

35.（4） 菜餚如須復熱，其次數應以 ①四次 ②三次 ③二次 ④一次 為限。

36.（1） 食物烹調足夠與否並非憑經驗或猜測而得知，應使用何種方法辨識 ①溫度計 ②剪刀 ③筷子 ④湯匙。

37.（3） 下列何者為正確的食材洗滌順序 ①紅蘿蔔→新鮮香菇→沙拉筍→烤麩 ②新鮮香菇→紅蘿蔔→烤麩→沙拉筍 ③烤麩→沙拉筍→新鮮香菇→紅蘿蔔 ④沙拉筍→新鮮香菇→紅蘿蔔→烤麩。

38.（1） 下列刀工敘述何者正確 ①「茸」比「末」更細小 ②「粒」比「丁」更大 ③「條」比「絲」更細小 ④「茸」比「粒」更大。

39.（4） 請問下列何者為鹹味蒸芋絲塊應有的大小 ①約 8×8×7 公分立方塊狀 ②約 2×3×3 公分立方塊狀 ③約 10×4×4 公分立方塊狀 ④約 6×4×4 公分立方塊狀。

工作項目 04：排盤與裝飾

1. （4） 盤飾使用胡蘿蔔立體切雕的花，應該裝飾在 ①燴 ②羹 ③燉 ④冷盤 的菜上。
2. （3） 下列哪種烹調方法的菜餚，可以不必排盤即可上桌？ ①蒸 ②烤 ③燉 ④炸。
3. （2） 盛菜時，頂端宜略呈 ①三角形 ②圓頂形 ③平面形 ④菱形 較為美觀。
4. （3） 「松鶴延年」拼盤宜用於 ①滿月 ②週歲 ③慶壽 ④婚禮 的宴席上。
5. （2） 做為盤飾的蔬果，下列的條件何者為錯誤？ ①外形好且乾淨 ②用量可以超過主體 ③葉面不能有蟲咬的痕跡 ④添加的色素為食用色素。
6. （4） 製作拼盤時，何者較不重要？ ①刀工 ②排盤 ③配色 ④火候。
7. （4） 盛裝「鴿鬆」的蔬菜最適宜用 ①大白菜 ②紫色甘藍 ③高麗菜 ④結球萵苣。
8. （4） 盤飾用的蕃茄通常適用於 ①蒸 ②燴 ③紅燒 ④冷盤 的菜餚上。
9. （3） 為求菜餚美觀，餐盤裝飾的材料適宜採用下列何種？ ①為了成本考量，模型較實際 ②塑膠花較便宜，又可以回收使用 ③為硬脆的瓜果及根莖類蔬菜 ④撿拾腐木及石頭或樹葉較天然。
10. （4） 排盤之裝飾物除了要注意每道菜本身的主材料、副材料及調味料之間的色彩，也要注意不同菜餚之間的色彩調和度 ①選擇越豐富、多樣性越好 ②不用考慮太多浪費時間 ③選取顏色越鮮艷者越漂亮即可 ④不宜喧賓奪主，宜取可食用食材。
11. （3） 用過的蔬果盤飾材料，若想留至隔天使用，蔬果應 ①直接放在工作檯，使用較方便 ②直接泡在水中即可 ③清洗乾淨以保鮮膜覆蓋，放置冰箱冷藏 ④直接放置冰箱冷藏。

工作項目 05：器具設備之認識

1. （4） 用蕃茄簡單地雕一隻蝴蝶所需的工具是 ①果菜挖球器 ②長竹籤 ③短竹籤 ④片刀。
2. （3） 下列刀具，何者厚度較厚？ ①水果刀 ②片刀 ③骨刀 ④尖刀。
3. （3） 不銹鋼工作檯的優點，下列何者不正確？ ①易於清理 ②不易生銹 ③不耐腐蝕 ④使用年限長。
4. （4） 最適合用來做為廚房準備食物的工作檯材質為 ①大理石 ②木板 ③玻璃纖維 ④不銹鋼。
5. （1） 為使器具不容易藏污納垢，設計上何者不正確？ ①四面採直角設計 ②彎曲處呈圓弧型 ③與食物接觸面平滑 ④完整而無裂縫。
6. （1） 消毒抹布時應以 100℃沸水煮沸 ① 5 分鐘 ② 10 分鐘 ③ 15 分鐘 ④ 20 分鐘。
7. （2） 盛裝粉質乾料（如麵粉、太白粉）之容器，不宜選用 ①食品級塑膠材質 ②木桶附蓋 ③玻璃材質且附緊密之蓋子 ④食品級保鮮盒。
8. （1） 傳熱最快的用具是以 ①鐵 ②鉛 ③陶器 ④琺瑯質 所製作的器皿。
9. （1） 盛放帶湯汁之甜點器皿以 ①透明玻璃製 ②陶器製 ③木製 ④不銹鋼製 最美觀。
10. （4） 散熱最慢的器具為 ①鐵鍋 ②鋁鍋 ③不銹鋼鍋 ④砂碢。
11. （3） 製作燉的食物所使用的容器是 ①碗 ②盤 ③盅 ④盆。
12. （2） 烹製酸菜、酸筍等食物不宜用 ①不銹鋼 ②鋁製 ③陶瓷製 ④塘瓷製 容器。
13. （4） 下列何種材質的容器，不適宜放在微波爐內加熱？ ①耐熱塑膠 ②玻璃 ③陶瓷 ④不銹鋼。
14. （3） 下列設備何者與環境保育無關？ ①抽油煙機 ②油脂截流槽 ③水質過濾器 ④殘渣處理機。
15. （2） 冰箱應多久整理清潔一次？ ①每天 ②每週 ③每月 ④每季。
16. （1） 蒸鍋、烤箱使用過後應多久清洗整理一次？ ①每日 ②每 2 ～ 3 天 ③每週 ④每月。
17. （4） 下列哪一種設備在製備食物時，不會使用到的？ ①洗米機 ②切片機 ③攪拌機 ④洗碗機。
18. （3） 製作 1000 人份的伙食，以下列何種設備來煮飯較省事方便又快速？ ①電鍋 ②蒸籠 ③瓦斯炊飯鍋 ④湯鍋。
19. （4） 燴的食物最適合使用的容器為 ①淺碟 ②碗 ③盅 ④深盤。
20. （1） 烹調過程中，宜採用 ①熱效率高 ②熱效率低 ③熱效率適中 ④熱效率不穩定之爐具。
21. （1） 砧板材質以 ①塑膠 ②硬木 ③軟木 ④不銹鋼 為宜。
22. （1） 選購瓜型打蛋器，以下列何者較省力好用？ ①鋼絲細，條數多者 ②鋼絲粗，條數多者 ③鋼絲細，條數少者 ④鋼絲粗，條數少者。

23.（1） 鐵氟龍的炒鍋，宜選用下列何者器具較適宜？ ①木製鏟 ②鐵鏟 ③不銹鋼鏟 ④不銹鋼炒杓。

24.（4） 高密度聚丙烯塑膠砧板較適用於 ①剁 ②斬 ③砍 ④切。

25.（2） 清洗不銹鋼水槽或洗碗機宜用下列哪一種清潔劑？ ①中性 ②酸性 ③鹼性 ④鹹性。

26.（4） 量匙間的相互關係，何者不正確？ ① 1 大匙為 15 毫升 ② 1 小匙為 5 毫升 ③ 1 小匙相當於 1/3 大匙 ④ 1 大匙相當於 5 小匙。

27.（4） 廚房設施，下列何者為非？ ①通風採光良好 ②牆壁最好採用白色磁磚 ③天花板為淺色 ④最好鋪設平滑磁磚並經常清洗。

28.（2） 有關冰箱的敘述，下列何者為非？ ①遠離熱源 ②每天需清洗一次 ③經常除霜以確保冷藏力 ④減少開門次數與時間。

29.（3） 廚房每日實際生產量嚴禁超過 ①一般生產量 ②沒有規範 ③最大安全量 ④最小安全量。

30.（1） 廚房排水溝宜採用何種材料 ①不銹鋼 ②塑鋼 ③水泥 ④生鐵。

31.（2） 大型冷凍庫及冷藏庫須裝上緊急用電鈴及開啟庫門之安全閥栓，應 ①由外向內 ②由內向外 ③視情況而定 ④沒有規定。

32.（4） 廚房工作檯上方之照明燈具，加裝燈罩是因為 ①節省能源 ②美觀 ③增加亮度 ④防止爆裂造成食物汙染。

33.（4） 殺蟲劑應放置於 ①廚房內置物架 ②廚房角落 ③廁所 ④廚房外專櫃。

34.（4） 食物調理檯面，應使用何種材質為佳？ ①塑膠材質 ②水泥 ③木頭材質 ④不鏽鋼。

35.（3） 廚房滅火器放置位置是 ①主廚 ②副主廚 ③全體廚師 ④老闆 應有的認知。

36.（4） 取用高處備品時，應該使用下列何者物品墊高，以免發生掉落的危險？ ①紙箱 ②椅子 ③桶子 ④安全梯。

37.（2） 砧板下應有防滑設置，如無，至少應墊何種物品以防止滑落 ①菜瓜布 ②溼毛巾 ③竹笓 ④檯布。

38.（4） 蒸鍋內的水已燒乾了一段時間，應如何處理？ ①馬上清洗燒乾的蒸鍋 ②馬上加入冷水 ③馬上加入熱水 ④先關火把蓋子打開等待冷卻。

39.（1） 廚餘餿水需當天清除或存放於 ① 7℃以下 ② 8℃以上 ③ 15℃以上 ④常溫中。

40.（1） 排水溝出口加裝油脂截流槽的主要功能為 ①防止油脂污染排水系統 ②防止老鼠進入 ③防止水溝堵塞 ④使排水順暢。

41.（2） 陶鍋傳熱速度比鐵鍋 ①快 ②慢 ③差不多 ④一樣快。

42.（4） 不銹鋼工作檯優點，下列何者不正確？ ①易於清理 ②不易生鏽 ③耐腐蝕 ④耐躺、耐坐。

43.（4） 為使器具不容易藏污納垢，設計上何者正確？ ①彎曲處呈直角型 ②與食物接觸面粗糙 ③有裂縫 ④一體成型，包覆完整。

44.（2） 廚房工作檯上方之照明燈具 ①不加裝燈罩，以節省能源 ②需加裝燈罩，較符合衛生 ③要加裝細鐵網保護，較安全 ④加裝藝術燈泡以增美感。

45.（3） 廚房備有約 23 公分之不銹鋼漏勺其最大功能是 ①拌、炒用 ②裝菜用 ③撈取食材用 ④燒烤用。

46.（1） 中餐烹調術科測試考場下列何種設置較符合場地需求？ ①設有平面圖、逃生路線及警語標示 ②使用過期之滅火器 ③燈的照明度 150 米燭光以上 ④備有超大的更衣室一間。

47.（4） 廚房的工作檯面照明度需要多少米燭光？ ① 180 ② 100 ③ 150 ④ 200 米燭光以上。

48.（1） 廚房之排水溝須符合下列何種條件？ ①為明溝者須加蓋，蓋與地面平 ②排水溝深、寬、大以利排水 ③水溝蓋上可放置工作檯腳 ④排水溝密封是要防止臭味飄出。

49.（1） 依據良好食品規範，食品加工廠之牆面何者不符規定？ ①牆壁剝落 ②牆面平整 ③不可有空隙 ④需張貼大於 B4 紙張之燙傷緊急處理步驟。

50.（3） 廚房之乾粉滅火器下列何者有誤？ ①藥劑須在有效期限內 ②須符合消防設施安全標章 ③購買無標示期限可長期使用的滅火器 ④滅火器需有足夠壓力。

51.（2） 食品烹調場地紗門紗窗下列何者正確？ ①天氣過熱可打開紗窗吹風 ②配合門窗大小且需完整無破洞 ③考場可不須附有紗門紗窗 ④紗門紗窗即使破損也可繼續使用。

52.（1） 中餐烹調術科測試考場之砧板顏色下列何者正確？ ①紅色砧板用於生食、白色砧板用於熟食 ②紅色砧板用於熟食、白色砧板用於生食 ③砧板只須一塊即可 ④生食砧板不須消毒、熟食砧板須消毒。

53.（3） 中餐烹調術科應檢人成品完成後須將考試區域清理乾淨，而拖把應在何處清洗？ ①工作檯水槽 ②廁所水槽 ③專用水槽區 ④隔壁水槽。

54.（4） 廚房瓦斯供氣設備須附有安全防護措施，下列何者不正確？ ①裝設欄杆、遮風設施 ②裝設遮陽、遮雨設施 ③瓦斯出口處裝置遮斷閥及瓦斯偵測器 ④裝在密閉空間以防閒雜人員進出。

55.（4） 廚房排水溝為了阻隔老鼠或蟑螂等病媒，需加裝 ①粗網狀柵欄 ②二層細網狀柵欄 ③一層細網狀柵欄 ④三層細網狀柵欄 ，並將出水口導入一開放式的小水槽中。

56.（4） 廚房使用之反口油桶，其作用與功能是 ①煮水用 ②煮湯用 ③裝剩餘材料用 ④裝炸油或回鍋油用，可避免在操作中的危險性。

57.（2） 廚房內備有磁製的橢圓形腰子盤長度約 36 公分，其適作何功能用？ ①做配菜盤 ②裝全魚或主食類等 ③裝燴的菜餚 ④裝炒或稍帶點汁的菜餚。

58.（3） 廚房瓦斯爐開關或管線周邊設有瓦斯偵測器，如果有天偵測器響起即為瓦斯漏氣，你該用什麼方法或方式來做瓦斯漏氣的測試？ ①沿著瓦斯爐開關或管線周邊點火測試 ②沿著瓦斯爐開關或管線周邊灌水測試 ③沿著瓦斯爐開關或管線周邊抹上濃厚皂劑泡沫水測試 ④用大型膠帶沿著瓦斯爐開關或管線周邊包覆防漏。

59.（4） 廚房用的器具繁多五花八門，平常的維護、整理應由誰來負責？ ①老闆自己 ②主廚 ③助廚 ④各單位使用者。

60.（4） 廚房油脂截油槽多久需要清理一次？ ①一個月 ②半個月 ③一個星期 ④每天。

61.（4） 廚房所設之加壓噴槍，其用途為何？ ①洗碗專用 ②洗菜專用 ③洗廚房器具專用 ④清潔沖洗地板、水溝用。

62.（1） 廚房用的器具繁多五花八門，平常須如何維護、整理與管理？ ①清洗、烘乾（滴乾）、整理、分類、定位排放 ②清洗、擦乾、定位排放、分類、整理 ③分類、定位排放、清洗、烘乾、整理 ④清洗、烘乾（滴乾）、整理、定位排放、分類。

工作項目 06：營養知識

1. （1） 一公克的醣可產生 ① 4 ② 7 ③ 9 ④ 12 大卡的熱量。
2. （3） 一公克脂肪可產生 ① 4 ② 7 ③ 9 ④ 12 大卡的熱量。
3. （1） 一公克的蛋白質可供人體利用的熱量值為 ① 4 ② 6 ③ 7 ④ 9 大卡。
4. （3） 構成人體細胞的重要物質是 ①醣 ②脂肪 ③蛋白質 ④維生素。
5. （3） 五穀及澱粉根莖類是何種營養素的主要來源？ ①蛋白質 ②脂質 ③醣類 ④維生素。
6. （4） 下列何種營養素不能供給人體所需的能量？ ①蛋白質 ②脂質 ③醣類 ④礦物質。
7. （2） 若一個三明治可提供蛋白質 7 公克、脂肪 5 公克及醣類 15 公克，則其可獲熱量為 ① 127 大卡 ② 133 大卡 ③ 143 大卡 ④ 163 大卡。
8. （4） 下列何種營養素不是熱量營養素？ ①醣類 ②脂質 ③蛋白質 ④維生素。
9. （3） 營養素的消化吸收部位主要在 ①口腔 ②胃 ③小腸 ④大腸。
10. （3） 蛋白質構造的基本單位為 ①脂肪酸 ②葡萄糖 ③胺基酸 ④丙酮酸。
11. （2） 供給國人最多亦為最經濟之熱量來源的營養素為 ①脂質 ②醣類 ③蛋白質 ④維生素。
12. （4） 下列何者不被人體消化且不具熱量值？ ①肝醣 ②乳糖 ③澱粉 ④纖維素。
13. （4） 澱粉消化水解後的最終產物為 ①糊精 ②麥芽糖 ③果糖 ④葡萄糖。
14. （1） 澱粉是由何種單醣所構成的 ①葡萄糖 ②果糖 ③半乳糖 ④甘露糖。
15. （2） 存在於人體血液中最多的醣類為 ①果糖 ②葡萄糖 ③半乳糖 ④甘露糖。
16. （3） 白糖是只能提供我們 ①蛋白質 ②維生素 ③熱能 ④礦物質 的食物。
17. （1） 含脂肪與蛋白質均豐富的豆類為下列何者？ ①黃豆 ②綠豆 ③紅豆 ④豌豆。
18. （2） 膽汁可以幫助何種營養素的吸收？ ①蛋白質 ②脂肪 ③醣類 ④礦物質。
19. （4） 下列哪一種油含有膽固醇？ ①花生油 ②紅花子油 ③大豆沙拉油 ④奶油。
20. （1） 腳氣病是由於缺乏 ①維生素 B1 ②維生素 B2 ③維生素 B6 ④維生素 B12。
21. （2） 下列哪一種水果含有最豐富的維生素 C ？ ①蘋果 ②橘子 ③香蕉 ④西瓜。
22. （2） 缺乏何種維生素，會引起口角炎？ ①維生素 B1 ②維生素 B2 ③維生素 B6 ④維生素 B12。
23. （1） 胡蘿蔔素為何種維生素之先驅物質？ ①維生素 A ②維生素 D ③維生素 E ④維生素 K。
24. （4） 缺乏何種維生素，會引起惡性貧血？ ①維生素 B1 ②維生素 B2 ③維生素 B6 ④維生素 B12。
25. （2） 軟骨症是因缺乏何種維生素所引起？ ①維生素 A ②維生素 D ③維生素 E ④維生素 K。

26. （4） 下列何種水果，其維生素C含量較多？ ①西瓜 ②荔枝 ③鳳梨 ④蕃石榴。
27. （1） 下列何種維生素不是水溶性維生素？ ①維生素 A ②維生素 B1 ③維生素 B2 ④維生素 C。
28. （4） 維生素A對下列何種器官的健康有重要的關係？ ①耳朵 ②神經組織 ③口腔 ④眼睛。
29. （1） 維生素B群是 ①水溶性 ②脂溶性 ③不溶性 ④溶於水也溶於油脂 的維生素。
30. （3） 粗糙的穀類如糙米、全麥比精細穀類的白米、精白麵粉含有更豐富的 ①醣類 ②水分 ③維生素 B 群 ④維生素 C。
31. （1） 下列何者為酸性灰食物？ ①五穀類 ②蔬菜類 ③水果類 ④油脂類。
32. （4） 下列何者為中性食物？ ①蔬菜類 ②水果類 ③五穀類 ④油脂類。
33. （2） 何種礦物質攝食過多容易引起高血壓？ ①鐵 ②鈉 ③鉀 ④銅。
34. （1） 甲狀腺腫大，可能因何種礦物質缺乏所引起？ ①碘 ②硒 ③鐵 ④鎂。
35. （3） 含有鐵質較豐富的食物是 ①餅乾 ②胡蘿蔔 ③雞蛋 ④牛奶。
36. （1） 牛奶中含量最少的礦物質是 ①鐵 ②鈣 ③磷 ④鉀。
37. （1） 下列何者含有較多的胡蘿蔔素？ ①木瓜 ②香瓜 ③西瓜 ④黃瓜。
38. （4） 飲食中有足量的維生素 A 可預防 ①軟骨症 ②腳氣病 ③口角炎 ④夜盲症的 發生。
39. （4） 最容易氧化的維生素為 ①維生素 A ②維生素 B1 ③維生素 B2 ④維生素 C。
40. （3） 具有抵抗壞血病的效用的維生素為 ①維生素 A ②維生素 B2 ③維生素 C ④維生素 E。
41. （2） 國人最容易缺乏的營養素為 ①維生素 A ②鈣 ③鈉 ④維生素 C。
42. （4） 與人體之能量代謝無關的維生素為 ①維生素 B1 ②維生素 B2 ③菸鹼素 ④維生素 A。
43. （2） 下列何者為水溶性維生素？ ①維生素 A ②維生素 C ③維生素 D ④維生素 E。
44. （4） 與血液凝固有關的維生素為 ①維生素 A ②維生素 C ③維生素 E ④維生素 K。
45. （4） 下列何種水果含有較多的維生素 A 先驅物質？ ①水梨 ②香瓜 ③蕃茄 ④芒果。
46. （2） 能促進小腸中鈣、磷吸收之維生素為下列何者？ ①維生素 A ②維生素 D ③維生素 E ④維生素 K。
47. （4） 下列何種食物含膳食纖維最少？ ①牛蒡 ②黑棗 ③燕麥 ④白飯。
48. （1） 奶類含有豐富的營養，一般人每天至少應喝幾杯？ ①1～2杯 ②3杯 ③4杯 ④愈多愈好。
49. （2） 下列烹調器具何者可減少用油量？ ①不銹鋼鍋 ②鐵氟龍鍋 ③石頭鍋 ④鐵鍋。
50. （3） 下列烹調方法何者可使成品含油脂量較少？ ①煎 ②炒 ③煮 ④炸。
51. （4） 患有高血壓的人應多食用下列何種食品？ ①醃製、燻製的食品 ②罐頭食品 ③速食品 ④生鮮食品。
52. （2） 蛋白質經腸道消化分解後的最小分子為 ①葡萄糖 ②胺基酸 ③氮 ④水。

53.（4）所謂的消瘦症（Marasmus）係屬於 ①蛋白質 ②醣類 ③脂肪 ④蛋白質與熱量 嚴重缺乏的病症。

54.（2）以下有助於腸內有益細菌繁殖，甜度低，多被用於保健飲料中者為 ①果糖 ②寡醣 ③乳糖 ④葡萄糖。

55.（1）為預防便秘、直腸癌之發生，最好每日飲食中多攝取富含 ①纖維質 ②油質 ③蛋白質 ④葡萄糖 的食物。

56.（3）下列何者在胃中的停留時間最長？ ①醣類 ②蛋白質 ③脂肪 ④纖維素。

57.（3）以下何者含多量不飽和脂肪酸？ ①棕櫚油 ②氫化奶油 ③橄欖油 ④椰子油。

58.（4）下列何者可協助脂溶性維生素的吸收？ ①醣類 ②蛋白質 ③纖維質 ④脂肪。

59.（3）平常多接受陽光照射可預防 ①維生素 A ②維生素 B2 ③維生素 D ④維生素 E 缺乏。

60.（2）下列何種維生素遇熱最不安定？ ①維生素 A ②維生素 C ③維生素 B2 ④維生素 D。

61.（1）下列何者不是維生素 B2 的缺乏症？ ①腳氣病 ②眼睛畏強光 ③舌炎 ④口角炎。

62.（3）對素食者而言，可用以取代肉類而獲得所需蛋白質的食物是 ①蔬菜類 ②主食類 ③黃豆及其製品 ④麵筋製品。

63.（4）黏性最強的米為下列何者？ ①在來米 ②蓬萊米 ③長糯米 ④圓糯米。

64.（4）長期的偏頗飲食會 ①增加免疫力 ②建構良好體質 ③健康強身 ④招致疾病。

65.（3）楊貴妃一天吃七餐而營養過剩，容易引發何種疾病？ ①甲狀腺腫大 ②口角炎 ③腦中風 ④貧血。

66.（3）小雅買了一些柳丁，你可以建議她那種吃法最能保持維生素 C ？ ①再放成熟些後切片食用 ②新鮮切片放置冰箱冰涼後食用 ③趁新鮮切片食用 ④新鮮壓汁後冰涼食用。

67.（2）大雄到了晚上總有看不清東西的困擾，請問他可能缺乏何種維生素？ ①維生素 E ②維生素 A ③維生素 C ④維生素 D。

68.（1）下列何者是維生素 B1 的缺乏症？ ①腳氣病 ②眼睛畏強光 ③貧血 ④口角炎。

69.（3）我國衛生福利部配合國人營養需求，將食物分為幾大類？ ①四 ②五 ③六 ④七。

70.（1）「鈣」是人體必需的礦物質營養素，除了建構骨骼之外，還有調節細胞生理機能的功用，缺乏鈣質時會增加骨質疏鬆的風險。請問對一位吃全素食的人來說哪些是良好的鈣質來源 ①芝麻 ②豆腐皮 ③蘋果 ④花生。

71.（2）「花生」是屬於六大類食物中的哪一類 ①果菜類 ②油脂與堅果種子類 ③豆魚肉蛋類 ④低脂乳品類。

72.（4）植物油大多為不飽和油脂，但除了下列哪一種油脂除外 ①紅花油 ②玉米油 ③亞麻子油 ④椰子油。

73.（2）請問素食者常用的食材豆類，其中因含有何者容易降低鐵質的吸收率 ①蛋白質 ②植酸 ③大豆異黃酮 ④卵磷脂。

工作項目 07：成本控制

1. （2） 一公斤約等於 ①二台斤 ②一台斤十台兩半 ③一台斤半 ④一台斤。
2. （4） 1 公斤的食物賣 80 元，1 斤重應賣 ① 108 元 ② 64 元 ③ 56 元 ④ 48 元。
3. （4） 1 磅等於 ① 600 公克 ② 554 公克 ③ 504 公克 ④ 454 公克。
4. （2） 下列食物中，何者受到氣候影響較小？ ①小黃瓜 ②胡蘿蔔 ③絲瓜 ④茄子。
5. （3） 在颱風過後選用蔬菜以 ①葉菜類 ②瓜類 ③根菜類 ④花菜類 成本較低。
6. （1） 何時的蕃茄價格最便宜？ ① 1 ～ 3 月 ② 4 ～ 6 月 ③ 7 ～ 9 月 ④ 10 ～ 12 月。
7. （4） 菠菜的盛產期為 ①春季 ②夏季 ③秋季 ④冬季。
8. （4） 下列何種瓜類有較長的儲存期？ ①胡瓜 ②絲瓜 ③苦瓜 ④冬瓜。
9. （4） 1 標準量杯的容量相當於多少 cc ？ ① 180 ② 200 ③ 220 ④ 240。
10. （3） 政府提倡交易時使用 ①台制 ②英制 ③公制 ④美制 為單位計算。
11. （2） 設定每人吃 250 公克，米煮成飯之脹縮率為 2.5，欲供應給 6 個成年人吃一餐的飯量，需以米 ① 100 公克 ② 600 公克 ③ 2000 公克 ④ 4000 公克 煮飯。
12. （3） 五菜一湯的梅花餐，要配 6 人吃的量，其中一道菜為素炒的青菜，所食用的青菜量以 ①四兩 ②半斤 ③一台斤 ④二台斤 最適宜。
13. （2） 甲貨 1 公斤 40 元，乙貨 1 台斤 30 元，則兩貨價格間的關係 ①甲貨比乙貨貴 ②甲貨比乙貨便宜 ③甲貨與乙貨價格相同 ④甲貨與乙貨無法比較。
14. （4） 食品類之採購，標準訂定是誰的工作範圍？ ①採購人員 ②驗收人員 ③廚師 ④採購委員會。
15. （2） 食品進貨後之使用方式為 ①後進先出 ②先進先出 ③先進後出 ④徵詢主廚意願。
16. （4） 下列何種方式無法降低採購成本？ ①大量採購 ②開放廠商競標 ③現金交易 ④惡劣天氣進貨。
17. （3） 淡色醬油於烹調時，一般用在 ①紅燒菜 ②烤菜 ③快炒菜 ④滷菜。
18. （1） 國內生產孟宗筍的季節是哪一季？ ①春季 ②夏季 ③秋季 ④冬季。
19. （1） 蔬菜、水果類的價格受氣候的影響 ①很大 ②很小 ③些微感受 ④沒有影響。
20. （4） 正常的預算應同時包含 ①人事與食材 ②規劃與控制 ③資本與建設 ④雜項與固定開銷。
21. （4） 一般飯店供應員工膳食之食材及飲料支出則列為 ①人事費用 ②原料成本 ③耗材費用 ④雜項成本。
22. （2） 1 台斤為 16 台兩，1 台兩為 ① 38.5 公克 ② 37.5 公克 ③ 60 公克 ④ 16 公克。
23. （4） 餐廳的來客數愈多，所須負擔的固定成本 ①愈多 ②愈少 ③平平 ④不影響。

工作項目 08：食品安全衛生知識

1. （3） 蒼蠅防治最根本的方法為 ①噴灑殺蟲劑 ②設置暗走道 ③環境的整潔衛生 ④設置空氣簾。
2. （4） 製造調配菜餚之場所 ①可養牲畜 ②可當寢居室 ③可養牲畜亦當寢居室 ④不可養牲畜亦不可當寢居室。
3. （1） 洗衣粉不可用來洗餐具，因其含有 ①螢光增白劑 ②亞硫酸氫鈉 ③潤濕劑 ④次氯酸鈉。
4. （2） 台灣地區水產食品中毒致病菌是以下列何者最多？ ①大腸桿菌 ②腸炎弧菌 ③金黃色葡萄球菌 ④沙門氏菌。
5. （2） 腸炎弧菌通常來自 ①被感染者與其他動物 ②海水或海產品 ③鼻子、皮膚以及被感染的人與動物傷口 ④土壤。
6. （3） 下列哪一個是感染型細菌 ①葡萄球菌 ②肉毒桿菌 ③沙門氏桿菌 ④肝炎病毒。
7. （2） 手部若有傷口，易產生 ①腸炎弧菌 ②金黃色葡萄球菌 ③仙人掌桿菌 ④沙門氏菌 的污染。
8. （3） 夏天氣候潮濕，五穀類容易發霉，對我們危害最大且為我們所熟悉之黴菌毒素為下列何者？ ①綠麴毒素 ②紅麴毒素 ③黃麴毒素 ④黑麴毒素。
9. （2） 下列何種細菌屬毒素型細菌？ ①腸炎弧菌 ②肉毒桿菌 ③沙門氏菌 ④仙人掌桿菌。
10. （3） 在台灣地區，下列何種性質所造成的食品中毒比率最多？ ①天然毒素 ②化學性 ③細菌性 ④黴菌毒素性。
11. （4） 下列何種菌屬於毒素型病原菌？ ①腸炎弧菌 ②沙門氏菌 ③仙人掌桿菌 ④金黃色葡萄球菌。
12. （3） 下列病原菌何者屬感染型？ ①金黃色葡萄球菌 ②肉毒桿菌 ③沙門氏菌 ④仙人掌桿菌。
13. （1） 從業人員個人衛生習慣欠佳，容易造成何種細菌性食品中毒機率最高？ ①金黃色葡萄球菌 ②沙門氏菌 ③仙人掌桿菌 ④肉毒桿菌。
14. （4） 葡萄球菌主要因個人衛生習慣不好，如膿瘡而污染，其產生之毒素為下列何者？ ① 65℃以上即可將其破壞 ② 80℃以上即可將其破壞 ③ 100℃以上即可將其破壞 ④ 120℃以上之溫度亦不易破壞。
15. （3） 廚師手指受傷最容易引起 ①肉毒桿菌 ②腸炎弧菌 ③金黃色葡萄球菌 ④綠膿菌感染。
16. （4） 米飯容易為仙人掌桿菌污染而造成食品中毒，今有一中午十二時卅分開始營業的餐廳，你認為其米飯煮好的時間最好為 ①八時卅分 ②九時卅分 ③十時卅分 ④十一時卅分。

17. (3) 金黃色葡萄球菌屬於 ①感染型 ②中間型 ③毒素型 ④病毒型 細菌，因此在操作上應注意個人衛生，以避免食品中毒。

18. (3) 真空包裝是一種很好的包裝，但若包裝前處理不當，極易造成下列何種細菌滋生？ ①腸炎弧菌 ②黃麴毒素 ③肉毒桿菌 ④沙門氏菌 而使消費者致命。

19. (3) 為了避免食物中毒，餐飲調理製備三個原則為加熱與冷藏，迅速及 ①美味 ②顏色美麗 ③清潔 ④香醇可口。

20. (1) 餐飲業發生之食物中毒以何者最多？ ①細菌性中毒 ②天然毒素中毒 ③化學物質中毒 ④沒有差異。

21. (4) 一般說來，細菌的生長在下列何種狀況下較不易受到抑制？ ①高溫 ②低溫 ③高酸 ④低酸。

22. (2) 將所有細菌完全殺滅使成為無菌狀態，稱之 ①消毒 ②滅菌 ③殺菌 ④商業殺菌。

23. (1) 一般用肥皂洗手刷手，其目的為 ①清潔清除皮膚表面附著的細菌 ②習慣動作 ③一種完全消毒之行為 ④遵照規定。

24. (1) 有人說「吃檳榔可以提神，增加工作效率」，餐飲從業人員在工作時 ①不可以吃 ②可以吃 ③視個人喜好而吃 ④不要吃太多 檳榔。

25. (1) 我工作的餐廳，午餐在 2 點休息，晚餐於 5 點開工，在這空檔 3 小時中，廚房 ①不可以當休息場所 ②可當休息場所 ③視老闆的規定可否當休息場所 ④視情況而定可否當休息場所。

26. (2) 我在餐廳廚房工作，養了一隻寵物叫“來喜”，白天我怕它餓沒人餵，所以將牠帶在身旁，這種情形是 ①對的 ②不對的 ③無所謂 ④只要不妨礙他人就可以。

27. (2) 生的和熟的食物在處理上所使用的砧板應 ①共用一塊即可 ②分開使用 ③依經濟情況而定 ④依工作量大小而定 以避免二次污染。

28. (2) 處理過的食物，擺放的方法 ①可以相互重疊擺置，以節省空間 ②應分開擺置 ③視情況而定 ④無一定規則。

29. (3) 你現在正在切菜，老闆請你現在端一盤菜到外場給顧客，你的第一個動作為 ①立即端出 ②先把菜切完了再端出 ③先立即洗手，再端出 ④只要自己方便即可。

30. (2) 儘量不以大容器而改以小容器貯存食物，以衛生觀點來看，其優點是 ①好拿 ②中心溫度易降低 ③節省成本 ④增加工作效率。

31. (1) 廚房使用半成品或冷凍食品做為烹飪材料，其優點為 ①減少污染機會 ②降低成本 ③增加成本 ④毫無優點可言。

32. (4) 餐廳的廚房排油煙設施如果僅有風扇而已，這是不被允許的，你認為下列何者為錯？ ①排除的油煙無法有效處理 ②風扇後的外牆被嚴重污染 ③風扇停用時病媒易侵入 ④風扇運轉時噪音太大，會影響工作情緒。

33. (2) 假設氣流的流向是從高壓到低壓，你認為餐廳營業場所氣流壓力應為 ①低壓 ②高壓 ③負壓 ④真空壓。

34. (3) 冬天病媒較少的原因為 ①較常下雨 ②氣壓較低 ③氣溫較低 ④氣候多變以致病媒活動力降低。

35. (2) 每年七月聯考季節，有很多小販在考場門口販售餐盒，以衛生觀點而言，你認為下列何種為對？ ①越貴的，菜色愈好 ②烈日之下，易助長細菌增殖而使餐盒加速腐敗 ③提供考生一個很便利的飲食 ④菜色、價格的種類愈多，愈容易滿足考生的選擇。

36. (4) 關於「吃到飽」的餐廳，下列敘述何者不正確？ ①易養成民眾暴飲暴食的習慣 ②易養成民眾浪費的習慣 ③服務品質易降低 ④值得大力提倡此種促銷手法。

37. (1) 採用合格的半成品食品比率越高的餐廳，一般說來其危險因子應為 ①越低 ②越高 ③視情況而定 ④無法確定。

38. (2) 餐廳的規模一定時，廚房越小者，其採用半成品或冷凍食品的比率應 ①降低 ②提高 ③視成本而定 ④無法確定。

39. (4) 關於工作服的敘述，下列何者不正確？ ①僅限在工作場所工作時穿著 ②應以淡淺色為主 ③為衛生指標之一 ④可穿著回家。

40. (1) 一般說來，出水性高的食物其危險性較出水性低的食物來得 ①高些 ②低些 ③無法確定 ④視季節而定。

41. (3) 蛋類烹調前的製備，下列何種組合順序方為正確：1. 洗滌 2. 選擇 3. 打破 4. 放入碗內觀察 5. 再放入大容器內 ① 2 → 4 → 5 → 3 → 1 ② 3 → 1 → 2 → 4 → 5 ③ 2 → 1 → 3 → 4 → 5 ④ 1 → 2 → 3 → 4 → 5。

42. (1) 假設廚房面積與營業場所面積比為 1：10，下列何種型態餐廳較為適用？ ① 簡易商業午餐型 ②大型宴會型 ③觀光飯店型 ④學校餐廳型。

43. (3) 廚房的地板 ①操作時可以濕滑 ②濕滑是必然現象無需計較 ③隨時保持乾燥清潔 ④要看是哪一類餐廳而定。

44. (4) 假設廚房面積與營業場所面積比太小，下列敘述何者不正確？ ①易導致交互污染 ②增加工作上的不便 ③散熱頗為困難 ④有助減輕成本。

45. (2) 我們常說「盒餐不可隔餐食用」，其主要原因為 ①避免口感變差 ②斷絕細菌滋生所需要的時間 ③保持市場價格穩定 ④此種說法根本不正確。

46. (3) 關於濕紙巾的敘述，下列何種不正確？ ①一次進貨量不可太多 ②不宜在高溫下保存 ③可在高溫下保存 ④由於高水活性，而易導致細菌滋生。

47. (2) 何種細菌性食品中毒與水產品關係較大？ ①彎曲桿菌 ②腸炎弧菌 ③金黃色葡萄球菌 ④仙人掌桿菌。

48. (3) 下列敘述何者不正確？ ①消毒抹布以煮沸法處理，需以 100℃沸水煮沸 5 分鐘以上 ②食品、用具、器具、餐具不可放置在地面上 ③廚房內二氧化碳濃度可以高過 0.5％ ④廚房的清潔區溫度必須保持在 22 ～ 25℃，溼度保持在相對溼度 50 ～ 55％ 之間。

49. (3) 餐飲業的廢棄物處理方法，下列何者不正確？ ①可燃廢棄物與不可燃廢棄物應分類處理 ②使用有加蓋，易處理的廚餘桶，內置塑膠袋以利清洗維護清潔 ③每天清晨清理易腐敗的廢棄物 ④含水量較高的廚餘可利用機械處理，使脫水乾燥，以縮小體積。

50. (3) 餐具洗淨後應 ①以毛巾擦乾 ②立即放入櫃內貯存 ③先讓其風乾，再放入櫃內貯存 ④以操作者方便的方法入櫃貯存。

51.（3） 一般引起食品變質最主要原因為 ①光線 ②空氣 ③微生物 ④溫度。

52.（1） 每年食品中毒事件以五月至十月最多，主要是因為 ①氣候條件 ②交通因素 ③外食關係 ④學校放暑假。

53.（2） 食品中毒的發生通常以 ①春天 ②夏天 ③秋天 ④冬天 為最多。

54.（4） 下列何種疾病與食品衛生安全較無直接的關係？ ①手部傷口 ②出疹 ③結核病 ④淋病。

55.（1） 芋薯類削皮後的褐變是因 ①酵素 ②糖質 ③蛋白質 ④脂肪 作用的關係。

56.（4） 廚房女性從業人員於工作時間內，應該 ①化粧 ②塗指甲油 ③戴結婚戒指 ④戴網狀廚帽。

57.（1） 下列何種重金屬如過量會引起「痛痛病」？ ①鎘 ②汞 ③銅 ④鉛。

58.（3） 去除蔬菜農藥的方法，下列敘述何者不正確？ ①用流動的水浸泡數分鐘 ②去皮可去除相當比率的農藥 ③以洗潔劑清洗 ④加熱時以不加蓋為佳。

59.（3） 若因雞蛋處理不良而產生的食品中毒有可能來自於 ①毒素型的腸炎弧菌 ②感染型的腸炎弧菌 ③感染型的沙門氏菌 ④毒素型的沙門氏菌。

60.（1） 當日本料理師父患有下列何種肝炎，在製作壽司時會很容易的就傳染給顧客？ ① A 型 ② B 型 ③ C 型 ④ D 型。

61.（4） 養成經常洗手的良好習慣，其目的是下列何種？ ①依公司規定 ②為了清爽 ③水潤保濕作用 ④清除皮膚表面附著的微生物。

62.（1） 台灣曾發生之食用米糠油中毒事件是由何種物質引起？ ①多氯聯苯 ②黃麴毒素 ③農藥 ④砷。

63.（1） 細菌性食物中毒的病原菌中，下列何者最具有致命性的威脅？ ①肉毒桿菌 ②大腸菌 ③葡萄球菌 ④腸炎弧菌。

64.（4） 台灣曾經發生鎘米事件，若鎘積存體內過量可能造成 ①水俁病 ②烏腳病 ③氣喘病 ④痛痛病。

65.（3） 依衛生法規規定，餐飲從業人員最少要多久接受體檢？ ①每月一次 ②每半年一次 ③每年一次 ④每兩年一次。

66.（2） 在烏腳病患區，其本身地理位置即含高百分比的 ①鉛 ②砷 ③鋁 ④汞。

67.（4） 有關使用砧板，下列敘述何者錯誤？ ①宜分 4 種並標示用途 ②宜用合成塑膠砧板 ③每次作業後，應充分洗淨，並加以消毒 ④洗淨消毒後，應以平放式存放。

68.（3） 為了維護安全與衛生，器具、用具與食物接觸的部分，其材質應選用 ①木製 ②鐵製 ③不銹鋼製 ④ PVC 塑膠製。

69.（3） 中性清潔劑其 PH 值是介於下列何者之間？ ①3.0～5.0 ②4.0～6.0 ③6.0～8.0 ④ 7.0 ～ 10.0。

70.（2） 有關食物製備衛生、安全，下列敘述何者正確？ ①可以抹布擦拭器具、砧板 ②手指受傷，應避免直接接觸食物 ③廚師的圍裙可用來擦手的 ④可以直接以湯杓舀取品嚐，剩餘的再倒回鍋中。

71. (4) 餐廳發生火災時，應做的緊急措施為 ①立刻大聲尖叫 ②立刻讓客人結帳，再疏散客人 ③立刻搭乘電梯，離開現場 ④立刻按下警鈴，並疏散客人。

72. (4) 熟食掉落地上時應如何處理？ ①洗淨後再供客人食用 ②重新加熱調理後再供客人食用 ③高溫殺菌後再供客人食用 ④丟棄不可再供客人食用。

73. (4) 三槽式餐具洗滌設施的第三槽若是採用氯液殺菌法，那麼應以餘氯量多少的氯水來浸泡餐具？ ① 50ppm ② 100ppm ③ 150ppm ④ 200ppm。

74. (1) 當客人發生食物中毒時應如何處理？ ①立即送醫並收集檢體化驗報告當地衛生機關 ②由員工急救 ③讓客人自己處理 ④順其自然。

75. (2) 選擇殺菌消毒劑時不需注意到什麼樣的事情？ ①廣效性 ②廣告宣傳 ③安定性 ④良好作業性。

76. (2) 手洗餐具時，應用何種清潔劑？ ①弱酸 ②中性 ③酸性 ④鹼性。

77. (4) 中餐廚師穿著工作衣帽的主要目的是？ ①漂亮大方 ②減少生產成本 ③代表公司形象 ④防止髮屑雜物掉落食物中。

78. (4) 下列何者不一定是洗滌劑選擇時須考慮的事項？ ①所使用的對象 ②洗淨力的要求 ③各種洗潔劑的性質 ④名氣的大小。

79. (4) 餿水的正確處理方式為 ①任意丟棄 ②加蓋後存放於室外 ③用塑膠袋包好即可 ④加蓋或包裝好存放於室內空調間，轉交環保機關處理。

80. (4) 劣變的油炸油不具下列何種特性？ ①顏色太深 ②粘度太高 ③發煙點降低 ④正常發煙點。

81. (3) 油炸過的油應盡快用完，若用不完 ①可與新油混合使用 ②倒掉 ③集中處理由合格廠商回收 ④倒進餿水桶。

82. (4) 經長時間油炸食物的油必須 ①不用理它繼續使用 ②過濾殘渣 ③放愈久愈香 ④廢棄。

83. (4) 廚房工作人員對各種調味料桶之清理，應如何處置？ ①不必清理 ②三天清理一次 ③一星期清理一次 ④每天清理。

84. (1) 下列何者為天然合法的抗氧化劑 ①維生素 E ②吊白塊 ③胡蘿蔔素 ④卵磷脂。

工作項目 09：食品安全衛生法規

1. （3） 餐具經過衛生檢查其結果如下，何者為合格？ ①大腸桿菌為陽性，含有殘留油脂 ②生菌數 400 個，大腸菌群陰性 ③大腸桿菌陰性，不含有油脂，不含有殘留洗潔劑 ④沒有一定的規定。
2. （1） 不符合食品安全衛生標準之食品，主管機關應 ①沒入銷毀 ②沒入拍賣 ③轉運國外 ④准其贈與。
3. （4） 違反直轄市或縣（市）主管機關依食品安全衛生管理法第 14 條有關「公共飲食場所衛生管理辦法」之規定，主管機關至少可處負責人新台幣 ①5 千元 ②1 萬元 ③2 萬元 ④3 萬元。
4. （3） 市縣政府係依據「食品安全衛生管理法」第 14 條所訂之 ①營業衛生管理條例 ②食品良好衛生規範 ③公共飲食場所衛生管理辦法 ④食品安全管制系統來輔導稽查轄內餐飲業者。
5. （1） 餐廳若發生食品中毒時，衛生機關可依據「食品安全衛生管理法」第幾條命令餐廳暫停作業，並全面進行改善？ ①41 條 ②42 條 ③43 條 ④44 條 以遏阻食品中毒擴散，並確保消費者飲食安全。
6. （3） 餐飲業者使用地下水源者，其水源應與化糞池廢棄物堆積場所等污染源至少保持 ①5 公尺 ②10 公尺 ③15 公尺 ④20 公尺 之距離。
7. （3） 餐飲業之蓄水池應保持清潔，其設置地點應距污穢場所、化糞池等污染源 ①1 公尺 ②2 公尺 ③3 公尺 ④4 公尺 以上。
8. （2） 廚房備有空氣補足系統，下列何者不為其目的？ ①降溫 ②降壓 ③隔熱 ④補足空氣。
9. （1） 廚房清潔區之空氣壓力應為 ①正壓 ②負壓 ③低壓 ④介於正壓與負壓之間。
10. （1） 廚房的工作區可分為清潔區、準清潔區和污染區，今有一餐盒食品工廠的包裝區，應屬於下列何區才對？ ①清潔區 ②介於清潔區與準清潔區之間 ③準清潔區 ④污染區。
11. （4） 生鮮原料蓄養場所可設置於 ①廚房內 ②污染區 ③準清潔區 ④與調理場所有效區隔。
12. （2） 關於食用色素的敘述，下列何者正確？ ①紅色 4 號，黃色 5 號 ②黃色 4 號，紅色 6 號 ③紅色 7 號，藍色 3 號 ④綠色 1 號，黃色 4 號 為食用色素。
13. （1） 下列哪種色素不是食用色素？ ①紅色 5 號 ②黃色 4 號 ③綠色 3 號 ④藍色 2 號。
14. （2） 食物中毒的定義（肉毒桿菌中毒除外）是 ①一人或一人以上 ②二人或二人以上 ③三人或三人以上 ④十人或十人以上 有相同的疾病症狀謂之。
15. （4） 有關防腐劑之規定，下列何者為正確？ ①使用對象無限制 ②使用量無限制 ③使用對象與用量均無限制 ④使用對象與用量均有限制。

16. (1) 下列食品何者不得添加任何的食品添加物？ ①鮮奶 ②醬油 ③奶油 ④火腿。

17. (1) 下列何者為乾熱殺菌法之方法？ ① 110℃以上 30 分鐘 ② 75℃以上 40 分鐘 ③ 65℃以上 50 分鐘 ④ 55℃以上 60 分鐘。

18. (1) 乾熱殺菌法屬於何種殺菌、消毒方法？ ①物理性 ②化學性 ③生物性 ④自然性。

19. (4) 抹布之殺菌方法是以 100℃蒸汽加熱至少幾分鐘以上？ ① 4 ② 6 ③ 8 ④ 10。

20. (1) 排油煙機應 ①每日清洗 ②隔日清洗 ③三日清洗 ④每週清洗。

21. (3) 罐頭食品上只有英文而沒有中文標示，這種罐頭 ①是外國的高級品 ②必定品質保證良好 ③不符合食品安全衛生管理法有關標示之規定 ④只要銷路好，就可以使用。

22. (2) 餐盒食品樣品留驗制度，係將餐盒以保鮮膜包好，置於 7℃以下保存二天，以備查驗，如上所謂的 7℃以下係指 ①冷凍 ②冷藏 ③室溫 ④冰藏 為佳。

23. (4) 廚房裡設置一間廁所可 ①使用方便 ②節省時間 ③增加效率 ④根本是違法的。

24. (1) 餐廳廁所應標示下列何種字樣？ ①如廁後應洗手 ②請上前一步 ③觀瀑台 ④聽雨軒。

25. (4) 防止病媒侵入設施，係以適當且有形的 ①殺蟲劑 ②滅蚊燈 ③捕蠅紙 ④隔離方式 以防範病媒侵入之裝置。

26. (2) 界面活性劑屬於何種殺菌、消毒方法？ ①物理性 ②化學性 ③生物性 ④自然性。

27. (1) 三槽式餐具洗滌方法，其第二槽必須有 ①流動充足之自來水 ②滿槽的自來水 ③添加有消毒水之自來水 ④添加清潔劑之洗滌水。

28. (2) 以漂白水消毒屬於何種殺菌、消毒方法？ ①物理性 ②化學性 ③生物性 ④自然性。

29. (3) 有關急速冷凍的敘述下列何者不正確？ ①可保持食物組織 ②有較差的殺菌力 ③有較強的殺菌力 ④可保持食物風味。

30. (3) 下列有關餐飲食品之敘述何者錯誤？ ①應以新鮮為主 ②減少食品添加物的使用量 ③增加油脂使用量，以提高美味 ④以原味烹調為主。

31. (1) 大部分的調味料均含有較高之 ①鈉鹽 ②鈣鹽 ③鎂鹽 ④鉀鹽 故應減少食用量。

32. (1) 無機污垢物的去除宜以 ①酸性 ②中性 ③鹼性 ④鹹性 洗潔劑為主。

33. (4) 下列果汁罐頭何者因具較低的安全性，應特別注意符合食品良好衛生規範準則之低酸性罐頭相關規定？ ①楊桃 ②鳳梨 ③葡萄柚 ④木瓜。

34. (4) 食補的廣告中，下列何者字眼未涉及療效？ ①補腎 ②保肝 ③消渴 ④生津。

35. (1) 食補的廣告中，提及「預防高血壓」 ①涉及療效 ②未涉及療效 ③百分之五十涉及療效 ④百分之八十涉及療效。

36. (1) 食品的廣告中，「預防」、「改善」、「減輕」等字句 ①涉及療效 ②未涉及療效 ③百分之五十涉及療效 ④百分之八十涉及療效。

37. (4) 選購食品時，應注意新鮮、包裝完整、標示清楚及 ①黑白分明 ②色彩奪目 ③銷售量大 ④公正機關推薦 等四大原則。

38. (1) 配膳區屬於 ①清潔區 ②準清潔區 ③污染區 ④一般作業區。

39. (2) 烹調區屬於下列何者？ ①清潔區 ②準清潔區 ③污染區 ④一般作業區。

40.（3） 洗滌區屬於下列何者？ ①清潔區 ②準清潔區 ③污染區 ④一般作業區。

41.（4） 廚務人員（人流）的動線，以下述何者為佳？ ①污染區→清潔區→準清潔區 ②污染區→準清潔區→清潔區 ③準清潔區→清潔區→污染區 ④清潔區→準清潔區→污染區。

42.（2） 某人吃了經污染的食物至他出現病症的一段時間，我們稱之為 ①病源 ②潛伏期 ③危險期 ④病症。

43.（4） A 型肝炎是屬於 ①細菌 ②寄生蟲 ③真菌 ④病毒。

44.（3） 最重要的個人衛生習慣是 ①一年體檢兩次 ②隨時戴手套操作 ③經常洗手 ④戒菸。

45.（4） 個人衛生是 ①個人一星期內的洗澡次數 ②個人完整的醫療紀錄 ③個人完整的教育訓練 ④保持身體健康、外貌整潔及良好衛生操作的習慣。

46.（1） 廚房器具沒有污漬的情形稱為 ①清潔 ②消毒 ③殺菌 ④滅菌。

47.（2） 幾乎無有害的微生物存在稱為 ①清潔 ②消毒 ③污染 ④滅菌。

48.（3） 污染是指下列何者？ ①食物未加熱至 70℃ ②前一天將食物煮好 ③食物中有不是蓄意存在的微生物或有害物質 ④混入其他食物。

49.（1） 國際觀光旅館使用地下水源者，每年至少檢驗 ①一次 ②二次 ③三次 ④四次。

50.（3） 廚師證照持有人，每年應接受 ① 4 小時 ② 6 小時 ③ 8 小時 ④ 12 小時衛生講習。

51.（4） 廚師有下列何種情形者，不得從事與食品接觸之工作？ ①高血壓 ②心臟病 ③ B 型肝炎 ④肺結核。

52.（4） 下列何者與消防法有直接關係？ ①蔬菜供應商 ②進出口食品 ③餐具業 ④餐飲業。

53.（2） 衛生福利部食品藥物管理署核心職掌是 ①空調之管理 ②食品衛生之管理 ③環境之管理 ④餿水之管理。

54.（2） 一旦發生食物中毒 ①不要張揚、以免影響生意 ②迅速送患者就醫並通知所在地衛生機關 ③提供鮮奶讓患者解毒 ④先查明中毒原因再說。

55.（1） 食品或食品添加物之製造調配、加工、貯存場所應與廁所 ①完全隔離 ②不需隔離 ③隨便 ④方便為原則。

56.（3） 食品安全衛生管理法第十七條所定食品添加物，不包括下列何者類別名稱？ ①溶劑 ②防腐劑、抗氧化劑 ③豆腐用凝固劑、光澤劑 ④乳化劑、膨脹劑。

57.（3） 菜餚製作過程愈複雜 ①愈具有較高的口感及美感 ②愈具有較高的安全性 ③愈具有較高的危險性 ④愈具有高超的技術性。

58.（3） 餐飲新進從業人員依規定要在什麼時候做健康檢查？ ① 3 天內 ②一個禮拜內 ③報到上班前就先做好檢查 ④先做一天看看再去檢查。

59.（3） 中餐技術士術科檢定時洗滌用清潔劑應置放何處才符合衛生規定？ ①工作台上 ②水槽邊取用方便 ③水槽下的層架 ④靠近水槽的地面上。

（二）食品安全衛生及營養相關職類共同科目（不分級）

90010 食品安全衛生及營養相關職類共同科目 不分級

工作項目 01：食品安全衛生

1. （1） 食品從業人員經醫師診斷罹患下列哪些疾病不得從事與食品接觸之工作 A. 手部皮膚病 B. 愛滋病 C. 高血壓 D. 結核病 E. 梅毒 F. A 型肝炎 G. 出疹 H. B型肝炎 I. 胃潰瘍 J. 傷寒 ① ADFGJ ② BDFHJ ③ ADEFJ ④ DEFIJ。
2. （2） 食品從業人員之健康檢查報告應存放於何處備查 ①乾料庫房 ②辦公室的文件保存區 ③鍋具存放櫃 ④主廚自家。
3. （2） 下列有關食品從業人員戴口罩之敘述何者正確 ①為了環保，口罩需重複使用 ②口罩應完整覆蓋口鼻，注意鼻部不可露出 ③「食品良好衛生規範準則」規定食品從業人員應全程戴口罩 ④戴口罩可避免頭髮污染到食品。
4. （2） 洗手之衛生，下列何者正確 ①手上沒有污垢就可以不用洗手 ②洗手是預防交叉污染最好的方法 ③洗淨雙手是忙碌時可以忽略的一個步驟 ④戴手套之前可以不用洗手。
5. （3） 下列何者是正確的洗手方式 ①使用清水沖一沖雙手即可，不需特別使用洗手乳 ②慣用手有洗就好，另一隻手可以忽略 ③使用洗手乳或肥皂洗手並以流動的乾淨水源沖洗手部 ④洗手後用圍裙將手部擦乾。
6. （1） 食品從業人員正確洗手步驟為「濕、洗、刷、搓、沖、乾」，其中的「刷」是什麼意思 ①使用乾淨的刷子把指尖和指甲刷乾淨 ②使用乾淨的刷子把手心刷乾淨 ③使用乾淨的刷子把手肘刷乾淨 ④使用乾淨的刷子把洗手台刷乾淨。
7. （4） 下列何者為使用酒精消毒手部的正確注意事項 ①應選擇工業用酒精效果較好 ②可以用酒精消毒取代洗手 ③酒精噴越多效果越好 ④噴灑酒精後，宜等酒精揮發再碰觸食品。
8. （4） 從事食品作業時，下列何者為戴手套的正確觀念 ①手套應選擇越小的越好，比較不容易脫落 ②雙手若有傷口時，應先佩戴手套後再包紮傷口 ③只要戴手套就可以完全避免手部污染食品 ④佩戴手套的品質應符合「食品器具容器包裝衛生標準」。
9. （3） 正確的手部消毒酒精的濃度為 ① 90-100% ② 80-90% ③ 70-75% ④ 50-60%。
10. （1） 食品從業人員如配戴手套，下列哪個時機宜更換手套 ①更換至不同作業區之前 ②上廁所之前 ③倒垃圾之前 ④下班打卡之前。
11. （2） 食品從業人員之個人衛生，下列敘述何者正確 ①指甲應留長以利剝除蝦殼 ②不應佩戴假指甲，因其可能會斷裂而掉入食品中 ③應擦指甲油保持手部的美觀 ④指甲剪短就可以不用洗手。
12. （1） 以下保持圍裙清潔的做法何者正確 ①圍裙可依作業區清潔度以不同顏色區分 ②脫下的圍裙可隨意跟脫下來的髒衣服掛在一起 ③上洗手間時不需脫掉圍裙 ④如果公司沒有洗衣機就不需每日清洗圍裙。

13. (3) 以下敘述何者正確 ①為了計時烹煮時間，廚師應隨時佩戴手錶 ②因為廚房太熱所以可以穿著背心及短褲處理食品 ③工作鞋應具有防水防滑功能 ④為了提神可以在烹調食品時喝藥酒。

14. (3) 以下對於廚師在工作場合的飲食規範，何者正確 ①自己的飲料可以跟製備好的食品混放在冰箱 ②肚子餓了可以順手拿客人的菜餚來吃 ③為避免口水中的病原菌或病毒轉移到食品中，製備食品時禁止吃東西 ④為了預防蛀牙可以在烹調食品時嚼無糖口香糖。

15. (2) 以下對於食品從業人員的健康管理何者正確 ①只要食材及環境衛生良好，即使人員感染上食媒性疾病也不會污染食品 ②食品從業人員應每日注意健康狀況，遇有身體不適應避免接觸食品 ③只有發燒沒有咳嗽就可以放心處理食品 ④腹瀉只要注意每次如廁後把雙手洗乾淨就可處理食品。

16. (4) 感染諾羅病毒至少要症狀解除多久後，才能再從事接觸食品的工作 ① 12 小時 ② 24 小時 ③ 36 小時 ④ 48 小時。

17. (2) 若員工在上班期間報告身體不適，主管應該 ①勉強員工繼續上班 ②請員工儘速就醫並了解造成身體不適的正確原因 ③辭退員工 ④責罵員工。

18. (2) 外場服務人員的衛生規則何者正確 ①將食品盡可能的堆疊在托盤上，一次端送給客人 ②外場人員應避免直接進入內場烹調區，而是在專門的緩衝區域進行菜餚的傳送 ③傳送前不須檢查菜餚內是否有異物 ④如果地板看起來很乾淨，掉落於地板的餐具就可以撿起來直接再供顧客使用。

19. (3) 食品從業人員的衛生教育訓練內容最重要的是 ①成本控制 ②新產品開發 ③個人與環境衛生維護 ④滅火器認識。

20. (4) 下列內場操作人員的衛生規則何者正確 ①為操作方便可以用沙拉油桶墊腳 ②可直接以口對著湯勺試吃 ③可直接在操作台旁會客 ④使用適當且乾淨的器具進行菜餚的排盤。

21. (3) 食品從業人員健康檢查及教育訓練記錄應保存幾年 ①一年 ②三年 ③五年 ④七年。

22. (4) 下列何者對乾燥的抵抗力最強 ①黴菌 ②酵母菌 ③細菌 ④酵素。

23. (1) 水活性在多少以下細菌較不易孳生 ① 0.84 ② 0.87 ③ 0.90 ④ 0.93。

24. (1) 肉毒桿菌在酸鹼值（pH）多少以下生長會受到抑制 ① 4.6 ② 5.6 ③ 6.6 ④ 7.6。

25. (1) 進行食品危害分析時須包括化學性、物理性及下列何者 ①生物性 ②化工性 ③機械性 ④電機性。

26. (1) 關於諾羅病毒的敘述，下列何者正確 ① 1-10 個病毒即可致病 ②用 75% 酒精可以殺死 ③外層有脂肪膜 ④若貝類生長於受人類糞便污染的海域，病毒易蓄積於閉殼肌。

27. (4) 下列何者為最常見的毒素型病原菌 ①李斯特菌 ②腸炎弧菌 ③曲狀桿菌 ④金黃色葡萄球菌。

28. (2) 與水產食品中毒較相關的病原菌是 ①李斯特菌 ②腸炎弧菌 ③曲狀桿菌 ④葡萄球菌。

29.（3） 經調查檢驗後確認引起疾病之病原菌為腸炎弧菌，則該腸炎弧菌即為 ①原因物質 ②事因物質 ③病因物質 ④肇因物質。

30.（3） 一般而言，一件食品中毒案件之敘述，下列何者正確 ①有嘔吐腹瀉症狀即成立 ②民眾檢舉即成立 ③二人或二人以上攝取相同的食品而發生相似的症狀 ④多人以上攝取相同的食品而發生不同的症狀。

31.（1） 關於肉毒桿菌食品中毒案件之敘述，下列何者正確 ①一人血清檢體中檢出毒素即成立 ②媒體報導即成立 ③三人或三人以上攝取相同的食品而發生相似的症狀 ④多人以上攝取相同的食品而發生不同的症狀。

32.（4） 關於肉毒桿菌特性之敘述，下列何者正確 ①是肉條發霉 ②是肉腐敗所產生之細菌 ③是肉變臭之前兆 ④是會產生神經毒素。

33.（1） 河豚毒素中毒症狀多於食用後 ① 3 小時內（通常是 10 ～ 45 分鐘）產生 ② 6 小時內（通常是 60 ～ 120 分鐘）產生 ③ 12 小時內（通常是 60 ～ 120 分鐘）產生 ④ 24 小時內（通常是 120 ～ 240 分鐘）產生。

34.（2） 一般而言，河豚最劇毒的部位是 ①腸、皮膚 ②卵巢、肝臟 ③眼睛 ④肉。

35.（4） 河豚毒素是屬於哪一種毒素 ①腸病毒 ②肝病毒 ③肺病毒 ④神經毒。

36.（4） 下列哪一種化學物質會造成類過敏的食品中毒 ①黴菌毒素 ②麻痺性貝毒 ③食品添加物 ④組織胺。

37.（1） 下列哪一種屬於天然毒素 ①黴菌毒素 ②農藥 ③食品添加物 ④保險粉。

38.（2） 腸炎弧菌主要存在於下列何種食材，須熟食且避免交叉汙染 ①牛肉 ②海產 ③蛋 ④雞肉。

39.（3） 沙門氏桿菌主要存在於下列何種食材，須熟食且避免交叉汙染 ①蔬菜 ②海產 ③禽肉 ④水果。

40.（3） 低酸性真空包裝食品如果處理不當，容易因下列何者或其毒素引起食品中毒 ①李斯特菌 ②腸炎弧菌 ③肉毒桿菌 ④葡萄球菌。

41.（2） 廚師很喜歡自己製造 XO 醬，如果裝罐封瓶時滅菌不當，極可能產生下列哪一種食品中毒 ①李斯特菌 ②肉毒桿菌 ③腸炎弧菌 ④葡萄球菌。

42.（1） 過氧化氫造成食品中毒的原因食品常見的為 ①烏龍麵、豆干絲及豆干 ②餅乾 ③乳品、乳酪 ④罐頭食品。

43.（2） 組織胺中毒常發生於腐敗之水產魚肉中，但組織胺是 ①不耐熱，加熱即可破壞 ②耐熱，加熱很難破壞 ③不耐冷，冷凍即可破壞 ④不耐攪拌，攪拌均勻即可破壞。

44.（3） 台灣近年來，諾羅病毒造成食品中毒的主要原因食品為 ①漢堡 ②雞蛋 ③生蠔 ④罐頭食品。

45.（4） 預防諾羅病毒食品中毒的最佳方法是 ①食物要冷藏 ②冷凍 12 小時以上 ③用 70% 的酒精消毒 ④勤洗手及不要生食。

46.（4） 食品從業人員的皮膚上如有傷口，應儘快包紮完整，以避免傷口中何種病原菌汙染食品 ①腸炎弧菌 ②肉毒桿菌 ③病原性大腸桿菌 ④金黃色葡萄球菌。

47.（2） 預防食品中毒的五要原則是 ①要洗手、要充分攪拌、要生熟食分開、要澈底加熱、要注意保存溫度 ②要洗手、要新鮮、要生熟食分開、要澈底加熱、要注意保存溫度 ③要洗手、要新鮮、要戴手套、要澈底加熱、要注意保存 溫度 ④要充分攪拌、要新鮮、要生熟食分開、要澈底加熱、要注意保存溫度。

48. (4) 肉毒桿菌毒素中毒風險較高的食品為何 ①花生等低酸性罐頭 ②加亞硝酸鹽的香腸與火腿 ③真空包裝冷藏素肉、豆干等 ④自製醃肉、自製醬菜等醃漬食品。

49. (3) 避免肉毒桿菌毒素中毒，下列何者正確 ①只要無膨罐情形，即使生鏽或凹陷也可以 ②開罐後如發覺有異味時，煮過即可食用 ③自行醃漬食品食用前，應煮沸至少 10 分鐘且要充分攪拌 ④真空包裝食品，無須經過高溫高壓殺菌，銷售及保存也不用冷藏。

50. (3) 黴菌毒素容易存在於 ①家禽類 ②魚貝類 ③穀類 ④內臟類。

51. (2) 奶類應在 ① 10 ～ 12 ② 5 ～ 7 ③ 22 ～ 24 ④ 16 ～ 18 ℃儲存，以保持新鮮。

52. (4) 食用油若長時間高溫加熱，結果 ①能殺菌、容易保存 ②增加油色之美觀 ③增長使用期限 ④會產生有害物質。

53. (2) 蛋類最容易有 ①金黃色葡萄球菌 ②沙門氏桿菌 ③螺旋桿菌 ④大腸桿菌 汙染。

54. (2) 選購包裝麵類製品的條件為何 ①色澤白皙 ②有完整標示 ③有使用防腐劑延長保存 ④麵條沾黏。

55. (1) 選購冷凍包裝食品時應注意事項，下列何者正確 ①包裝完整 ②出廠日期 ③中心溫度達 0℃ ④出現凍燒情形。

56. (1) 為防止肉毒桿菌生長產生毒素而引起食品中毒，購買真空包裝食品（例如真空包裝素肉），下列敘述何者正確 ①依標示冷藏或冷凍貯藏 ②既然是真空包裝食品無須充分加熱後就可食用 ③知名廠商無須檢視標示內容 ④只要方便取用，可隨意置放。

57. (4) 選購豆腐加工產品時，下列何者為食品腐敗的現象 ①更美味 ②香氣濃郁 ③重量減輕 ④產生酸味。

58. (2) 選購食材時，依據下列何者可辨別食物材料的新鮮與腐敗 ①價格高低 ②視覺嗅覺 ③外觀包裝 ④商品宣傳。

59. (3) 選用發芽的馬鈴薯 ①可增加口味 ②可增加顏色 ③可能發生中毒 ④可增加香味。

60. (2) 新鮮的魚，下列何者為正常狀態 ①眼睛混濁、出血 ②魚鱗緊附於皮膚、色澤自然 ③魚腮呈灰綠色、有黏液產生 ④腹部易破裂、內臟外露。

61. (2) 旗魚或鮪魚鮮度變差時，肉質易產生 ①紅變肉 ②綠變肉 ③黑變肉 ④褐變肉。

62. (3) 蛋黃的圓弧度愈高者，表示該蛋愈 ①腐敗 ②陳舊 ③新鮮 ④美味。

63. (4) 奶粉應購買 ①有結塊 ②有雜質 ③呈黑色 ④無不良氣味。

64. (2) 漁獲後處理不當或受微生物污染之作用，容易產生組織胺，而導致組織胺中毒，下列何者敘述正確 ①組織胺易揮發且具熱穩定性 ②其中毒症狀包括有皮膚發疹、癢、水腫、噁心、腹瀉、嘔吐等 ③魚類組織胺之生成量及速率 不會因魚種、部位、貯藏溫度及污染菌的不同而有所差異 ④鯖、鮪、旗、鰹等迴游性紅肉魚類比底棲性白肉魚所生成的組織胺較少且慢。

65.（1）如何選擇新鮮的雞肉 ①肉有光澤緊實毛細孔突起 ②肉質鬆軟表皮平滑 ③肉的顏色暗紅有水般的光澤 ④雞體味重肉無彈性。

66.（3）採購魩仔魚乾，下列何者最符合衛生安全 ①透明者 ②潔白者 ③淡灰白者 ④暗灰色者。

67.（4）下列何者貯存於室溫會有食品安全衛生疑慮 ①米 ②糖 ③鹽 ④鮮奶油。

68.（4）依據 GHP 之儲存管理，化學物品應在原盛裝容器內並配合下列何種方式管理 ①專人 ②專櫃 ③專冊 ④專人專櫃專冊。

69.（1）下列何者為選擇乾貨應考量的因素 ①是否乾燥完全且沒有發霉或腐爛 ②外觀完整，乾溼皆可 ③色澤自然，乾淨與否以及有無雜質皆可 ④色澤非常亮艷。

70.（2）下列何種處理方式無法減少食品中微生物生長所導致之食品腐敗 ①冷藏貯存 ②室溫下隨意放置 ③冷凍貯存 ④妥善包裝後低溫貯存。

71.（1）熟米飯放置於室溫貯藏不當時，最容易遭受下列哪一種微生物的污染而腐敗變質 ①仙人掌桿菌 ②沙門氏桿菌 ③金黃色葡萄球菌 ④大腸桿菌。

72.（3）魚貝類在冷凍的溫度下 ①可永遠存放 ②不會變質 ③品質仍然在下降 ④新鮮度不變。

73.（3）下列何者敘述錯誤 ①雞蛋表面在烹煮前應以溫水清洗乾淨，否則易有沙門氏桿菌污染 ②在不清潔海域捕撈的牡蠣易有諾羅病毒污染 ③牛奶若是來自於罹患乳房炎的乳牛，易有仙人掌桿菌污染 ④製作提拉米蘇或慕斯類糕點時若因蛋液衛生品質不佳，易導致沙門氏桿菌污染。

74.（1）隨時要使用的肉類應保存於 ① 7 ② 0 ③ 12 ④ -18℃以下為佳。

75.（3）中長期存放的肉類應保存於 ① 4 ② 0 ③ -18 ④ 8℃以下才能保鮮。

76.（2）肉類的加工過程，為了防止肉毒桿菌滋生，都會在肉中加入 ①蘇打粉 ②硝 ③酒 ④香料。

77.（2）直接供應飲食場所火鍋類食品之湯底標示，下列何者正確 ①有無標示主要食材皆可 ②標示熬製食材中含量最多者 ③使用食材及風味調味料共同調製之火鍋湯底，不論使用比例都無需標示「○○食材及○○風味調味料」共同調製 ④應必須標示所有食材及成分。

78.（2）下列何者添加至食品中會有食品安全疑慮 ①鹽巴 ②硼砂 ③味精 ④砂糖。

79.（4）我國有關食品添加物之規定，下列何者為正確 ①使用量並無限制 ②使用範圍及使用量均無限制 ③使用範圍無限制 ④使用範圍及使用量均有限制。

80.（4）食品作業場所之人流與物流方向，何者正確 ①人流與物流方向相同 ②物流：清潔區→準清潔區→污染區 ③人流：污染區→準清潔區→清潔區 ④人流與物流方向相反。

81.（2）食物之配膳及包裝場所，何者正確 ①屬於準清潔作業區 ②室內應保持正壓 ③進入門戶必須設置空氣浴塵室 ④門戶可雙向進出。

82.（1）烹調魚類、肉類及禽肉類之中心溫度要求，下列何者正確 ①以禽肉類要求溫度最高，應達 74℃ /15 秒以上 ②豬肉＞魚肉＞雞肉＞絞牛肉 ③考慮品質問題，煎牛排至少 50℃ ④牛肉因有旋毛蟲問題，一定要加熱至 100℃。

83. （2） 盤飾使用之生鮮食品之衛生，下列何者最正確 ①以非食品做為盤飾 ②未經滅菌處理，不得接觸熟食 ③使用 200ppm 以上之漂白水消毒 ④花卉不得作為盤飾。

84. （2） 依據 GHP 更換油炸油之規定，何者正確 ①總極性化合物（TPC）含量 25% 以下 ②總極性化合物（TPC）含量 25% 以上 ③酸價應在 25 mg KOH/g 以下 ④酸價應在 25 mg KOH/g 以上。

85. （1） 下列何者屬低酸性食品 ①魚貝類 ②食物 pH 值 4.6 以下 ③食物 pH 值 3.0 以下 ④食用醋。

86. （3） 食物製備的衛生安全操作，何者正確 ①以鹽水洗滌海鮮類 ②切割吐司片使用蔬果用砧板 ③蔬菜殺菁後直接食用，不可使用自來水冷卻 ④烹調用油宜達發煙點後再炸。

87. （3） 食物冷卻處理，何者正確 ①應在 4 小時內將食物由 60℃降至 21℃ ②熱食放入冰箱可快速冷卻，以保持新鮮 ③盛裝容器高度不宜超過 10 公分 ④不可使用冷水或冰塊直接冷卻。

88. （3） 冷卻一大鍋的蛤蠣濃湯，何者正確 ①湯鍋放在冷藏庫內 ②湯鍋放在冷凍庫內 ③湯鍋放在冰水內 ④湯鍋放在調理檯上。

89. （3） 生魚片之衛生標準，何者正確 ①大腸桿菌群（Coliform）：陰性 ②「大腸桿菌（E. coli）」：1,000 MPN/g 以下 ③總生菌數：100,000CFU/g 以下 ④揮發性鹽基態氮（VBN）：15 g/100g 以上。

90. （3） 食物之保溫與復熱，何者正確 ①保溫應使食物中心溫度不得低於 50℃ ②保溫時間以不超過 6 小時為宜 ③具潛在危害性食物，復熱中心溫度至少達 74℃ /15 秒以上 ④使用微波復熱中心溫度要求與一般傳統加熱方式一樣。

91. （4） 食品溫度之量測，何者最正確 ①溫度計每兩年應至少校正一次 ②每次量測應固定同一位置 ③可以用玻璃溫度計測量冷凍食品溫度 ④微波加熱食品之量測，不應僅以表面溫度為準。

92. （2） 製冰機管理，何者正確 ①生菜可放在其內之冰塊上冷藏 ②冷卻用冰塊仍須符合飲用水水質標準 ③任取一杯子取用 ④用後冰鏟或冰夾可直接放冰塊內。

93. （3） 不同食材之清洗處理，何者正確 ①乾貨僅需浸泡即可 ②清潔度較低者先處理 ③清洗順序：蔬果→豬肉→雞肉 ④同一水槽同時一起清洗。

94. （4） 油脂之使用，何者正確 ①回鍋油煙點較新鮮油煙點高 ②油炸用油，煙點最好低於 160 ③天然奶油較人造奶油之反式脂肪酸含量高 ④奶油油耗酸敗與微生物性腐敗無關。

95. （4） 調味料之使用，何者正確 ①不屬於食品添加物，無限量標準 ②各類焦糖色素安全無虞，無限量標準 ③一般食用狀況下，使用化學醬油致癌可能性高 ④海帶與昆布的鮮味成分與味精相似。

96. （2） 食品添加物之認知，何者正確 ①罐頭食品不能吃，因加了很多防腐劑 ②生鮮肉類不能添加保水劑 ③製作生鮮麵條，使用雙氧水殺菌是合法的 ④鹼粽添加硼砂是合法的。

97. （2）為避免交叉污染，廚房中最好準備四種顏色的砧板，其中白色使用於 ①肉類 ②熟食 ③蔬果類 ④魚貝類。

98. （2）乾燥金針經常過量使用下列何種漂白劑 ①螢光增白劑 ②亞硫酸氫鈉 ③次氯酸鈉 ④雙氧水。

99. （1）下列何者為豆干中合法的色素食品添加物 ①黃色五號 ②二甲基黃 ③鹽基性介黃 ④皂素。

100. （2）舒適與清淨的廚房溫溼度組合，何者正確 ① 25 ～ 30℃，70 ～ 80%RH ② 20 ～ 25℃，50 ～ 60%RH ③ 15 ～ 20℃，30 ～ 35%RH ④ 90%RH。

101. （3）下列何者為不合法之食品添加物 ①蔗糖素 ②己二烯酸 ③甲醛 ④亞硝酸鹽。

102. （1）食物保存之危險溫度帶係指 ① 7 ～ 60℃ ② 20 ～ 80℃ ③ 0 ～ 35℃ ④ 40 ～ 75℃。

103. （1）為避免食品中毒，下列那種食材加熱中心溫度要求最高 ①雞肉 ②碎牛肉 ③豬肉 ④魚肉。

104. （3）醉雞的製備流程屬於下列何種供膳型式 ①驗收→儲存→前處理→烹調→熱存→供膳 ②驗收→儲存→前處理→烹調→冷卻→復熱→供膳 ③驗收→儲存→前處理→烹調→冷卻→冷藏→供膳 ④驗收→儲存→前處理→烹調→冷卻→冷藏→復熱→供膳。

105. （1）不會助長細菌生長之食物，下列何者正確 ①罐頭食品 ②截切生菜 ③油飯 ④馬鈴薯泥。

106. （1）廚房用水應符合飲用水水質，其殘氯標準（ppm）何者正確 ① 0.2 ～ 1.0 ② 2.0 ～ 5. 0 ③ 10 ～ 20 ④ 20 ～ 50。

107. （4）食物製備與供應之衛生管理原則為新鮮、清潔、加熱與冷藏及 ①菜單多樣，少量製備 ②提早製備，隨時供應 ③大量製備，一次完成 ④處理迅速，避免疏忽。

108. （4）餐飲業在洗滌器具及容器後，除以熱水或蒸氣外還可以下列何物消毒 ①無此消毒物 ②亞硝酸鹽 ③亞硫酸鹽 ④次氯酸鈉溶液。

109. （1）下列哪一項是針對器具加熱消毒殺菌法的優點 ①無殘留化學藥劑 ②好用方便 ③具滲透性 ④設備價格低廉。

110. （3）餐具洗淨後應 ①以毛巾擦乾 ②立即放入櫃內貯存 ③先讓其烘乾，再放入櫃內貯存 ④以操作者方便的方法入櫃貯存。

111. （2）生的和熟的食物在處理上所使用的砧板應 ①共一塊即可 ②分開使用 ③依經濟情況而定 ④依工作量大小而定 以避免二次污染。

112. （1）擦拭食器、工作檯及酒瓶 ①應準備多條布巾，隨時更新保持乾淨 ②為節省時間及成本，可用相同的抹布一體擦拭 ③以舊報紙來擦拭，既環保又省錢 ④擦拭用的抹布吸水力不可過強，以免傷害酒杯。

113. （4）毛巾抹布之煮沸殺菌，係以溫度 100℃的沸水煮沸幾分鐘以上 ①一分鐘 ②三分鐘 ③四分鐘 ④五分鐘。

114. (2) 杯皿的清洗程序是 ①清水沖洗→洗潔劑→消毒液→晾乾 ②洗潔劑→清水沖洗→消毒液→晾乾 ③洗潔劑→消毒液→清水沖洗→晾乾 ④消毒液→洗潔劑→清水沖洗→晾乾。

115. (2) 清洗玻璃杯一般均使用何種消毒液殺菌 ①清潔藥水 ②漂白水 ③清潔劑 ④肥皂粉。

116. (3) 吧檯水源要充足，並應設置足夠水槽，水槽及工作檯之材質最好為 ①木材 ②塑膠 ③不銹鋼 ④水泥。

117. (2) 三槽式餐具洗滌法，其中第二槽沖洗必須 ①滿槽的自來水 ②流動充足的自來水 ③添加消毒水之自來水 ④添加清潔劑之自來水。

118. (3) 下列何者是食品洗潔劑選擇時須考慮的事項 ①經濟便宜 ②使用者口碑 ③各種洗潔劑的性質 ④廠牌名氣的大小。

119. (4) 以下有關餐具消毒的敘述，何者正確 ①以 100ppm 氯液浸泡 2 分鐘 ②以漂白水浸泡 1 分鐘 ③以熱水 60℃浸泡 2 分鐘 ④以熱水 80℃浸泡 2 分鐘。

120. (1) 餐具於三槽式洗滌中，洗潔劑應在 ①第一槽 ②第二槽 ③第三槽 ④不一定添加。

121. (3) 洗滌食品容器及器具應使用 ①洗衣粉 ②廚房清潔劑 ③食品用洗潔劑 ④強酸、強鹼。

122. (4) 食品用具之煮沸殺菌法係以 ① 90℃加熱半分鐘 ② 90℃加熱 1 分鐘 ③ 100℃加熱半分鐘 ④ 100℃加熱 1 分鐘。

123. (4) 製冰機的使用原則，下列何者正確 ①只要是清理乾淨的食物都可以放置保鮮 ②乾淨的飲料用具都可以放進去 ③除了冰鏟外，不能存放食品及飲料 ④不得放任何器具、材料。

124. (4) 清洗餐器具的先後順序，下列何者正確 A 烹調用具、B 鍋具、C 磁、不銹鋼餐具、D 刀具、E 熟食砧板、F 生食砧板、G 抹布 ① EDCBAFG ② GFEDCBA ③ CBDFGAE ④ CBADEFG。

125. (2) 將所有細菌完全殺滅使成為無菌狀態，稱之 ①消毒 ②滅菌 ③巴斯德殺菌 ④商業滅菌。

126. (4) 擦拭玻璃杯皿正確的步驟為 ①杯身、杯底、杯內、杯腳 ②杯腳、杯身、杯底、杯內 ③杯底、杯身、杯內、杯腳 ④杯內、杯身、杯底、杯腳。

127. (1) 擦拭玻璃杯時，需對著光源檢視，係因為 ①檢查杯子是否乾淨 ②使杯子水分快速散去 ③展示杯子的造型 ④多此一舉。

128. (2) 以漂白水消毒屬於何種殺菌、消毒方法 ①物理性 ②化學性 ③生物性 ④自然性。

129. (1) 以冷藏庫或冷凍庫貯存食材之敘述，下列敘述何者正確 ①應考量菜單種類和食材安全貯存審慎計算規劃 ②冷藏庫內通風孔前可堆東西，以有效利用空間 ③可運用瓦楞紙板當作冷藏庫或冷凍庫內區隔食材之隔板 ④冷藏庫或冷凍庫越大越好，可讓廚房彈性操作空間越大。

130. (2) 關於食品倉儲設施及原則，下列敘述何者正確 ①冷藏庫之溫度應在 10℃以下 ②遵守先進先出之原則，並確實記錄 ③乾貨庫房應以日照直射，藉此達到乾燥通風之目的 ④應隨時注意冷凍室之溫度，充分利用所有地面空間擺置食材。

131.（2）倉儲設施及管制原則影響食材品質甚鉅，下列何者敘述正確 ①為維持濕度平衡，乾貨庫房應放置冰塊 ②為控制溫度，冷凍庫房須定期除霜 ③為防止品質劣變，剛煮滾之醬汁應立即放入冷藏庫降溫 ④為有效利用空間，冷藏庫房儘量堆滿食物。

132.（1）食材貯存設施應注意事項，下列敘述何者正確 ①為避免冷氣外流，人員進出冷凍或冷藏庫速度應迅速 ②為保持食材最新鮮狀態，近期將使用到之食材應置放於冷藏庫出風口 ③為避免腐壞，煮熟之餐點不急於供應時，應立即送進冷藏庫 ④為節省貯存空間，海鮮、肉類和蛋類可一起貯存。

133.（3）冷藏庫貯存食材之說明，下列敘述何者正確 ①煮過與未經烹調可一起存放，節省空間 ②熱食應直接送入冷藏庫中，以免造成腐敗 ③海鮮存放時，最好與其他材料分開 ④乳製品、甜點、生肉可共同存放。

134.（4）依據「食品良好衛生規範準則」，餐具採用乾熱殺菌法做消毒，需達到多少度以上之乾熱，加熱 30 分鐘以上 ① 80℃ ② 90℃ ③ 100℃ ④ 110℃。

135.（1）乾料庫房之最佳濕度比應為何 ① 70% ② 80% ③ 90% ④ 95%。

136.（1）食品作業場所內化學物質及用具之管理，下列何者可暫存於作業場所操作區 ①清洗碗盤之食品用洗潔劑 ②去除病媒之誘餌 ③清洗廁所之清潔劑 ④洗刷地板之消毒劑。

137.（1）使用砧板後應如何處理，再側立晾乾 ①當天用清水洗淨 ②當天用廚房紙巾擦乾淨即可 ③隔天用清水洗淨消毒 ④隔二天後再一併清洗消毒。

138.（3）餐飲器具及設施，下列敘述何者正確 ①木質砧板比塑膠材質砧板更易維持清潔 ②保溫餐檯正確熱藏溫度為攝氏 50 度 ③洗滌場所應有充足之流動自來水，水龍頭高度應高於水槽滿水位高度 ④廚房之截油設施一年清理一次即可。

139.（1）防治蒼蠅病媒傳染危害之因應措施，下列敘述何者為宜 ①將垃圾桶及廚餘密閉貯放 ②使用白色防蟲簾 ③噴灑農藥 ④使用蚊香。

140.（1）餐飲業為防治老鼠傳染危害而做的措施，下列敘述何者正確 ①使用加蓋之垃圾桶及廚餘桶 ②出入口裝設空氣簾 ③於工作場所養貓 ④於工作檯面置放捕鼠夾及誘餌。

141.（3）不鏽鋼工作檯之優點，下列敘述何者正確 ①使用年限短 ②易生鏽 ③耐腐蝕 ④不易清理。

142.（2）為避免產生死角不易清洗，廚房牆角與地板接縫處在設計時，應該採用那一種設計為佳 ①直角 ②圓弧角 ③加裝飾條 ④加裝鐵皮。

143.（4）餐廳廚房設計時，廁所的位置至少需遠離廚房多遠才可 ① 1 公尺 ② 1.5 公尺 ③ 2 公尺 ④ 3 公尺。

144.（2）餐廳作業場所面積與供膳場所面積之比例最理想的標準為 ① 1：2 ② 1：3 ③ 1：4 ④ 1：5。

145.（1）為防止污染食品，餐飲作業場所對於貓、狗等寵物 ①應予管制 ②可以攜入作業場所 ③可以幫忙看門 ④可以留在身邊。

146.（3）杜絕蟑螂孳生的方法，下列敘述何者正確 ①掉落作業場所之任何食品，待工作告一段落再統一清理 ②使用紙箱作為防滑墊 ③妥善收藏已開封的食品 ④擺放誘餌於工作檯面。

147. (1) 作業場所內垃圾及廚餘桶加蓋之主要目的為何 ①避免引來病媒 ②減少清理次數 ③美觀大方 ④上面可放置東西。

148. (1) 選用容器具或包裝時，衛生安全上應注意下列何項 ①材質與使用方法 ②價格高低 ③國內外品牌 ④花色樣式。

149. (1) 一般手洗容器具時，下列何者適當 ①使用中性洗劑清洗 ②使用鋼刷用力刷洗 ③使用酸性洗劑清洗 ④使用鹼性洗劑清洗。

150. (3) 使用食品用容器具及包裝時，下列何者正確 ①應選用回收代碼數字高的塑膠材質 ②應選用不含金屬錳之不鏽鋼 ③應瞭解材質特性及使用方式 ④應選用含螢光增白劑之紙類容器。

151. (1) 使用保鮮膜時，下列何者正確 ①覆蓋食物時，避免直接接觸食物 ②微波食物時，須以保鮮膜包覆 ③應重複使用，減少資源浪費 ④蒸煮食物時，以保鮮膜包覆。

152. (3) 食品業者應選用符合衛生標準之容器具及包裝，以下何者正確 ①市售保特瓶飲料空瓶可回收裝填食物後再販售 ②容器具允許偶有變色或變形 ③均須符合溶出試驗及材質試驗 ④紙類容器無須符合塑膠類規定。

153. (2) 食品包裝之主要功能，下列何者正確 ①增加價格 ②避免交叉污染 ③增加重量 ④縮短貯存期限。

154. (2) 選擇食材或原料供應商時應注意之事項，下列敘述何者正確 ①提供廉價食材之供應商 ②完成食品業者登錄之食材供應商 ③提供解凍再重新冷凍食材之供應商 ④提供即期或重新標示食品之供應商。

155. (3) 載運食品之運輸車輛應注意之事項，下列敘述何者正確 ①運輸冷凍食品時，溫度控制在 -4℃ ②應妥善運用空間，儘量堆疊 ③運輸過程應避免劇烈之溫濕度變化 ④原材料、半成品及成品可以堆疊在一起。

156. (3) 食材驗收時應注意之事項，下列敘述何者正確 ①採購及驗收應同一人辦理 ②運輸條件無須驗收 ③冷凍食品包裝上有水漬 / 冰晶時，不宜驗收 ④現場合格者驗收，無須記錄。

157. (2) 食材貯存應注意之事項，下列敘述何者正確 ①應大量囤積，先進後出 ②應標記內容，以利追溯來源 ③即期品應透過冷凍延長貯存期限 ④不須定時查看溫度及濕度。

158. (3) 冷凍食材之解凍方法，對於食材之衛生及品質，何者最佳 ①置於流水下解凍 ②置於室溫下解凍 ③置於冷藏庫解凍 ④置於靜水解凍。

159. (3) 即食熟食食品之安全，下列敘述何者為正確 ①冷藏溫度應控制在 10℃以下 ②熱藏溫度應控制在 30℃至 50℃之間 ③食品之危險溫度帶介於 7℃至 60℃之間 ④熱食售出後 8 小時內食用都在安全範圍。

160. (4) 食品添加物之使用，下列敘述何者為正確 ①只要是業務員介紹的新產品，一定要試用 ②食品添加物業者尚無需取得食品業者登錄字號 ③複方食品添加物的內容，絕對不可對外公開 ④應瞭解食品添加物的使用範圍及用量，必要時再使用。

161. (2) 食品業者實施衛生管理，以下敘述何者為正確 ①必要時實施食品良好衛生規範準則 ②掌握製程重要管制點，預防、降低或去除危害 ③為了衛生稽查，才建立衛生管理文件 ④建立標準作業程序書，現場操作仍依經驗為準。

162. (3) 餐飲服務人員操持餐具碗盤時，應注意事項 ①戴了手套，偶爾觸摸杯子或碗盤內部並無大礙 ②以玻璃杯直接取用食用冰塊 ③拿取刀叉餐具時，應握其把手 ④為避免湯汁濺出，遞送食物時，可稍微觸摸碗盤內部食物。

163. (4) 餐飲服務人員對於掉落地上的餐具，應如何處理 ①沒有髒污就可以繼續提供使用 ②如果有髒污，使用面紙擦拭後就可繼續提供使用 ③使用桌布擦拭後繼續提供使用 ④回收洗淨晾乾後，方可提供使用。

164. (1) 餐飲服務人員遞送餐點時，下列敘述何者正確 ①避免言談 ②指甲未修剪 ③衣著髒污 ④嬉戲笑鬧口沫橫飛。

165. (3) 餐飲服務人員如有腸胃不適或腹瀉嘔吐時，應如何處理 ①工作賺錢重要，忍痛撐下去 ②外場服務人員與食品安全衛生沒有直接相關 ③主動告知管理人員進行健康管理 ④自行服藥後繼續工作。

166. (2) 食品安全衛生知識與教育，下列敘述何者正確 ①廚師會做菜就好，沒必要瞭解食品安全衛生相關法規 ②外場餐飲服務人員應具備食品安全衛生知識 ③業主會經營賺錢就好，食品安全衛生法規交給秘書瞭解 ④外場餐飲服務人員不必做菜，無須接受食品安全衛生教育。

167. (2) 餐飲服務人員進行換盤服務時，應如何處理 ①邊收菜渣，邊換碗盤 ②先收完菜渣，再更換碗盤 ③請顧客將菜渣倒在一起，再一起換盤 ④邊送餐點，邊換碗盤。

168. (3) 餐飲服務人員應養成之良好習慣，下列敘述何者正確 ①遞送餐點時，同時口沫橫飛地介紹餐點 ②指甲彩繪增加吸引力 ③有身體不適時，主動告知主管 ④同時遞送餐點及接觸紙鈔等金錢。

169. (4) 微生物容易生長的條件為下列哪一種環境？ ①高酸度 ②乾燥 ③高溫 ④高水分。

170. (4) 鹽漬的水產品或肉類，使用後若有剩餘，下列何種作法最不適當 ①可不必冷藏 ②放在陰涼通風處 ③放置冰箱冷藏 ④放在陽光充足的通風處。

171. (1) 下列何者敘述正確 ①冷藏的未包裝食品和配料在貯存過程中必須覆蓋，防止污染 ②生鮮食品（例如：生雞肉和肉類）在冷藏櫃內得放置於即食食品的上方 ③冷藏的生鮮配料不須與即食食品和即食配料分開存放 ④有髒污或裂痕蛋類經過清洗也可使用於製作蛋黃醬。

172. (4) 下列何者是處理蛋品的錯誤方式 ①選購蛋品應留意蛋殼表面是否有裂縫及泥沙或雞屎殘留 ②未及時烹調的蛋，鈍端朝上存放於冰箱中 ③烹煮前以溫水沖洗蛋品表面，避免蛋殼表面上病原菌污染內部 ④水煮蛋若沒吃完，可先剝殼長時間置於冰箱保存。

工作項目 02：食品安全衛生相關法規

1. （3） 食品從業人員的健康檢查應多久辦理一次 ①每三個月 ②每半年 ③每一年 ④想到再檢查即可。
2. （1） 下列何種肝炎，感染或罹患期間不得從事食品及餐飲相關工作 ①A型 ②B型 ③C型 ④D型。
3. （1） 目前法規規範需聘用全職「技術證照人員」的食品相關業別為 ①餐飲業及烘焙業 ②販賣業 ③乳品加工業 ④食品添加物業。
4. （3） 中央廚房式之餐飲業依法規需聘用技術證照人員的比例為 ① 85% ② 75% ③ 70% ④ 60%。
5. （2） 供應學校餐飲之餐飲業依法規需聘用技術證照人員的比例為 ① 85% ② 75% ③ 70% ④ 60%。
6. （1） 觀光旅館之餐飲業依法規需聘用技術證照人員的比例為 ① 85% ② 75% ③ 70% ④ 60%。
7. （2） 持有烹調相關技術證照者，從業期間每年至少需接受幾小時的衛生講習 ① 4 小時 ② 8 小時 ③ 12 小時 ④ 24 小時。
8. （4） 廚師證書有效期間為幾年 ① 1 年 ② 2 年 ③ 3 年 ④ 4 年。
9. （2） 選購包裝食品時要注意，依食品安全衛生管理法規定，食品及食品原料之容器或外包裝應標示 ①製造日期 ②有效日期 ③賞味期限 ④保存期限。
10. （2） 食品著色、調味、防腐、漂白、乳化、增加香味、安定品質、促進發酵、增加稠度、強化營養、防止氧化或其他必要目的，而加入、接觸於食品之單方或複方物質稱為 ①食品材料 ②食品添加物 ③營養物質 ④食品保健成分。
11. （2） 根據「餐具清洗良好作業指引」，下列何者是正確的清洗作業設施 ①洗滌槽：具有 100℃以上含洗潔劑之熱水 ②沖洗槽：具有充足流動之水，且能將洗潔劑沖洗乾淨 ③有效殺菌槽：水溫應在 100℃以上 ④洗滌槽：人工洗滌應浸 20 分鐘以上。
12. （4） 根據「餐具清洗良好作業指引」，有效殺菌槽的水溫應高於 ① 50℃ ② 60℃ ③ 70℃ ④ 80℃ 以上。
13. （2） 依據「食品良好衛生規範準則」，為有效殺菌，依規定以氯液殺菌法處理餐具，氯液總有效氯最適量為 ① 50ppm ② 200ppm ③ 500ppm ④ 1000ppm。
14. （4） 依據「食品良好衛生規範準則」，食品熱藏溫度為何 ①攝氏 45 度以上 ②攝氏 50 度以上 ③攝氏 55 度以上 ④攝氏 60 度以上。
15. （4） 依據「食品良好衛生規範準則」，食品業者工作檯面或調理檯面之照明規範，應達下列哪一個條件 ① 120 米燭光以上 ② 140 米燭光以上 ③ 180 米燭光以上 ④ 200 米燭光以上。

16.（3） 依據「食品良好衛生規範準則」，食品業者之蓄水池（塔、槽）之清理頻率為何 ①三年至少清理一次 ②二年至少清理一次 ③一年至少清理一次 ④一月至少清理一次。

17.（3） 下列何者是「食品良好衛生規範準則」中，餐具或食物容器是否乾淨的檢查項目 ①殘留澱粉、殘留脂肪、殘留洗潔劑、殘留過氧化氫 ②殘留澱粉、殘留蛋白質、殘留洗潔劑、殘留過氧化氫 ③殘留澱粉、殘留脂肪、殘留蛋白質、殘留洗潔劑 ④殘留澱粉、殘留脂肪、殘留蛋白質、殘留過氧化氫。

18.（3） 與食品直接接觸及清洗食品設備與用具之用水及冰塊，應符合「飲用水水質標準」規定，飲用水的氫離子濃度指數（pH 值）限值範圍為 ① 4.6 ～ 6.5 ② 4.6 ～ 7.5 ③ 6.0 ～ 8.5 ④ 6.0 ～ 9.5。

19.（2） 供水設施應符合之規定，下列敘述何者正確 ①製作直接食用冰塊之製冰機水源過濾時，濾膜孔徑越大越好 ②使用地下水源者，其水源與化糞池、廢棄物堆積場所等污染源，應至少保持十五公尺之距離 ③飲用水與非飲用水之管路系統應完全分離，出水口毋須明顯區分 ④蓄水池（塔、槽）應保持清潔，設置地點應距污穢場所、化糞池等污染源二公尺以上。

20.（2） 依據「食品良好衛生規範準則」，為維護手部清潔，洗手設施除應備有流動自來水及清潔劑外，應設置下列何種設施 ①吹風機 ②乾手器或擦手紙巾 ③刮鬍機 ④牙線等設施。

21.（2） 依照「食品良好衛生規範準則」，下列何者應設專用貯存設施 ①價值不斐之食材 ②過期回收產品 ③廢棄食品容器具 ④食品用洗潔劑。

22.（2） 依照「食品良好衛生規範準則」，當油炸油品質有下列哪些情形者，應予以更新 ①出現泡沫時 ②總極性化合物超過 25% ③油炸超過 1 小時 ④油炸豬肉後。

23.（1） 下列何者為「食品良好衛生規範準則」中，有關場區及環境應符合之規定 ①冷藏食品之品溫應保持在攝氏 7 度以下，凍結點以上 ②蓄水池（塔、槽）應保持清潔，每兩年至少清理一次並作成紀錄 ③冷凍食品之品溫應保持在 攝氏 -10 度以下 ④蓄水池設置地點應離汙穢場所或化糞池等污染源 2 公尺以上。

24.（2） 「食品良好衛生規範準則」中有關病媒防治所使用之環境用藥應符合之規定，下列敘述何者正確 ①符合食品安全衛生管理法之規定 ②明確標示為環境用藥並由專人管理及記錄 ③可置於碗盤區固定位置方便取用 ④應標明其購買日期及價格。

25.（2） 「食品良好衛生規範準則」中有關廢棄物處理應符合之規定，下列敘述何者正確 ①食品作業場所內及其四周可任意堆置廢棄物 ②反覆使用盛裝廢棄物之容器，於丟棄廢棄物後，應立即清洗 ③過期回收產品，可暫時置於其他成品放置區 ④廢棄物之置放場所偶有異味或有害氣體溢出無妨。

26.（2） 「食品良好衛生規範準則」中有關倉儲管制應符合之規定，下列敘述何者正確 ①應遵循先進先出原則，並貼牆整齊放置 ②倉庫內物品不可直接置於地上，以供搬運 ③應善用倉庫內空間，貯存原材料、半成品或成品 ④倉儲過程中，應緊閉不透風以防止病媒飛入。

27. (1) 「食品良好衛生規範準則」中有關餐飲業之作業場所與設施之衛生管理，下列敘述何者正確 ①應具有洗滌、沖洗及有效殺菌功能之餐具洗滌殺菌設施 ②生冷食品可於熟食作業區調理、加工及操作 ③為保持新鮮，生鮮水產品養殖處所應直接置於生冷食品作業區內 ④提供之餐具接觸面應保持平滑、無凹陷或裂縫，不應有脂肪、澱粉、膽固醇及過氧化氫之殘留。

28. (3) 廢棄物應依下列何者法規規定清除及處理 ①環境保護法 ②食品安全衛生管理法 ③廢棄物清理法 ④食品良好衛生規範準則。

29. (3) 廢食用油處理，下列敘述何者正確 ①一般家庭及小吃店之廢食用油屬環境保護署公告之事業廢棄物 ②依環境保護法規定處理 ③非餐館業之廢食用油，可交付清潔隊或合格之清除機構處理 ④環境保護署將廢食用油列為應回收廢棄物。

30. (4) 包裝食品應標示之事項，以下何者正確 ①製造日期 ②食品添加物之功能性名稱 ③含非基因改造食品原料 ④國內通過農產品生產驗證者，標示可追溯之來源。

31. (1) 餐飲業者提供以牛肉為食材之餐點時，依規定應標示下列何種項目 ①牛肉產地 ②烹調方法 ③廚師姓名 ④牛肉部位。

32. (2) 食品業者販售重組魚肉、牛肉或豬肉食品時，依規定應加註哪項醒語 ①烹調方法 ②僅供熟食 ③可供生食 ④製作流程。

33. (2) 市售包裝食品如含有下列哪種內容物時，應標示避免消費者食用後產生過敏症狀 ①鳳梨 ②芒果 ③芭樂 ④草莓。

34. (1) 為避免食品中毒，真空包裝即食食品應標示哪項資訊 ①須冷藏或須冷凍 ②水分含量 ③反式脂肪酸含量 ④基因改造成分。

35. (3) 餐廳提供火鍋類產品時，依規定應於供應場所提供哪項資訊 ①外帶收費標準 ②火鍋達人姓名 ③湯底製作方式 ④供應時間限制。

36. (1) 基因改造食品之標示，下列敘述何者為正確 ①調味料用油品，如麻油、胡麻油等，無須標示 ②產品中添加少於 2% 的基因改造黃豆，無需標示 ③我國基因改造食品原料之非故意攙雜率是 2% ④食品添加物含基因改造原料時，無須標示。

37. (4) 購買包裝食品時，應注意過敏原標示，請問下列何者屬之？ ①殺菌劑過氧化氫 ②防腐劑已二烯酸 ③食用色素 ④蝦、蟹、芒果、花生、牛奶、蛋及其製品。

38. (3) 下列產品何者無須標示過敏原資訊？ ①花生糖 ②起司 ③蘋果汁 ④優格。

39. (3) 工業上使用的化學物質可添加於食品嗎？ ①只要屬於衛生福利部公告準用的食品添加物品目，則可依規定添加於食品中 ②視其安全性認定是否可添加於食品中 ③不得作食品添加物用 ④可任意添加於食品中。

40. (4) 餐飲業者如因衛生不良，違反食品良好衛生規範準則，經命其限期改正，屆期不改正，依違反食安法可處多少罰鍰？ ①6～100 萬 ②6～1,500 萬 ③6～5,000 萬 ④6 萬～2 億元。

工作項目 03：營養及健康飲食

1. （1） 下列全穀雜糧類，何者熱量最高？ ①五穀米飯 1 碗（約 160 公克） ②玉米 1 根（可食部分約 130 公克） ③粥 1 碗（約 250 公克） ④中型芋頭 1/2 個（約 140 公克）。
2. （4） 下列何者屬於「豆、魚、蛋、肉」類？ ①四季豆 ②蛋黃醬 ③腰果 ④牡蠣。
3. （2） 下列健康飲食的觀念，何者正確？ ①不吃早餐可以減少熱量攝取，是減肥成功的好方法 ②全穀可提供豐富的維生素、礦物質及膳食纖維等，每日三餐應以其為主食 ③牛奶營養豐富，鈣質含量尤其高，應鼓勵孩童將牛奶當水喝，對成長有利 ④對於愛吃水果的女性，若當日水果吃得較多，則應將蔬菜減量，對健康就不影響。
4. （1） 研究顯示，與罹患癌症最相關的飲食因子為 ①每日蔬、果攝取份量不足 ②每日「豆、魚、蛋、肉」類攝取份量不足 ③常常不吃早餐，卻有吃宵夜的習慣 ④反式脂肪酸攝食量超過建議量。
5. （3） 下列何者是「鐵質」最豐富的來源？ ①雞蛋 1 個 ②紅莧菜半碗（約 3 兩） ③牛肉 1 兩 ④葡萄 8 粒。
6. （3） 每天熱量攝取高於身體需求量的 300 大卡，約多少天後即可增加 1 公斤？ ① 15 天 ② 20 天 ③ 25 天 ④ 35 天。
7. （4） 下列飲食行為，何者是對多數人健康最大的威脅？ ①每天吃 1 個雞蛋（荷包蛋、滷蛋等） ②每天吃 1 次海鮮（蝦仁、花枝等） ③每天喝 1 杯拿鐵（咖啡加鮮奶） ④每天吃 1 個葡式蛋塔。
8. （4） 世界衛生組織（WHO）建議每人每天反式脂肪酸不可超過攝取熱量的 1%。請問，以一位男性每天 2,000 大卡來看，其反式脂肪酸的上限為 ① 5.2 公克 ② 3.6 公克 ③ 2.8 公克 ④ 2.2 公克。
9. （3） 下列針對「高果糖玉米糖漿」與「蔗糖」的敘述，何者正確？ ①高果糖玉米糖漿甜度高、用量可以減少，對控制體重有利 ②蔗糖加熱後容易失去甜味 ③高果糖玉米糖漿容易讓人上癮、過度食用 ④過去研究顯示：二者對血糖升高、癌症誘發等的影響是一樣的。
10. （3） 老年人若蛋白質攝取不足，容易形成「肌少症」。下列食物何者蛋白質含量最高？ ①養樂多 1 瓶 ②肉鬆 1 湯匙 ③雞蛋 1 個 ④冰淇淋 1 球。
11. （3） 100 克的食品，下列何者所含膳食纖維最高？ ①番薯 ②冬粉 ③綠豆 ④麵線。
12. （1） 100 克的食物，下列何者所含脂肪量最低？ ①蝦仁 ②雞腿肉 ③豬腱 ④牛腩。
13. （3） 健康飲食建議至少應有多少量的全穀雜糧類，要來自全穀類？ ① 1/5 ② 1/4 ③ 1/3 ④ 1/2。
14. （3） 每日飲食指南建議每天 1.5-2 杯奶，一杯的份量是指？ ① 100cc ② 150cc ③ 240cc ④ 300cc。

15.（2） 每日飲食指南建議每天 3-5 份蔬菜，一份是指多少量？ ①未煮的蔬菜 50 公克 ②未煮的蔬菜 100 公克 ③未煮的蔬菜 150 公克 ④未煮的蔬菜 200 公克。

16.（3） 健康飲食建議的鹽量，每日不超過幾公克？ ① 15 公克 ② 10 公克 ③ 6 公克 ④ 2 公克。

17.（1） 下列營養素，何者是人類最經濟的能量來源？ ①醣類 ②脂肪 ③蛋白質 ④維生素。

18.（4） 健康體重是指身體質量指數在下列哪個範圍？ ① 21.5-26.9 ② 20.5-25.9 ③ 19.5-24.9 ④ 18.5-23.9。

19.（2） 飲食指南中六大類食物的敘述何者正確 ①玉米、栗子、荸薺屬蔬菜類 ②糙米、南瓜、山藥屬全穀雜糧類 ③紅豆、綠豆、花豆屬豆魚蛋肉類 ④瓜子、杏仁果、腰果屬全穀雜糧類。

20.（2） 關於衛生福利部公告之素食飲食指標，下列建議何者正確 ①多攝食瓜類食物，以獲取足夠的維生素 B12 ②多攝食富含維生素 C 的蔬果，以改善鐵質吸收率 ③每天蔬菜應包含至少一份深色蔬菜、一份淺色蔬菜 ④全穀只須占全穀雜糧類的 1/4。

21.（3） 關於衛生福利部公告之國民飲食指標，下列建議何者正確 ①每日鈉的建議攝取量上限為 6 克 ②多葷少素 ③多粗食少精製 ④三餐應以國產白米為主食。

22.（2） 飽和脂肪的敘述，何者正確 ①動物性肉類中以紅肉（例如牛肉、羊肉、豬肉）的飽和脂肪含量較低 ②攝取過多飽和脂肪易增加血栓、中風、心臟病等心血管疾病的風險 ③世界衛生組織建議應以飽和脂肪取代不飽和脂肪 ④於常溫下固態性油脂（例如豬油）其飽和脂肪含量較液態性油脂（例如大豆油及橄欖油）低。

23.（2） 反式脂肪的敘述，何者正確 ①反式脂肪的來源是植物油，所以可以放心使用 ②反式脂肪會增加罹患心血管疾病的風險 ③反式脂肪常見於生鮮蔬果中 ④即使是天然的反式脂肪依然對健康有危害。

24.（4） 下列那一組午餐組合可提供較高的鈣質？ ①白飯（200 g）＋荷包蛋（50 g）＋芥藍菜（100 g）＋豆漿（240 mL） ②糙米飯（200 g）＋五香豆干（80 g）＋高麗菜（100 g）＋豆漿（240 mL） ③白飯（200 g）＋荷包蛋（50 g）＋高麗菜（100 g）＋鮮奶（240 mL） ④糙米飯（200 g）＋五香豆干（80 g）＋芥藍菜（100 g）＋鮮奶（240 mL）。

25.（1） 下列何者組合較符合地中海飲食之原則 ①雜糧麵包佐橄欖油＋烤鯖魚＋腰果拌地瓜葉 ②地瓜稀飯＋瓜仔肉＋涼拌小黃瓜 ③蕎麥麵＋炸蝦＋溫泉蛋 ④玉米濃湯＋菲力牛排＋提拉米蘇。

26.（3） 下列何者符合高纖的原則 ①以水果取代蔬菜 ②以果汁取代水果 ③以糙米取代白米 ④以紅肉取代白肉。

27.（2） 請問飲食中如果缺乏「碘」這個營養素，對身體造成最直接的危害為何？ ①孕婦低血壓 ②嬰兒低智商 ③老人低血糖 ④女性貧血。

28.（3） 銀髮族飲食需求及製備建議，下列何者正確 ①應盡量減少豆魚蛋肉類的食用，避免增加高血壓及高血脂的風險 ②應盡量減少使用蔥、薑、蒜、九層塔等，

以免刺激腸胃道 ③多吃富含膳食纖維的食物，例如:全穀類食物、蔬菜、水果，可使排便更順暢 ④保健食品及營養補充品的食用是必須的，可參考廣告資訊選購。

29.（2） 以下敘述，何者為健康烹調？ ①含「不飽和脂肪酸」高的油脂有益健康，油炸食物最適合 ②夏季涼拌菜色，可以選用麻油、特級冷壓橄欖油、苦茶油、芥花油等，美味又健康 ③裹於食物外層之麵糊層越厚越好 ④可多使用調味料及奶油製品以增加食物風味。

30.（1） 「國民飲食指標」強調多選用「當季在地好食材」，主要是因為 ①當季盛產食材價錢便宜且營養價值高 ②食材新鮮且衛生安全，不需額外檢驗 ③使用在地食材，增加碳足跡 ④進口食材農藥使用把關不易且法規標準低於我國。

31.（2） 下列何者是蔬菜的健康烹煮原則？ ①「水煮」青菜較「蒸」的方式容易保存蔬菜中的維生素 ②可以使用少量的健康油炒蔬菜，以幫助保留維生素 ③添加「小蘇打」可以保持蔬菜的青綠色，且減少維生素流失 ④分批小量烹煮蔬菜，無法減少破壞維生素 C。

32.（1） 「素食」烹調要能夠提供足夠的蛋白質，下列何者是重要原則？ ①豆類可以和穀類互相搭配（如黃豆糙米飯），使增加蛋白質攝取量，又可達到互補的作用 ②豆干、豆腐及腐皮等豆類食品雖然是素食者重要蛋白質來源，但因其仍屬初級加工食品，素食不宜常常使用 ③種子、堅果類食材，雖然蛋白質含量不低，但因其熱量也高，故不建議應用於素食 ④素食成形的加工素材種類多樣化，作為「主菜」的設計最為方便且受歡迎，可以多多利用。

33.（3） 下列方法何者不宜作為「減鹽」或「減糖」的烹調方法？ ①多利用醋、檸檬、蘋果、鳳梨增加菜餚的風（酸）味 ②於甜點中利用新鮮水果或果乾取代精緻糖 ③應用市售高湯罐頭（塊）增加菜餚口感 ④使用香菜、草菇等來增加菜餚的美味。

34.（2） 下列有關育齡女性營養之敘述何者正確？ ①避免選用加碘鹽以及避免攝取含碘食物，如海帶、紫菜 ②食用富含葉酸的食物，如深綠色蔬菜 ③避免日曬，多攝取富含維生素D的食物，如魚類、雞蛋等 ④為了促進鐵質的吸收率，用餐時應搭配喝茶。

35.（2） 下列有關更年期婦女營養之敘述何者正確？ ①飲水量過少可能增加尿道感染的風險，建議每日至少補充 15 杯（每杯 240 毫升）以上的水分 ②每天日曬 20 分鐘有助於預防骨質疏鬆 ③多吃紅肉少吃蔬果，可以補充鐵質又能預防心血管疾病的發生 ④應避免攝取含有天然雌激素之食物，如黃豆類及其製 品等。

36.（4） 下列何種肉類烹調法，不宜吃太多？ ①燉煮肉類 ②蒸烤肉類 ③汆燙肉類 ④碳烤肉類。

37.（1） 下列何者是攝取足夠且適量的「碘」最安全之方式 ①使用加「碘」鹽取代一般鹽烹調 ②每日攝取高含「碘」食物，如海帶 ③食用高單位碘補充劑 ④多攝取海鮮。

38.（1） 下列敘述的烹調方式，哪個是符合減鹽的原則 ①使用酒、糯米醋、蒜、薑、胡椒、八角及花椒等佐料，增添料理風味 ②使用醬油、味精、番茄醬、魚露、紅糟等醬料取代鹽的使用 ③多飲用白開水降低鹹度 ④採用醃、燻、醬、滷等方式，添增食物的香味。

39. (1) 豆魚蛋肉類食物經常含有隱藏的脂肪，下列何者脂肪含量較低 ①不含皮的肉類，例如雞胸肉 ②看得到白色脂肪的肉類，例如五花肉 ③加工絞肉製品，例如火鍋餃類 ④食用油處理過的加工品，例如肉鬆。

40. (2) 請問何種烹調方式最能有效減少碘的流失 ①爆香時加入適量的加碘鹽 ②炒菜起鍋前加入適量的加碘鹽 ③開始燉煮時加入適量的加碘鹽 ④食材和適量的加碘鹽同時放入鍋中熬湯。

41. (1) 下列何者方式為用油較少之烹調方式 ①涮：肉類食物切成薄片，吃時放入滾湯裡燙熟 ②爆：強火將油燒熱，食材迅速拌炒即起鍋 ③三杯：薑、蔥、紅辣椒炒香後放入主菜，加麻油、香油、醬油各一杯，燜煮至湯汁收乾，再加入九層塔拌勻 ④燒：菜餚經過炒煎，加入少許水或高湯及調味料，微火燜燒，使食物熟透、汁液濃縮。

42. (3) 下列有關國小兒童餐製作之敘述，何者符合健康烹調原則？①建議多以油炸類的餐點為主，如薯條、炸雞 ②應避免供應水果、飲料等甜食 ③可運用天然起司入菜或以鮮奶作為餐間點心 ④學童挑食恐使營養攝取不足，應多使用奶油及調味料來增加菜餚的風味。

43. (4) 下列有關食品營養標示之敘述，何者正確？ ①包裝食品上營養標示所列的一份熱量含量，通常就是整包吃完後所獲得的熱量 ②當反式脂肪酸標示為「0」時，即代表此份食品完全不含反式脂肪酸，即使是心臟血管疾病的病人也可放心食用 ③包裝食品每份熱量 220 大卡，蛋白質 4.8 公克，此份產品可以視為高蛋白質來源的食品 ④包裝飲料每 100 毫升為 33 大卡，1 罐飲料內容物為 400 毫升，張同學今天共喝了 4 罐，他單從此包裝飲料就攝取了 528 大卡。

44. (4) 某包裝食品的營養標示：每份熱量220大卡，總脂肪11.5公克，飽和脂肪5.0公克，反式脂肪 0 公克，下列敘述何者正確？ ①脂肪熱量佔比＜40%，與一般飲食建議相當 ②完全不含反式脂肪，健康無慮 ③飽和脂肪為熱量的 20%，屬安全範圍 ④此包裝內共有 6 份，若全吃完，總攝取熱量可達 1320 大卡。

45. (1) 某稀釋乳酸飲料，每 100 毫升的營養成分為：熱量 28 大卡，蛋白質 0.2 公克，脂肪 0 公克，碳水化合物 6.9 公克，內容量 330 毫升，而其內容物為：水、砂糖、稀釋發酵乳、脫脂奶粉、檸檬酸、香料、大豆多醣體、檸檬酸鈉、蔗糖素及醋磺類酯鉀。下列敘述何者正確？ ①此飲料主要提供的營養成分是「糖」 ②整罐飲料蛋白質可以提供相當於 1/3 杯牛奶的量（1 杯為 240 毫升） ③蔗糖素可以抑制血糖的升高 ④此飲料富含維生素 C。

46. (2) 食品原料的成分展開，可以讓消費者對所吃的食品更加瞭解，下列敘述，何者正確？ ①三合一咖啡包中所使用的「奶精」，是牛奶中的一種成分 ②若依標示，奶精主要成分為氫化植物油及玉米糖漿，營養價值低 ③有心臟病史者，每天 1 杯三合一咖啡，可以促進血液循環並提神，對健康及生活品質有利 ④若原料成分中有部分氫化油脂，但反式脂肪含量卻為 0，代表不是所有的部分氫化油脂都含有反式脂肪酸。

47.（3）104 年 7 月起我國包裝食品除熱量外，強制要求標示之營養素為 ①蛋白質、脂肪、碳水化合物、鈉、飽和脂肪、反式脂肪及纖維 ②蛋白質、脂肪、碳水化合物、鈉、飽和脂肪、反式脂肪及鈣質 ③蛋白質、脂肪、碳水化合物、鈉、飽和脂肪、反式脂肪及糖 ④蛋白質、脂肪、碳水化合物、鈉、飽和脂肪、反式脂肪。

48.（2）下列何者不是衛福部規定的營養標示所必須標示的營養素？ ①蛋白質 ②膽固醇 ③飽和脂肪 ④鈉。

49.（1）食品每 100 公克固體或每 100 毫升液體，當所含營養素量不超過 0.5 公克時，可以用「0」做為標示，為下列何種營養素？ ①蛋白質 ②鈉 ③飽和脂肪 ④反式脂肪。

50.（3）包裝食品營養標示中的「糖」是指食品中 ①單糖 ②蔗糖 ③單糖加雙糖 ④單糖加蔗糖之總和。

51.（2）下列何者是現行包裝食品營養標示規定必須標示的營養素 ①鉀 ②鈉 ③鐵 ④鈣。

52.（1）一般民眾及業者於烹調時應選用加碘鹽取代一般鹽，請問可以透過標示中含有哪項成分，來辨別食鹽是否有加碘 ①碘化鉀 ②碘酒 ③優碘 ④碘 131。

53.（1）食品每 100 公克之固體（半固體）或每 100 毫升之液體所含反式脂肪量不超過多少得以零標示 ① 0.3 公克 ② 0.5 公克 ③ 1 公克 ④ 3 公克。

54.（4）依照衛生福利部公告之「包裝食品營養宣稱應遵行事項」，攝取過量將對國民健康有不利之影響的營養素列屬「需適量攝取」之營養素含量宣稱項目，不包括以下營養素 ①飽和脂肪 ②鈉 ③糖 ④膳食纖維。

55.（1）關於 102 年修訂公告的「全穀產品宣稱及標示原則」，「全穀產品」所含全穀成分應占配方總重量多少以上 ① 51% ② 100% ③ 33% ④ 67%。

56.（2）植物中含蛋白質最豐富的是 ①穀類 ②豆類 ③蔬菜類 ④薯類。

57.（2）豆腐凝固是利用大豆中的 ①脂肪 ②蛋白質 ③醣類 ④維生素。

58.（1）市售客製化手搖清涼飲料，常使用的甜味來源為？ ①高果糖玉米糖漿 ②葡萄糖 ③蔗糖 ④麥芽糖。

59.（1）以營養學的觀點，下列那一種食物的蛋白質含量最高且品質最好 ①黃豆 ②綠豆 ③紅豆 ④黃帝豆。

60.（2）糙米，除可提供醣類、蛋白質外，尚可提供 ①維生素 A ②維生素 B 群 ③維生素 C ④維生素 D。

61.（2）下列油脂何者含飽和脂肪酸最高 ①沙拉油 ②奶油 ③花生油 ④麻油。

62.（4）下列何種油脂之膽固醇含量最高 ①黃豆油 ②花生油 ③棕櫚油 ④豬油。

63.（4）下列何種麵粉含有纖維素最高？ ①粉心粉 ②高筋粉 ③低筋粉 ④全麥麵粉。

64.（2）下列哪一種維生素可稱之為陽光維生素，除了可以維持骨質密度外，尚可預防許多其他疾病 ①維生素 A ②維生素 D ③維生素 E ④維生素 K。

65.（2）下列何者不屬於人工甘味料（代糖）？ ①糖精 ②楓糖 ③阿斯巴甜 ④醋磺內酯鉀（ACE-K）。

66.（4） 新鮮的水果比罐頭水果富含 ①醣類 ②蛋白質 ③油脂 ④維生素。

67.（3） 最容易受熱而被破壞的營養素是 ①澱粉 ②蛋白質 ③維生素 ④礦物質。

68.（2） 下列蔬菜同樣重量時，何者鈣質含量最多 ①胡蘿蔔 ②莧菜 ③高麗菜 ④菠菜。

69.（1） 素食者可藉由菇類食物補充 ①菸鹼酸 ②脂肪 ③水分 ④碳水化合物。

（三）共通科目（不分級）

90006 職業安全衛生共同科目 不分級

工作項目 01：職業安全衛生

1. （2） 對於核計勞工所得有無低於基本工資，下列敘述何者有誤？ ①僅計入在正常工時內之報酬 ②應計入加班費 ③不計入休假日出勤加給之工資 ④不計入競賽獎金。
2. （3） 下列何者之工資日數得列入計算平均工資？ ①請事假期間 ②職災醫療期間 ③發生計算事由之前 6 個月 ④放無薪假期間。
3. （1） 下列何者，非屬法定之勞工？ ①委任之經理人 ②被派遣之工作者 ③部分工時之工作者 ④受薪之工讀生。
4. （4） 以下對於「例假」之敘述，何者有誤？ ①每 7 日應休息 1 日 ②工資照給 ③出勤時，工資加倍及補休 ④須給假，不必給工資。
5. （4） 勞動基準法第 84 條之 1 規定之工作者，因工作性質特殊，就其工作時間，下列何者正確？ ①完全不受限制 ②無例假與休假 ③不另給予延時工資 ④ 勞雇間應有合理協商彈性。
6. （3） 依勞動基準法規定，雇主應置備勞工工資清冊並應保存幾年？ ① 1 年 ② 2 年 ③ 5 年 ④ 10 年。
7. （4） 事業單位僱用勞工多少人以上者，應依勞動基準法規定訂立工作規則？ ① 200 人 ② 100 人 ③ 50 人 ④ 30 人。
8. （3） 依勞動基準法規定，雇主延長勞工之工作時間連同正常工作時間，每日不得超過多少小時？ ① 10 ② 11 ③ 12 ④ 15。
9. （4） 依勞動基準法規定，下列何者屬不定期契約？ ①臨時性或短期性的工作 ②季節性的工作 ③特定性的工作 ④有繼續性的工作。
10. （1） 事業單位勞動場所發生死亡職業災害時，雇主應於多少小時內通報勞動檢查機構？ ① 8 ② 12 ③ 24 ④ 48。
11. （1） 事業單位之勞工代表如何產生？ ①由企業工會推派之 ②由產業工會推派之 ③由勞資雙方協議推派之 ④由勞工輪流擔任之。
12. （4） 職業安全衛生法所稱有母性健康危害之虞之工作，不包括下列何種工作型態？ ①長時間站立姿勢作業 ②人力提舉、搬運及推拉重物 ③輪班及夜間工作 ④駕駛運輸車輛。
13. （1） 職業安全衛生法之立法意旨為保障工作者安全與健康，防止下列何種災害？ ①職業災害 ②交通災害 ③公共災害 ④天然災害。
14. （3） 依職業安全衛生法施行細則規定，下列何者非屬特別危害健康之作業？ ① 噪音作業 ②游離輻射作業 ③會計作業 ④粉塵作業。
15. （3） 從事於易踏穿材料構築之屋頂修繕作業時，應有何種作業主管在場執行主管業務？ ①施工架組配 ②擋土支撐組配 ③屋頂 ④模板支撐。

16.（1） 對於職業災害之受領補償規定，下列敘述何者正確？ ①受領補償權，自得受領之日起，因 2 年間不行使而消滅 ②勞工若離職將喪失受領補償 ③勞工得將受領補償權讓與、抵銷、扣押或擔保 ④須視雇主確有過失責任，勞工方具有受領補償權。

17.（4） 以下對於「工讀生」之敘述，何者正確？ ①工資不得低於基本工資之 80% ②屬短期工作者，加班只能補休 ③每日正常工作時間不得少於 8 小時 ④國定假日出勤，工資加倍發給。

18.（3） 經勞動部核定公告為勞動基準法第 84 條之 1 規定之工作者，得由勞雇雙方另行約定之勞動條件，事業單位仍應報請下列哪個機關核備？ ①勞動檢查機構 ②勞動部 ③當地主管機關 ④法院公證處。

19.（3） 勞工工作時右手嚴重受傷，住院醫療期間公司應按下列何者給予職業災害補償？ ①前 6 個月平均工資 ②前 1 年平均工資 ③原領工資 ④基本工資。

20.（2） 勞工在何種情況下，雇主得不經預告終止勞動契約？ ①確定被法院判刑 6 個月以內並諭知緩刑超過 1 年以上者 ②不服指揮對雇主暴力相向者 ③經常遲到早退者 ④非連續曠工但 1 個月內累計達 3 日以上者。

21.（3） 對於吹哨者保護規定，下列敘述何者有誤？ ①事業單位不得對勞工申訴人終止勞動契約 ②勞動檢查機構受理勞工申訴必須保密 ③為實施勞動檢查，必要時得告知事業單位有關勞工申訴人身分 ④任何情況下，事業單位都不得有不利勞工申訴人之行為。

22.（4） 勞工發生死亡職業災害時，雇主應經以下何單位之許可，方得移動或破壞現場？ ①保險公司 ②調解委員會 ③法律輔助機構 ④勞動檢查機構。

23.（4） 職業安全衛生法所稱有母性健康危害之虞之工作，係指對於具生育能力之女性勞工從事工作，可能會導致的一些影響。下列何者除外？ ①胚胎發育 ②妊娠期間之母體健康 ③哺乳期間之幼兒健康 ④經期紊亂。

24.（3） 下列何者非屬職業安全衛生法規定之勞工法定義務？ ①定期接受健康檢查 ②參加安全衛生教育訓練 ③實施自動檢查 ④遵守安全衛生工作守則。

25.（2） 下列何者非屬應對在職勞工施行之健康檢查？ ①一般健康檢查 ②體格檢查 ③特殊健康檢查 ④特定對象及特定項目之檢查。

26.（4） 下列何者非為防範有害物食入之方法？ ①有害物與食物隔離 ②不在工作場所進食或飲水 ③常洗手、漱口 ④穿工作服。

27.（1） 有關承攬管理責任，下列敘述何者正確？ ①原事業單位交付廠商承攬，如不幸發生承攬廠商所僱勞工墜落致死職業災害，原事業單位應與承攬廠商負連帶補償責任 ②原事業單位交付承攬，不需負連帶補償責任 ③承攬廠商應自負職業災害之賠償責任 ④勞工投保單位即為職業災害之賠償單位。

28.（4） 依勞動基準法規定，主管機關或檢查機構於接獲勞工申訴事業單位違反本法及其他勞工法令規定後，應為必要之調查，並於幾日內將處理情形，以書面通知勞工？ ① 14 ② 20 ③ 30 ④ 60。

29.（4） 依職業安全衛生教育訓練規則規定，新僱勞工所接受之一般安全衛生教育訓練，不得少於幾小時？ ① 0.5 ② 1 ③ 2 ④ 3。

30.（2） 職業災害勞工保護法之立法目的為保障職業災害勞工之權益，以加強下列何者之預防？ ①公害 ②職業災害 ③交通事故 ④環境汙染。

31.（3） 我國中央勞工行政主管機關為下列何者？ ①內政部 ②勞工保險局 ③勞動部 ④經濟部。

32.（4） 對於勞動部公告列入應實施型式驗證之機械、設備或器具，下列何種情形不得免驗證？ ①依其他法律規定實施驗證者 ②供國防軍事用途使用者 ③輸入僅供科技研發之專用機 ④輸入僅供收藏使用之限量品。

33.（4） 對於墜落危險之預防設施，下列敘述何者較為妥適？ ①在外牆施工架等高處作業應盡量使用繫腰式安全帶 ②安全帶應確實配掛在低於足下之堅固點 ③高度 2m 以上之邊緣之開口部分處應圍起警示帶 ④高度 2m 以上之開口處應設護欄或安全網。

34.（3） 下列對於感電電流流過人體的現象之敘述何者有誤？ ①痛覺 ②強烈痙攣 ③血壓降低、呼吸急促、精神亢奮 ④顏面、手腳燒傷。

35.（2） 下列何者非屬於容易發生墜落災害的作業場所？ ①施工架 ②廚房 ③屋頂 ④梯子、合梯。

36.（1） 下列何者非屬危險物儲存場所應採取之火災爆炸預防措施？ ①使用工業用電風扇 ②裝設可燃性氣體偵測裝置 ③使用防爆電氣設備 ④標示「嚴禁煙火」。

37.（3） 雇主於臨時用電設備加裝漏電斷路器，可避免下列何種災害發生？ ①墜落 ②物體倒塌；崩塌 ③感電 ④被撞。

38.（3） 雇主要求確實管制人員不得進入吊舉物下方，可避免下列何種災害發生？ ①感電 ②墜落 ③物體飛落 ④被撞。

39.（1） 職業上危害因子所引起的勞工疾病，稱為何種疾病？ ①職業疾病 ②法定傳染病 ③流行性疾病 ④遺傳性疾病。

40.（4） 事業招人承攬時，其承攬人就承攬部分負雇主之責任，原事業單位就職業災害補償部分之責任為何？ ①視職業災害原因判定是否補償 ②依工程性質決定責任 ③依承攬契約決定責任 ④仍應與承攬人負連帶責任。

41.（2） 預防職業病最根本的措施為何？ ①實施特殊健康檢查 ②實施作業環境改善 ③實施定期健康檢查 ④實施僱用前體格檢查。

42.（1） 以下為假設性情境：「在地下室作業，當通風換氣充分時，則不易發生一氧化碳中毒或缺氧危害」，請問「通風換氣充分」係指「一氧化碳中毒或缺氧危害」之何種描述？ ①風險控制方法 ②發生機率 ③危害源 ④風險。

43.（1） 勞工為節省時間，在未斷電情況下清理機臺，易發生哪種危害？ ①捲夾感電 ②缺氧 ③墜落 ④崩塌。

44.（2） 工作場所化學性有害物進入人體最常見路徑為下列何者？ ①口腔 ②呼吸道 ③皮膚 ④眼睛。

45.（3） 於營造工地潮濕場所中使用電動機具，為防止感電危害，應於該電路設置何種安全裝置？ ①閉關箱 ②自動電擊防止裝置 ③高感度高速型漏電斷路器 ④高容量保險絲。

46. (3) 活線作業勞工應佩戴何種防護手套？ ①棉紗手套 ②耐熱手套 ③絕緣手套 ④防振手套。
47. (4) 下列何者非屬電氣災害類型？ ①電弧灼傷 ②電氣火災 ③靜電危害 ④雷電閃爍。
48. (3) 下列何者非屬電氣之絕緣材料？ ①空氣 ②氟、氯、烷 ③漂白水 ④絕緣油。
49. (3) 下列何者非屬於工作場所作業會發生墜落災害的潛在危害因子？ ①開口未設置護欄 ②未設置安全之上下設備 ③未確實戴安全帽 ④屋頂開口下方未張掛安全網。
50. (4) 我國職業災害勞工保護法，適用之對象為何？ ①未投保健康保險之勞工 ②未參加團體保險之勞工 ③失業勞工 ④未加入勞工保險而遭遇職業災害之勞工。
51. (2) 在噪音防治之對策中，從下列哪一方面著手最為有效？ ①偵測儀器 ②噪音源 ③傳播途徑 ④個人防護具。
52. (4) 勞工於室外高氣溫作業環境工作，可能對身體產生熱危害，以下何者為非？ ①熱衰竭 ②中暑 ③熱痙攣 ④痛風。
53. (2) 勞動場所發生職業災害，災害搶救中第一要務為何？ ①搶救材料減少損失 ②搶救罹災勞工迅速送醫 ③災害場所持續工作減少損失 ④ 24 小時內通報勞動檢查機構。
54. (3) 以下何者是消除職業病發生率之源頭管理對策？ ①使用個人防護具 ②健康檢查 ③改善作業環境 ④多運動。
55. (1) 下列何者非為職業病預防之危害因子？ ①遺傳性疾病 ②物理性危害 ③人因工程危害 ④化學性危害。
56. (3) 對於染有油污之破布、紙屑等應如何處置？ ①與一般廢棄物一起處置 ②應分類置於回收桶內 ③應蓋藏於不燃性之容器內 ④無特別規定，以方便丟棄即可。
57. (3) 下列何者非屬使用合梯，應符合之規定？ ①合梯應具有堅固之構造 ②合梯材質不得有顯著之損傷、腐蝕等 ③梯腳與地面之角度應在 80 度以上 ④有安全之防滑梯面。
58. (4) 下列何者非屬勞工從事電氣工作，應符合之規定？ ①使其使用電工安全帽 ②穿戴絕緣防護具 ③停電作業應檢電掛接地 ④穿戴棉質手套絕緣。
59. (3) 為防止勞工感電，下列何者為非？ ①使用防水插頭 ②避免不當延長接線 ③設備有金屬外殼保護即可免裝漏電斷路器 ④電線架高或加以防護。
60. (3) 電氣設備接地之目的為何？ ①防止電弧產生 ②防止短路發生 ③防止人員感電 ④防止電阻增加。
61. (2) 不當抬舉導致肌肉骨骼傷害，或工作點 / 坐具高度不適導致肌肉疲勞之現象，可稱之為下列何者？ ①感電事件 ②不當動作 ③不安全環境 ④被撞事件。
62. (3) 使用鑽孔機時，不應使用下列何護具？ ①耳塞 ②防塵口罩 ③棉紗手套 ④護目鏡。
63. (1) 腕道症候群常發生於下列何種作業？ ①電腦鍵盤作業 ②潛水作業 ③堆高機作業 ④第一種壓力容器作業。

64. (3) 若廢機油引起火災，最不應以下列何者滅火？ ①厚棉被 ②砂土 ③水 ④乾粉滅火器。

65. (1) 對於化學燒傷傷患的一般處理原則，下列何者正確？ ①立即用大量清水沖洗 ②傷患必須臥下，而且頭、胸部須高於身體其他部位 ③於燒傷處塗抹油膏、油脂或發酵粉 ④使用酸鹼中和。

66. (2) 下列何者屬安全的行為？ ①不適當之支撐或防護 ②使用防護具 ③不適當之警告裝置 ④有缺陷的設備。

67. (4) 下列何者非屬防止搬運事故之一般原則？ ①以機械代替人力 ②以機動車輛搬運 ③採取適當之搬運方法 ④儘量增加搬運距離。

68. (3) 對於脊柱或頸部受傷患者，下列何者非為適當處理原則？ ①不輕易移動傷患 ②速請醫師 ③如無合用的器材，需 2 人作徒手搬運 ④向急救中心聯絡。

69. (3) 防止噪音危害之治本對策為何？ ①使用耳塞、耳罩 ②實施職業安全衛生教育訓練 ③消除發生源 ④實施特殊健康檢查。

70. (1) 進出電梯時應以下列何者為宜？ ①裡面的人先出，外面的人再進入 ②外面的人先進去，裡面的人才出來 ③可同時進出 ④爭先恐後無妨。

71. (1) 安全帽承受巨大外力衝擊後，雖外觀良好，應採下列何種處理方式？ ①廢棄 ②繼續使用 ③送修 ④油漆保護。

72. (4) 下列何者可做為電器線路過電流保護之用？ ①變壓器 ②電阻器 ③避雷器 ④熔絲斷路器。

73. (2) 因舉重而扭腰係由於身體動作不自然姿勢，動作之反彈，引起扭筋、扭腰及形成類似狀態造成職業災害，其災害類型為下列何者？ ①不當狀態 ②不當動作 ③不當方針 ④不當設備。

74. (3) 下列有關工作場所安全衛生之敘述何者有誤？ ①對於勞工從事其身體或衣著有被污染之虞之特殊作業時，應置備該勞工洗眼、洗澡、漱口、更衣、洗濯等設備 ②事業單位應備置足夠急救藥品及器材 ③事業單位應備置足夠的零食自動販賣機 ④勞工應定期接受健康檢查。

75. (2) 毒性物質進入人體的途徑，經由那個途徑影響人體健康最快且中毒效應最高？ ①吸入 ②食入 ③皮膚接觸 ④手指觸摸。

76. (3) 安全門或緊急出口平時應維持何狀態？ ①門可上鎖但不可封死 ②保持開門狀態以保持逃生路徑暢通 ③門應關上但不可上鎖 ④與一般進出門相同，視各樓層規定可開可關。

77. (3) 下列何種防護具較能消減噪音對聽力的危害？ ①棉花球 ②耳塞 ③耳罩 ④碎布球。

78. (3) 流行病學實證研究顯示，輪班、夜間及長時間工作與心肌梗塞、高血壓、睡眠障礙、憂鬱等的罹病風險之相關性一般為何？ ①無 ②負 ③正 ④可正可負。

79.（2）勞工若面臨長期工作負荷壓力及工作疲勞累積，沒有獲得適當休息及充足睡眠，便可能影響體能及精神狀態，甚而較易促發下列何種疾病？ ①皮膚癌 ②腦心血管疾病 ③多發性神經病變 ④肺水腫。

80.（2）「勞工腦心血管疾病發病的風險與年齡、吸菸、總膽固醇數值、家族病史、生活型態、心臟方面疾病」之相關性為何？ ①無 ②正 ③負 ④可正可負。

81.（2）勞工常處於高溫及低溫間交替暴露的情況、或常在有明顯溫差之場所間出入，對勞工的生（心）理工作負荷之影響一般為何？ ①無 ②增加 ③減少 ④不一定。

82.（3）「感覺心力交瘁，感覺挫折，而且上班時都很難熬」此現象與下列何者較不相關？ ①可能已經快被工作累垮了 ②工作相關過勞程度可能嚴重 ③工作相關過勞程度輕微 ④可能需要尋找專業人員諮詢。

83.（3）下列何者不屬於職場暴力？ ①肢體暴力 ②語言暴力 ③家庭暴力 ④性騷擾。

84.（4）職場內部常見之身體或精神不法侵害不包含下列何者？ ①脅迫、名譽損毀、侮辱、嚴重辱罵勞工 ②強求勞工執行業務上明顯不必要或不可能之工作 ③過度介入勞工私人事宜 ④使勞工執行與能力、經驗相符的工作。

85.（1）勞工服務對象若屬特殊高風險族群，如酗酒、藥癮、心理疾患或家暴者，則此勞工較易遭受下列何種危害？ ①身體或心理不法侵害 ②中樞神經系統退化 ③聽力損失 ④白指症。

86.（3）下列何措施較可避免工作單調重複或負荷過重？ ①連續夜班 ②工時過長 ③排班保有規律性 ④經常性加班。

87.（3）一般而言下列何者不屬對孕婦有危害之作業或場所？ ①經常搬抬物件上下階梯或梯架 ②暴露游離輻射 ③工作區域地面平坦、未濕滑且無未固定之線路 ④經常變換高低位之工作姿勢。

88.（3）長時間電腦終端機作業較不易產生下列何狀況？ ①眼睛乾澀 ②頸肩部僵硬不適 ③體溫、心跳和血壓之變化幅度比較大 ④腕道症候群。

89.（1）減輕皮膚燒傷程度之最重要步驟為何？ ①儘速用清水沖洗 ②立即刺破水泡 ③立即在燒傷處塗抹油脂 ④在燒傷處塗抹麵粉。

90.（3）眼內噴入化學物或其他異物，應立即使用下列何者沖洗眼睛？ ①牛奶 ②蘇打水 ③清水 ④稀釋的醋。

91.（3）石綿最可能引起下列何種疾病？ ①白指症 ②心臟病 ③間皮細胞瘤 ④巴金森氏症。

92.（2）作業場所高頻率噪音較易導致下列何種症狀？ ①失眠 ②聽力損失 ③肺部疾病 ④腕道症候群。

93.（2）下列何種患者不宜從事高溫作業？ ①近視 ②心臟病 ③遠視 ④重聽。

94.（2）廚房設置之排油煙機為下列何者？ ①整體換氣裝置 ②局部排氣裝置 ③吹吸型換氣裝置 ④排氣煙函。

95.（3）消除靜電的有效方法為下列何者？ ①隔離 ②摩擦 ③接地 ④絕緣。

96. （4） 防塵口罩選用原則，下列敘述何者有誤？ ①捕集效率愈高愈好 ②吸氣阻抗愈低愈好 ③重量愈輕愈好 ④視野愈小愈好。

97. （3） 「勞工於職場上遭受主管或同事利用職務或地位上的優勢予以不當之對待，及遭受顧客、服務對象或其他相關人士之肢體攻擊、言語侮辱、恐嚇、威脅等霸凌或暴力事件，致發生精神或身體上的傷害」此等危害可歸類於下列何種職業危害？ ①物理性 ②化學性 ③社會心理性 ④生物性。

98. （1） 有關高風險或高負荷、夜間工作之安排或防護措施，下列何者不恰當？ ①若受威脅或加害時，在加害人離開前觸動警報系統，激怒加害人，使對方抓狂 ②參照醫師之適性配工建議 ③考量人力或性別之適任性 ④獨自作業，宜考量潛在危害，如性暴力。

99. （2） 若勞工工作性質需與陌生人接觸、工作中需處理不可預期的突發事件或工作場所治安狀況較差，較容易遭遇下列何種危害？ ①組織內部不法侵害 ②組織外部不法侵害 ③多發性神經病變 ④潛涵症。

100. （3） 以下何者不是發生電氣火災的主要原因？ ①電器接點短路 ②電氣火花 ③電纜線置於地上 ④漏電。

90007 工作倫理與職業道德共同科目 不分級

工作項目 02：工作倫理與職業道德

1. （3） 請問下列何者「不是」個人資料保護法所定義的個人資料？ ①身分證號碼 ②最高學歷 ③綽號 ④護照號碼。
2. （4） 下列何者「違反」個人資料保護法？ ①公司基於人事管理之特定目的，張貼榮譽榜揭示績優員工姓名 ②縣市政府提供村里長轄區內符合資格之老人名冊供發放敬老金 ③網路購物公司為辦理退貨，將客戶之住家地址提供予宅配公司 ④學校將應屆畢業生之住家地址提供補習班招生使用。
3. （1） 非公務機關利用個人資料進行行銷時，下列敘述何者「錯誤」？ ①若已取得當事人書面同意，當事人即不得拒絕利用其個人資料行銷 ②於首次行銷時，應提供當事人表示拒絕行銷之方式 ③當事人表示拒絕接受行銷時，應停止利用其個人資料 ④倘非公務機關違反「應即停止利用其個人資料行銷」之義務，未於限期內改正者，按次處新臺幣 2 萬元以上 20 萬元以下罰鍰。
4. （4） 個資法為保護當事人權益，多少位以上的當事人提出告訴，就可以進行團體訴訟: ① 5 人 ② 10 人 ③ 15 人 ④ 20 人。
5. （2） 關於個人資料保護法規之敘述，下列何者「錯誤」？ ①公務機關執行法定職務必要範圍內，可以蒐集、處理或利用一般性個人資料 ②間接蒐集之個人資料，於處理或利用前，不必告知當事人個人資料來源 ③非公務機關亦應維護個人資料之正確，並主動或依當事人之請求更正或補充 ④外國學生在臺灣短期進修或留學，也受到我國個資法的保障。
6. （2） 下列關於個人資料保護法的敘述，下列敘述何者錯誤？ ①不管是否使用電腦處理的個人資料，都受個人資料保護法保護 ②公務機關依法執行公權力，不受個人資料保護法規範 ③身分證字號、婚姻、指紋都是個人資料 ④我的病歷資料雖然是由醫生所撰寫，但也屬於是我的個人資料範圍。
7. （3） 對於依照個人資料保護法應告知之事項，下列何者不在法定應告知的事項內？ ①個人資料利用之期間、地區、對象及方式 ②蒐集之目的 ③蒐集機關的負責人姓名 ④如拒絕提供或提供不正確個人資料將造成之影響。
8. （2） 請問下列何者非為個人資料保護法第 3 條所規範之當事人權利？ ①查詢或請求閱覽 ②請求刪除他人之資料 ③請求補充或更正 ④請求停止蒐集、處理或利用。
9. （4） 下列何者非安全使用電腦內的個人資料檔案的做法？ ①利用帳號與密碼登入機制來管理可以存取個資者的人 ②規範不同人員可讀取的個人資料檔案範圍 ③個人資料檔案使用完畢後立即退出應用程式，不得留置於電腦中 ④為確保重要的個人資料可即時取得，將登入密碼標示在螢幕下方。
10. （1） 下列何者行為非屬個人資料保護法所稱之國際傳輸？ ①將個人資料傳送給經濟部 ②將個人資料傳送給美國的分公司 ③將個人資料傳送給法國的人事部門 ④將個人資料傳送給日本的委託公司。

11. (1) 有關專利權的敘述，何者正確？ ①專利有規定保護年限，當某商品、技術的專利保護年限屆滿，任何人皆可運用該項專利 ②我發明了某項商品，卻被他人率先申請專利權，我仍可主張擁有這項商品的專利權 ③專利權可涵蓋、保護抽象的概念性商品 ④專利權為世界所共有，在本國申請專利之商品進軍國外，不需向他國申請專利權。

12. (4) 下列使用重製行為，何者已超出「合理使用」範圍？ ①將著作權人之作品及資訊，下載供自己使用 ②直接轉貼高普考考古題在 FACEBOOK ③以分享網址的方式轉貼資訊分享於 BBS ④將講師的授課內容錄音供分贈友人。

13. (1) 下列有關智慧財產權行為之敘述，何者有誤？ ①製造、販售仿冒品不屬於公訴罪之範疇，但已侵害商標權之行為 ②以 101 大樓、美麗華百貨公司做為拍攝電影的背景，屬於合理使用的範圍 ③原作者自行創作某音樂作品後，即可宣稱擁有該作品之著作權 ④商標權是為促進文化發展為目的，所保護的財產權之一。

14. (2) 專利權又可區分為發明、新型與新式樣三種專利權，其中，發明專利權是否有保護期限？期限為何？ ①有，5 年 ②有，20 年 ③有，50 年 ④無期限，只要申請後就永久歸申請人所有。

15. (1) 下列有關著作權之概念，何者正確？ ①國外學者之著作，可受我國著作權法的保護 ②公務機關所函頒之公文，受我國著作權法的保護 ③著作權要待向智慧財產權申請通過後才可主張 ④以傳達事實之新聞報導，依然受著作權之保障。

16. (2) 受雇人於職務上所完成之著作，如果沒有特別以契約約定，其著作人為下列何者？ ①雇用人 ②受雇人 ③雇用公司或機關法人代表 ④由雇用人指定之自然人或法人。

17. (1) 任職於某公司的程式設計工程師，因職務所編寫之電腦程式，如果沒有特別以契約約定，則該電腦程式重製之權利歸屬下列何者？ ①公司 ②編寫程式之工程師 ③公司全體股東共有 ④公司與編寫程式之工程師共有。

18. (3) 某公司員工因執行業務，擅自以重製之方法侵害他人之著作財產權，若被害人提起告訴，下列對於處罰對象的敘述，何者正確？ ①僅處罰侵犯他人著作財產權之員工 ②僅處罰雇用該名員工的公司 ③該名員工及其雇主皆須受罰 ④員工只要在從事侵犯他人著作財產權之行為前請示雇主並獲同意，便可以不受處罰。

19. (1) 某廠商之商標在我國已經獲准註冊，請問若希望將商品行銷販賣到國外，請問是否需在當地申請註冊才能受到保護？ ①是，因為商標權註冊採取屬地保護原則 ②否，因為我國申請註冊之商標權在國外也會受到承認 ③不一定，需視我國是否與商品希望行銷販賣的國家訂有相互商標承認之協定 ④不一定，需視商品希望行銷販賣的國家是否為 WTO 會員國。

20. (1) 受雇人於職務上所完成之發明、新型或設計，其專利申請權及專利權屬於下列何者？ ①雇用人 ②受雇人 ③雇用人所指定之自然人或法人 ④雇用人與受雇人共有。

21. (1) 下列關於營業秘密的敘述，何者不正確？ ①受雇人於非職務上研究或開發之營業秘密，仍歸雇用人所有 ②營業秘密不得為質權及強制執行之標的 ③營業秘密所有人得授權他人使用其營業秘密 ④營業秘密得全部或部分讓與他人或與他人共有。

22. (1) 甲公司開發部主管 A 掌握公司最新技術製程，並約定保密協議，離職後就任同業乙公司，將甲公司之機密技術揭露於乙公司，使甲公司蒙受巨額營業上損失，下列何者「非」屬 A 可能涉及之刑事責任？ ①營業秘密法之以不正方法取得營業秘密罪 ②營業秘密法之未經授權洩漏營業秘密罪 ③刑法之洩漏工商秘密罪 ④刑法之背信罪。

23. (1) 下列何者「非」屬於營業秘密？ ①具廣告性質的不動產交易底價 ②產品設計或開發流程圖示 ③公司內部的各種計畫方案 ④客戶名單。

24. (3) 營業秘密可分為「技術機密」與「商業機密」，下列何者屬於「商業機密」？ ①程式 ②設計圖 ③客戶名單 ④生產製程。

25. (1) 甲公司將其新開發受營業秘密法保護之技術，授權乙公司使用，下列何者不得為之？ ①乙公司已獲授權，所以可以未經甲公司同意，再授權丙公司使用 ②約定授權使用限於一定之地域、時間 ③約定授權使用限於特定之內容、一定之使用方法 ④要求被授權人乙公司在一定期間負有保密義務。

26. (3) 下列何者為營業秘密法所肯認？ ①債權人 A 聲請強制執行甲公司之營業秘密 ②乙公司以其營業秘密設定質權，供擔保向丙銀行借款 ③丙公司與丁公司共同研發新技術，成為該營業秘密之共有人 ④營業秘密共有人無正當理由，拒絕同意授權他人使用該營業秘密。

27. (3) 甲公司嚴格保密之最新配方產品大賣，下列何者侵害甲公司之營業秘密？ ①鑑定人 A 因司法審理而知悉配方 ②甲公司授權乙公司使用其配方 ③甲公司之 B 員工擅自將配方盜賣給乙公司 ④甲公司與乙公司協議共有配方。

28. (3) 故意侵害他人之營業秘密，法院因被害人之請求，最高得酌定損害額幾倍之賠償？ ①1 倍 ②2 倍 ③3 倍 ④4 倍。

29. (1) 甲公司之受雇人 A，因執行業務，觸犯營業秘密法之罪，除依規定處罰行為人 A 外，得對甲公司進行何種處罰？ ①罰金 ②拘役 ③有期徒刑 ④褫奪公權。

30. (4) 受雇者因承辦業務而知悉營業秘密，在離職後對於該營業秘密的處理方式，下列敘述何者正確？ ①聘雇關係解除後便不再負有保障營業秘密之責 ②僅能自用而不得販售獲取利益 ③自離職日起 3 年後便不再負有保障營業秘密之責 ④離職後仍不得洩漏該營業秘密。

31. (3) 按照現行法律規定，侵害他人營業秘密，其法律責任為： ①僅需負刑事責任 ②僅需負民事損害賠償責任 ③刑事責任與民事損害賠償責任皆須負擔 ④刑事責任與民事損害賠償責任皆不須負擔。

32. (3) 企業內部之營業秘密，可以概分為「商業性營業秘密」及「技術性營業秘密」二大類型，請問下列何者屬於「技術性營業秘密」？ ①人事管理 ②經銷據點 ③產品配方 ④客戶名單。

33. (3) 某離職同事請求在職員工將離職前所製作之某份文件傳送給他，請問下列回應方式何者正確？ ①由於該項文件係由該離職員工製作，因此可以傳送文件 ②若其目的僅為保留檔案備份，便可以傳送文件 ③可能構成對於營業秘密之侵害，應予拒絕並請他直接向公司提出請求 ④視彼此交情決定是否傳送文件。

34. (1) 行為人以竊取等不正當方法取得營業秘密，下列敘述何者正確？ ①已構成犯罪 ②只要後續沒有洩漏便不構成犯罪 ③只要後續沒有出現使用之行為便不構成犯罪 ④只要後續沒有造成所有人之損害便不構成犯罪。

35. (2) 請問以下敘述，那一項不是立法保護營業秘密的目的？ ①調和社會公共利益 ②保障企業獲利 ③確保商業競爭秩序 ④維護產業倫理。

36. (3) 針對在我國境內竊取營業秘密後，意圖在外國、中國大陸或港澳地區使用者，營業秘密法是否可以適用？ ①無法適用 ②可以適用，但若屬未遂犯則不罰 ③可以適用並加重其刑 ④能否適用需視該國家或地區與我國是否簽訂相互保護營業秘密之條約或協定。

37. (4) 所謂營業秘密，係指方法、技術、製程、配方、程式、設計或其他可用於生產、銷售或經營之資訊，但其保障所需符合的要件不包括下列何者？ ①因其秘密性而具有實際之經濟價值者 ②所有人已採取合理之保密措施者 ③因其秘密性而具有潛在之經濟價值者 ④一般涉及該類資訊之人所知者。

38. (1) 因故意或過失而不法侵害他人之營業秘密者，負損害賠償責任。該損害賠償之請求權，自請求權人知有行為及賠償義務人時起，幾年間不行使就會消滅？ ①2 年 ②5 年 ③7 年 ④10 年。

39. (1) 公務機關首長要求人事單位聘僱自己的弟弟擔任工友，違反何種法令？ ①公職人員利益衝突迴避法 ②詐欺罪 ③侵占罪 ④未違反法令。

40. (4) 依 107.6.13 新修公布之公職人員利益衝突迴避法（以下簡稱本法）規定，公職人員甲與其關係人下列何種行為不違反本法？ ①甲要求受其監督之機關聘用兒子乙 ②配偶乙以請託關說之方式，請求甲之服務機關通過其名下農地變更使用申請案 ③甲承辦案件時，明知有利益衝突之情事，但因自認為人公正，故不自行迴避 ④關係人丁經政府採購法公告程序取得甲服務機關之年度採購標案。

41. (1) 公司負責人為了要節省開銷，將員工薪資以高報低來投保全民健保及勞保，是觸犯了刑法上之何種罪刑？ ①詐欺罪 ②侵占罪 ③背信罪 ④工商秘密罪。

42. (2) A 受雇於公司擔任會計，因自己的財務陷入危機，多次將公司帳款轉入妻兒戶頭，是觸犯了刑法上之何種罪刑？ ①工商秘密罪 ②侵占罪 ③侵害著作權罪 ④違反公平交易法。

43. (1) 於公司執行採購業務時，因收受回扣而將訂單予以特定廠商，觸犯下列何種罪刑？ ①背信罪 ②貪污罪 ③詐欺罪 ④侵占罪。

44. (1) 如果你擔任公司採購的職務，親朋好友們會向你推銷自家的產品，希望你要採購時，你應該 ①適時地婉拒，說明利益需要迴避的考量，請他們見諒 ②既然是親朋好友，就應該互相幫忙 ③建議親朋好友將產品折扣，折扣部分歸於自己，就會採購 ④可以暗中地幫忙親朋好友，進行採購，不要被發現有親友關係便可。

45.（3）小美是公司的業務經理，有一天巧遇國中同班的死黨小林，發現他是公司的下游廠商老闆。最近小美處理一件公司的招標案件，小林的公司也在其中，私下約小美見面，請求她提供這次招標案的底標，並馬上要給予幾十萬元的前謝金，請問小美該怎麼辦？①退回錢，並告訴小林都是老朋友，一定會全力幫忙 ②收下錢，將錢拿出來給單位同事們分紅 ③應該堅決拒絕，並避免每次見面都與小林談論相關業務問題 ④朋友一場，給他一個比較接近底標的金額，反正又不是正確的，所以沒關係。

46.（3）公司發給每人一台平板電腦提供業務上使用，但是發現根本很少在使用，為了讓它有效的利用，所以將它拿回家給親人使用，這樣的行為是 ①可以的，這樣就不用花錢買 ②可以的，因為，反正如果放在那裡不用它，是浪費資源的 ③不可以的，因為這是公司的財產，不能私用 ④不可以的，因為使用年限未到，如果年限到報廢了，便可以拿回家。

47.（3）公司的車子，假日又沒人使用，你是鑰匙保管者，請問假日可以開出去嗎？①可以，只要付費加油即可 ②可以，反正假日不影響公務 ③不可以，因為是公司的，並非私人擁有 ④不可以，應該是讓公司想要使用的員工，輪流使用才可。

48.（4）阿哲是財經線的新聞記者，某次採訪中得知 A 公司在一個月內將有一個大的併購案，這個併購案顯示公司的財力，且能讓 A 公司股價往上飆升。請問阿哲得知此消息後，可以立刻購買該公司的股票嗎？①可以，有錢大家賺 ②可以，這是我努力獲得的消息 ③可以，不賺白不賺 ④不可以，屬於內線消息，必須保持記者之操守，不得洩漏。

49.（4）與公務機關接洽業務時，下列敘述何者「正確」？①沒有要求公務員違背職務，花錢疏通而已，並不違法 ②唆使公務機關承辦採購人員配合浮報價額，僅屬偽造文書行為 ③口頭允諾行賄金額但還沒送錢，尚不構成犯罪 ④與公務員同謀之共犯，即便不具公務員身分，仍會依據貪污治罪條例處刑。

50.（1）甲君為獲取乙級技術士技能檢定證照，行賄打點監評人員要求放水之行為，可能構成何罪？①違背職務行賄罪 ②不違背職務行賄罪 ③背信罪 ④詐欺罪。

51.（3）公司總務部門員工因辦理政府採購案，而與公務機關人員有互動時，下列敘述何者「正確」？①對於機關承辦人，經常給予不超過新台幣 5 佰元以下的好處，無論有無對價關係，對方收受皆符合廉政倫理規範 ②招待驗收人員至餐廳用餐，是慣例屬社交禮貌行為 ③因民俗節慶公開舉辦之活動，機關公務員在簽准後可受邀參與 ④以借貸名義，餽贈財物予公務員，即可規避刑事追究。

52.（1）與公務機關有業務往來構成職務利害關係者，下列敘述何者「正確」？①將餽贈之財物請公務員父母代轉，該公務員亦已違反規定 ②與公務機關承辦人飲宴應酬為增進基本關係的必要方法 ③高級茶葉低價售予有利害關係之承辦公務員，有價購行為就不算違反法規 ④機關公務員藉子女婚宴廣邀 業務往來廠商之行為，並無不妥。

53.（3）下列何者不屬公務員廉政倫理規範禁止公務員收受之「財物」？①旅宿業公關票 ②運動中心免費會員證 ③公司印製之月曆 ④農特產禮盒。

54. (4) 貪污治罪條例所稱之「賄賂或不正利益」與公務員廉政倫理規範所稱之「餽贈財物」，其最大差異在於下列何者之有無？ ①利害關係 ②補助關係 ③隸屬關係 ④對價關係。

55. (4) 廠商某甲承攬公共工程，工程進行期間，甲與其工程人員經常招待該公共工程委辦機關之監工及驗收之公務員喝花酒或招待出國旅遊，下列敘述何者為對？ ①公務員若沒有收現金，就沒有罪 ②只要工程沒有問題，某甲與監工及驗收等相關公務員就沒有犯罪 ③因為不是送錢，所以都沒有犯罪 ④某甲與相關公務員均已涉嫌觸犯貪污治罪條例。

56. (1) 行(受)賄罪成立要素之一為具有對價關係，而作為公務員職務之對價有「賄賂」或「不正利益」，下列何者「不」屬於「賄賂」或「不正利益」？ ① 開工邀請公務員觀禮 ②送百貨公司大額禮券 ③免除債務 ④招待吃米其林等級之高檔大餐。

57. (2) 客觀上有行求、期約或交付賄賂之行為，主觀上有賄賂使公務員為不違背職務行為之意思，即所謂？ ①違背職務行賄罪 ②不違背職務行賄罪 ③圖利罪 ④背信罪。

58. (1) 下列關於政府採購人員之敘述，何者為正確？ ①非主動向廠商求取，偶發地收取廠商致贈價值在新臺幣 500 元以下之廣告物、促銷品、紀念品 ②要求廠商提供與採購無關之額外服務 ③利用職務關係向廠商借貸 ④利用職務關係媒介親友至廠商處所任職。

59. (2) 為建立良好之公司治理制度，公司內部宜納入何種檢舉人制度？ ①告訴乃論制度 ②吹哨者（whistleblower）管道及保護制度 ③不告不理制度 ④非告訴乃論制度。

60. (2) 檢舉人向有偵查權機關或政風機構檢舉貪污瀆職，必須於何時為之始可能給與獎金？ ①犯罪未起訴前 ②犯罪未發覺前 ③犯罪未遂前 ④預備犯罪前。

61. (4) 公司訂定誠信經營守則時，不包括下列何者？ ①禁止不誠信行為 ②禁止行賄及收賄 ③禁止提供不法政治獻金 ④禁止適當慈善捐助或贊助。

62. (3) 檢舉人應以何種方式檢舉貪污瀆職始能核給獎金？ ①匿名 ②委託他人檢舉 ③以真實姓名檢舉 ④以他人名義檢舉。

63. (4) 我國制定何法以保護刑事案件之證人，使其勇於出面作證，俾利犯罪之偵查、審判？ ①貪污治罪條例 ②刑事訴訟法 ③行政程序法 ④證人保護法。

64. (1) 下列何者「非」屬公司對於企業社會責任實踐之原則？ ①加強個人資料揭露 ②維護社會公益 ③發展永續環境 ④落實公司治理。

65. (1) 下列何者「不」屬於職業素養的範疇？ ①獲利能力 ②正確的職業價值觀 ③職業知識技能 ④良好的職業行為習慣。

66. (4) 下列行為何者「不」屬於敬業精神的表現？ ①遵守時間約定 ②遵守法律規定 ③保守顧客隱私 ④隱匿公司產品瑕疵訊息。

67. (4) 下列何者符合專業人員的職業道德？ ①未經雇主同意，於上班時間從事私人事務 ②利用雇主的機具設備私自接單生產 ③未經顧客同意，任意散佈或利用顧客資料 ④盡力維護雇主及客戶的權益。

68.（4） 身為公司員工必須維護公司利益，下列何者是正確的工作態度或行為？ ①將公司逾期的產品更改標籤 ②施工時以省時、省料為獲利首要考量，不顧品質 ③服務時首先考慮公司的利益，然後再考量顧客權益 ④工作時謹守本分，以積極態度解決問題。

69.（3） 身為專業技術工作人士，應以何種認知及態度服務客戶？ ①若客戶不瞭解，就儘量減少成本支出，抬高報價 ②遇到維修問題，儘量拖過保固期 ③主動告知可能碰到問題及預防方法 ④隨著個人心情來提供服務的內容及品質。

70.（2） 因為工作本身需要高度專業技術及知識，所以在對客戶服務時應 ①不用理會顧客的意見 ②保持親切、真誠、客戶至上的態度 ③若價錢較低，就敷衍了事 ④以專業機密為由，不用對客戶說明及解釋。

71.（2） 從事專業性工作，在與客戶約定時間應 ①保持彈性，任意調整 ②儘可能準時，依約定時間完成工作 ③能拖就拖，能改就改 ④自己方便就好，不必理會客戶的要求。

72.（1） 從事專業性工作，在服務顧客時應有的態度是 ①選擇最安全、經濟及有效的方法完成工作 ②選擇工時較長、獲利較多的方法服務客戶 ③為了降低成本，可以降低安全標準 ④不必顧及雇主和顧客的立場。

73.（1） 當發現公司的產品可能會對顧客身體產生危害時，正確的作法或行動應是 ①立即向主管或有關單位報告 ②若無其事，置之不理 ③儘量隱瞞事實，協助掩飾問題 ④透過管道告知媒體或競爭對手。

74.（4） 以下哪一項員工的作為符合敬業精神？ ①利用正常工作時間從事私人事務 ②運用雇主的資源，從事個人工作 ③未經雇主同意擅離工作崗位 ④謹守職場紀律及禮節，尊重客戶隱私。

75.（2） 如果發現有同事，利用公司的財產做私人的事，我們應該要 ①未經查證或勸阻立即向主管報告 ②應該立即勸阻，告知他這是不對的行為 ③不關我的事，我只要管好自己便可以 ④應該告訴其他同事，讓大家來共同糾正與斥責他。

76.（2） 小禎離開異鄉就業，來到小明的公司上班，小明是當地的人，他應該： ①不關他的事，自己管好就好 ②多關心小禎的生活適應情況，如有困難加以協助 ③小禎非當地人，應該不容易相處，不要有太多接觸 ④小禎是同單位的人，是個競爭對手，應該多加防範。

77.（3） 小張獲選為小孩學校的家長會長，這個月要召開會議，沒時間準備資料，所以，利用上班期間有空檔，非休息時間來完成，請問是否可以： ①可以，因為不耽誤他的工作 ②可以，因為他能力好，能夠同時完成很多事 ③不可以，因為這是私事，不可以利用上班時間完成 ④可以，只要不要被發現。

78.（2） 小吳是公司的專用司機，為了能夠隨時用車，經過公司同意，每晚都將公司的車開回家，然而，他發現反正每天上班路線，都要經過女兒學校，就順便載女兒上學，請問可以嗎？ ①可以，反正順路 ②不可以，這是公司的車不能私用 ③可以，只要不被公司發現即可 ④可以，要資源須有效使用。

79.（2） 如果公司受到不當與不正確的毀謗與指控，你應該是：①加入毀謗行列，將公司內部的事情，都說出來告訴大家 ②相信公司，幫助公司對抗這些不實的指控 ③向媒體爆料更多不實的內容 ④不關我的事，只要能夠領到薪水就好。

80.（3） 筱珮要離職了，公司主管交代，她要做業務上的交接，她該怎麼辦？ ①不用理它，反正都要離開公司了 ②把以前的業務資料都刪除或設密碼，讓別人都打不開 ③應該將承辦業務整理歸檔清楚，並且留下聯絡的方式，未來有問題可以詢問她 ④盡量交接，如果離職日一到，就不關他的事。

81.（4） 彥江是職場上的新鮮人，剛進公司不久，他應該具備怎樣的態度？ ①上班、下班，管好自己便可 ②仔細觀察公司生態，加入某些小團體，以做為後盾 ③只要做好人脈關係，這樣以後就好辦事 ④努力做好自己職掌的業務，樂於工作，與同事之間有良好的互動，相互協助。

82.（4） 在公司內部行使商務禮儀的過程，主要以參與者在公司中的何種條件來訂定順序 ①年齡 ②性別 ③社會地位 ④職位。

83.（1） 一位職場新鮮人剛進公司時，良好的工作態度是 ①多觀察、多學習，了解企業文化和價值觀 ②多打聽哪一個部門比較輕鬆，升遷機會較多 ③多探聽哪一個公司在找人，隨時準備跳槽走人 ④多遊走各部門認識同事，建立自己的小圈圈。

84.（1） 乘坐轎車時，如有司機駕駛，按照乘車禮儀，以司機的方位來看，首位應為 ①後排右側 ②前座右側 ③後排左側 ④後排中間。

85.（4） 根據性別工作平等法，下列何者非屬職場性騷擾？①公司員工執行職務時，客戶對其講黃色笑話，該員工感覺被冒犯 ②雇主對求職者要求交往，作為雇用與否之交換條件 ③公司員工執行職務時，遭到同事以「女人就是沒大腦」性別歧視用語加以辱罵，該員工感覺其人格尊嚴受損 ④公司員工下班後搭乘捷運，在捷運上遭到其他乘客偷拍。

86.（4） 根據性別工作平等法，下列何者非屬職場性別歧視？①雇主考量男性賺錢養家之社會期待，提供男性高於女性之薪資 ②雇主考量女性以家庭為重之社會期待，裁員時優先資遣女性 ③雇主事先與員工約定倘其有懷孕之情事，必須離職 ④有未滿 2 歲子女之男性員工，也可申請每日六十分鐘的哺乳時間。

87.（3） 根據性別工作平等法，有關雇主防治性騷擾之責任與罰則，下列何者錯誤？①僱用受僱者 30 人以上者，應訂定性騷擾防治措施、申訴及懲戒辦法 ②雇主知悉性騷擾發生時，應採取立即有效之糾正及補救措施 ③雇主違反應訂定性騷擾防治措施之規定時，處以罰鍰即可，不用公布其姓名 ④雇主違反應訂定性騷擾申訴管道者，應限期令其改善，屆期未改善者，應按次處罰。

88.（1） 根據性騷擾防治法，有關性騷擾之責任與罰則，下列何者錯誤？①對他人為性騷擾者，如果沒有造成他人財產上之損失，就無需負擔金錢賠償之責任 ②對於因教育、訓練、醫療、公務、業務、求職，受自己監督、照護之人，利用權勢或機會為性騷擾者，得加重科處罰鍰至二分之一 ③意圖性騷擾，乘人不及抗拒而為親吻、擁抱或觸摸其臀部、胸部或其他身體隱私處之行為者，處 2 年以下有期徒刑、拘役或科或併科 10 萬元以下罰金 ④對他人為性騷擾者，由直轄市、縣（市）主管機關處 1 萬元以上 10 萬元以下罰鍰。

89.（1） 根據消除對婦女一切形式歧視公約（CEDAW），下列何者正確？①對婦女的歧視指基於性別而作的任何區別、排斥或限制 ②只關心女性在政治方面的人權和基本自由 ③未要求政府需消除個人或企業對女性的歧視 ④傳統習俗應予保護及傳承，即使含有歧視女性的部分，也不可以改變。

90. （2） 學校駐衛警察之遴選規定以服畢兵役作為遴選條件之一，根據消除對婦女一切形式歧視公約（CEDAW），下列何者錯誤？①服畢兵役者仍以男性為主，此條件已排除多數女性被遴選的機會，屬性別歧視 ②此遴選條件未明定限男性，不屬性別歧視 ③駐衛警察之遴選應以從事該工作所需的能力或資格作為條件 ④已違反 CEDAW 第 1 條對婦女的歧視。

91. （1） 某規範明定地政機關進用女性測量助理名額，不得超過該機關測量助理名額總數二分之一，根據消除對婦女一切形式歧視公約（CEDAW），下列何者正確？①限制女性測量助理人數比例，屬於直接歧視 ②土地測量經常在戶外工作，基於保護女性所作的限制，不屬性別歧視 ③此項二分之一規定是為促進男女比例平衡 ④此限制是為確保機關業務順暢推動，並未歧視女性。

92. （4） 根據消除對婦女一切形式歧視公約（CEDAW）之間接歧視意涵，下列何者錯誤？①一項法律、政策、方案或措施表面上對男性和女性無任何歧視，但實際上卻產生歧視女性的效果 ②察覺間接歧視的一個方法，是善加利用性別統計與性別分析 ③如果未正視歧視之結構和歷史模式，及忽略男女權力關係之不平等，可能使現有不平等狀況更為惡化 ④不論在任何情況下，只要以相同方式對待男性和女性，就能避免間接歧視之產生。

93. （3） 關於菸品對人體的危害的敘述，下列何者「正確」？ ①只要開電風扇、或是空調就可以去除二手菸 ②抽雪茄比抽紙菸危害還要小 ③吸菸者比不吸菸者容易得肺癌 ④只要不將菸吸入肺部，就不會對身體造成傷害。

94. （4） 下列何者「不是」菸害防制法之立法目的？ ①防制菸害 ②保護未成年免於菸害 ③保護孕婦免於菸害 ④促進菸品的使用。

95. （3） 有關菸害防制法規範，「不可販賣菸品」給幾歲以下的人？ ① 20 ② 19 ③ 18 ④ 17。

96. （1） 按菸害防制法規定，對於在禁菸場所吸菸會被罰多少錢？ ①新臺幣 2 千元至 1 萬元罰鍰 ②新臺幣 1 千元至 5 千元罰鍰 ③新臺幣 1 萬元至 5 萬元罰鍰 ④新臺幣 2 萬元至 10 萬元罰鍰。

97. （1） 按菸害防制法規定，下列敘述何者錯誤？ ①只有老闆、店員才可以出面勸阻在禁菸場所抽菸的人 ②任何人都可以出面勸阻在禁菸場所抽菸的人 ③餐廳、旅館設置室內吸菸室，需經專業技師簽證核可 ④加油站屬易燃易爆場所，任何人都要勸阻在禁菸場所抽菸的人。

98. （3） 按菸害防制法規定，對於主管每天在辦公室內吸菸，應如何處理？ ①未違反菸害防制法 ②因為是主管，所以只好忍耐 ③撥打菸害申訴專線檢舉（0800-531-531） ④開空氣清淨機，睜一隻眼閉一隻眼。

99. （4） 對電子菸的敘述，何者錯誤？ ①含有尼古丁會成癮 ②會有爆炸危險 ③含有毒致癌物質 ④可以幫助戒菸。

100. （4） 下列何者是錯誤的「戒菸」方式？ ①撥打戒菸專線 0800-63-63-63 ②求助醫療院所、社區藥局專業戒菸 ③參加醫院或衛生所所辦理的戒菸班 ④自己購買電子煙來戒菸。

工作項目 03：環境保護

1. （1）世界環境日是在每一年的：①6 月 5 日 ②4 月 10 日 ③3 月 8 日 ④11 月 12 日。
2. （3）2015 年巴黎協議之目的為何？ ①避免臭氧層破壞 ②減少持久性污染物排放 ③遏阻全球暖化趨勢 ④生物多樣性保育。
3. （3）下列何者為環境保護的正確作為？ ①多吃肉少蔬食 ②自己開車不共乘 ③鐵馬步行 ④不隨手關燈。
4. （2）下列何種行為對生態環境會造成較大的衝擊？ ①植種原生樹木 ②引進外來物種 ③設立國家公園 ④設立自然保護區。
5. （2）下列哪一種飲食習慣能減碳抗暖化？ ①多吃速食 ②多吃天然蔬果 ③多吃牛肉 ④多選擇吃到飽的餐館。
6. （3）小明隨地亂丟垃圾，遇依廢棄物清理法執行稽查人員要求提示身分證明，如小明無故拒絕提供，將受何處分？ ①勸導改善 ②移送警察局 ③處新臺幣 6 百元以上 3 千元以下罰鍰 ④接受環境講習。
7. （1）小狗在道路或其他公共場所便溺時，應由何人負責清除？ ①主人 ②清潔隊 ③警察 ④土地所有權人。
8. （3）四公尺以內之公共巷、弄路面及水溝之廢棄物，應由何人負責清除？ ①里辦公處 ②清潔隊 ③相對戶或相鄰戶分別各半清除 ④環保志工。
9. （1）外食自備餐具是落實綠色消費的哪一項表現？ ①重複使用 ②回收再生 ③環保選購 ④降低成本。
10. （2）再生能源一般是指可永續利用之能源，主要包括哪些：A. 化石燃料 B. 風力 C. 太陽能 D. 水力？ ① ACD ② BCD ③ ABD ④ ABCD。
11. （3）何謂水足跡，下列何者是正確的？ ①水利用的途徑 ②每人用水量紀錄 ③消費者所購買的商品，在生產過程中消耗的用水量 ④水循環的過程。
12. （4）依環境基本法第 3 條規定，基於國家長期利益，經濟、科技及社會發展均應兼顧環境保護。但如果經濟、科技及社會發展對環境有嚴重不良影響或有危害時，應以何者優先？ ①經濟 ②科技 ③社會 ④環境。
13. （4）為了保護環境，政府提出了 4 個 R 的口號，下列何者不是 4R 中的其中一項？ ①減少使用 ②再利用 ③再循環 ④再創新。
14. （2）逛夜市時常有攤位在販賣滅蟑藥，下列何者正確？ ①滅蟑藥是藥，中央主管機關為衛生福利部 ②滅蟑藥是環境衛生用藥，中央主管機關是環境保護署 ③只要批貨，人人皆可販賣滅蟑藥，不須領得許可執照 ④滅蟑藥之包裝上不用標示有效期限。
15. （1）森林面積的減少甚至消失可能導致哪些影響：A. 水資源減少 B. 減緩全球暖化 C. 加劇全球暖化 D. 降低生物多樣性？ ① ACD ② BCD ③ ABD ④ ABCD。

16.（3） 塑膠為海洋生態的殺手，所以環保署推動「無塑海洋」政策，下列何項不是減少塑膠危害海洋生態的重要措施？ ①擴大禁止免費供應塑膠袋 ②禁止製造、進口及販售含塑膠柔珠的清潔用品 ③定期進行海水水質監測 ④淨灘、淨海。

17.（2） 違反環境保護法律或自治條例之行政法上義務，經處分機關處停工、停業處分或處新臺幣五千元以上罰鍰者，應接受下列何種講習？ ①道路交通安全講習 ②環境講習 ③衛生講習 ④消防講習。

18.（2） 綠色設計主要為節能、生態與下列何者？ ①生產成本低廉的產品 ②表示健康的、安全的商品 ③售價低廉易購買的商品 ④包裝紙一定要用綠色系統者。

19.（1） 下列何者為環保標章？ ①   ②  ③  ④  。

20.（2） 「聖嬰現象」是指哪一區域的溫度異常升高？ ①西太平洋表層海水 ②東太平洋表層海水 ③西印度洋表層海水 ④東印度洋表層海水。

21.（1） 「酸雨」定義為雨水酸鹼值達多少以下時稱之？ ① 5.0 ② 6.0 ③ 7.0 ④ 8.0。

22.（2） 一般而言，水中溶氧量隨水溫之上升而呈下列哪一種趨勢？ ①增加 ②減少 ③不變 ④不一定。

23.（4） 二手菸中包含多種危害人體的化學物質，甚至多種物質有致癌性，會危害到下列何者的健康？ ①只對 12 歲以下孩童有影響 ②只對孕婦比較有影響 ③只有 65 歲以上之民眾有影響 ④全民皆有影響。

24.（2） 二氧化碳和其他溫室氣體含量增加是造成全球暖化的主因之一，下列何種飲食方式也能降低碳排放量，對環境保護做出貢獻：A. 少吃肉，多吃蔬菜；B. 玉米產量減少時，購買玉米罐頭食用；C. 選擇當地食材；D. 使用免洗餐具，減少清洗用水與清潔劑？ ① AB ② AC ③ AD ④ ACD。

25.（1） 上下班的交通方式有很多種，其中包括：A. 騎腳踏車；B. 搭乘大眾交通工具；C. 自行開車，請將前述幾種交通方式之單位排碳量由少至多之排列方式為何？ ① ABC ② ACB ③ BAC ④ CBA。

26.（3） 下列何者「不是」室內空氣污染源？ ①建材 ②辦公室事務機 ③廢紙回收箱 ④油漆及塗料。

27.（4） 下列何者不是自來水消毒採用的方式？ ①加入臭氧 ②加入氯氣 ③紫外線消毒 ④加入二氧化碳。

28.（4） 下列何者不是造成全球暖化的元凶？ ①汽機車排放的廢氣 ②工廠所排放的廢氣 ③火力發電廠所排放的廢氣 ④種植樹木。

29.（2） 下列何者不是造成臺灣水資源減少的主要因素？ ①超抽地下水 ②雨水酸化 ③水庫淤積 ④濫用水資源。

30.（4） 下列何者不是溫室效應所產生的現象？ ①氣溫升高而使海平面上升 ②北極熊棲地減少 ③造成全球氣候變遷，導致不正常暴雨、乾旱現象 ④造成臭氧層產生破洞。

31.（4） 下列何者是室內空氣污染物之來源：A. 使用殺蟲劑；B. 使用雷射印表機；C. 在室內抽煙；D. 戶外的污染物飄進室內？ ① ABC ② BCD ③ ACD ④ ABCD。

32.（1）下列何者是海洋受污染的現象？ ①形成紅潮 ②形成黑潮 ③溫室效應 ④臭氧層破洞。

33.（2）下列何者是造成臺灣雨水酸鹼（pH）值下降的主要原因？ ①國外火山噴發 ②工業排放廢氣 ③森林減少 ④降雨量減少。

34.（2）水中生化需氧量（BOD）愈高，其所代表的意義為 ①水為硬水 ②有機污染物多 ③水質偏酸 ④分解污染物時不需消耗太多氧。

35.（1）下列何者是酸雨對環境的影響？ ①湖泊水質酸化 ②增加森林生長速度 ③土壤肥沃 ④增加水生動物種類。

36.（2）下列何者是懸浮微粒與落塵的差異？ ①採樣地區 ②粒徑大小 ③分布濃度 ④物體顏色。

37.（1）下列何者屬地下水超抽情形？ ①地下水抽水量「超越」天然補注量 ②天然補注量「超越」地下水抽水量 ③地下水抽水量「低於」降雨量 ④地下水抽水量「低於」天然補注量。

38.（3）下列何種行為無法減少「溫室氣體」排放？ ①騎自行車取代開車 ②多搭乘公共運輸系統 ③多吃肉少蔬菜 ④使用再生紙張。

39.（2）下列哪一項水質濃度降低會導致河川魚類大量死亡？ ①氨氮 ②溶氧 ③二氧化碳 ④生化需氧量。

40.（1）下列何種生活小習慣的改變可減少細懸浮微粒（PM2.5）排放，共同為改善空氣品質盡一份心力？ ①少吃燒烤食物 ②使用吸塵器 ③養成運動習慣 ④每天喝 500cc 的水。

41.（4）下列哪種措施不能用來降低空氣污染？ ①汽機車強制定期排氣檢測 ②汰換老舊柴油車 ③禁止露天燃燒稻草 ④汽機車加裝消音器。

42.（3）大氣層中臭氧層有何作用？ ①保持溫度 ②對流最旺盛的區域 ③吸收紫外線 ④造成光害。

43.（1）小李具有乙級廢水專責人員證照，某工廠希望以高價租用證照的方式合作，請問下列何者正確？ ①這是違法行為 ②互蒙其利 ③價錢合理即可 ④經環保局同意即可。

44.（2）可藉由下列何者改善河川水質且兼具提供動植物良好棲地環境？ ①運動公園 ②人工溼地 ③滯洪池 ④水庫。

45.（1）台北市周先生早晨在河濱公園散步時，發現有大面積的河面被染成紅色，岸邊還有許多死魚，此時周先生應該打電話給哪個單位通報處理？ ①環保局 ②警察局 ③衛生局 ④交通局。

46.（3）台灣地區地形陡峭雨旱季分明，水資源開發不易常有缺水現象，目前推動生活污水經處理再生利用，可填補部分水資源，主要可供哪些用途：A. 工業用水、B. 景觀澆灌、C. 飲用水、D. 消防用水？ ① ACD ② BCD ③ ABD ④ ABCD。

47.（2）台灣自來水之水源主要取自： ①海洋的水 ②河川及水庫的水 ③綠洲的水 ④灌溉渠道的水。

48.（1）民眾焚香燒紙錢常會產生哪些空氣污染物增加罹癌的機率：A. 苯、B. 細懸浮微粒（PM2.5）、C. 二氧化碳（CO_2）、D. 甲烷（CH_4）？ ① AB ② AC ③ BC ④ CD。

49. （1） 生活中經常使用的物品，下列何者含有破壞臭氧層的化學物質？ ①噴霧劑 ②免洗筷 ③保麗龍 ④寶特瓶。

50. （2） 目前市面清潔劑均會強調「無磷」，是因為含磷的清潔劑使用後，若廢水排至河川或湖泊等水域會造成甚麼影響？ ①綠牡蠣 ②優養化 ③秘雕魚 ④烏腳病。

51. （1） 冰箱在廢棄回收時應特別注意哪一項物質，以避免逸散至大氣中造成臭氧層的破壞？ ①冷媒 ②甲醛 ③汞 ④苯。

52. （1） 在五金行買來的強力膠中，主要有下列哪一種會對人體產生危害的化學物質？ ①甲苯 ②乙苯 ③甲醛 ④乙醛。

53. （2） 在同一操作條件下，煤、天然氣、油、核能的二氧化碳排放比例之大小，由大而小為： ①油＞煤＞天然氣＞核能 ②煤＞油＞天然氣＞核能 ③煤＞天然氣＞油＞核能 ④油＞煤＞核能＞天然氣。

54. （1） 如何降低飲用水中消毒副產物三鹵甲烷？ ①先將水煮沸，打開壺蓋再煮三分鐘以上 ②先將水過濾，加氯消毒 ③先將水煮沸，加氯消毒 ④先將水過濾，打開壺蓋使其自然蒸發。

55. （4） 自行煮水、包裝飲用水及包裝飲料，依生命週期評估排碳量大小順序為下列何者？ ①包裝飲用水＞自行煮水＞包裝飲料 ②包裝飲料＞自行煮水＞包裝飲用水 ③自行煮水＞包裝飲料＞包裝飲用水 ④包裝飲料＞包裝飲用水＞自行煮水。

56. （1） 何項不是噪音的危害所造成的現象？ ①精神很集中 ②煩躁、失眠 ③緊張、焦慮 ④工作效率低落。

57. （2） 我國移動污染源空氣污染防制費的徵收機制為何？ ①依車輛里程數計費 ②隨油品銷售徵收 ③依牌照徵收 ④依照排氣量徵收。

58. （2） 室內裝潢時，若不謹慎選擇建材，將會逸散出氣狀污染物。其中會刺激皮膚、眼、鼻和呼吸道，也是致癌物質，可能為下列哪一種污染物？ ①臭氧 ②甲醛 ③氟氯碳化合物 ④二氧化碳。

59. （1） 下列哪一種氣體較易造成臭氧層被嚴重的破壞？ ①氟氯碳化物 ②二氧化硫 ③氮氧化合物 ④二氧化碳。

60. （1） 高速公路旁常見有農田違法焚燒稻草，除易產生濃煙影響行車安全外，也會產生下列何種空氣污染物對人體健康造成不良的作用？ ①懸浮微粒 ②二氧化碳（CO_2） ③臭氧（O_3） ④沼氣。

61. （2） 都市中常產生的「熱島效應」會造成何種影響？ ①增加降雨 ②空氣污染物不易擴散 ③空氣污染物易擴散 ④溫度降低。

62. （3） 廢塑膠等廢棄於環境除不易腐化外，若隨一般垃圾進入焚化廠處理，可能產生下列哪一種空氣污染物對人體有致癌疑慮？ ①臭氧 ②一氧化碳 ③戴奧辛 ④沼氣。

63. （2） 「垃圾強制分類」的主要目的為：A. 減少垃圾清運量 B. 回收有用資源 C. 回收廚餘予以再利用 D. 變賣賺錢？ ① ABCD ② ABC ③ ACD ④ BCD。

64. (4) 一般人生活產生之廢棄物，何者屬有害廢棄物？ ①廚餘 ②鐵鋁罐 ③廢玻璃 ④廢日光燈管。

65. (2) 一般辦公室影印機的碳粉匣，應如何回收？ ①拿到便利商店回收 ②交由販賣商回收 ③交由清潔隊回收 ④交給拾荒者回收。

66. (4) 下列何者不是蚊蟲會傳染的疾病？ ①日本腦炎 ②瘧疾 ③登革熱 ④痢疾。

67. (4) 下列何者非屬資源回收分類項目中「廢紙類」的回收物？ ①報紙 ②雜誌 ③紙袋 ④用過的衛生紙。

68. (1) 下列何者對飲用瓶裝水之形容是正確的：A. 飲用後之寶特瓶容器為地球增加了一個廢棄物；B. 運送瓶裝水時卡車會排放空氣污染物；C. 瓶裝水一定比經煮沸之自來水安全衛生？ ① AB ② BC ③ AC ④ ABC。

69. (2) 下列哪一項是我們在家中常見的環境衛生用藥？ ①體香劑 ②殺蟲劑 ③洗滌劑 ④乾燥劑。

70. (1) 下列哪一種是公告應回收廢棄物中的容器類:A. 廢鋁箔包 B. 廢紙容器 C. 寶特瓶？ ① ABC ② AC ③ BC ④ C。

71. (1) 下列哪些廢紙類不可以進行資源回收？ ①紙尿褲 ②包裝紙 ③雜誌 ④報紙。

72. (4) 小明拿到「垃圾強制分類」的宣導海報，標語寫著「分 3 類，好 OK」，標語中的分 3 類是指家戶日常生活中產生的垃圾可以區分哪三類？ ①資源、 廚餘、事業廢棄物 ②資源、一般廢棄物、事業廢棄物 ③一般廢棄物、事業 廢棄物、放射性廢棄物 ④資源、廚餘、一般垃圾。

73. (3) 日光燈管、水銀溫度計等，因含有哪一種重金屬，可能對清潔隊員造成傷害，應與一般垃圾分開處理？ ①鉛 ②鎘 ③汞 ④鐵。

74. (2) 家裡有過期的藥品，請問這些藥品要如何處理？ ①倒入馬桶沖掉 ②交由藥局回收 ③繼續服用 ④送給相同疾病的朋友。

75. (2) 台灣西部海岸曾發生的綠牡蠣事件是下列何種物質污染水體有關？ ①汞 ②銅 ③磷 ④鎘。

76. (4) 在生物鏈越上端的物種其體內累積持久性有機污染物（POPs）濃度將越高，危害性也將越大，這是說明 POPs 具有下列何種特性？ ①持久性 ②半揮發性 ③高毒性 ④生物累積性。

77. (3) 有關小黑蚊敘述下列何者為非？ ①活動時間又以中午十二點到下午三點為活動高峰期 ②小黑蚊的幼蟲以腐植質、青苔和藻類為食 ③無論雄性或雌性皆會吸食哺乳類動物血液 ④多存在竹林、灌木叢、雜草叢、果園等邊緣地帶等處。

78. (1) 利用垃圾焚化廠處理垃圾的最主要優點為何？ ①減少處理後的垃圾體積 ②去除垃圾中所有毒物 ③減少空氣污染 ④減少處理垃圾的程序。

79. (3) 利用豬隻的排泄物當燃料發電，是屬於下列那一種能源？ ①地熱能 ②太陽能 ③生質能 ④核能。

80. (2) 每個人日常生活皆會產生垃圾，下列何種處理垃圾的觀念與方式是不正確的？ ①垃圾分類，使資源回收再利用 ②所有垃圾皆掩埋處理，垃圾將會自然分解 ③廚餘回收堆肥後製成肥料 ④可燃性垃圾經焚化燃燒可有效減少垃圾體積。

81. （2） 防治蟲害最好的方法是 ①使用殺蟲劑 ②清除孳生源 ③網子捕捉 ④拍打。

82. （2） 依廢棄物清理法之規定，隨地吐檳榔汁、檳榔渣者，應接受幾小時之戒檳班講習？①2 小時 ②4 小時 ③6 小時 ④8 小時。

83. （1） 室內裝修業者承攬裝修工程，工程中所產生的廢棄物應該如何處理？ ①委託合法清除機構清運 ②倒在偏遠山坡地 ③河岸邊掩埋 ④交給清潔隊垃圾車。

84. （1） 若使用後的廢電池未經回收，直接廢棄所含重金屬物質曝露於環境中可能產生那些影響：A. 地下水污染、B. 對人體產生中毒等不良作用、C. 對生物產生重金屬累積及濃縮作用、D. 造成優養化？ ① ABC ② ABCD ③ ACD ④ BCD。

85. （3） 哪一種家庭廢棄物可用來作為製造肥皂的主要原料？ ①食醋 ②果皮 ③回鍋油 ④熟廚餘。

86. （2） 家戶大型垃圾應由誰負責處理？ ①行政院環境保護署 ②當地政府清潔隊 ③行政院 ④內政部。

87. （3） 根據環保署資料顯示，世紀之毒「戴奧辛」主要透過何者方式進入人體？ ①透過觸摸 ②透過呼吸 ③透過飲食 ④透過雨水。

88. （2） 陳先生到機車行換機油時，發現機車行老闆將廢機油直接倒入路旁的排水溝，請問這樣的行為是違反了 ①道路交通管理處罰條例 ②廢棄物清理法 ③職業安全衛生法 ④飲用水管理條例。

89. （1） 亂丟香菸蒂，此行為已違反什麼規定？ ①廢棄物清理法 ②民法 ③刑法 ④毒性化學物質管理法。

90. （4） 實施「垃圾費隨袋徵收」政策的好處為何：A. 減少家戶垃圾費用支出 B. 全民主動參與資源回收 C. 有效垃圾減量？ ① AB ② AC ③ BC ④ ABC。

91. （1） 臺灣地狹人稠，垃圾處理一直是不易解決的問題，下列何種是較佳的因應對策？①垃圾分類資源回收 ②蓋焚化廠 ③運至國外處理 ④向海爭地掩埋。

92. （2） 臺灣嘉南沿海一帶發生的烏腳病可能為哪一種重金屬引起？ ①汞 ②砷 ③鉛 ④鎘。

93. （2） 遛狗不清理狗的排泄物係違反哪一法規？ ①水污染防治法 ②廢棄物清理法 ③毒性化學物質管理法 ④空氣污染防制法。

94. （3） 酸雨對土壤可能造成的影響，下列何者正確？ ①土壤更肥沃 ②土壤液化 ③土壤中的重金屬釋出 ④土壤礦化。

95. （3） 購買下列哪一種商品對環境比較友善？ ①用過即丟的商品 ②一次性的產品 ③材質可以回收的商品 ④過度包裝的商品。

96. （4） 醫療院所用過的棉球、紗布、針筒、針頭等感染性事業廢棄物屬於 ①一般事業廢棄物 ②資源回收物 ③一般廢棄物 ④有害事業廢棄物。

97. （2） 下列何項法規的立法目的為預防及減輕開發行為對環境造成不良影響，藉以達成環境保護之目的？ ①公害糾紛處理法 ②環境影響評估法 ③環境基本法 ④環境教育法。

98. （4） 下列何種開發行為若對環境有不良影響之虞者，應實施環境影響評估：A. 開發科學園區；B. 新建捷運工程；C. 採礦。 ① AB ② BC ③ AC ④ ABC。

99. （1）主管機關審查環境影響說明書或評估書，如認為已足以判斷未對環境有重大影響之虞，作成之審查結論可能為下列何者？ ①通過環境影響評估審查 ② 應繼續進行第二階段環境影響評估 ③認定不應開發 ④補充修正資料再審。

100.（4）依環境影響評估法規定，對環境有重大影響之虞的開發行為應繼續進行第二階段環境影響評估，下列何者不是上述對環境有重大影響之虞或應進行第二階段環境影響評估的決定方式？ ①明訂開發行為及規模 ②環評委員會審查認定 ③自願進行 ④有民眾或團體抗爭。

90009 節能減碳共同科目 不分級

工作項目 04：節能減碳

1. （3） 依能源局「指定能源用戶應遵行之節約能源規定」，下列何場所未在其管制之範圍？ ①旅館 ②餐廳 ③住家 ④美容美髮店 。

2. （1） 依能源局「指定能源用戶應遵行之節約能源規定」，在正常使用條件下，公眾出入之場所其室內冷氣溫度平均值不得低於攝氏幾度？ ① 26 ② 25 ③ 24 ④ 22 。

3. （2） 下列何者為節能標章？ ①  。

4. （4） 各產業中耗能佔比最大的產業為 ①服務業 ②公用事業 ③農林漁牧業 ④能源密集產業 。

5. （1） 下列何者非省能的做法？ ①電冰箱溫度長時間調在強冷或急冷 ②影印機當 15 分鐘無人使用時，自動進入省電模式 ③電視機勿背著窗戶或面對窗戶，並避免太陽直射 ④汽車不行駛短程，較短程旅運應儘量搭乘公車、騎單車或步行 。

6. （3） 經濟部能源局的能源效率標示分為幾個等級？ ① 1 ② 3 ③ 5 ④ 7 。

7. （2） 溫室氣體排放量：指自排放源排出之各種溫室氣體量乘以各該物質溫暖化潛勢所得之合計量，以 ①氧化亞氮（N_2O） ②二氧化碳（CO_2） ③甲烷（CH_4） ④六氟化硫（SF_6） 當量表示。

8. （4） 國家溫室氣體長期減量目標為中華民國 139 年溫室氣體排放量降為中華民國 94 年溫室氣體排放量百分之 ① 20 ② 30 ③ 40 ④ 50 以下。

9. （2） 溫室氣體減量及管理法所稱主管機關，在中央為下列何單位？ ①經濟部能源局 ②行政院環境保護署 ③國家發展委員會 ④衛生福利部 。

10. （3） 溫室氣體減量及管理法中所稱：一單位之排放額度相當於允許排放 ① 1 公斤 ② 1 立方米 ③ 1 公噸 ④ 1 公擔 之二氧化碳當量。

11. （3） 下列何者不是全球暖化帶來的影響？ ①洪水 ②熱浪 ③地震 ④旱災 。

12. （1） 下列何種方法無法減少二氧化碳？ ①想吃多少儘量點，剩下可當廚餘回收 ②選購當地、當季食材，減少運輸碳足跡 ③多吃蔬菜，少吃肉 ④自備杯筷，減少免洗用具垃圾量 。

13. （3） 下列何者不會減少溫室氣體的排放？ ①減少使用煤、石油等化石燃料 ②大量植樹造林，禁止亂砍亂伐 ③增高燃煤氣體排放的煙囪 ④開發太陽能、水能等新能源 。

14. （4） 關於綠色採購的敘述，下列何者錯誤？ ①採購回收材料製造之物品 ②採購的產品對環境及人類健康有最小的傷害性 ③選購產品對環境傷害較少、污染程度較低者 ④以精美包裝為主要首選 。

15. （1） 一旦大氣中的二氧化碳含量增加，會引起哪一種後果？ ①溫室效應惡化 ②臭氧層破洞 ③冰期來臨 ④海平面下降 。

16. (3) 關於建築中常用的金屬玻璃帷幕牆，下列敘述何者正確？ ①玻璃帷幕牆的使用能節省室內空調使用 ②玻璃帷幕牆適用於臺灣，讓夏天的室內產生溫暖的感覺 ③在溫度高的國家，建築使用金屬玻璃帷幕會造成日照輻射熱，產生室內「溫室效應」 ④臺灣的氣候濕熱，特別適合在大樓以金屬玻璃帷幕作為建材。

17. (4) 下列何者不是能源之類型？ ①電力 ②壓縮空氣 ③蒸汽 ④熱傳 。

18. (1) 我國已制定能源管理系統標準為 ① CNS 50001 ② CNS 12681 ③ CNS 14001 ④ CNS 22000 。

19. (1) 台灣電力公司所謂的離峰用電時段為何？ ① 22：30 ～ 07：30 ② 22：00 ～ 07： 00 ③ 23：00 ～ 08：00 ④ 23：30 ～ 08：30 。

20. (1) 基於節能減碳的目標，下列何種光源發光效率最低，不鼓勵使用？ ①白熾燈泡 ② LED 燈泡 ③省電燈泡 ④螢光燈管 。

21. (1) 下列哪一項的能源效率標示級數較省電？ ① 1 ② 2 ③ 3 ④ 4 。

22. (4) 下列何者不是目前台灣主要的發電方式？ ①燃煤 ②燃氣 ③核能 ④地熱 。

23. (2) 有關延長線及電線的使用，下列敘述何者錯誤？ ①拔下延長線插頭時，應手握插頭取下 ②使用中之延長線如有異味產生，屬正常現象不須理會 ③應避開火源，以免外覆塑膠熔解，致使用時造成短路 ④使用老舊之延長線，容易造成短路、漏電或觸電等危險情形，應立即更換 。

24. (1) 有關觸電的處理方式，下列敘述何者錯誤？ ①應立刻將觸電者拉離現場 ②把電源開關關閉 ③通知救護人員 ④使用絕緣的裝備來移除電源 。

25. (2) 目前電費單中，係以「度」為收費依據，請問下列何者為其單位？ ① kW ② kWh ③ kJ ④ kJh 。

26. (4) 依據台灣電力公司三段式時間電價（尖峰、半尖峰及離峰時段）的規定，請問哪個時段電價最便宜？ ①尖峰時段 ②夏月半尖峰時段 ③非夏月半尖峰時段 ④離峰時段 。

27. (2) 當電力設備遭遇電源不足或輸配電設備受限制時，導致用戶暫停或減少用電的情形，常以下列何者名稱出現？ ①停電 ②限電 ③斷電 ④配電 。

28. (2) 照明控制可以達到節能與省電費的好處，下列何種方法最適合一般住宅社區兼顧節能、經濟性與實際照明需求？ ①加裝 DALI 全自動控制系統 ②走廊與地下停車場選用紅外線感應控制電燈 ③全面調低照度需求 ④晚上關閉所有公共區域的照明 。

29. (2) 上班性質的商辦大樓為了降低尖峰時段用電，下列何者是錯的？ ①使用儲冰式空調系統減少白天空調電能需求 ②白天有陽光照明，所以白天可以將照明設備全關掉 ③汰換老舊電梯馬達並使用變頻控制 ④電梯設定隔層停止控制，減少頻繁啟動 。

30. (2) 為了節能與降低電費的需求，家電產品的正確選用應該如何？ ①選用高功率的產品效率較高 ②優先選用取得節能標章的產品 ③設備沒有壞，還是堪用，繼續用，不會增加支出 ④選用能效分級數字較高的產品，效率較高，5 級的比 1 級的電器產品更省電 。

31. (3) 有效而正確的節能從選購產品開始，就一般而言，下列的因素中，何者是選購電氣設備的最優先考量項目？ ①用電量消耗電功率是多少瓦攸關電費支出，用電量小的優先 ②採購價格比較，便宜優先 ③安全第一，一定要通過安規檢驗合格 ④名人或演藝明星推薦，應該口碑較好 。

32. (3) 高效率燈具如果要降低眩光的不舒服，下列何者與降低刺眼眩光影響無關？ ①光源下方加裝擴散板或擴散膜 ②燈具的遮光板 ③光源的色溫 ④採用間接照明 。

33. (1) 一般而言，螢光燈的發光效率與長度有關嗎？ ①有關，越長的螢光燈管，發光效率越高 ②無關，發光效率只與燈管直徑有關 ③有關，越長的螢光燈管，發光效率越低 ④無關，發光效率只與色溫有關 。

34. (4) 用電熱爐煮火鍋，採用中溫 50% 加熱，比用高溫 100% 加熱，將同一鍋水煮開，下列何者是對的？ ①中溫 50% 加熱比較省電 ②高溫 100% 加熱比較省電 ③中溫 50% 加熱，電流反而比較大 ④兩種方式用電量是一樣的 。

35. (2) 電力公司為降低尖峰負載時段超載停電風險，將尖峰時段電價費率（每度電單價）提高，離峰時段的費率降低，引導用戶轉移部分負載至離峰時段，這種電能管理策略稱為 ①需量競價 ②時間電價 ③可停電力 ④表燈用戶彈性電價 。

36. (2) 集合式住宅的地下停車場需要維持通風良好的空氣品質，又要兼顧節能效益，下列的排風扇控制方式何者是不恰當的？ ①淘汰老舊排風扇，改裝取得節能標章、適當容量高效率風扇 ②兩天一次運轉通風扇就好了 ③結合一氧化碳偵測器，自動啟動 / 停止控制 ④設定每天早晚二次定期啟動排風扇 。

37. (2) 大樓電梯為了節能及生活便利需求，可設定部分控制功能，下列何者是錯誤或不正確的做法？ ①加感應開關，無人時自動關燈與通風扇 ②縮短每次開門 / 關門的時間 ③電梯設定隔樓層停靠，減少頻繁啟動 ④電梯馬達加裝變頻控制 。

38. (4) 為了節能及兼顧冰箱的保溫效果，下列何者是錯誤或不正確的做法？ ①冰箱內上下層間不要塞滿，以利冷藏對流 ②食物存放位置紀錄清楚，一次拿齊食物，減少開門次數 ③冰箱門的密封壓條如果鬆弛，無法緊密關門，應儘速更新修復 ④冰箱內食物擺滿塞滿，效益最高 。

39. (2) 就加熱及節能觀點來評比，電鍋剩飯持續保溫至隔天再食用，與先放冰箱冷藏，隔天用微波爐加熱，下列何者是對的？ ①持續保溫較省電 ②微波爐再加熱比較省電又方便 ③兩者一樣 ④優先選電鍋保溫方式，因為馬上就可以吃 。

40. (2) 不斷電系統 UPS 與緊急發電機的裝置都是應付臨時性供電狀況；停電時，下列的陳述何者是對的？ ①緊急發電機會先啟動，不斷電系統 UPS 是後備的 ②不斷電系統 UPS 先啟動，緊急發電機是後備的 ③兩者同時啟動 ④不斷電系統 UPS 可以撐比較久 。

41. (2) 下列何者為非再生能源？ ①地熱能 ②焦媒 ③太陽能 ④水力能 。

42. (1) 欲降低由玻璃部分侵入之熱負載，下列的改善方法何者錯誤？ ①加裝深色窗簾 ②裝設百葉窗 ③換裝雙層玻璃 ④貼隔熱反射膠片 。

43. (1) 一般桶裝瓦斯（液化石油氣）主要成分為 ①丙烷 ②甲烷 ③辛烷 ④乙炔及丁烷。

44.（1）在正常操作，且提供相同使用條件之情形下，下列何種暖氣設備之能源效率最高？ ①冷暖氣機 ②電熱風扇 ③電熱輻射機 ④電暖爐 。

45.（4）下列何種熱水器所需能源費用最少？ ①電熱水器 ②天然瓦斯熱水器 ③柴油鍋爐熱水器 ④熱泵熱水器 。

46.（4）某公司希望能進行節能減碳，為地球盡點心力，以下何種作為並不恰當？ ①將採購規定列入以下文字：「汰換設備時首先考慮能源效率 1 級或具有節能標章之產品」 ②盤查所有能源使用設備 ③實行能源管理 ④為考慮經營成本，汰換設備時採買最便宜的機種 。

47.（2）冷氣外洩會造成能源之消耗，下列何者最耗能？ ①全開式有氣簾 ②全開式無氣簾 ③自動門有氣簾 ④自動門無氣簾 。

48.（4）下列何者不是潔淨能源？ ①風能 ②地熱 ③太陽能 ④頁岩氣 。

49.（2）有關再生能源的使用限制，下列何者敘述有誤？ ①風力、太陽能屬間歇性能源，供應不穩定 ②不易受天氣影響 ③需較大的土地面積 ④設置成本較高 。

50.（4）全球暖化潛勢（Global Warming Potential, GWP）是衡量溫室氣體對全球暖化的影響，下列何者 GWP 表現較差？ ① 200 ② 300 ③ 400 ④ 500 。

51.（3）有關台灣能源發展所面臨的挑戰，下列何者為非？ ①進口能源依存度高，能源安全易受國際影響 ②化石能源所占比例高，溫室氣體減量壓力大 ③自產能源充足，不需仰賴進口 ④能源密集度較先進國家仍有改善空間 。

52.（3）若發生瓦斯外洩之情形，下列處理方法何者錯誤？ ①應先關閉瓦斯爐或熱水器等開關 ②緩慢地打開門窗，讓瓦斯自然飄散 ③開啟電風扇，加強空氣流動 ④在漏氣止住前，應保持警戒，嚴禁煙火 。

53.（1）全球暖化潛勢（Global Warming Potential, GWP）是衡量溫室氣體對全球暖化的影響，其中是以何者為比較基準？ ① CO2 ② CH4 ③ SF6 ④ N2O 。

54.（4）有關建築之外殼節能設計，下列敘述何者有誤？ ①開窗區域設置遮陽設備 ②大開窗面避免設置於東西日曬方位 ③做好屋頂隔熱設施 ④宜採用全面玻璃造型設計，以利自然採光 。

55.（1）下列何者燈泡發光效率最高？ ① LED 燈泡 ②省電燈泡 ③白熾燈泡 ④鹵素燈泡 。

56.（4）有關吹風機使用注意事項，下列敘述何者有誤？ ①請勿在潮濕的地方使用，以免觸電危險 ②應保持吹風機進、出風口之空氣流通，以免造成過熱 ③應避免長時間使用，使用時應保持適當的距離 ④可用來作為烘乾棉被及床單等用途 。

57.（2）下列何者是造成聖嬰現象發生的主要原因？ ①臭氧層破洞 ②溫室效應 ③霧霾 ④颱風 。

58.（4）為了避免漏電而危害生命安全，下列何者不是正確的做法？ ①做好用電設備金屬外殼的接地 ②有濕氣的用電場合，線路加裝漏電斷路器 ③加強定期的漏電檢查及維護 ④使用保險絲來防止漏電的危險性 。

59.（1）用電設備的線路保護用電力熔絲（保險絲）經常燒斷，造成停電的不便，下列何者不是正確的作法？ ①換大一級或大兩級規格的保險絲或斷路器就不會燒斷了 ②減少線路連接的電氣設備，降低用電量 ③重新設計線路，改較粗的導線或用兩迴路並聯 ④提高用電設備的功率因數 。

60.（2） 政府為推廣節能設備而補助民眾汰換老舊設備，下列何者的節電效益最佳？ ①將桌上檯燈光源由螢光燈換為 LED 燈 ②優先淘汰 10 年以上的老舊冷氣機為能源效率標示分級中之一級冷氣機 ③汰換電風扇，改裝設能源效率標示分級為一級的冷氣機 ④因為經費有限，選擇便宜的產品比較重要 。

61.（1） 依據我國現行國家標準規定，冷氣機的冷氣能力標示應以何種單位表示？ ① kW ② BTU/h ③ kcal/h ④ RT 。

62.（1） 漏電影響節電成效，並且影響用電安全，簡易的查修方法為 ①電氣材料行買支驗電起子，碰觸電氣設備的外殼，就可查出漏電與否 ②用手碰觸就可以知道有無漏電 ③用三用電表檢查 ④看電費單有無紀錄 。

63.（2） 使用了 10 幾年的通風換氣扇老舊又骯髒，噪音又大，維修時採取下列哪一種對策最為正確及節能？ ①定期拆下來清洗油垢 ②不必再猶豫，10 年以上的電扇效率偏低，直接換為高效率通風扇 ③直接噴沙拉脫清潔劑就可以了，省錢又方便 ④高效率通風扇較貴，換同機型的廠內備用品就好了 。

64.（3） 電氣設備維修時，在關掉電源後，最好停留 1 至 5 分鐘才開始檢修，其主要的理由為下列何者？ ①先平靜心情，做好準備才動手 ②讓機器設備降溫下來再查修 ③讓裡面的電容器有時間放電完畢，才安全 ④法規沒有規定，這完全沒有必要 。

65.（1） 電氣設備裝設於有潮濕水氣的環境時，最應該優先檢查及確認的措施是 ①有無在線路上裝設漏電斷路器 ②電氣設備上有無安全保險絲 ③有無過載及過熱保護設備 ④有無可能傾倒及生鏽 。

66.（1） 為保持中央空調主機效率，每 ①半 ② 1 ③ 1.5 ④ 2 年應請維護廠商或保養人員檢視中央空調主機。

67.（1） 家庭用電最大宗來自於 ①空調及照明 ②電腦 ③電視 ④吹風機 。

68.（2） 為減少日照增加空調負載，下列何種處理方式是錯誤的？ ①窗戶裝設窗簾或貼隔熱紙 ②將窗戶或門開啟，讓屋內外空氣自然對流 ③屋頂加裝隔熱材、高反射率塗料或噴水 ④於屋頂進行薄層綠化 。

69.（2） 電冰箱放置處，四周應至少預留離牆多少公分之散熱空間，以達省電效果？① 5 ② 10 ③ 15 ④ 20 。

70.（2） 下列何項不是照明節能改善需優先考量之因素？ ①照明方式是否適當 ②燈具之外型是否美觀 ③照明之品質是否適當 ④照度是否適當 。

71.（2） 醫院、飯店或宿舍之熱水系統耗能大，要設置熱水系統時，應優先選用何種熱水系統較節能？ ①電能熱水系統 ②熱泵熱水系統 ③瓦斯熱水系統 ④重油熱水系統 。

72.（4） 如右圖，你知道這是什麼標章嗎？ ①省水標章 ②環保標章 ③奈米標章 ④能源效率標示 。

耗能較多 5 4 3 2 1 耗能較少

73.（3） 台灣電力公司電價表所指的夏月用電月份（電價比其他月份高）是為 ① 4/1 ～ 7/ 31 ② 5/1 ～ 8/31 ③ 6/1 ～ 9/30 ④ 7/1 ～ 10/31 。

74.（1）屋頂隔熱可有效降低空調用電，下列何項措施較不適當？ ①屋頂儲水隔熱 ②屋頂綠化 ③於適當位置設置太陽能板發電同時加以隔熱 ④鋪設隔熱磚 。

75.（1）電腦機房使用時間長、耗電量大，下列何項措施對電腦機房之用電管理較不適當？ ①機房設定較低之溫度 ②設置冷熱通道 ③使用較高效率之空調設備 ④使用新型高效能電腦設備 。

76.（3）下列有關省水標章的敘述何者正確？ ①省水標章是環保署為推動使用節水器材，特別研定以作為消費者辨識省水產品的一種標誌 ②獲得省水標章的產品並無嚴格測試，所以對消費者並無一定的保障 ③省水標章能激勵廠商重視省水產品的研發與製造，進而達到推廣節水良性循環之目的 ④省水標章除有用水設備外，亦可使用於冷氣或冰箱上 。

77.（2）透過淋浴習慣的改變就可以節約用水，以下的何種方式正確？ ①淋浴時抹肥皂，無需將蓮蓬頭暫時關上 ②等待熱水前流出的冷水可以用水桶接起來再利用 ③淋浴流下的水不可以刷洗浴室地板 ④淋浴沖澡流下的水，可以儲蓄洗菜使用 。

78.（1）家人洗澡時，一個接一個連續洗，也是一種有效的省水方式嗎？ ①是，因為可以節省等熱水流出所流失的冷水 ②否，這跟省水沒什麼關係，不用這麼麻煩 ③否，因為等熱水時流出的水量不多 ④有可能省水也可能不省水，無法定論 。

79.（2）下列何種方式有助於節省洗衣機的用水量？ ①洗衣機洗滌的衣物盡量裝滿，一次洗完 ②購買洗衣機時選購有省水標章的洗衣機，可有效節約用水 ③無需將衣物適當分類 ④洗濯衣物時盡量選擇高水位才洗的乾淨 。

80.（3）如果水龍頭流量過大，下列何種處理方式是錯誤的？ ①加裝節水墊片或起波器 ②加裝可自動關閉水龍頭的自動感應器 ③直接換裝沒有省水標章的水龍頭 ④直接調整水龍頭到適當水量 。

81.（4）洗菜水、洗碗水、洗衣水、洗澡水等的清洗水，不可直接利用來做什麼用途？ ①洗地板 ②沖馬桶 ③澆花 ④飲用水 。

82.（1）如果馬桶有不正常的漏水問題，下列何者處理方式是錯誤的？ ①因為馬桶還能正常使用，所以不用著急，等到不能用時再報修即可 ②立刻檢查馬桶水箱零件有無鬆脫，並確認有無漏水 ③滴幾滴食用色素到水箱裡，檢查有無有色水流進馬桶，代表可能有漏水 ④通知水電行或檢修人員來檢修，徹底根絕漏水問題 。

83.（3）「度」是水費的計量單位，你知道一度水的容量大約有多少？ ① 2,000 公升 ② 3000 個 600cc 的寶特瓶 ③ 1 立方公尺的水量 ④ 3 立方公尺的水量 。

84.（3）臺灣在一年中什麼時期會比較缺水（即枯水期）？ ① 6 月至 9 月 ② 9 月至 12 月 ③ 11 月至次年 4 月 ④臺灣全年不缺水 。

85.（4）下列何種現象不是直接造成台灣缺水的原因？ ①降雨季節分佈不平均，有時候連續好幾個月不下雨，有時又會下起豪大雨 ②地形山高坡陡，所以雨一下很快就會流入大海 ③因為民生與工商業用水需求量都愈來愈大，所以缺水季節很容易無水可用 ④台灣地區夏天過熱，致蒸發量過大 。

86.（3）冷凍食品該如何讓它退冰，才是既「節能」又「省水」？ ①直接用水沖食物強迫退冰 ②使用微波爐解凍快速又方便 ③烹煮前盡早拿出來放置退冰 ④用熱水浸泡，每 5 分鐘更換一次 。

87. （2） 洗碗、洗菜用何種方式可以達到清洗又省水的效果？ ①對著水龍頭直接沖洗，且要盡量將水龍頭開大才能確保洗的乾淨 ②將適量的水放在盆槽內洗濯，以減少用水 ③把碗盤、菜等浸在水盆裡，再開水龍頭拚命沖水 ④用熱水及冷水大量交叉沖洗達到最佳清洗效果 。

88. （4） 解決台灣水荒（缺水）問題的無效對策是 ①興建水庫、蓄洪（豐）濟枯 ②全面節 約用水 ③水資源重複利用，海水淡化…等 ④積極推動全民體育運動 。

89. （3） 如左圖，你知道這是什麼標章嗎？ ①奈米標章 ②環保標章 ③省水標章 ④節能標章 。

90. （3） 澆花的時間何時較為適當，水分不易蒸發又對植物最好？ ①正中午 ②下午時段 ③清晨或傍晚 ④半夜十二點 。

91. （3） 下列何種方式沒有辦法降低洗衣機之使用水量，所以不建議採用？ ①使用低水位清洗 ②選擇快洗行程 ③兩、三件衣服也丟洗衣機洗 ④選擇有自動調節水量的洗衣機，洗衣清洗前先脫水 1 次 。

92. （3） 下列何種省水馬桶的使用觀念與方式是錯誤的？ ①選用衛浴設備時最好能採用省水標章馬桶 ②如果家裡的馬桶是傳統舊式，可以加裝二段式沖水配件 ③省水馬桶因為水量較小，會有沖不乾淨的問題，所以應該多沖幾次 ④因為馬桶是家裡用水的大宗，所以應該儘量採用省水馬桶來節約用水 。

93. （3） 下列何種洗車方式無法節約用水？ ①使用有開關的水管可以隨時控制出水 ②用水桶及海綿抹布擦洗 ③用水管強力沖洗 ④利用機械自動洗車，洗車水處理循環使用 。

94. （1） 下列何種現象無法看出家裡有漏水的問題？ ①水龍頭打開使用時，水表的指針持續在轉動 ②牆面、地面或天花板忽然出現潮濕的現象 ③馬桶裡的水常在晃動，或是沒辦法止水 ④水費有大幅度增加 。

95. （2） 蓮蓬頭出水量過大時，下列何者無法達到省水？ ①換裝有省水標章的低流量（5 ～ 10L/min）蓮蓬頭 ②淋浴時水量開大，無需改變使用方法 ③洗澡時間盡 量縮短，塗抹肥皂時要把蓮蓬頭關起來 ④調整熱水器水量到適中位置 。

96. （4） 自來水淨水步驟，何者為非？ ①混凝 ②沉澱 ③過濾 ④煮沸 。

97. （1） 為了取得良好的水資源，通常在河川的哪一段興建水庫？ ①上游 ②中游 ③下游 ④下游出口 。

98. （1） 台灣是屬缺水地區，每人每年實際分配到可利用水量是世界平均值的多少？ ①六分之一 ②二分之一 ③四分之一 ④五分之一 。

99. （3） 台灣年降雨量是世界平均值的 2.6 倍，卻仍屬缺水地區，原因何者為非？ ①台灣由於山坡陡峻，以及颱風豪雨雨勢急促，大部分的降雨量皆迅速流入海洋 ②降雨量在地域、季節分佈極不平均 ③水庫蓋得太少 ④台灣自來水水價過於便宜 。

100. （3） 電源插座堆積灰塵可能引起電氣意外火災，維護保養時的正確做法是 ①可以先用刷子刷去積塵 ②直接用吹風機吹開灰塵就可以了 ③應先關閉電源總開關箱內控制該插座的分路開關 ④可以用金屬接點清潔劑噴在插座中去除銹蝕 。

重點水花片 12 款示意圖

（參見內文 p.82 ～ p.93）

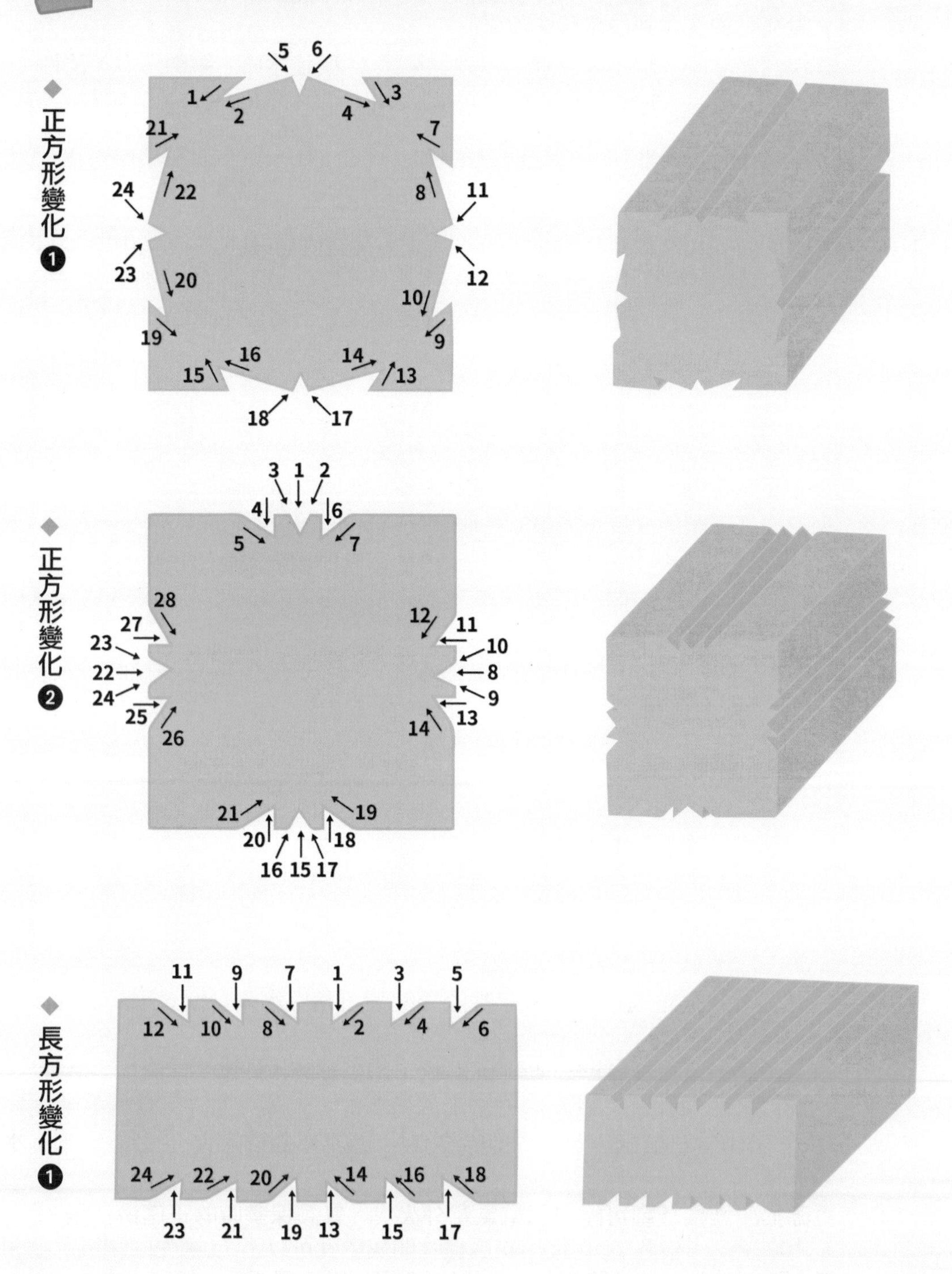

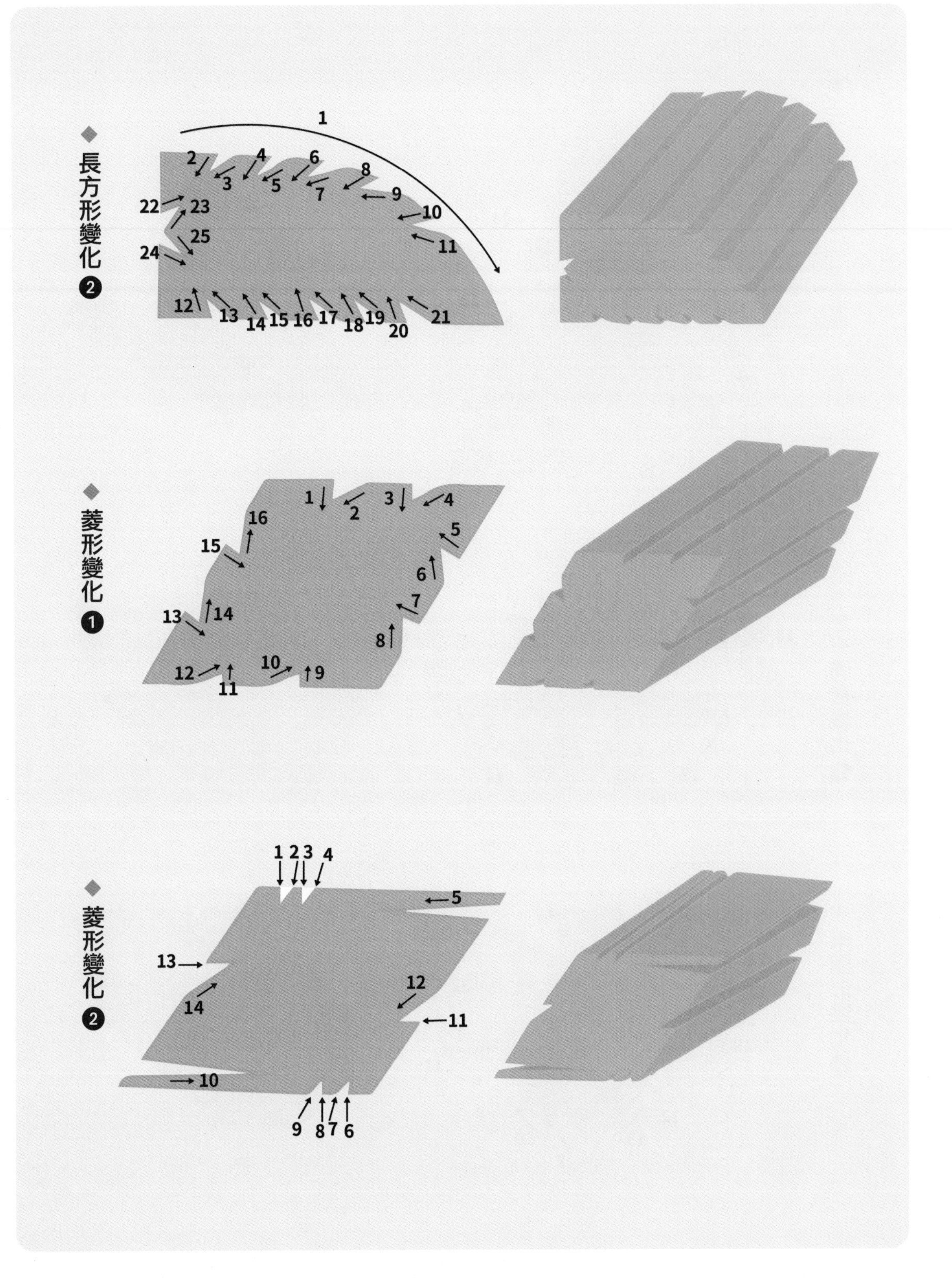
◆長方形變化❷
1
2
3
4
5
6
7
8
9
10
11
12
13
14
15
16
17
18
19
20
21
22
23
24
25
◆菱形變化❶
1
2
3
4
5
6
7
8
9
10
11
12
13
14
15
16
◆菱形變化❷
1
2
3
4
5
6
7
8
9
10
11
12
13
14

◆ 三角形變化

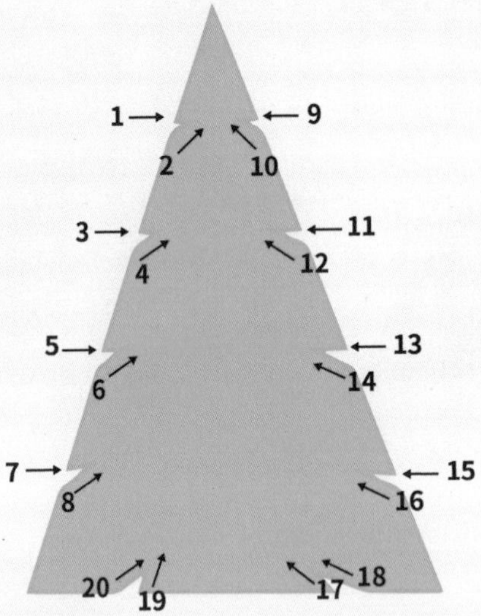

◆ 半圓形變化❶

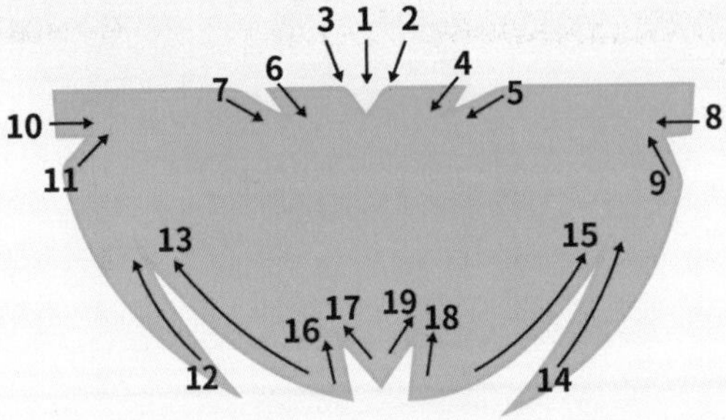

◆ 半圓形變化❷

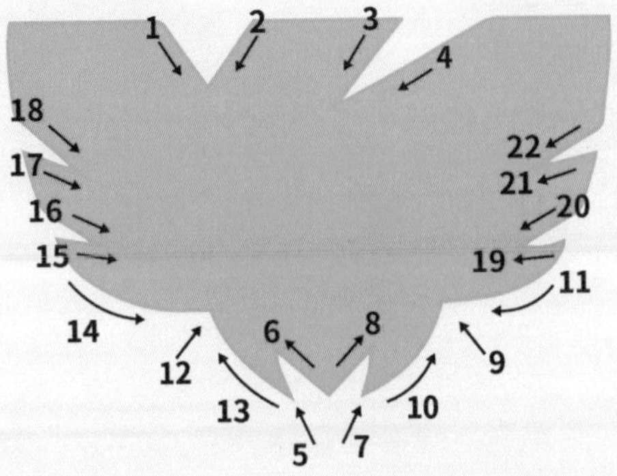

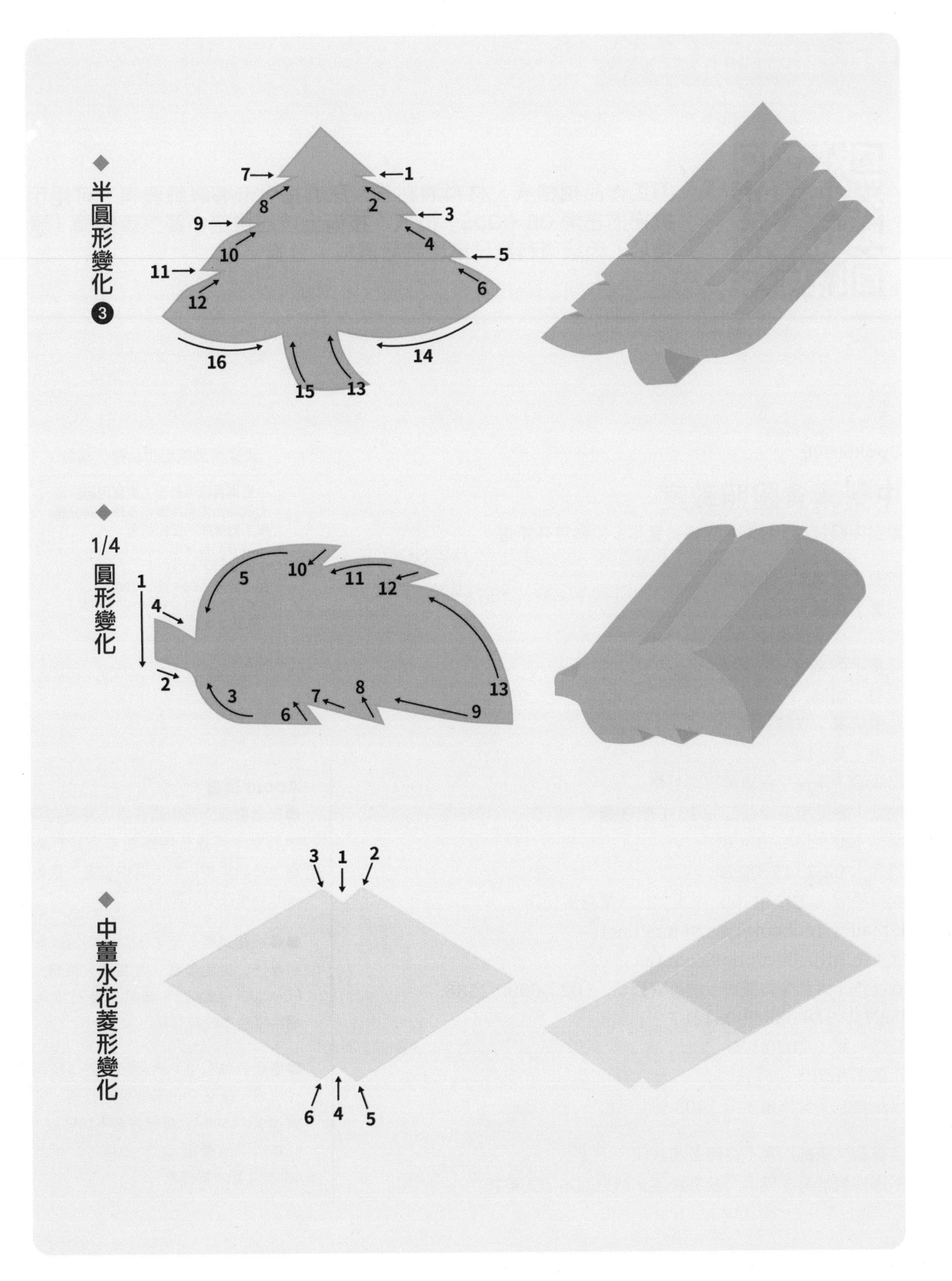
◆ 半圓形變化❸
7
1
8
2
9
3
10
4
11
5
12
6
16
14
15
13
◆ 1/4圓形變化
1
4
5
10
11
12
2
3
6
7
8
9
13
◆ 中薑水花菱形變化
3
1
2
6
4
5

附錄
02 相關網站查詢

刀工作品規格卡、材料清點卡、烹調指引卡等詳細資料，可用手機掃描左邊 QR CODE，進入「技術士技能檢定中餐烹調職類（素食項）丙級術科測試應檢參考資料」查詢。

Cook50200

中餐素食證照教室

素食丙級技術士技能檢定術科實作＆學科滿分題庫

作者｜劉瑋如、王鉦維
攝影｜徐榕志
美術設計｜許維玲
編輯｜彭文怡
校對｜翔縈
企畫統籌｜李橘
總編｜莫少閒
出版者｜朱雀文化事業有限公司
地址｜台北市基隆路二段 13-1 號 3 樓
電話｜ 02-2345-3868
傳真｜ 02-2345-3828
劃撥帳號｜ 19234566 朱雀文化事業有限公司
E-mail ｜ redbook@ms26.hinet.net
網址｜ http://redbook.com.tw
總經銷｜大和書報圖書股份有限公司 （02）8990-2588
ISBN ｜ 978-986-99061-9-7
初版一刷｜ 2020.12
定價｜ 480 元
出版登記｜北市業字第 1403 號

國家圖書館出版品預行編目

中餐素食證照教室：素食丙級技術士技能檢定術科實作＆學科滿分題庫／劉瑋如、王鉦維著
－初版－台北市：
朱雀文化，2020.12
面：公分（Cook50：200）
ISBN 978-986-99061-9-7 (平裝)
1.烹飪 2.考試指南

427.16